"十三五"国家重点出版物出版规划项目

当代科学技术基础理论与前沿问题研究丛书

力学超材料的
构筑与超常性能

·于相龙 周 济 著·

Mechanical Metamaterials

Architected Materials Design and Unexplored Properties

中国科学技术大学出版社

内 容 简 介

本书以力学超材料所展现出来的超常规的新奇力学性能为主线,以不同设计原理和结构研发为辅线,论述力学超材料的设计与应用。根据力学超材料所调控的模量不同进行分类,结合作者团队对负泊松比和负热膨胀材料的研究,建构了超强低密度,可调节刚度,负压缩性,反胀、拉胀和零剪切模量超常力学特性,构筑了这些奇异力学性能的人工材料及其几何结构,并给出其制备及应用方法,发展了固体人工微结构的一个新方向。

本书可供机械类、力学和材料科学相关专业本科生、研究生及科研人员阅读。

图书在版编目(CIP)数据

力学超材料的构筑与超常性能/于相龙,周济著. —合肥:中国科学技术大学出版社,2021.4

(当代科学技术基础理论与前沿问题研究丛书)

"十三五"国家重点出版物出版规划项目

ISBN 978-7-312-05099-2

Ⅰ.力… Ⅱ.①于… ②周… Ⅲ.力学—材料科学 Ⅳ.TB3

中国版本图书馆 CIP 数据核字(2020)第 249909 号

力学超材料的构筑与超常性能

LIXUE CHAOCAILIAO DE GOUZHU YU CHAOCHANG XINGNENG

出版 中国科学技术大学出版社

安徽省合肥市金寨路 96 号,230026

http://press.ustc.edu.cn

https://zgkxjsdxcbs.tmall.com

印刷 合肥市宏基印刷有限公司

发行 中国科学技术大学出版社

经销 全国新华书店

开本 787 mm×1092 mm 1/16

印张 19

字数 405 千

版次 2021 年 4 月第 1 版

印次 2021 年 4 月第 1 次印刷

定价 90.00 元

前　言

　　从高效能源生产与存储，到先进医疗成像和治疗等诸多应用方面，高性能的材料属性都是至关重要的环节。超材料（Metamaterials）自面世以来，就一直是科研的热点之一，其具体指的是一类具有天然材料所不具备的超常物理性质的人工几何结构材料，这类材料的独特性能来自它的人工几何结构而非材料组分。超材料研究为材料工程学科注入了活力，研究人员不仅发现了创新材料设计的强大"工具箱"，而且扩展了材料物理学更深层次的基本理解。

　　自然界中的材料都是由微观的原子、分子组成的，材料的宏观性质是由这些原子、分子及它们在空间的排列所决定的。而超材料是由人工微结构单元组成的材料，这些结构单元决定着超材料的宏观性质。超材料的研究领域，本质上源自深入地理解电磁波如何与亚波长尺度散射结构的相互作用。原则上，可以进一步拓展到其他不同激元的可选择范围。人工结构单元可以具有特殊的力学、热学、声学、光学性质，从而实现许多自然材料所没有的，且具有新颖性的力、热、声、光等调控功能。为此，根据所调控激元的不同，超材料可分为力学超材料、热学超材料、声学超材料、光学和智能耦合超材料等。更广义地说，光子晶体、声子晶体、光学超晶格、声学超晶格等人工微结构材料，也可以纳入超材料的范式之中。不过，目前除光学超材料研究比较深入外，其他类型的超材料研究依然处于起步阶段。

　　本书将以超材料领域中的力学超材料为研究对象进行论述。这种类型的超材料用于调控弹性波而设计的人工微结构，可以实现新奇的力学超常特性。依据各种不同类型力学超材料的几何结构特点，本书将重点谈及在人工构筑、实验制备和生产应用中的一般法则规律，以及各类力学超材料构型与超常性能之间的联系。在叙述有关问题时，本书着重厘清基本概念和基础理论，同时也注意联系具体事例加以阐明。

　　全书共分12章，如果将本书的章节架构安排比作一部舞台剧的话，那么，第1章即舞台背景篇，该章引入力学超材料的基本定义、分类与范畴。第2章即建置序曲，该章简述力学超材料的基本设计理念，及各种不同类型力学超材料的研究发展脉络，从而帮助读者加深对力学超材料结构特点的理解。之后,主体戏剧分为两大篇幕,合计 8 场来演绎。第 3~6 章,分别论述了负泊松比(第 3 章)、零剪切模量(第 4 章)、负体模量(第 5 章)和负热膨胀系数(第 6 章)等相关超常力学行为的超材料,第 7~10 章是与弹性模量相联系的力学超材料,包括可调弹性模量(第 7 章)、以弹性模量与密度比值衡量的轻质高强材料(第 8 章)、引入晶体学缺陷(如位错)的强韧结构设计(第 9 章),以及新引入材料领域、且具有特殊外形的二维超表面折纸结构(第 10 章)。在这 8 个不同类型的力学超材料中,本书考虑了不同结构类型设计的源起与发展,并结合实验与应用讨论了其结构与超常性能之间的联系。最后,结局分两场来展望,第 11 章专门论述力学超材料的具体制备方法及其材料基因工程的构建,第 12 章论述力学超材料现在的应用情况与未来可能的发展方向。对于力学超材料与其他激元如光、声、热等多物理场的耦合问题,本书不做具体的讨论。

值得一提的是,本书的大致架构沿用了于相龙在《Progress in Materials Science》上所发表的综述《Mechanical metamaterials associated with stiffness, rigidity and compressibility: a brief review》。某日,于相龙因缘际会读到网络上对此文的翻译以及中肯的意见,遂写下中文版,并加入了较新的文献,同时考虑到了比较热点的问题,随即附上第 11 章即力学超材料制备方法。同时,本书也节选了近来进行研究生培养时,同学们所做出的部分研究成果,放入第 6 章,对相关研究人员,在此一并感谢。我们还要感谢深圳市光启科技有限公司一直大力支持超材料的科普工作和产业化进程,本书在第 11 章也会做简要的介绍。

还有一个题外话,无论国内国外,科研人员对综述类的文章多存在一种偏见,认为综述文章只是文献的罗列与堆积,大谬也。引起这样偏颇的主要原因,可能是写作者大幅转述了他人学术论文中的观点。在余英时先生与王汎森先生写"傅斯年论题"时,余先生提醒说:"不必大幅转述傅斯年学术论文中的观点,如果想了解其学术观点的人,自然会去读他的原书,要紧的是把它放在整个时代思想、学术的脉络下来看。"(王汎森《傅斯年:中国近代历史与政治中的个体生命》)这与"只闻来说,未闻往教"的思想,是十分契合的。本着这样的想法,我们所能做的是将力学超材料中不同类型的个性化研究,放在一个整体的学术脉络下来阐释,试图发现其共性,并对未来的研究工作有所帮助,这正是本书的初衷所在。

超材料的基础研究和应用技术正是风起青蘋之末。我们希望能有更多的科研工作者了解这一新兴领域。关于术语,本书会尽量少用,但对那些提法较为重要、需要熟悉的术语,还是添加了一些解释性的文字加以说明。要记住的是，这些术语本身并不重要，重要的是理解它们指代的是什么。

William S. Beck 在其著作《Modern Science and the Nature of Life》中慨然叹曰："发现的机制尚不清楚……我认为，创造的过程与一个人的情绪结构关系如此密切……"也许他是想说大言希声，大象无形，科学的发现本不可言说？于是乎，当写就此书时，我们便如此战战兢兢，惶恐之余迟迟不敢下笔。为聊以宽慰，在各章节不同类型的力学超材料部分，我们会尝试着较为详尽地列出国内涉及力学超材料研究的课题组工作，不仅希望能激发研究人员在不同领域间的拓展与合作，更希望相关的研究思路能够为创新性材料设计所应用，为新材料的设计抛砖引玉。其中论述仅以公开发表的论著为主。为此，我们非常感谢审稿人，他们慷慨地挤出时间来评阅这一手稿，当然，最后定稿的文责全部由本书作者承担。

于相龙　周　济

2020 年 6 月

目　录

第1章 绪 论

在数字信息化时代,从高效能源生产与存储到医疗成像诸多方面,新材料都起着至关重要的作用。相应的材料科学发展正从自然合成材料技术,逐渐过渡到人工材料制造技术。自然界中的材料都是由微观的原子、分子组成的,材料的宏观性质是由这些原子、分子及其在空间中的排列所决定的。而超材料作为一种新型人工微结构单元组成的材料,其宏观性质是由这些结构单元和排布方式决定的。通过人工进行特殊的几何结构设计,来调控电磁波和弹性波,超材料不但可以模拟自然材料的许多性质,同时还可以展示均匀自然材料所不具备的新颖奇异力、热、声、光学性能。随着对光学超材料研究的深入,超材料也被拓展到对声和其他元激发的调控领域,例如声学、力学、热学和多物理场耦合的超材料。协同如火如荼的增材制造技术,超材料正成为功能材料的研究前沿热点。

根据所调控激元的不同,超材料可分类为光学超材料、声学超材料、热学超材料、力学超材料和负热膨胀超材料。本章主要定位力学超材料在这些不同类型超材料的大背景下所处的基本位置。首先,第1.1节重点厘清了超材料的定义与范畴,光学超材料的起源和后续向其他激元的研究发展脉络及其具体分类。笔者会在第1.2节,对上述不同类型的超材料进行简要的阐释和界定,在第1.3节谈及超材料技术的总体研究情况,在第1.4节重点概述力学超材料的衍生过程与发展现状。最后,第1.5节是本书凝练的写作提纲,并且辅以图表说明力学超材料的总体发展趋势。

1.1 什么是超材料

对于"什么是超材料"这样的质询,一般情况下,你可能得到的答案是这样:超材料指的是一种特种复合材料或结构,通过对材料关键物理尺寸进行有序结构设计,使其获得常规材料所不具备的超常物理性质。因为这就是2015年颁布的电磁超材料术语规定(GB/T32005—2015)。

而在这里,我们可以来换个角度去理解超材料的设计理念(如图1.1所示)。为了适应不同的读者群体,笔者可以拿两样东西打比方,一是积木玩具,二是电影蒙太奇。首先,积木是立方或长方不同几何形状的木制或塑料固体玩具,可以进行不同的排列或搭接成各种样式,比如可拼成房子或是小动物。类似地,超材料也具有由自然材料制成的积木块（不过尺寸为微毫米级），它们被称为人工原子。用这些人工原子，也可以排列或是搭接成具有不同形状和功能的几何结构。那么，这些得到的几何结构不仅仅只是玩具吧，它们可以做什么吧？是的，那是一门艺术。

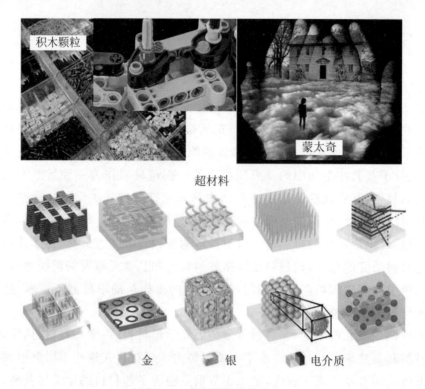

图 1.1　超材料的设计理念

　　我们还可以类比电影蒙太奇理论来进行理解。蒙太奇来自法语建筑学术语montage，意为构成和装配。蒙太奇在电影上引申为剪辑和组合，表示镜头的组，即将一系列在不同地点、从不同距离和角度、以不同方法拍摄的镜头排列组合起来，叙述情节，刻画人物。当不同的镜头组接在一起时，往往又会产生各个镜头单独存在时所不具有的含义。这一理念使得电影"从一种影像记录技术走向一种影像创造技术"。而这种创新艺术理念，其本质也体现在材料创新设计中，在材料科学领域就被称为超材料。具体来说，我们就是将不同外形属性的几何结构，即类似积木块的人工原子，重新排列组合起来，形成一种新功能材料。当不同的人工原子组接在一起时，它们也往往会形成与之前单个人工原子所没有的材料属性和功能特征。这种由不同几何形状结构的人工原子所构筑超材料的过程，就是新材料的创新性设计。

　　为此，当考察一个术语代表什么意思时，这是语义面向，而当这里结合了其他词语和其使用角度来考察时，就是处理了"超材料"这一术语的语用面向。无论如何，好的术语定义用处在于让争辩聚集于事实，也就是说把用语之争转换成事实之辨，从而将理论研究推向深入探究。不过，科学家们的操作步骤的关键特征无非是最大限度地调用头脑，不受任何拘限地重新组合设计新材料。一般情况下，常规自然材料的物理属性取决于构成材料的基本单元及其结构,例如原子、分子、电子、价键、晶格等。这些基元与显微结构之间有关联影响。因此,我们在材料设计中需要考虑多种复杂的物性因素,而这些因素的相互影响往往也会限定材料性能固有极限。为此,超材料设计从根本上摒弃了自然原子设计所囿,利用人工构筑的几何结构单元,在不违背物理学基本定律的前提下,以期通过人工办法获得与自然材料迥然不同的超常物理性质的新材料。

1.1.1 超材料定义与范畴

超材料又称超构材料,它不是通常意义上的那种传统材料,体现了人们创造力。因为超材料是自然界中不存在的一类新型的人工微结构单元组成的人工功能材料。这些人造材料使得人们可以自由设计所需的原子结构单元[3,4],从而创造出天然材料所不具备的超常奇异的特殊性能属性的材料[5-7]。这些不同寻常的材料特性来源于人工设计的特殊几何结构,而不是其具体的材料组分,通过特殊的微结构单元设计来调制电磁波和弹性波,展示出均匀材料所不具备的新颖及奇异的力、热、声、光学性能[8,9]。超材料最初用于电磁波的调控,发起于人们希望能够像控制固体中电子的传输行为一样来控制和利用光子,让光子最终能成为一种有用的信息载体。光作为信息载体在传播速度、信息容量以及能量损耗等方面优于电子,极有可能在信息技术和产业发展中起重要作用,因而如何实现对光子的调控变得尤为重要与紧迫。

超材料是人工设计的周期性或非周期性的微结构功能材料,具有超越天然材料属性的超常物理性能。超材料借助人工功能基元构筑的结构设计源起于(但不限于)对自然材料微结构的模仿,从而获得为人类所希冀的负折射、热隐身、负刚度、轻质超强等天然材料所不能呈现的光、热、声、力学等奇异性能。从这个角度讲,超材料的结构设计理念具有方法论的意义,其解除了天然材料属性对创造设计的束缚。这一新颖的设计思想的基础是通过人工在多种物理结构上的设计来突破某些表观自然规律的限制,从而获得超常的材料功能。同时,这也昭示着人们可以在不违背基本的物理学规律的前提下,人工获得与自然界中的物质具有迥然不同的超常物理性质的新物质,把功能材料的设计和开发带入一个崭新的天地。尽管这一几何结构调控的设计理念早在20世纪就已在电磁理论领域初具雏形,不过直至近十年来,人们方才开启研发电磁波的调控,以实现负折射、完美成像、完美隐身等新颖功能。随着先进制造技术的进步,具有更多样化、更新奇力学特性的力学超材料物理模型也相继不断地展现。尤其是当超材料的个性化独特微结构设计与3D打印制造技术(3D Printing)形成了完美的契合之时,两者之间的相互整合、协同创新,正开启全面推进材料创新设计和制造的新格局。

在新兴超材料类型中,较具代表性的力学超材料(Mechanical Metamaterials)或结构超材料(Structural Metamaterial)是指基于其几何结构的一种具有独特力学性质的超材料。现代材料科学面临的一个挑战是如何创建这些具有非常规力学响应的人造几何结构,并通过适当的几何或拓扑设计进行编程。三维合理化优化设计的超材料微结构的制造和测试正在涌现。一些不同类型的力学超材料已经提供了新颖的功能特性,例如复杂的双稳态、可调节的刚度、消失的剪切模量、负压缩性、负热膨胀和拉胀行为等。这些新颖超常的材料力学属性,有点像表演杂技,杂技演员高难度的技艺在常人看来很神奇,但这些令人眼花缭乱的表演,实际上是建立在科学规律,以及演员根据自身特点及能力并对其创造性地运用上的。[10]类似地,力学超材料的神奇超常特性本身,也主要体现在科研人员根据自身研究轨迹特点、能力及其团队环境的基础情况,对基本的材料设计原理的创造性应用上。

当然,任何新材料、任何文章,"都既可言简意赅,一言以蔽之,也可以洋洋洒洒写20卷,问题在于,一个陈述需要多么充分来把某事说清楚,而这事情又有多么重要:它能让我们理解多少经验,能有助于我们解决或至少陈述多么广泛的问题"[11]。对超材料来说,其存在着诸多的光学超材料(如超电解质、左手材料、微结构等方面)的中英文理论著述。这里仅概述现有超材料的分类体系和近期最新的研究现状与趋势,重点还是定位在力学超材料在这些类型超材料中所处的情境。

值得一提的是,"超材料"这一概念具有更广义的内涵,其范畴也不断扩展。当谈及超材料,或称超构材料、微纳结构、超电介质、异向介质、人工电磁媒质等,人们往往将超材料的设计过程看成对自然材料的一种仿真模拟。在超材料产业的传播发展进程中,超材料甚至经常与新兴的石墨烯超复合材料相混淆。"科学的进展是累积性的。它不是一人之手的创造,而是众人反复修正和批评、彼此扩充和简化各自努力的产物。要想让自己的工作有分量,就必须结合此前已经做过的研究,也结合当下进展中的其他研究。为了相互沟通,为了客观性,就需要这样做。你必须以特定的方式说清楚自己做了些什么,让其他人可以核查"[11]。故而,此处单独阐释超材料概念与复合材料之间的区别。

复合材料的设计方法表明宏观呈现的材料属性通常依赖于其构成材料的不同组成部分之间的相互作用,从而来设计力学响应过程。然而,超材料与传统复合材料工程相比,超材料设计中的几何结构特征注入的新颖性远大于原子水平,也就是说超材料更多地依赖于整体材料的几何结构样式,而不是材料组分。例如,光学超材料的大多数间位原子的尺寸至少为50 nm。声学人工原子甚至更大,因为声波波长大于光波波长。这些超材料对所构成成分的几何结构尺寸相当敏感。因此,超材料是一种复合材料,但二者的不同之处在于,由于几何结构的拓扑优化而不是组成材料本身,超材料可以实现至少一种在自然界中未观察到的异常特性。

更进一步来说,超材料与复合材料区别重点在于材料设计的方法论。超材料着眼于材料基本功能基元的人工设计与构筑,而复合材料着眼于通过多组分材料在不同层次上混合、协同、耦合等获得新的性能。当然,超材料与复合材料可能既会有相互交叠的部分,也有相互区分的部分,一些超材料从组成上看可以认为是复合材料,但不是相互包含或覆盖的关系[12]。因此,超材料的重要意义不在于其特性而在于其方法,利用这一人工方法可以重构材料,获得很多预期的新性质,包括自然材料具有的和不具有的性质。但事实上,超材料与自然材料融合时[8],并没有必要将超材料的构想设计和自然界存在的天然材料严格地区分开来,将想法作为现实,这一点对超材料的设计尤为重要。

1.1.2 超材料起源与发展

超材料这样极具影响力的思维理念起源于 Bose 的论文[13],其中人造扭转结构受到电磁波的极化影响[14-16]。在超材料的研究发展中,光学电磁超材料最先脱颖而出,在 1999 年,Pendry 等人提出利用亚波长微结构共振单元作为"人工原子",构造具有特殊介电常数和磁导率的超材料,实现对电磁场调控效应[17]。随后,超材料的实验研究首先出现在非线性光学领域[18,19],超材料产生了传统光学材料所不具备的新奇电磁性质,例如人工磁性、负折射现象、光学隐身等,其中"负折射率左手材料"和"超材料隐身斗篷"分别被《科学》评为 2003 年和 2006 年的十大科技突破之一。正是光学超材料、光子晶体和变换光学等新材料和新方法的发现与发展,启发了研究人员对声和其他元激发的调控,如弹性波的调控。弹性波与电磁波类似,它们都能用经典的波动方程来描述,其物理原理以及数学方法上的相似性直接导致了声学超材料、力学超材料、热学超材料等概念的相继出现。总之,超材料领域源于对电磁波的调控,及对结构材料和亚波长尺度散射结构相互作用的深入理解。关于这些更复杂的几何结构材料与光波相互作用,已经产生了许多全球性的研究活动,原则上大大扩展了当前可用的设计材料选择范围。

光学超材料是人工几何结构材料,具有纳米尺寸的人工原子和非常规的光学频率特性[20,21]。例如,光学超材料能够控制光的电场和磁场,从而可以在正值、负值和接近零值的范围内精确调整介电常数和渗透率。通过对亚波长"人工原子"的精心设计,光学超材料实现了负折射,低于光的衍射极限的光学透镜和隐形。由于它们的微米亚微米结构,力学超材料对施加的力表现出非凡的响应,包括负体积模量、负泊松比和负质量密度。这种效果已被用于制造具有前所未有的强度的液体和超轻、低密度材料的固体。由此,这些超材料不断地拓展到声学和力学等其他激元领域[22,23]。其他不同领域也有机会发展更新颖的材料属性,例如热学和热力学耦合多物理场等不同方向[24-26]。其中,声学超材料显示消失的剪切模量[27],实质上可以归类为一系列力学超材料五模式超流体结构材料[28]。应用于隐形斗篷的特定超材料也可以被认为具有超流体特性[29]。最初,合理的几何结构设计的力学超材料,被开发用于控制声学介质中的弹性波传播行为[30,31],其结构单元可以是薄弹性片[32],并利用其弹性不稳定性来产生拉胀行为[33-36]。

通过对弹性模量或质量密度等弹性参数周期性调制,进而调节整体人工复合材料的等效宏观属性,即单体共振源自于单个"人工原子",它与源自晶格对称性的布拉格共振作用一起能产生非常奇异的弹性力学和声学特性,如负密度、负弹性模量、负泊松比等。经典力学也开始融入超材料基础研究,从质量-弹簧结构出发探讨声子晶体与声学超材料中弹性波的传播与调控。例如劳伦斯·利弗摩尔实验室制造出了密度不足钢的1/2000、强度约为钢的2倍的力学超材料[37]。这一类型的弹性力学超材料泛指具有超常规力学性能的一类人工功能材料,该类材料的弹性力学性能不仅受限于该复合材料的组分,而且还强烈依赖于其结构布局。力学超材料的实验研究起步较晚,多缘于领域内材料制备技术的局限。2012年,利用激光直写技术制备、由点接触的双锥结构构成的超材料流体,出现类似于工业技术上的"金属水"。正是由于德国、美国和俄罗斯制造技术的优势,这些国家的力学超材料基础研究处于领先地位。

考虑到这一点,这些新开发的力学特异材料,具有各种违反直觉的力学特性[25,26],它们不仅限于初始开发的模式转换可调刚度,抑或是负泊松比拉胀结构材料。因此这些力学超材料可以被认为著名的光学或声学超材料类型的对应物。到目前为止,它们包括:负泊松比拉胀超材料[38-42],具有消失剪切模量的超材料(如五模式剪切模量消隐的几何结构[29,43,44]),负压缩性超材料[45-47],奇异非线性材料[48,49],拓扑超材料[50-52]。具有200 nm左右的支柱直径的超强玻璃碳纳米晶的制备可以导致实现先进的纳米级结构材料[53]。这些探索都使力学超材料变得更小、更强。理解和识别力学超材料的关键特征是实现它们的先决条件。有必要阐明三维微观结构的可行性蓝图,以达到特定的违反直觉的力学性能的优化设计。在研究领域取得进展之前,我们需要建立基于各种新兴力学超材料的明确分类体系。

1.1.3 超材料的具体分类

给材料分类存在多种方法,从应用角度通常可分为结构材料和功能材料。结构材料主要以其力学性质为应用基础,而功能材料则以其物理、化学或生物功能性质为应用基础。超材料所涉及的内容广泛,是一大类新型功能材料的总称。目前,常见的超材料分类多是依据所调控的激元的不同[54]。具体可包括常见的光学超材料,声学超材料(与弹性振动波相应,用于操纵和利用声子传播),力学超材料(吸声介质,超黏滞材料),热学超材料(调控热能的传输与转换),声子晶体(超高精度控制单个声子,进而对动态温差调控)等。也有观点认为早先发展的光子晶体、光学超晶格、声学超晶格等人工微结构材料在广义的理解上都可以包括在超构材料的"范式"中。

在光学和声学超材料成功研发的基础上,力学超材料已被开发用于获得特殊或极端弹性张量和质量密度张量,从而以前所未有的方式,塑造着静态应力场或纵向/横向弹性振动流场。这些超常的力学性能主要包括负泊松比、负弹性、负刚度、负压缩性和负热膨胀系数。已开发的典型力学超材料包括负泊松比拉胀、超轻、负质量密度、负模量、五模式反胀、各向异性质量密度、折纸、非线性、双稳态、可重编程和地震波屏蔽等类型和结构的力学超材料。

此外,材料的属性,不是仅仅由一种物性决定的,也不是几种晶体学特性的总和,或是一系列的微尺度晶界工程特性来决定的,而是由材料晶体结构各个单元之间的本构关系,也就是不同晶格单元之间如何组合的结构拓扑关系所决定的,而这些外在表现出来的宏观物理学的行为属性,发挥着其应有的可利用价值。例如,如果你需要一种密度低的轻质材料,那么就要综合质量密度和强度一起来考量。从本质上讲,材料学的这种结构属性,与社会结构在某种意义上讲也是相通相融的,不过切忌不是因果关系的相通。"人们只有与线性思想决裂,才能以既统一又特定的方式解释实践的无限多样性,从而致力于重建表现在每个因素中的错综复杂的关系"。[55]为此,超材料的人工几何结构设计的一个显著特点正是从有条理、简单的线性体系上升到非线性系统,如图 1.2 所示,不同类型的超材料,其中光学超材料基于非线性光学对电磁波进行调控。

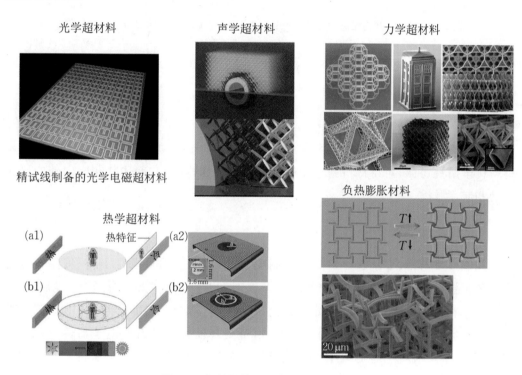

图 1.2 超材料的不同类型及奇异性能

换一个角度来说,除了按所调控的不同激元分类外,超材料在具有亚波长尺寸的人工原子周期或者非周期地排列维度上,也可构建成一维超链结构、二维形式的超表面(metasurface)和三维结构的超材料。其中由空间编码描述的超材料,有时也称为编码超材料(超表面)和数字超材料(超表面),如图 1.3 所示[56]。占主导地位的第一大类光学超材料的应用范畴,例如光负折射材料、非线性光学材料、光磁性材料、超精度透镜、巨人工手性材料和电磁隐身等。但确切地说,超材料的应用不仅限于此,结合传统的凝聚态物质材料科学与各种新型微纳加工技术,面向下一代信息与新能源技术,超材料会展现更多更亮丽新奇的特性。

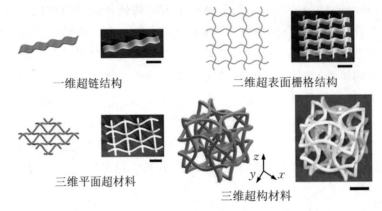

一维超链结构　　　　　　　　二维超表面栅格结构

三维平面超材料

三维超构材料

图 1.3　超材料按构建维度可分为一维超链结构、二维超表面和三维空间结构[56]

1.2　超材料类型及研究现状

本节尝试着从光学超材料、声学超材料、热学超材料、力学超材料和负热膨胀超材料科学研究层面,对超材料的总体研究进行概述和厘清,并阐述其在国内外的研究发展和应用状况。

1.2.1　光学超材料

如图 1.2 所示,光学超材料能够控制电场和磁场,从而可以在正值、负值和接近零值的范围内精确调整介电常数和渗透率。通过对亚波长"人工原子"的精心设计,光学超材料实现了负折射,低于光的衍射极限的光学透镜和隐形效应。电磁波调控可包括数字可编程、光开关、可记忆功能、信息处理器件以及自旋电子器件等。占应用主导的光学超材料,也适用于在不同频段产生响应的超表面柔性基底大变形及其等离子激元器件。

光学超材料在信息技术应用方面以负折射材料最为典型,其可以获得没有衍射极限的完美透镜,因而对任何微细图形进行多次复制,这对微电子技术将产生重要影响。光学超材料在于调控包括太赫兹在内的不同频段电磁波,其应用范围越来越广泛,包括隐身衣、电磁黑洞、雷达幻觉器件、远场超分辨率成像透镜、新型透镜天线、隐身表面、极化转换器、混合集成电路等军事国防领域。

1.2.2　声学超材料

与光学超材料类似,声学超材料是通过人为设计由两种或以上材料构成周期性/非周期性几何结构,其结构单元尺寸远小于波长,该人工结构功能材料可以在长波极限下反演得到相应的有效弹性参数。声学超材料也展现了许多奇异的物理现象和超常规声学效应,如声波低频带隙、声负折射、声聚焦、声隐身、声定向传输等。在非线性领域,非谐振声传输线超材料可呈现双负本构参数,并且不依赖谐振微单元,具有宽频带和低损耗等优势。结合变换声学和线性坐标变换,可以设计出各向异性的材料参数,以获得声波的隐身效果。这种调节材料有效参数的方法可以应用到其他变换声学的领域,比如设计声波全向吸收体、声全向偶极辐射、声波幻象或者在声波中实现类光的一些新奇效应等。

声学超材料可应用于人工声子带隙材料和吸声材料。人工声子带隙材料可以与仿生学结合,比如人耳识别系统、果蝇定向系统、蝙蝠定位系统等。吸声材料对于音频声学,以及水下超声的吸声层消声瓦等水声学,可实现薄层、低频、宽带的吸声效应。此外,它还可用于实现亚波长声学信息处理的超高分辨率声透镜,声学器件集成和声场微尺度调控,在分子医学超声成像、微纳结构无损检测等方面都有很强的应用背景。

1.2.3　热学超材料

自然材料的热导系数在空间均匀分布,热量从温度高的一端直线流向温度低的一端。这是人们所熟知的热传导模式。借助已经成熟的光学超材料对光波的调控机理,基于对宏观热扩散方程的空间变换,热学超材料可以实现热流的"空间压缩",从而调控热流方向。通过构造不同空间分布的非均匀热输运介质,可实现对热流方向的精确控制,使得热流可以绕过目标物体或者聚焦目标物体,产生诸如热隐身、热反转、热汇聚以及热伪装等奇特功能。

热学超材料是可感知外部热源并主动响应,由人工构造而实现热导系数非均匀分布的功能材料。主要可用于微纳米结构的热电转换,如控制热流和利用热能,及其利用声子进行信息传输和处理。其中热二极管、热三极管、热逻辑门、热存储器等概念,奠定了声子学的理论基础。为此,热学超材料将会在很多领域有巨大的潜在用途,如建筑节能材料、太阳热能利用、新一代低能耗绿色微/纳米电子器件、隔热保护、热辐射伪装、废热回收和应用、控制热量定向辐射的热学超材料可制成航空卫星蒙皮,此外,同时控制信息和热能耗散,将是未来低能耗绿色电子器件的发展方向。

1.2.4　力学超材料

正如在光学和声学超材料中呈现的超常性能,力学超材料的相应几何结构设计和制造,也受到许多与其他领域相同因素的启发,出现令人迷惑的自然观察,新技术和新理论。力学超材料或结构超材料是指基于其几何结构的一种具有独特力学性质的超材料。现代材料科学面临的一个挑战是如何创建这些具有非常规力学响应的人造几何结构,并通过适当的几何或拓扑设计进行编程。三维合理化优化设计的超材料微结构的制造和测试正在出现。

在光学和声学超材料成功研发的基础上,力学超材料已被开发用于获得特殊或极端弹性张量和质量密度张量,从而以前所未有的方式,塑造着静态应力场或纵向/横向弹性振动流场。这些超常的力学性能主要包括负泊松比、负弹性、负刚度、负可压缩性。常规材料被拉伸时收缩,而负泊松比材料在拉伸时是会膨胀的。在静水压力作用下,常规材料会收缩,而负可压缩超材料却一反常态,在外力作用下不会收缩,反而出现一个或两个方向上的膨胀效应。目前,正在开发的典型力学超材料包括负泊松比拉胀、轻质超强、负质量密度、负模量、五模式反胀、各向异性质量密度、折纸、非线性、双稳态、可重编程和地震波屏蔽等类型和结构的力学超材料。

力学超材料是基于多孔、手性/反手性、五模式等复杂拓扑结构来调控弹性波的一类新兴超材料。利用 3D 打印技术可以制造个性化多样化的不同几何结构材料,正负泊松比可编译调节在 −12 到 12 之间的负泊松比拉胀材料。其呈现的高压痕抵抗性、抗剪切性、能量吸收性和断裂韧性,可有效地应用于形状记忆和生物假体等组织工程和生物医疗。这些新型的静态弹性力学超材料将在复合材料工业应用、拉胀滤网、拉胀纤维、航空航海材料、深海抗压材料、新型吸声抗震材料、防弹衣等方面有广泛应用前景。比如利用拉胀材料结合变换光学,实现压力智能控制的微波隐身材料。

1.2.5 负热膨胀超材料

大部分自然材料热膨胀系数为正值,其体积会随着温度的增加而变大,当温度下降时体积也会减小。也存在一些特殊材料,它们在某个温度区间内热膨胀系数为负数,被称为负热膨胀材料。不过这类自然材料可调控的温度空间比较窄,尤其当外部空间中出现较大的温度波动(−150～150 ℃)时。负热膨胀超材料是指一类人工构筑的几何结构材料,当被加热时,整体几何结构中出现一个方向或是多方向的收缩效应,并拓宽从正值到负值的热膨胀系数范围。

在室温下表现出负热膨胀的力学超材料具有多种应用,主要用于控制各种复合材料的整体热膨胀。具有低热膨胀系数的材料对温度变化不太敏感,因此在诸多工程领域中都对其有所需求,例如精密仪器、扫描电子显微镜、柔性电子设备、生物医学传感器、热致动器和微机电系统。低热膨胀系数材料在航空航天部件中也特别重要,例如天基镜和卫星天线,这些部件构建在地球上,但在外部空间中操作,其中宽温度波动可能导致它们出现不希望出现的形状和尺寸收缩。负热膨胀系数超材料可调节零或负热膨胀系数,可用于卫星天线、空间光学系统、精密仪器、热执行器和微机电系统,提高可调温度范围至 1500 ℃,提高负热膨胀系数至 30%,可达到高温条件下材料零膨胀特性。

1.3 超材料技术的总体研究与应用趋势

需要说明的是,以往有些导论,其大部分篇幅只是用来简要地总结一下书中已经大量表述的论点和思想,那样的导论仅适合懒惰的读者,他们希望不通过实际阅读就了解书中内容。这里的导论不会为读者提供通往本书所阐发的思想的捷径。为此,笔者尝试将力学超材料这一研究主题,放置在超材料这一大的研究背景下予以论述。本节将重点论述超材料技术的总体发展状况。以超材料产业的四大技术领域为切入点,即占主导的光学超材料,以及声学、热学和力学超材料,来概述国际超材料研究的发展现状与趋势,并对前沿性研究进行评估,对其中的力学超材料在未来社会中的愿景做一个轮廓描绘。

基于思想实验的超材料研究充满了创新的机遇与创意的美感,它为科学原理在诸多领域的应用提供了广阔的空间,也为解决人类面临的重大技术和工程问题提供了一种崭新的思路。我国超材料产业应用虽说多限于军事国防、公共设施等少数领域内,尚未在国民经济相关领域得到大规模推广,不过未来超材料产业可以更具多样化。如太赫兹超材料技术在石油勘测方面的应用,可编程可穿戴超材料在纺织品工业中的应用,无线充电光学超材料在电动汽车等交通工具中的应用,电磁超表面在航空航天蒙皮材料及在移动通信中的无线信道技术中的应用等。这些愿景无疑有助于鼓励一批创新能力较强的超材料骨干企业向纵深和多元化发展。由是观之,超材料亟待通过商业模式创新,以实现其在更多领域内大规模应用推广和市场拓展。

未来十年,电磁超材料将在原理摸索和工程应用相结合的基础上,实现大规模产业化。在智能超材料领域,超材料微结构单元或群体将具备自感知、自决策、可控响应等功能,通过与数字网络系统深度融合,形成材料级的 CPS 系统,并结合大数据技术,实现材料领域的突破式质变。智能超材料技术将完成工程产品的全面转化,并在复杂电磁环境下联合智能作战平台、智能隐身装备、智能可控电磁窗、下一代雷达、立体电子战、飞行器智能网络、车辆交通智能网络、可穿戴设备智能网络、超材料智能物联网等实现颠覆式产业应用。在隐身作战方面,随着各类隐身结构件及隐身电磁窗设计技术的不断成熟,武器装备在红外波段到 P、VHF 波段的隐身性能将全面提高,被雷达探测的距离有望缩短 90% 以上。同时,电磁超材料的设计、仿真和加工能力将大幅提升,工作频谱将从微波进一步拓展到毫米波、太赫兹、光波段等;超材料的形式也由无源被动向智能可控、数字化可编程等主动方式演变。在天线方面,低成本、轻量化的共形天线设计技术将更为成熟,具备低副瓣、宽频带、低色散、可变覆盖范围等超出传统天线性能的超材料新型天线将全面走向应用。基于陶瓷和纳米材料等新体系的电磁超材料将日趋成熟,电磁超材料应用的广度和深度将不断拓展。

据预计,全球超材料市场规模可达 14.3 亿美元;2017~2025 年复合年增长率将达 63.1%。超材料研究和应用也将延伸到声、热、力等领域。基于声学超材料的新型隔声技术能实现飞机、坦克、运兵车、指挥所,乃至单兵降噪军服和头盔等军事装备的声学隐身;声学超材料有望让潜艇穿上"隐声衣",从而不被低频声纳和其他超声波设备探测到。热学超材料因可控热辐射和可控热传导的特异性能,有望为所有的作战单元(包括飞机、舰艇、导弹、单兵等)穿上热隐身外衣,不仅实现热学隐身,更能减少恶劣气候(高寒、酷热)引起的非战斗减员;"热幻象伪装术"还能使作战单元躲避敌方热/红外探测仪侦测。力学超材料因负泊松比、负压缩转换等特性,可用于制造触觉斗篷、耐压缩/耐拉伸材料、弹性陶瓷、可编程橡胶海绵、轻质高强材料等,在耐疲劳发动机零件、防震动蒙皮、航空航天轻质高强结构等领域有广泛应用前景。

此外,光学和声学超材料发展迅速。具有与负介电常数类似负模量的均化声学超材料的出现开拓了力学超材料领域[50,51]。最近智能超材料已经出现在这个领域。这些超材料不仅能智能地响应外部环境的变化,还能响应热和机械刺激。智能超材料与光学、声学、机械和热超材料的分类是相似的。除了四种类型的超材料,一个特殊的情况下被耦合及定制为它们的应用的智能超材料。这些智能超材料可以提出五个基础研究领域:① 对多物理学领域的耦合机制的研究:光学超材料的经典方向可以与其他物理场相结合,以创建一个智能超材料,包括声学、力学和热动力学响应;② 在原子/分子水平上设计一个晶胞,当制造一种微/纳米尺寸的新型超材料时,必须考虑这些超材料的尺寸效应。另外,材料作为单元的失效模式在各种超材料的结构设计中也起着重要作用;③ 与天然材料耦合,近十年后,需要回溯超材料的拓扑设计,以利用天然材料的灵感来优化结构。这绝对不是仿生学方法。发现天然材料没有的特性,然后创建这些特性,例如可调压电灵敏度[52]。因此,目前超材料设计主要的挑战是耦合天然材料以实现期望的力学性能。④ 超材料调谐研究方向适用于现有的智能超材料,为其基础探索与工业应用之间架起一座桥梁;⑤ 超材料传感的新产品开发,该研究方向的目标是通过现有的光学或声学超材料开发新产品,用于工业应用,其重点是现代产品技术中的制造和信息控制。智能超材料中的两种技术可以使用基因工程和相关的制造技术来模拟或进行数值模拟。

需要说明的是,这里介绍的所有类型的智能超材料都与光学、声学、力学和热超材料有关。其中的每一类别都是一个相对广泛的研究领域。为此,本节的主要目的是提供共同的和一般的研究背景,并提出将允许进一步开发分析工具的术语,为各种潜在的智能超材料提供研究的总体方向和即时挑战。其中大部分还可以扩展到力学超材料的发展,力学超材料已然成为一个新兴的可拓展领域。

1.4 力学超材料定义与范畴

目前,超材料的概念被引入力学领域,成为新型力学功能材料的生长点。随着先进制造技术的进步,具有更多样化更新奇力学特性的力学超材料物理模型也相继展现。力学超材料是用于调控弹性波而设计的人工微结构,从而实现新奇的力学超常特性。按所调控的弹性模量不同可进行不同的分类,本书将简述这些分类的依据,及其不同类型的力学超材料的研究现状、发展趋势和主要任务。更进一步,根据基本材料力学中三个弹性模量与泊松比之间的关系，可以对力学超材料进行清晰的分类。还将对几何结构拓扑优化、设计原理和制造以及各种增强力学性能等力学超材料前沿领域的发展进行评述。

需要指出的是，任何人若试图写出从天然材料到力学超材料的发展概况，都或多或少会对前人的研究工作进行不同角度的转述，对原作也可能产生不同程度的影响。在这样简短的回顾中，前人细致的研究贡献将不可避免地被压缩成各个点，之后再汇集成面来谈及论述。为此，本书尽可能做到完整引述，并将其定位在勾勒力学超材料和相关术语的简明梗概。

Mechanical Metamaterials（力学超材料）也译为机械超材料[①]，或结构型超材料，是超材料研究领域的新兴分支，其主要是经过三维空间中，特定的人工微结构设计，展现着均匀材料所不具备的超常规的力学性能[57]。新奇的力学超常特性不仅受限于构成该人工功能材料组分，而且还强烈依赖于微结构人工原子/基元和几何结构排布形式。也就是说，力学超材料是一种具有超常力学性能的人工设计微结构，其单元特征尺寸范围在十几纳米到几百微米，整体结构尺寸为厘米级或更多[57,58]。力学超材料发起于声学超材料弹性波的传播行为，可以看作弹性激发初始的人工材料创新设计。

力学超材料种类繁多，极具代表性的力学超材料通常与模量和泊松比等四个弹性常数有关，其中杨氏模量、剪切模量、体模量，从工程角度分别对应材料的劲度、刚度和压缩度。这些基本的力学性能参数，也将作为力学超材料的分类依据，详见第2.2节所述。为此，按所调控的弹性模量（杨氏模量、剪切模量和体模量）不同，可对其进行不同的分类，包括负泊松比拉胀材料、剪切模量消隐五模式反胀材料、负压缩性材料、负热膨胀材料、模式转换可调刚度材料、低密度超强仿晶格材料、折纸/剪纸超表面材料等[25,26,59]。但目前绝大部分仍在研究探索阶段。

事实上，力学超材料的最大优势就是在于解耦了材料的力学属性与微纳几何结构之间的依存关系，也就是说可以通过调整不同的几何结构，来实现所需要的超常材料属性。例如超轻质高强，高刚度和高强度[60,61]、负泊松比[38]、负刚度[62]和负热膨胀系数[63]。最重要的是实现这些不寻常的力学特性设计，进而获得这些超常的力学性能。这种选择独特力学属性，并通过其架构来设计材料性能的方法，可以被描述为反设计问题。通常，材料属性被视为绝对，然后人们从这些材料出发去创建功能结构。而力学超材料的设计是以完全相反的方法而构筑产生的。

值得注意的是，根据人工材料设计所调控的激元不同，力学超材料可以说是由声学超材料衍生出来的，而声学超材料又源于最初的光学超材料。不过，力学和声学超

---

① Mechanical Metamaterials 是译为"力学超材料"，还是"机械超材料"，还有待于进一步的讨论。本书皆定义为"力学超材料"，主要是考虑到这类型的超材料是通过几何结构的拓扑优化来实现超常的材料力学性能的，而"机械"这个词通常让人联想到机器人或自动控制等方面。当然这些观念上的理解，难免存在偏颇，此处称谓的选择，以便于人们记忆并激发联想，易于向其他学科领域和公众推广为出发点而拟定。

材料的目的都在于调控弹性波在固体中的传播。根据弹性波在声学超材料中的传播行为,衍生出的力学超材料是用于调控弹性波而设计的人工微结构,从而实现反直觉的弹性力学性能。鉴于材料服役环境和条件不断变化,关于智能力学超材料的研究,将不仅涉及静态的弹性力学问题,也涉及流体中的声波传播问题,以及弹性体中的固体弹性波的传播问题[64]。在此,将力学超材料独立于声学超材料,其根本原因在于,声学中弹性波理论与力学/热学超材料是相通的,自然而然地,声学超材料的相关理论和研究可以融入现有力学超材料的理论基础之中。不过,力学超材料又体现着其自身与声学超材料不同的超常力学性能。也就是说力学超材料将重点定位在从力学超材料所体现出来的、与众不同的力学属性。

需要说明的是,"在多数情况下,我们并非理解后定义,而是先定义后理解。在庞杂喧闹的外部世界中,我们会优先认出自己的文化里已有定义的事物,然后又倾向于按照文化业已在自己脑海中设定好的刻板印象去理解这些事物"[65]。此处对于力学超材料的理解,也正是基于材料科学工程而展开的。材料研究,一般说来,并不真正在于去考察现已存在的种种理论学说,若以现有观念为出发点,那么你所做的种种考察,往往只是边边角角的查缺补漏,亦或不同材料间的耦合。当你怀着满腔科学热忱,材料性能却收效甚微时,这不得不使人们感觉到是材料建构本身有症结所在,使其无法发展出更新奇完备的性能来。为此,力学超材料目的就是追本溯源,从最基本的弹性模量和泊松比弹性力学常数开始,探索材料创新设计的新思路和新方向。

1.5 本 书 结 构

力学超材料是指一大类具有非同寻常力学性能的人工几何结构材料,这些几何结构源于其人工原子的几何构建方式而不是其材料组分。故而力学超材料隶属于超材料大家族。可以看出,超材料的设计理念已经从电磁学和声学扩展到了力学。虽然复合结构这种构建新材料的模式,对于力学领域来说并不是全新的,但是这些微结构设计工程的三维设计优化方法刚刚出现,特别体现在异常宏观力学性质方面。通常情况下,这些力学超材料具有各种显著增强的超常力学性能,例如零或负泊松比、消失的剪切模量、负刚度、负压缩性、奇异非线性行为以及定制的拓扑微观几何结构,所有这些都将它们与传统的天然材料区分开来。这些新奇的力学特性有望在工业、生物医学和生物工程各种潜在的应用中提供力学应用支持和多种保护功能,例如组织工程支架。然而,理解和识别这些力学超材料的关键特征,是通过几何结构的设计原则和实现结构工程的先决条件。为此,系统性地建构力学超材料的分类依据和不同类型的阐释,也就变得尤其的重要。

图 1.4 提供了力学超材料的详细分类的示意图。图 1.4 中力学超材料分类的建

构顺序是通过遵循基本弹性常数而建立的,主要是因为力学超材料的各种几何结构类型,通常根据整体结构的有效弹性模量和泊松比来进行比较讨论。因此,本节用于寻求预测和解释各种力学性能的微结构,并建立成科学体系加以论述。这里描述的几乎所有力学超材料都与 3 个弹性常数有关,即杨氏模量、剪切模量、体积模量。从工程的角度来看,这三者分别对应 3 种不同的弹性材料力学特性,即材料的劲度、刚度和可压缩性。根据材料几何结构设计的基本机制,依据于此,现给出明确的分类。如图 1.4 所示,力学超材料是基于其弹性常数,而不是基于金属合金、陶瓷或聚合物

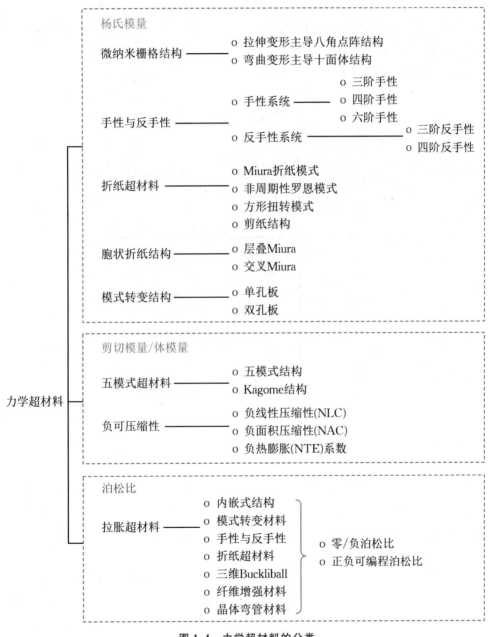

图 1.4　力学超材料的分类

等材料组分进行分类的。不过,"大多数框架都比较复杂,因为它们包括或隐含着一些低层的属性。此外,还可以将框架描述成一些组织原则,这些原则融合并突出了某些低层属性,同时又排除了许多其他属性。框架是微观属性的有效集成工具,于是也可以认为框架是一些宏观属性"[66]。

如图 1.4 中的所示分组,不同几何结构类型都与弹性常数相关。研究比较深入的和技术相对成熟的是负泊松比拉胀超材料,这种类型包括具有零或负泊松比,或可切换负/正泊松比的拉胀超材料。来自图 1.4 的中间组的力学超材料,与剪切模量 G 和体积模量 K 密切相关。关于这些弹性参数的特征关系可以在密尔顿 K-G 图中呈现,如图 1.5 所示。图中,当剪切模量 G 与体积模量 K 相比接近零时,也就是位于体积模量 K 轴时,显示了剪切模量消隐的一大类材料,此处为五模式反胀材料。具有负可压缩性的材料的弹性模量范围对应于 K-G 图的右下象限的中间区域。

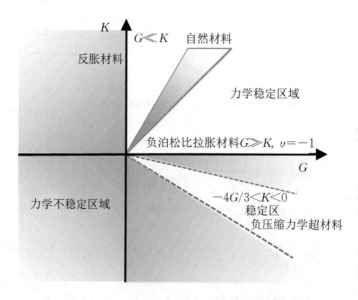

图 1.5　扩展的密尔顿 *K-G* 图分类示意图

其中 $G>0$ 且 $4G/3<K<0$。该区域服从部分约束的负线性压缩性(Negative Linear Compressibility, NLC)和负面积压缩性(Negative Area Compressibility, NAC)两个子类的边界条件。只有少数研究通过寻找天然负压缩性候选来关注这种力学超材料。负热膨胀(Negative Thermal Expasion, NTE)是另一种预计将从理论基础转变为潜在工程结构的方法。由于力学超材料的结构设计而产生这些特性。相对较为重要的一大类力学超材料,是与杨氏模量相关的,包括:可调杨氏模量和轻质超强材料;模式转换可调节刚度 E 的结构材料,例如多孔软材料板材料;轻质超强结构材料,例如微/纳米胞状或新开发的折纸曲面折叠结构。这些材料都与杨氏模量和密度有关。需要说明的是,消失剪切模量和负压缩率在图 1.5 中的位置,起源于密尔顿发起讨论的右上象限部分的存在范围[67],以阐明负泊松比与弹性模量的关系。后来,Lakes 等人将其他类型超材料放置在该 K-G 图上的相应位置[68,69]。

全书共分 12 章,除了第 1 章绪论、第 2 章理论基础以外,还有 8 种独立种类的力学超材料,以及相关制造技术和力学超材料的潜在应用。本章绪论从超材料的历史视角,定位了力学超材料在不同类型的超材料中的位置,逐步引入力学超材料的基本定义、分类与范畴。第 2 章简述力学超材料的理念基础及不同类型力学超材料的研究发展脉络,从而帮助加深对力学超材料结构特点的理解。第 3~6 章分别论述了负泊松比拉胀材料、零剪切模量的五模式材料、负体模量的负压缩性结构材料和负热膨胀系数的结构材料等力学超材料。第 7~10 章简述与杨氏模量相联系的力学超材料,包括模式转换可调杨氏模量、引入晶体学缺陷(如位错)的强韧仿晶格结构设计,及以杨氏模量与密度比值衡量的轻质高强材料,以及新引入材料领域且具有特殊外形的二维超表面折纸/剪纸曲面结构。在这 8 种类型的力学超材料中,笔者考虑到了不同结构类型设计的源起与发展,并结合实验应用,讨论了其结构与超常性能之间的联系。在最后两章中,第 11 章专门论述力学超材料的具体制备方法及其材料基因工程的构建,第 12 章则论述力学超材料现在的应用情况与未来可能的发展方向。其中,对于力学超材料与其他激元,如光、声、热等多物理场的耦合问题,本书不作具体的讨论。

当然,以上只是概述,在以下章节中,将致力于对具体的力学超材料事例进行分析与讨论,得出详细对比。如序言所强调的那样,笔者将根据不同力学属性特征进行分类,从而探索这些不同几何结构的超材料,在实现超常力学性能的一系列问题上,彼此一致或存在分歧的方面。同时,书中会尽量避免让不同类型力学超材料间存在相互重叠,尽管如此,笔者还是认为它们是共处于同一段共同建构的力学体系之中的。从这些文献经验历史的总结过程中,你能够发现有一点是显而易见的,即作为力学超材料,它们非常强调要吸引人们对超常力学特性的关注。强调科研传播是这些力学超材料得以维持和发展的重要特征。如果说超材料领域本身是一个整体,那么力学超材料又是包含在其内的整体,如果把所有类型的力学超材料分支按是否有联系组成一个网络,那么这一定是一个连通的网络。尽管有一些类型看起来与其他类型联系很少,但它们也不会游离于整个力学超材料这一大网络之外。这正像有些人有很多亲戚朋友,有些人则仅有少量伙伴,但整个社会的人群所组成的网络依然是连通的一样[70]。

综上所述,本书简要地就力学超材料进行了系统性的分类,并予以论述,基于大量基础研究、技术发展和新产品研发等方面,对国内外发展状况进行了科学性的评述。需要指出的是,力学超材料种类繁多芜杂,未尽之处在所难免,尤其是一些意译过来的力学超材料类型名称,仍然有待商榷。彭加勒曾将数学概括定义为"给予不同事物以同一名字的艺术",并且坚持词语的选择具有决定性的重要意义:如他过去经常说的,当语言选择得比较好时,关于已知物所表现出来的特征就可以应用于所有种类的新事物[71]。每读到此,当笔者将力学超材料这一名称写下来时,仍不免如履薄冰,战战兢兢。无论如何,本书旨在尽最大努力列出力学超材料可能的发展方向,以期为有志深入此领域者抛砖引玉。

参 考 文 献

[1] HAGHPANAH B, PAPADOPOULOS J, MOUSANEZHAD D, et al. Buckling of regular, chiral and hierarchical honeycombs under a general macroscopic stress state[J]. Proceedings of the Royal Society, 2014, 470: 20130856.

[2] SUN K, SOUSLOV A, MAO X, et al. Surface phonons, elastic response, and conformal invariance in twisted Kagome lattices[J]. Proceedings of the National Academy of Sciences, 2012, 109: 12369-12374.

[3] ZHELUDEV N. The road ahead for metamaterials[J]. Science, 2010, 328: 582-583.

[4] SOUKOULIS C, WEGENER M. Past achievements and future challenges in the development of three-dimensional photonic metamaterials[J]. Nature Photonics, 2011, 5: 523-530.

[5] PENDRY J. Negative refraction makes a perfect lens[J]. Physical Review Letters, 2000, 85: 3966.

[6] SHELBY R, SMITH D, SCHULTZ S. Experimental verification of a negative index of refraction [J]. Science, 2001, 292: 77-79.

[7] SMITH D, PENDRY J, WILTSHIRE M. Metamaterials and negative refractive index[J]. Science, 2004, 305: 788-792.

[8] 周济. 超材料与自然材料的融合[M]. 北京:科学出版社,2016.

[9] 彭茹雯,李涛,卢明辉,等. 浅说人工微结构材料与光和声的调控研究[J]. 物理,2012, 41: 569-574.

[10] 弗雷德里克·泰勒. 科学管理原理[M]. 马风才,译. 北京:机械工业出版社,2007.

[11] 赖特·米尔斯. 社会学的想象力[M]. 李康,译. 北京:北京师范大学出版社,2017.

[12] 田恬. 超材料研究拓展材料科学视野:访清华大学教授周济[J]. 科技导报,2016(34):81-83.

[13] BOSE J. On the rotation of plane of polarisation of electric waves by a twisted structure[J]. Proceedings of the Royal Society, 1898, 63: 146-152.

[14] VESELAGO V. The electrodynamics of substances with simulaneously negative values of ε and μ [J]. Soviet Physics Uspekhi, 1968, 10: 509-514.

[15] SOLYMAR L, SHAMONINA E. Waves in metamaterials[M]. Oxford: Oxford University Press, 2009.

[16] PENDRY J, SCHURIG D, SMITH D. Controlling electromagnetic fields[J]. Science, 2006, 312: 1780-1782.

[17] PENDRY J B, HOLDEN A J, ROBBINS D, et al. Magnetism from conductors and enhanced nonlinear phenomena[J]. IEEE Transactions on Microwave Theory and Techniques, 1999, 47: 2075-2084.

[18] CAI W, SHALAEV V. Optical Metamaterials: Fundamentals and Applications[M]. New York: Springer, 2010.

[19] MARQUÉS R, MARTíN F, SOROLLA M. Metamaterials with negative parameters: theory, design and microwave applications[M]. New Jersey: John Wiley & Sons, 2011.

[20] LIU Y, ZHANG X. Metamaterials: a new frontier of science and technology[J]. Chemical Society Reviews, 2011, 40: 2494-2507.

[21] CUI T J, SMITH D, LIU R. Metamaterials: Theory, Design, and Applications[M]. New York: Springer, 2009.

[22] WEGENER M. Metamaterials beyond optics[J]. Science, 2013, 342: 939-940.

[23] MALDOVAN M. Sound and heat revolutions in phononics[J]. Nature, 2013, 503: 209-217.

[24] ZHAO Q, ZHOU J, ZHANG F, et al. Mie resonance-based dielectric metamaterials[J]. Materials Today, 2009, 12: 60-69.

[25] LI X, GAO H. Mechanical metamaterials: Smaller and stronger[J]. Nature Materials, 2016, 15: 373-374.

[26] PACCHIONI G. Mechanical metamaterials: The strength awakens[J]. Nature Reviews Materials, 2016, 1: 16012.

[27] WANG P, SHIM J, BERTOLDI K. Effects of geometric and material nonlinearities on tunable band gaps and low-frequency directionality of phononic crystals[J]. Physical Review, 2013, 88: 014304.

[28] LEE J, PENG S, YANG D, et al. A mechanical metamaterial made from a DNA hydrogel[J]. Nature Nanotechnology, 2012, 7: 816-820.

[29] BÜCKMANN T, THIEL M, KADIC M, et al. An elasto-mechanical unfeelability cloak made of pentamode metamaterials[J]. Nature Communications, 2014, 5: 4130.

[30] KUZYK A, SCHREIBER R, FAN Z, et al. DNA-based self-assembly of chiral plasmonic nanostructures with tailored optical response[J]. Nature, 2012, 483: 311-314.

[31] BRÛLÉ S, JAVELAUD E H, ENOCH S, et al. Experiments on seismic metamaterials: Molding surface waves[J]. Physical Review Letters, 2014, 112: 133901.

[32] SHIM J, SHAN S, KOŠMRLJ A, et al. Harnessing instabilities for design of soft reconfigurable auxetic/chiral materials[J]. Soft Matter, 2013, 9: 8198-8202.

[33] ZHANG Y, MATSUMOTO E, PETER A, et al. One-step nanoscale assembly of complex structures via harnessing of an elastic instability[J]. Nano Letters, 2008, 8: 1192-1196.

[34] MATSUMOTO E, KAMIEN R. Elastic-instability triggered pattern formation[J]. Physical Review E, 2009, 80: 021604.

[35] BERTOLDI K, REIS P, WILLSHAW S, et al. Negative Poisson's ratio behavior induced by an elastic instability[J]. Advanced Materials, 2010, 22: 361-366.

[36] MATSUMOTO E, KAMIEN R. Patterns on a roll: a method of continuous feed nanoprinting [J]. Soft Matter, 2012, 8: 11038-11041.

[37] ZHENG X, LEE H, WEISGRABER T H, et al. Ultralight, ultrastiff mechanical metamaterials [J]. Science, 2014, 344: 1373-1377.

[38] LAKES R. Foam structures with a negative Poisson's ratio[J]. Science, 1987, 235: 1038-1040.

[39] MILTON G. Composite materials with Poisson's ratios close to -1[J]. Journal of the Mechanics and Physics of Solids, 1992, 40: 1105-1137.

[40] PRALL D, LAKES R S. Properties of a chiral honeycomb with a Poisson's ratio of -1[J]. International Journal of Mechanical Sciences, 1997, 39: 305-314.

[41] EVANS K, ALDERSON A. Auxetic materials: functional materials and structures from lateral

thinking！[J]. Advanced Materials，2000，12：617-628.

[42] LIM T-C. Auxetic materials and structures[M]. Springer，2015.

[43] KADIC M，BÜCKMANN T，STENGER N，et al. On the practicability of pentamode mechanical metamaterials[J]. Applied Physical Letters，2012，100：191901.

[44] CHRISTENSEN J，KADIC M，KRAFT O，et al. Vibrant times for mechanical metamaterials [J]. MRS Communications，2015，5：453-462.

[45] GATT R，GRIMA J. Negative compressibility[J]. Physica Status Solidi B，2008，2：236-238.

[46] LAKES R，LEE T，BERSIE A，et al. Extreme damping in composite materials with negative-stiffness inclusions[J]. Nature，2001，410：565-567.

[47] NICOLAOU Z，MOTTER A. Mechanical metamaterials with negative compressibility transitions [J]. Nature Materials，2012，11：608-613.

[48] WYART M，LIANG H，KABLA A，et al. Elasticity of floppy and stiff random networks[J]. Physical Review Letters，2008，101：215501.

[49] GóMEZ L，TURNER A，VAN HECKE M，et al. Shocks near jamming[J]. Physical Review Letters，2012，108：058001.

[50] CHEN B G-G，UPADHYAYA N，VITELLI V. Nonlinear conduction via solitons in a topological mechanical insulator[J]. Proceedings of the National Academy of Sciences，2014，111：13004-13009.

[51] PAULOSE J，CHEN B-G，VITELLI V. Topological modes bound to dislocations in mechanical metamaterials[J]. Nature Physics，2015，11：153-156.

[52] NASH L，KLECKNER D，READ A，et al. Topological mechanics of gyroscopic metamaterials [J]. Proceedings of the National Academy of Sciences，2015，112：14495-14500.

[53] BAUER J，SCHROER A，SCHWAIGER R，et al. Approaching theoretical strength in glassy carbon nanolattices[J]. Nature Materials，2016，15：438-444.

[54] 于相龙，周济. 智能超材料研究与进展[J]. 材料工程，2016，44：119-128.

[55] 布尔迪厄. 区分：判断力的社会批判[M]. 刘晖，译. 北京：商务印书馆，2015.

[56] LI T T，HU X Y，CHEN Y Y，et al. Harnessing out-of-plane deformation to design 3D architected lattice metamaterials with tunable Poisson's ratio[J]. Scientific Reports，2017，7：8949.

[57] YU X，ZHOU J，LIANG H，et al. Mechanical metamaterials associated with stiffness, rigidity and compressibility：A brief review[J]. Progress in Materials Science，2018，94：114-173.

[58] MONTEMAYOR L，CHERNOW V，GREER J R. Materials by design：Using architecture in material design to reach new propertyspaces[J]. MRS Bulletin，2015，40：1122-1129.

[59] GRIMA J，CARUANA-GAUCI R. Mechanical metamaterials：Materials that push back[J]. Nature Materials 2012，11：565-566.

[60] BAUER J，HENGSBACH S，TESARI I，et al. High-strength cellular ceramic composites with 3D microarchitecture［J］. Proceedings of the National Academy of Sciences，2014，111：2453-2458.

[61] SCHAEDLER T A，JACOBSEN A J，TORRENTS A，et al. Ultralight metallic microlattices [J]. Science，2011，334：962-965.

[62] LAKES R. Extreme damping in compliant composites with a negative-stiffness phase[J]. Philosophical Magazine Letters，2001，81：95-100.

［63］ SIGMUND O，TORQUATO S. Design of materials with extreme thermal expansion using a three-phase topology optimization method［J］. Journal of the Mechanics and Physics of Solids，1997，45：1037-1067.

［64］ 阮居祺，卢明辉，陈延峰，等. 基于弹性力学的超构材料［J］. 中国科学：技术科学，2014，44：1261-1270.

［65］ 沃尔特·李普曼. 舆论［M］. 常江，译. 北京：北京大学出版社，2018.

［66］ 马克斯韦尔·麦库姆斯. 议程设置：大众媒介与舆论［M］. 郭镇之，译. 北京：北京大学出版社，2017.

［67］ MILTON G. The theory of composites［M］. New York：Cambridge University Press，2002.

［68］ WANG Y，LAKES R. Composites with inclusions of negative bulk modulus：extreme damping and negative Poisson's ratio［J］. Journal of Composite Materials，2005，39：1645-1657.

［69］ XINCHUN S，LAKES R. Stability of elastic material with negative stiffness and negative Poisson's ratio［J］. Physical Status Solidi B，2007，244：1008-1026.

［70］ 蒂莫西·高尔斯. 牛津通识读本：数学［M］. 刘熙，译. 南京：译林出版社，2013.

［71］ 布尔迪厄. 言语意味着什么：语言交换的经济［M］. 褚思真，译. 北京：商务印书馆，2005.

第 2 章　力学超材料的基本理论、分类和构筑准则

力学超材料发起于声学超材料弹性波的传播行为,可以看作弹性激发初始的人工材料设计。极具代表性的力学超材料通常与模量和泊松比等四个弹性常数有关。其中杨氏模量、剪切模量、体积模量,从工程角度分别对应于材料的劲度、刚度和压缩度。这些基本的力学性能参数,也将作为力学超材料的分类依据。据此,本章内容按照如下规划来安排:首先简要引述各向异性弹性材料的基本问题和相关弹性参数的源起,继而为力学超材料设计提供分类依据;紧接着重点论述力学超材料的不同种类及其超常力学性能;最后仅就力学超材料的研究现状进行分析,解读时下研究中存在的主要问题与任务,及其未来的发展趋势。本章重点在于概括不同类型的力学超材料结构设计的一般性原理,这些材料设计方法与内容,以及如何与新材料构筑融合成体系,从而为力学超材料的研究设计提供科学指导,以期更有利于力学超材料理念的拓展和应用。

2.1　静态弹性力学参数

在力学超材料的具体研究设计出现之前,我们有必要专门讨论与之相关的材料各向异性弹性力学的基本问题,并有针对性地对其进行定义和简述。写在这里的,多为日常生活中所熟稔的一些想当然的概念,通过超材料的构筑,我们试图从另一个角度,或透过另一扇窗来重新看待并界定它们。现所提及的静态弹性力学基本问题,旨在说明人工设计的力学微结构材料,正是针对传统自然材料中固有的、均匀材料难以更改的力学属性为出发点,来进行人工几何结构的构建。为此,对这些基本的且惯常的力学基础理论进行重新梳理,正是本章节阐述的初衷所在。

通常地,在近似等温条件下,一些基本的材料本构关系也被认为对应于相对低应变范围内的材料属性行为[1,2]。这些材料属性行为所定义的基本理论,取决于不同弹性常数的建立和支撑。各种类型力学超材料的几何结构设计原理,正是在于调整不同弹性参数的存在范围和条件。静态的弹性力学超材料通常涉及 4 个常用的弹性力学参数:杨氏模量(Young's Modulus,E),剪切模量(Shear Modulus,G),体积模量(Bulk Modulus,K),及无量纲参数——泊松比(Poisson's Ratio,υ)。其中的前三项分别用于测量结构材料的劲度、刚度和压缩度。

在这四个基本的物理量中,杨氏模量又称拉伸模量,描述材料在单轴拉伸状态下固体材料抵抗形变的能力,也就是衡量一个各向同性弹性体的劲度(stiffness)。剪切模量描述在切向方向时材料的变形能力,其受力状态类似于摩擦状态,涉及材料的刚度(rigidity)问题。体积模量,是物理整体压缩时的阻力,是材料可压缩性(compressibility)的倒数。典型力学超材料与这些弹性常数密切相关。各向同性材料的弹性常数泊松比则提供了另一个基本衡量指标,该指标来比较物体的弹性应变。任何实际工程材料的结构力学性能,无论其材质是否均匀,泊松比均可以被定义为当材料受到轴向拉伸时,给定材料横向收缩的相对量,即当轴向拉伸时,侧向收缩量与轴向伸长量的比值,也就是表示当材料拉伸状态时,材料变细的程度[3,4]。需要指出的是,一些术语定义时倾向于使用"技术"(technical)、"实际"(practical)或"块体"(bulk)这样的字眼,而不是利用"工程"(engineering),并且倾向于说"常量"(constants)而不是"系数"(coefficients)[5]。这里是术语使用的习惯问题,不必过于介怀。需要记得的是,力学超材料的几何结构设计机理,正是试图去调节自然材料所固有的这些弹性常数,以一种微纳几何结构等效的形式加以呈现。

再者,如图 2.1 所示,这里引入介绍的符号体系,在工程学的基本理论中是完善的[6]。其中,α 和 β 可用来代表固体内原子间连接键的膨胀或收缩及弯曲行为。下标"i"指的是相邻原子的各种集合。在图 2.1 中,C_{ij} 代表与应力应变相关的弹性刚度系数,这里的应力和应变特指用系数 i 和 j 标定的一系列参数轴集合。并且,这些参数体系的选择,通常与晶体学里的晶系相对应。此外在图 2.1 中杨氏模量 E、剪切模量 G、体积模量 K 和泊松比 υ 等参数,分别用于量化表征等轴载荷、剪切载荷、静水压力载荷,及其在等轴载荷作用下的横向应变情形。

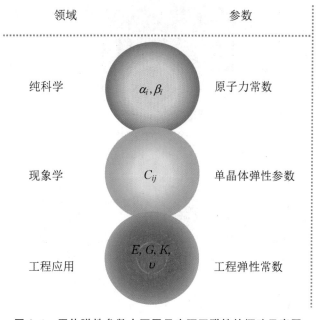

领域		参数
纯科学	α_i, β_i	原子力常数
现象学	C_{ij}	单晶体弹性参数
工程应用	E, G, K, υ	工程弹性常数

图 2.1　固体弹性参数在不同尺度下互联性的概略示意图

在本书中所采用的符号体系是如图 2.1 所示的第三种情况[5]，而另一种适用在基础研究理论中，以张量等形式命名的符号系统，可以在许多著名的相关教科书中找到[1,2,7]。对于材料各向同性介质的杨氏模量 E、剪切模量 G、体积模量 K 和泊松比 υ，其具体操作定义也适用于单晶材料，这就是图 2.1 中所示的第二种情况。如果将这些材料本构关系测量应用于单晶材料，则其所获得的测量结果取决于各晶系的晶体几何参数，即晶体定向概念中的米氏指数。其中米氏指数（Miller indices）是指用来表达晶面在晶体之方向上的一组无公约的整数，它们的具体数值等于该晶面在结晶轴上所截截距系数的倒数比[8]。如此获得的弹性常数可以被指定为 E_{hkl}，G_{hkl} 和 υ_{hkl}，并且，通过其他相关文献可以得知相应的公式说明与材料本身的 c_{ij} 和 s_{ij} 等参数相关[5]。与此同时，对连续性弹性力学有着丰富知识基础[3,4]的读者，可以略过本章所引入介绍的基础知识。

2.1.1 理想的弹性体单元

以上所述的弹性模量和泊松比均来自胡克定律。考虑到一个边与直角坐标系坐标轴平行的理想弹性体单元，如图 2.2(a) 所示[9]。对于这种立方体弹性单元的每对平行棱边，需要用一个符号来表示应力的法向分量 σ 和两个其他符号来表示剪切应力 τ 的两个分量。在正应力 σ_y 的情况下，下标 y 表示应力作用在垂直于 y 轴的平面上。两个下标字母用于剪切应力，例如 τ_{yx}，第一个字母 y 表示垂直于所考虑平面的方向，第二个字母 x 表示应力分量的方向。当讨论理想弹性单元体的变形时，我们可以使用应变分量来描述，即单元长度的增加，单元的伸长量 ε_x，ε_y，ε_z，以及两个弹性单

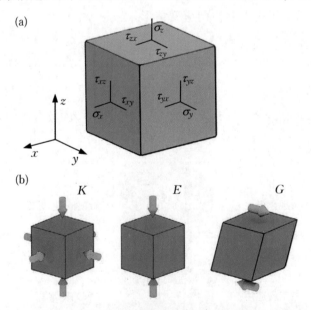

图 2.2 理想弹性体单元及相关模量实验测量示意图

（a）理想弹性体单元示意图，并显示了相应的法向和剪切应力状态，其中单元体的棱边与坐标轴平行；
（b）体模量 K、杨氏模量 E 和剪切模量 G 的实验测量示意图

元体之间角度的偏移量,即单位剪切应变 γ_{xy}, γ_{xz} 和 γ_{yz}。

2.1.2　杨氏弹性模量

一般情况下,胡克定律通常是指应力分量与应变分量在小变形条件下的线性关系,如下式所示:

$$\varepsilon_x = \frac{\sigma_x}{E} \tag{2.1}$$

其中,E 代表的是弹性模量,或称杨氏模量,如图 2.2(b)所示。换句话说,上式可以表述为杨氏模量可以定义为同一测量轴上等轴拉/压应力与其相应应变的比值[5]。

在大多数已知材料的弹性力学系统中,一般刚度(stiffness)指的是广义力与广义位移的比值,例如弹簧常数 k。因此,以上这些模量是独立于材料的几何形状和大小的固体材料所固有的连续力学性质。在弹性力学连续性理论的背景下,这种三维弹性体单元可以看作一个连续系统,如式(2.1)所示,工程应力(单位面积上的力)与应变(单位长度上的位移)是呈比例关系的。通常情况下,弹性物体在受压作用时,通过施加恢复力来抵抗给定的变形。当变形与施加的力方向相同时,就会产生正值弹性模量,即正刚度,相当于弹簧刚度系统中,将变形体返回到中性位置所需要的恢复力[10]。无论何时何种情况,当我们看待这个世界时,我们都处在一定条件下。其实,我们有时见到的世界可能是我们自己眼中的镜像。在此处,我们看到的是大多数自然材料都具有这种正刚度的特性,但事实上,在力学超材料的几何结构中,是可以出现负刚度情形的。也就是说,当弹性体在受外力作用时,超材料系统将有助于强化这种外力所施加的变形过程。

2.1.3　泊松比

当描述不同材料在力学外载荷作用下抵抗变形时,会发生较大的体积变化。在这种情况下,我们可以引入另一个弹性常数泊松比,通过定位狭窄数值范围内的材料性能,来比较弹性应变材料的性能。为此,弹性体单元在 x 方向上的这种拉伸扩展,通常伴随着横向应变分量的变化,通常是收缩效应,如下式所示:

$$\varepsilon_y = -\upsilon \frac{\sigma_x}{E}, \quad \varepsilon_z = -\upsilon \frac{\sigma_x}{E} \tag{2.2}$$

式(2.2)中,υ 是一个常数,被称为泊松比。也就是说,泊松比可以被定义为在单轴应力情况下,横向应变与纵向应变的负比值。当材料进行轴向拉伸时,大多数固体会经受侧向的收缩。也就是说,与法向应力的正值 σ_x 相比较,弹性单元体在侧向上的应变是小于零的,即 $\varepsilon_y < 0$,$\varepsilon_z < 0$。传统自然材料的泊松比通常为正值,而且一般介于 0.25 至 0.33 之间[11,12]。随着较新的实验方法、运算技术和先进材料合成不同路线的出现,我们将看到这些自然材料所固有的力学属性数值极限,正在迅速发生变化。为此,我们必须改变我们对现代材料力学特性的理解角度。

当叠加由三个主应力产生的应变分量时,伸长量与相应应力之间的关系,可以由两个物理常数,即弹性模量 E 和泊松比 υ 来定义,如下式所示:

$$\varepsilon_x = \frac{1}{E}(\sigma_x - \upsilon(\sigma_y + \sigma_z))$$

$$\varepsilon_y = \frac{1}{E}(\sigma_y - \upsilon(\sigma_x + \sigma_z)) \qquad (2.3)$$

$$\varepsilon_z = \frac{1}{E}(\sigma_z - \upsilon(\sigma_x + \sigma_y))$$

类似地,剪切应变 γ 和剪切应力 τ 之间的关系,也可以由弹性模量 E 和泊松比 υ 来定义[6]。在纯剪切条件的特定情况下,其中,$\sigma_z = \sigma$,$\sigma_y = -\sigma$,$\sigma_x = 0$,$\tau = \frac{1}{2}(\sigma_z - \sigma_y) = \sigma$,那么相应的比例关系可以写为

$$\gamma = \frac{2(1+\upsilon)\sigma}{E} = \frac{2(1+\upsilon)\tau}{E} \qquad (2.4)$$

2.1.4　剪切弹性模量

通常情况下,固体材料的连续性弹性力学中存在以下的关系式

$$G = \frac{E}{2(1+\upsilon)} \qquad (2.5)$$

式(2.5)代入式(2.4)时,可以得到关系式 $\gamma = \tau/G$。式中,经由方程(2.5)所定义的常数 G,被称为剪切弹性模量,或刚度模量,如图 2.2(b)所示。为此,剪切模量和杨氏模量分别用于表征轴向和扭转两种力学性能。

与此同时,联合方程(2.3),上式可以重新改写为体积膨胀与整体法向应力之间的关系,

$$e = \frac{1-2\upsilon}{E}\theta \qquad (2.6)$$

式(2.6)中,$e = \varepsilon_x + \varepsilon_y + \varepsilon_z$ 设定为弹性单元体的膨胀量,$\theta = \sigma_x + \sigma_y + \sigma_z$ 为法向应力的总和。

2.1.5　体弹性模量

在均匀静水压强 p 的作用下,存在着这样的关系,$\sigma_z = \sigma_y = \sigma_x = -p$。那么,式(2.6)可以变换为,

$$e = -\frac{3(1-2\upsilon)p}{E} \qquad (2.7)$$

式中,$E/3(1-2\upsilon)$ 可以被称为弹性单元体的体积膨胀,即体弹性模量,简称体模量。为此,固体材料的可压缩性,即体积模量的倒数[13],可由下式的导数形式给出[1],

$$K = -\frac{1}{V}\frac{dV}{dp} \qquad (2.8)$$

式中，V 代表体积。这些弹性常数一般情况下都是正值，对自然材料而言是预先已经给定的，即固体材料的固有属性参数。然而，如果只有两种不同材料类型，一种材料足够柔软，而另一种材料有足够强的可压缩性，也就是说，一种材料具有非常大的弹性模量，而另一种具有非常小的弹性模量，那么，就可以任意组合或空间排布这两种材料，进而制备出一系列足够多样化的微结构功能材料，以获得生产实际所需要的弹性力学属性[14]。

此外，在力学超材料的结构设计中，有一种类型的力学超材料，其与体模量相比，剪切模量可以表现为接近于零，如第 4 章所示的五模式反胀材料。这种弹性模量间的不同构成关系，对于天然的固体材料而言，是很罕见的情形。也就是说，这种人工构筑的等效固体材料在体积上是难以压缩的，却呈现着类似于液体的易于流动的力学行为[14,15]。

简而言之，大部分重要的材料力学特性，如劲度、刚度和可压缩性，可以分别由四个弹性常数——杨氏模量、剪切模量、体积模量和泊松比进行衍生得到。剪切模量 G，通常是指恒定体积下的固体材料形状变化。在理想气体或液体中，剪切模量是为零的，即 $G=0$。体积模量 K，指的是立方弹性单元体的体积发生变化，同时保持外形恒定。以前广泛的研究已经证明[7]，断面内嵌贯穿圆孔的金属，其等效杨氏模量 E 与金属材料本身的泊松比 υ 无关，特别是对于分级多孔复合材料来说[16]。

2.2　力学超材料的主要分类

所谓分类，就是按某种规则将事物纳入一种类目系统的方法。为此，狭义分类学特指生物分类学。而这里指的是广义分类学，也就是系统学，指分门别类的科学[17]。系统学本身就是一门深奥的学科，这里沿用钱学森给出的对系统的描述性定义[18]：系统是由相互作用和相互依赖的若干组成部分结合成的具有特定功能的有机整体。力学超材料也是由具有不同力学性能和几何结构的相互依赖的部分组成。为此，力学超材料分类的目的是把种类繁多的不同几何结构材料，按各自的力学行为特点和从属关系，划分成类并归成系统。其意义在于，促进从事力学超材料研究人员之间相互交流，帮助他们合理地选用不同的几何构筑范式及其有效地预测开发新型奇异的力学超材料。

力学超材料是指一组具有某些不寻常的力学性能的人工制造的几何结构材料。这些非比寻常的力学行为，产生于其亚基单元的几何形状而不是构成材料的化学组成。所有这些力学超材料皆隶属于超材料的大家族。也就是说，超材料的设计理念正从电磁学和声学深入地扩展到了力学激元领域。虽然复合材料结构相对于力学领域来说，可能并非全新，但是这些人工构筑的微纳几何结构的三维设计方法，正在不断地涌现出各种各样的不同类型，特别是表现在宏观反常力学特性方面。通常情况下,这些力学超材料呈现着各种各样显著的增强力学性能,例如零泊松比或负泊松比[19,20]、剪切模量的消隐[15,21,22]、负刚度[23]、负压缩性[24]、奇异非线性力学行为[25,26]和用户定制的拓扑显微结构[27-29]。所有这些奇异的力学性能,都将它们与传统的天然材料区分开来。这些与众不同的力学特性将为各种潜在的工业、生物医学和生物工程应用(例如组织工程支架)提供力学支持和多种保护功能。理解和识别这些不同类型力学超材料的关键力学特征,是通过设计原理和几何结构工程来实现材料创新设计的先决条件。为此,依据所表现的力学特性的差异性,以下的几何结构分类可以用于描述力学超材料的诸多类型。

通常情况下,基于静态的弹性力学超材料可依据人工微结构所调控的弹性模量或材料基本属性参数的不同,而进行分类[9,30]。目前,这些力学超材料有负泊松比拉胀超材料、五模式反胀超流体材料、负压缩性超材料、轻质超强的超材料及可调节刚度超材料等。基于此,本节将简述这些材料的主要分类依据,并定位不同类型的力学超材料的可拓展方向。但必须指出的是,这些分类方法仅能反映时下的力学超材料研究状态,当用户所需的更为奇异的主要力学行为及相应的宏观表现形式发生改变时,则相应的几何结构设计方法也会随之而改变。与此同时,虽然所利用的设计构筑原理不同,但力学行为的表现形式相似的力学超材料,会得出相同的分类依据,反之亦如是。例如,起初用于研究负泊比拉胀材料的六角蜂窝折返式几何结构样式,也可以用于负热膨胀的力学超材料。还有反手性的杆件结构,同时适用于负热膨胀和轻质超强栅格材料。不同几何结构排布样式,在不同类型的力学超材料之间可能存在着交叠,在后续的论述中,笔者会逐步予以阐述。这样的特点同时启示我们,需要站在不同研究领域的交界处,并不断地打破学科之间的壁垒,从而使得超材料与自然材料之间达到融合,更重要的是,超材料与不同学科之间的更有效的融合。无论如何,根据所调控的弹性参数不同,而不是根据具体的几何结构单元排布,来对力学超材料进行分类,将更有利于目前的力学超材料结构优化设计及拓展。

2.2.1 扩展的密尔顿图

目前,两种力学性质图可以作力学超材料设计的主要分类依据。两个基本图表绘制了各种力学性质的组合[31];杨氏模量与密度(E-ρ)图,又称为阿什比(Ashby)图[9,32];体模量与剪切模量(K-G)图,其中节选第一象限的部分,又可以称为密尔顿图[9,16]。关于阿什比图,笔者将在第 9 章引入轻质超强力学超材料时予以详述。此处,在第 2.1 节所提及的这些材料弹性参数的特征关系可以在密尔顿 K-G 图中呈现,如图 2.3 中所示。主要源于密尔顿在之前的研究文献中[7]讨论了右上象限条件下材料的力学行为关系,用以阐明负泊松比与不同弹性模量的关系。后来,Lakes 等人[33,34]将其他超材料陆续排列放置在该图上的相应位置。

从数学上讲,涉及剪切模量与体模量相关的力学超材料,在密尔顿图中包括三个主要的区域范围(如图 2.3 所示)。第一个典型区域是 $G(x)$ 轴,为泊松比为负值的拉胀力学超材料。第二个典型分布区间是落在 K 轴,为剪切模量接近于零的情形,即剪切模量的消隐。第三个主要部分是位于右下角的第四象限,为杨氏模量大于零的情形,即 $E>0$ 和 $-4G/3<K<0$,这部分可称为负可压缩性。第一种情况的拉胀负泊松比特异材料,包含了对力学超材料的最初期望,因此这是一个相对成熟的研究领域。

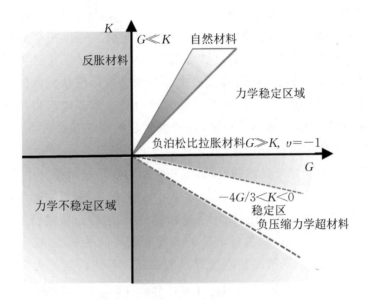

图 2.3　扩展的密尔顿 K-G 图及其力学超材料的简要分类

为此,基于各向同性材料的体弹性模量 K 与剪切模量 G 的关系,依据扩展的密尔顿 K-G 图[35](如图 2.3 所示),目前可将弹性力学超材料简要地分类成:① 负泊松比的拉胀材料;② 涉及剪切模量与体积模量(G/K)的五模式反胀材料;③ 负压缩力学超材料;④ 超轻超硬的轻质超强力学超材料,其涉及杨氏模量 E 和静态质量密度 ρ 的比值关系(E/ρ)。此外,根据杨氏模量 E 数值的可调性问题,还分为一类典型的模式转换可调刚度的多孔"可编程"力学超材料。余下的类型可以看做这四种基本力学超材料的延伸拓展情形。

值得一提的是,图 2.3 提供了上述这些力学超材料的详细分类示意图。这种分类顺序的建立是依据杨氏模量 E、剪切模量 G、体积模量 K 及无量纲参数泊松比 υ 这 4 个基本弹性常数而展开的。这主要是因为各种几何结构的力学超材料通常是以其有效模量和泊松比等基本力学行为来展开讨论的。为此,本节旨在调查、预测并寻求解释具有各种超常规力学性能的微纳几何结构。这里描述的几乎所有的力学超材料都或多或少皆与这 4 个弹性常数相关。从工程角度来看,前三者分别对应 3 种弹性材料特性,即材料的劲度、刚度和可压缩性。依据材料的这些弹性常数,力学超材料的结构设计的基本机制,就可以给出明确的分类。也就是说,力学超材料可以基于它们的弹性常数分成不同的类别,而无须顾及组成几何结构材料的化学组成,无论是金属合金、陶瓷,抑或高分子聚合物。为此,我们可以不必过多考虑组成结构单元的自然材料属性,而仅从几何结构设计与排布方面作为切入点,同时这也很好地契合了超材料设计的初衷。

2.2.2 力学超材料的具体分类与拓展

从扩展的密尔顿图 2.3 可以看出,传统均匀材料的剪切模量、体模量及其泊松比,皆集中在扩展的密尔顿图中所示的第一象限的对角线位置。在除了传统天然材料所在的对角线这部分外,其他的均可以列为力学超材料用以拓展的超常力学特性涵盖部分。而目前正在研发的力学超材料,多集中分布在 x-G 正轴负泊松比的拉胀材料和 y-K 正轴反胀材料。并且,其发展水平与研究应用现状仍然处于理论探索和实际应用的初级阶段。此外,近年来力学超材料的研究更多地扩展到图 2.3 所示的第四象限部分,即负压缩性材料。不过,这种力学超材料的负性存在是有条件的,也就是类似于材料力学中的压杆稳定性,必须有约束的限定[2]。

依据图 2.3 中的研究分类组别所示,这些类型力学超材料都与劲度参数,即杨氏模量 E 有关。一种类型强度较高而密度较小,例如微纳米胞状结构,抑或新近研发的基于折纸启发的超表面结构,并且利用了杨氏模量 E、与静态质量密度 ρ 之间的普适比例关系 E/ρ 来表征。弹性模量所表征的劲度和密度的关系图,逐渐地演变为材料的强度与密度的关系,也是超轻超刚度材料的表征。具体的这类力学超材料结构形式演进,包括最初人工晶体栅格结构设计方式在内,随着近年来 Origami 折纸技术的引入,超轻超硬力学超材料的研究越来越系统深入。部分研究内容笔者会在下文进行具体详述。此外,另一种类型显示数值可调节的劲度 E 范围,如模式转换力学超材料。在传统的高分子有机材料薄板上,周期排布相同或不同尺寸的贯穿圆孔所构成的几何结构整体等效的弹性模量,在承受轴向外力时,就会出现可调节的杨氏模量的现象。

当弹性模量的数值出现在图 2.3 所示的 K 轴上时,也就是说,当剪切模量 G 与体积模量 K 相比接近于零时,即 $G \ll K$,就可以获得两种可供选择的力学超材料,即五模式反胀材料和仿晶格 Kagome 结构材料。这种几何结构的力学超材料在外形上是三维结构构型的,但其力学属性却像理想流体一样,在外力作用下实现液体的力学行为。更为通俗地讲,三维几何结构位于 K 轴上时,其剪切模量消失了。我们可以在两个维度上获得一种不可检测性,但看起来不是三维结构化材料。

再者,在密尔顿 K-G 图的右下象限,其弹性模量范围是杨氏模量与剪切模量均大于零,即 $G, E > 0$,并且满足条件 $-4G/3 < K < 0$。在所选几何结构单元中,负弹性模量 $K < 0$ 被证明是可能存在的。在各向同性固体中,当负泊松比足够小,并低于稳定极限(用于应力控制)时,可以获得体积模量小于零($K < 0$)的情形。不过,这种结构材料在整体变形方面是力学不稳定的。这就需要通过限制其边界条件来达到力学的暂时稳定性能,即准稳态条件。这种情况类似于材料化学中的结晶金属-有机骨架(MOF),可以说这种类型的力学超材料具有负可压缩性的力学属性。也就是说当拉

伸晶体时,在一个方向上的收缩,称为负线性压缩性(NLC),在两个方向上的收缩,称为负面积压缩性(NAC)。关于负热膨胀(NTE)行为,也可以详细介绍其设计概念。通常意义上讲,微/纳米尺寸夹杂物可以插入散装材料的结构内部,从而获得 NTE 或 NLC/NAC 特性。这些领域的新鲜的点子很多,但实验制备这些复杂的几何结构还依然存在相当大的挑战性。随着微/纳米加工技术的快速发展,预计这些几何结构设计理念将会陆续成型,与此同时,还会出现更多的理念或想法。只有少数研究[24,36,37],通过寻找自然负压缩性候选物,来关注这种类型的力学超材料[38-40]。为此,这里引入的负压缩率力学超材料,可作为未来材料的愿景。此外,负热膨胀力学超材料是预计从理论向潜在工程结构转变的另一种尝试方法。

如此分类主要是因为,人们一般情况下,通过体积模量 K 和质量密度 ρ 来描述气体和液体中弹性波的传播行为。其中,气体和液体介质只支持纵向偏振的压力波,而固体可以支持纵向和横向的弹性波。而且,材料的剪切模量 G 与横波模式密切相关,因此,在理想气体和液体中剪切模量均为零,而当材料仅拥有有限的体积模量 K 时,也就成为扩展的密尔顿图(图 2.3 中所示)纵坐标轴方向的反胀材料类型。相比较来说,在固体均匀材料中,一般固体弹性模量为张量形式,往往用泊松矩阵来描述。对于各向同性介质来说,泊松矩阵可以退化为固体力学中的泊松比 υ 形式,如式(2.9)所示。

$$\frac{K}{G} = \frac{1}{3(\upsilon + 1)(0.5 - \upsilon)} \tag{2.9}$$

对于传统的弹性力学固体均匀材料来说,其泊松比 $\upsilon \approx 0.3 \sim 0.5$,$K/G \approx 2$,这就意味着体积模量与剪切模量的数量级相同,相应地,它们的具体数值就都落位于扩展的密尔顿图(如图 2.3 所示)中的对角线处。通常 $\upsilon < 0$ 或甚至在相对极限 $K/G \ll 1 \Leftrightarrow \upsilon \approx -1$ 下的弹性力学超材料,我们也称其为拉胀材料,表征在扩展的密尔顿图中的 x-G 横坐标轴。直至不久前,研究人员发现某些自然材料存在负线性压缩的特性[38],由此位于图 2.3 第四象限的负线性力学超材料也正在逐步开始被人们所关注。

图 2.4 给出了力学超材料相关的部分实例[41]。需要说明的是,图 2.4(c)中所示的负质量密度和/或有限频率处的负模量,本书将此类型归类为声学超材料,暂不予论述,具体可参见相关书籍[42-45]。图 2.4(a)中显示的负泊松比拉胀材料研究较为深入,故而列为第 3 章加以简述。与之相对的五模式反胀材料[图 2.4(d)],与声学超材料部分也有交叠,可暂且列为第 4 章。图 2.4(b)中的轻质超强材料类型相当广泛,而且可拓展的研究空间广阔,可以分两章来加以阐释,具体可参见第 8 章、第 9 章。折纸力学超材料是新近引入仿晶格缺陷的一类超表面材料,第 10 章将独立来论述这一创新性的理念。

此外,还有 3 类力学超材料,就是第 5 章的负压缩力学超材料、第 6 章的负热膨胀力学超材料和第 7 章的模式转换可调刚度力学超材料。负压缩力学超材料和负热膨胀力学超材料在自然界中以相当少的比例存在着天然材料,并且正在为人们所逐渐发现。应该说超材料在这个角度上是在拓展自然材料的较为微弱不太显见的力学特征，当然也符合与自然材料相互融合的设计思路。相较而言，第7章的模式转换可调刚度力学超材料，是相对较早的研发对象，这里只稍作提及，旨在开阔更新的研究源路或应用方向。

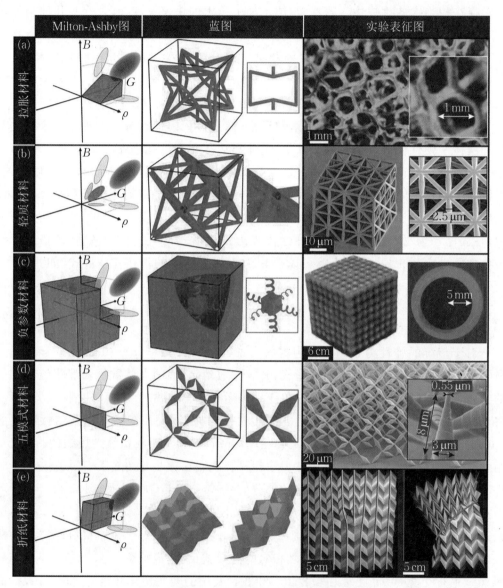

图 2.4 力学超材料部分实例[41]

（a）负泊松比拉胀材料；（b）轻质超强材料；（c）负质量密度和/或有限频率处的负模量；

（d）五模式反胀材料；（e）折纸力学超材料

左列为密尔顿图（体积模量 B 与剪切模量 G）和阿什比图（弹性模量与质量密度）的组合。

三个箭头交叉处的参数为零，指向正方向

2.3　力学超材料常用的几何结构样式

人工构筑的晶格几何结构大致可分为两大类，一类是仿天然固体晶体材料的胞状栅格结构，另一类是仿高分子聚合物键态的手性与反手性几何结构。此处，仅就这两大类常用的几何结构设计进行简要的论述。

2.3.1　人工晶格几何结构

为了研究节点连通性、应变的亲和性和网络的刚度之间的相互作用，我们可以模拟由均直和均匀的梁（相同的横截面和材料）制成的不同二维规则网络的力学行为。这通常需要了解五种不同的人工晶格几何结构网络，以检查连通性和无序性对力学性能的影响。三个常规的人工结构栅格，即六边形（连通性 $z=3$）、Kagome（$z=4$）和三角形（$z=6$），以及两个无序的栅格，即 Voronoi（$z=3$）和 Delaunay（$z=6$）网络。它们是生成的从平面上均匀分布的点。杆梁网络的哈密顿量有三种不同的贡献。如图 2.5 所示，离散杆梁的力学行为和能量守恒关联的示意图，其中，每个梁由两个相等长度的线段组成。杆梁的弯曲能量与杆梁的两个区段之间的角度变化相关联，节点弯曲能量与相邻杆梁之间的角度变化相关联，并且拉伸能量与杆梁区段的长度变化相关联。

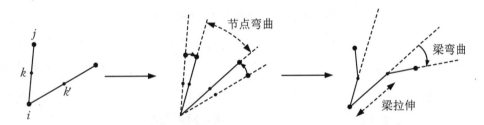

图 2.5　离散杆梁的力学行为和能量守恒关联的示意图[46]

2.3.2　手性与反手性几何排布

手性与反手性几何单元的周期排布，适用于负泊松比拉胀材料和负热膨胀力学超材料等多种力学属性的奇异力学行为。为保证模型的通用性，将这种手性与反手性结构单元单独列为一节，简要阐述相关术语和概念，对手性与反手性周期几何结构可能的应用范围和发展方向进行预测和讨论。具体的几何结构设计，将在相应所涉及的章节中进一步阐述。

定义为"手性"（chiral）的几何结构，可以被构筑成为"左手"或"右手"结构材料。其中，无论是左抑或是右手，这两个皆为非超可变的镜像图像[47]。这种类型的几何结构拓扑形式，最早由沃伊切肖斯基（K. W. Wojciechowski）提出[48]，后来被普劳尔（D. Prall）和拉克斯（R. S. Lakes）实现为六边形手征蜂窝结构[49]。具体来说，手性几何结构单元网络的每一个单胞,是由一个称为节点的中心圆柱体组成,圆柱周边存在着六个切向连接的韧带,展现出六阶的旋转对称性,其完整的描述可参见图 2.6。这种由圆柱中心体和连接杆件所构成的连接结构,组成了基本的手性结构单元,图中给出的具体例子归类为六价结构单元[47, 50]。

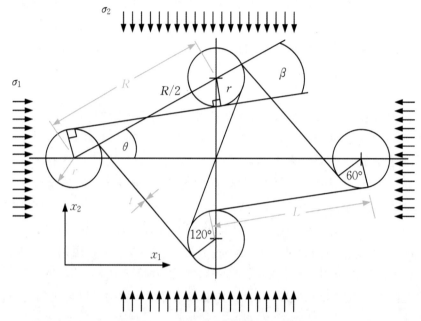

图 2.6 平面手性结构单元几何构型

如图 2.7 所示[47, 51],这些由手性和反手性的几何结构单元构筑的平面周期排布时,可分为手性和反手性系统。其中二维基本单元与韧带两侧的节点连接在一起的,

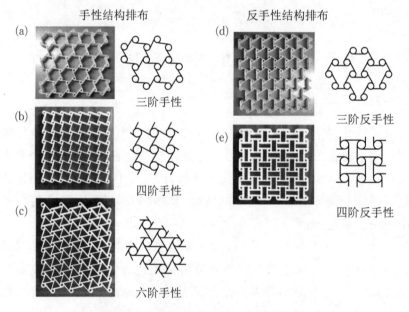

图 2.7 平面手性结构单元的周期排布[47,51]

归属于手性系统[52,53]，而与韧带同侧的节点，属于反手性系统[50,54]。在生物医药研究领域中，反手性体系具有等量的左手和右手基本单元，从而形成了外消旋[54]。在这五组手性/反手性平面周期几何结构网络中（如图2.7所示），如果将较薄的韧带焊接到节点上，则单轴的轴上载荷将导致节点旋转，并伴随着韧带弯曲。为此，当蜂窝周期排布几何结构体系受到压缩载荷时，这种变形可能导致节点周围的韧带"折叠"，并且当它们受到拉伸载荷时会产生"展开"，这种行为导致拉伸性增强[47]。此外，这在Cosserat微极弹性的情况下[10]可以分析人工制备的手征晶格[11]材料，其中结点的旋转具有物理意义。

如图2.8所示，我们由手性与反手性结构单元所构筑成的分级周期排布例子中[55]，可以发现一系列的圆柱体（节点）通过切向韧带（肋）相互连接。当每个圆柱体与三条或四条切向韧带连接时，可以将几何结构排布称为三或四结构手性及反手性系统。之前的研究发现，手性与等级结构之间耦合，对这些周期排布几何结构的平面内力学性质起着至关重要的作用。正如目前所看到的，结构单元的等级结构周期排列表现出更高的硬度，即胞状轻质超强力学超材料，而手性，特别是反手性结构，仍然是实现这一等级结构周期排列的唯一性途径。这种可观测到的系统变形机制，可以扩展到后续章节中讨论的负泊松比拉胀特异材料的几何结构设计过程中。四阶反手性甚至可以用于构建形成具有负热膨胀行为的力学超材料[50,56,57]。尽管迄今为止，大多数这样的负热膨胀研究部分都集中在声学超材料中，也就是利用的六阶栅格几何结构，或是四阶栅格几何结构的周期阵列上[58-60]。这样的研究现状主要是因为手性栅格结构表现出独特的声学和力学特征，例如通过改变定义晶格拓扑的参数来调谐的频带间隙[61]。六阶手性与反手性栅格结构[62]可以用来形成记忆合金或聚合物[63]。此外，还有一些手性与反性周期几何结构被应用于宏观手性网络组分，例如空气箔等[64,65]。

2.4　力学超材料设计准则

许多结构分析和计算方法已经被开发应用于设计力学超材料，例如一种被称为自由、致动和约束拓扑（FACT）的分析方法，它依靠挠曲和螺旋元素的设计，来创建具有规定属性的单元格和格子[66]。这其中也涉及在自然复合材料设计时的细观力学性能[67,68]。不过，力学超材料的设计原则侧重于几何结构的拓扑优化方法，该方法包括根据目标函数和边界条件优化单元格的布局[69]。本节的主要目的是论述力学超材料的几何结构单元背后的一般性通用设计原则，这是因为具体的分析计算方法会因不同的力学超材料类型所实现超常力学属性的不同而略有差异。这些一般性的设计原理大致可以包括：① 用于微纳力学超材料几何结构设计的麦克斯韦标准，及相关材料力学结构设计方面；② 拓扑结构优化设计手性/反手性及其他阵列的力学

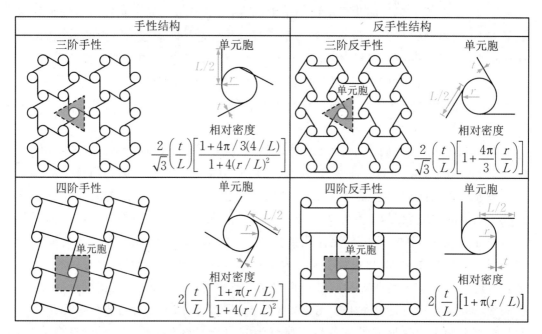

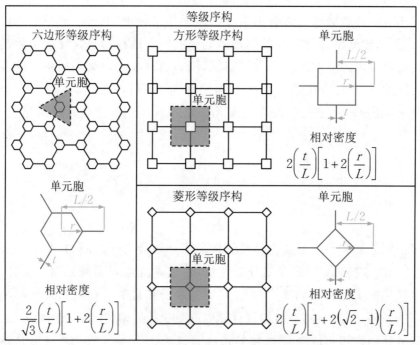

图 2.8　手性与反手性单元的等级结构周期排布概略图[55]

超材料;③ 适用于折纸或剪纸力学超材料的折叠屈曲理论;④ 涉及几何失措(geo-metrical frustration)效应相关的力学超材料结构设计机制。

值得一提的是,力学超材料的几何结构日益变得多样化、个性化和复杂化,此处尽可能简洁地阐释相关结构单元设计所需的基本机制,且主要侧重于超材料的人工原子,即单个几何结构单元,其较简化的元素或属性。部分理论也有与其他学科专业的相似之处,这是可以理解的。不可否认,当下我们习以为常的严格的学科分工会有助于提高科学研究的效率,在某种意义上来说,却是有碍于充分理解这个世界的一道道樊篱。必要的时候,我们需要打破知识体系壁垒,从整体全局的角度来考虑力学超材料的设计问题。

2.4.1 均质材料设计准则

一般来说,物体内各点性能都相同的材料称为均质材料,而各点性能不相同的物体称为非均质材料。物体内各点在每个方向上,都表现出相同性能的材料称为各向同性材料,而各点在各个方向上具有不同性能的材料称为各向异性材料。力学超材料属于非均质材料,它既可以是各向同性,也可以是各向异性。不过,组成超材料结构单元的自然材料本身,是以均质材料的理论基础而展开的。

在力学超材料设计中,我们有必要简单了解一下所选用的自然材料本身,然后再利用这些自然材料来进行几何结构的搭接设计。这些构成材料的基本力学特性,在人工原子单元里有时也会影响到力学超材料的力学特性。在力学超材料的几何结构设计中,不可避免地会遇到与自然材料相融合的情形[70],这时,均质材料的相关材料力学规律,也是在超材料结构设计中需要了解的内容。这里根据不同种类的材料,笔者选择三类材料设计规则予以简述,其中包括金属中塑性流动的 Hall 和 Petch 强化定律,陶瓷缺乏塑性流动的 Griffith 定律,及多材料设计选择常用到的 Ashby 图表。

首先,一般情况下,金属中的塑性流动是通过位错沿择优滑移系统而发生运动的。随着位错进一步运动被晶界所阻碍,多晶金属的屈服强度就随着晶粒尺寸的减小而增加。这种材料强化过程,可称为 Hall 和 Petch 定律[71,72]。

$$\sigma_Y = \sigma_0 + \frac{k}{\sqrt{d}} \tag{2.10}$$

式中,σ_0 表示通过晶格位错运动的阻力,k 是材料参数,d 是平均晶粒尺寸。这个公式预测了随着晶粒尺寸降低到原子尺度,并且微观结构变成无定形态时而引发的材料强化效应。不过,实际上,一旦晶粒尺寸下降到 10 nm 以下,材料塑性就受到其他机制(如晶界滑动和剪切带等)的控制。对于大多数金属来说,随着晶粒尺寸的减小,这些机制会引起材料软化,这意味着最佳屈服强度是在 10~20 nm 的晶粒尺寸下实现的。尽管如此,与大量晶界相关的较大表面能,使得人工构建晶体材料更具挑战性。

其次,裂纹尖端缺少塑性流动,导致材料韧性较低,并且在外加应力下易导致失效,即远远低于材料的屈服强度。根据 Griffith 定律,材料的断裂强度 σ_f 可以用下列关系式表示:

$$\sigma_f = \frac{K_c}{Y\sqrt{a}} \tag{2.11}$$

式中,a 是在假设裂纹在所有方向上均匀分布时材料中最大裂纹的尺寸,Y 是数值常数,K_c 是断裂韧性,表示抗裂纹增长的材料属性。

最后,阿什比图(图 2.9)通常用于考虑多种需求的材料选择。该图可以通过基础的材料工程分析来确定,该分析揭示了与每个性能指标相对应的材料指标或属性组合。任何两个材料属性指数,都可以在包含现有材料领域的对数图中进行交叉绘制[73]。因此,就阿什比图而言,通用标度定律可以用于表征有效刚度,及作为密度函数的强度。例如,当陶瓷八面体桁架纳米晶格结构的壁厚为 5~60 nm,密度为 6.3~258 kg/m³ 时,它们的强度和杨氏模量遵循幂律定标,并且相对密度为 $E\sim\rho^{1.76}$ 和 $E\sim\rho^{1.61[74,75]}$。这就意味着,最小结构特征和最大结构特征之间的微纳米级尺寸差异,将决定着在力学超材料几何结构设计中可以实现的结构排列等级的最大程度。无论如何,这些微观结构的力学超材料都能够探索潜在的纳米级力学效应,如塑性和断裂的尺寸效应,从而提高超材料所需的力学性能。

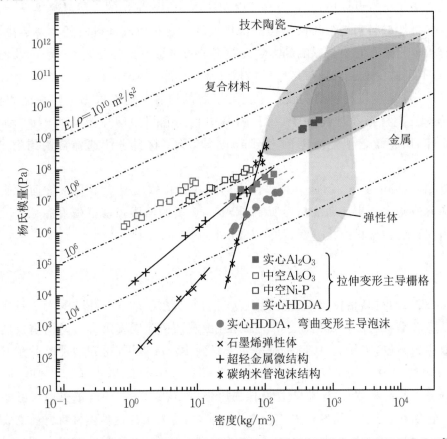

图 2.9　Ashby 图用以显示部分轻质超强力学超材料的杨氏模量与质量密度之间的比值关系[76-79]

2.4.2　麦克斯韦标准和力学结构设计

为了深入分析胞状几何构造中应力的传递机制,探讨结构单元受力、变形影响的规律性,微纳栅格结构力学性能的数值解析已成为必须。一般情况下,可先将胞状结构内部单元的连接方式简化为铰接,得到与胞状结构相对应的销接杆系。

对于周期性轻质超强微纳栅格材料的结构设计,麦克斯韦标准(Maxwell's criterion)是必不可少的。麦克斯韦标准分析的基本结构,是由支柱杆件数 b 及无摩擦接头节点数 j 构建成的销接杆件框架[80]。这些框架可以在每个杆件的端点处铰接。如果这样的二维杆件连接结构勉强是刚性的,并且在加载时不能折叠,那么,此时这种结构就满足于特性

$$b - 2j + 3 = 0 \tag{2.12}$$

铰接杆系的静定必要条件为扩展到三维杆件框架,方程将变为

$$b - 3j + 6 = 0 \tag{2.13}$$

将其拓展为更广泛接受的三维麦克斯韦规则

$$b - 3j + 6 = s - m \tag{2.14}$$

式中,s 和 m 分别是自应力和机制的数量。这些都可以通过找到平衡矩阵的秩来确定。相应的矩阵形式可以描述完整结构分析中的框架[80]。麦克斯韦的标准表明,自应力和机制的数量,可以决定人工构建的超材料性质。根据这个标准,超轻质超强材料可以定义以拉伸为主的几何结构。有关更详细的设计机制,请参阅相关文献[80-82]。

换言之,杆系静定的必要条件 $m=0$ 的等价表述式为 $Z=2D$,其中平均配位数 Z($=2b/j$)为联结到节点的平均杆件数,D 为空间的维度[81,83]。由此可见,胞状结构的构造可采用配位数加以定量化描述。当 $Z>2D$(或 $m>0$)时,铰接杆系处于超静定状态,胞状结构的内部单元以拉压变形为主;当 $Z<2D$(或 $m<0$)时,铰接杆系处于静不定状态,胞状结构的内部单元以弯曲变形为主。当配位数 Z 增加,即连接每个节点的平均杆件数目越多,杆件以拉伸或压缩变形为主,材料利用率提高,胞状结构的刚度和屈服强度上升。反之,杆件以弯曲变形为主,材料利用率下降,胞状结构的刚度和屈服强度减小。

2.4.3　拓扑结构优化设计

拓扑优化是一种计算驱动的逆向设计方法。通常利用有限元求解器作为核心物理引擎,并受制于目标函数和约束条件的优化设计算法。力学超材料几何结构的拓扑优化,可以从理论及数值仿真上来确定,并可将设计问题简化至不同的尺度等级[73]。部分类型的几何模式转换,如第 7 章所述的相关内容,其几何构型可以简化为经典的欧拉-伯努利梁(Euler-Bernoulli beam)的形式。由此,几何结构进一步修正,以结合非均匀的弹性梁设计,类似于第 3 章提到的拉胀材料的经典结构设计。各种胞状网格结构可简化成单梁体,及一系列线性和扭转弹簧的运动,相应地,该几何结

构的力学问题就可以通过传递矩阵方法来解决[84]。因此,在多材料杂化的力学超材料制备之前,目前正在使用的以往相关力学的理论研究,有助于为几何结构的初步构筑带来更多的指引或启示。

在数学上,几何结构优化的目标被定义为,在离散范围内最小化结构参数的实际值和预定义值之间的误差[85]。通常地,为了确保某些结构体系的可扩展性制备,在拓扑优化设计问题上,可以施加几个几何约束。某些一致性的几何结构特征,在设计时要求施加最小和最大长度尺度的组合。在第8章的微/纳米栅格力学超材料中,拓扑优化步骤可以模拟出类似拉压杆件的布局形式。类似晶格的框架结构,可以转换成由一组参数化单元格组成的简化设计体系[85]。此问题的解决方案,通常绘制在对数-对数的标度上来进行。在可调杨氏模量的模式转换的情况下,最优化设计曲线中的扭结(kink)描述了屈曲控制和屈服控制设计之间的转换[86,87]。

Hashin-Shtrikman 刚度极限理论通常用于估计多孔材料刚度的可能取值范围[88]。对于不同构造的胞状材料,其刚度能否达到 Hashin-Shtrikman 刚度上限这一问题直到最近才得以解决。有研究[89]采用有限元分析了一类均匀规则的泡沫结构,发现由于有效降低构型熵并提高应变能存储密度,因而可以达到 Hashin-Shtrikman 各向同性刚度上限,而传统点阵结构和各向异性蜂窝结构无法实现这一目标。

目前,计算机分析已经普遍用于优化几何形状和拓扑结构[90],以确定最佳形状,并在一定限制条件下改善其材料性能。在可调杨氏模量的模式转换中,可以通过对几何单元进行最紧密排布,简单地改变单孔的几何形状,从而来调整力学超材料的响应[91]。因此,拓扑几何结构优化在力学超材料的设计中,可能会发挥越来越重要的作用,尤其是随着计算机 IC 产业和半导体技术的发展进步。

此外,自由、致动和约束拓扑(FACT)技术使用以前开发的完全几何形状库来定义基本的挠曲和螺旋运动。这些几何形状使人工单元的设计者可以将其排布组装成各种微结构元件区域,可视化地实现期望的块体材料性质。因此,它们可用于设计负泊松比、负热膨胀等其他特性的力学超材料。

在优化求解过程中,从定义一个目标函数开始,如人工单元的特定目标热膨胀,及定量化的约束条件,如刚度和体积分数边界。有限元求解器会计算三个目标要素随机分布的材料属性。这些属性可能会远离目标,也可能违反约束条件。此时,类似基于梯度方法的优化算法将通过少量重新分配 3 个关键参数,接着有限元求解器再次计算属性,然后针对目标和先前计算的值评估新属性,并且优化算法将再次基于这些信息,重新分配材料以试图接近目标[92-94]。重复这个迭代过程直到它收敛到最小化目标函数并满足所有约束的设计。拓扑优化负热膨胀晶胞设计示例如图 2.10 所示。在某些情况下,该过程可能无法实现收敛,因为这取决于过度约束及其初始条件的设定,视不同的情境而有所不同。当然,拓扑优化方法存在显著的局限性,包括缺乏对算法中实际制造约束的理解,倾向于收敛到局部最小解决方案,而不是全局解决方案[95],并且对于更复杂的设计问题,需要权衡计算资源。

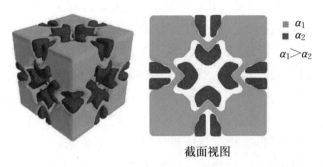

截面视图

图 2.10 利用拓扑优化设计的负热膨胀超材料单元[69]

红色和绿色代表具有不同热膨胀系数的两种材料

2.4.4 几何失措与材料失效形式

几何失措指的是由于几何约束而无法同时最小化所有相互作用的理论系统[96,97]。这种现象在导致无序状态配置的许多系统中起主要作用,例如,在 Kagome栅格结构中,在折纸启发式力学超材料中的 Miura-ori 模式,以及手性/反手性周期排列的力学超材料。这种现象最早起源于铁电材料中,具有三角反铁磁相互作用自旋排布内。与正方形情况相反,三角形上的每个自旋不能与其两个邻居反向对齐,如图2.11 所示[96]。因此,这时系统受挫,并且以退化至基态为特征。这就表明,几何失措会导致无序的配置情况。在力学超材料中,这种原理机制是非常重要的,尤其是对于在屈曲系统中有序排列的生成。例如,屈曲诱导几何形状失措的三角形胞状晶格结构。也就是说,一个潜在的研究路线,就是将连续体结构中的弹性力学和几何失措耦合起来,从而有效地进行力学超材料的几何结构设计。

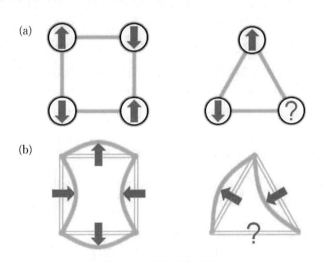

图 2.11 几何失措系统

(a)反铁磁系统;(b)几何框架内屈曲的杆件单元[96]

几何结构与弹性不稳定性之间的相互作用,正在成为合理设计力学超材料的有效方法。弹性力学不稳定性可被用作单向、平面和拉胀行为的计算路径[84]。在单孔可调弹性模量的模式转换例子中,力学不稳定性在复杂的有序模式中起着重要的作用[96]。事实上,弹性材料力学不稳定性源于材料响应的软化过程和由膨胀力学变形行为引起的切线模量的衰减。这就是为什么可调杨氏模量,可以由传统意义上的失效模式来实现,即弹性力学的不稳定性。此外,在麦克斯韦标准设计构架下,约束条件的数量也可以导致特殊的静平衡状态。还有,温度也会影响到力学超材料的弹性力学不稳定性[98]。在折纸启发式力学超材料中,Miura-ori 的几何布局,可以被认为是扭转弹簧褶皱后所形成的,从而进一步揭示了非线性刚度和弯曲响应[99]。

还值得一提的是,Hecke 等人的研究工作范围从最初的干扰系统到可调杨氏模量的模式转换[100,101],再到目前的折纸超表面结构。从以往的这些研究可以看出,唯一不变的本质内核,就是几何结构的屈曲不稳定性,这是所有千变万化研究样式外在表象背后的理论基础。讲一点题外话,在外在万千姿态的思维泡沫下,定是有一点根基不会随风摇摆,在文学里,我们称之为风骨气节。在科学研究里,这种风骨依然在,只是换了称谓而已,有心人可以倾听得到。

在力学超材料的几何结构构建中,完美设计的多孔胞状材料,在制备完成后会不可避免地包含一些自然材料所与生俱来的质量缺陷。这些在几何结构内部的不同缺陷,尤其显现于在力学超材料整体结构,受制于周期性屈曲范式,而形成的塌陷表面附近。引发这些缺陷的一部分可能原因是,几何结构制备过程的残余应力。通常情况下,我们可以对整体几何结构的屈曲应力进行量化,以获得一些二维蜂窝结构初始失效的上限。这些几何结构包括方形/三角形网格,及手性蜂窝和分层蜂窝等。具体来说,需要注意抑制周期性结构不稳定的栅格胞壁横向负载的影响,即栅格胞壁反作用力的非轴向分量。例如,在以拉伸为主导行为的三角形网格构架中,单元格壁中的横向反作用力基本为零。结果就是,几何结构中的单元格不会经受预屈曲的弯曲变形。也就是说,在所有应力状态下,可观测到宏观荷载-位移曲线的分叉曲线。虽然,我们在力学超材料的几何结构设计中,遵循了基本的力学屈曲规则,但不同周期模式的屈曲行为,会带来各种不同的结构失效模式,例如,六边形和三角形蜂窝结构中力学屈曲的二次模式。此外,大量的基础理论工作需要对具有不同几何形状单元排布的周期性模式进行量化,并结合塑性倒塌失效(plastic-collapse)标准来加以评定[102]。然后,才可以为各种几何结构建造详尽的多轴多故障表面的评定标准。

此外,在材料失效形式中,自应力状态指的是所构成的几何结构单元的拉伸与压缩,从而导致净零力宏观状态。在构成杆件单元到具有可调力学性能的超材料整体结构的多尺度范围内,自应力状态在确定其承载能力方面也起着重要作用[103]。这种受力状态类似于在周期性胞状栅格超材料内部所塑造的局部屈曲区域的拓扑量子态。

值得一提的是,利用金属 3D 打印技术之一的选区激光熔融方法,来制备不锈钢微纳栅格结构时,其微纳几何结构出现在拉伸和压应力不同区域的材料失效形式(如

图 2.12 所示)[104]。其中，图左和中侧为扫描电镜观测到的在两类不同区间结点上的失效断面图，相应地，右侧为概略显示所主导的材料失效模式。这部分的材料失效评判准则，将在第 11 章力学超材料的制备技术中相继引入讨论。

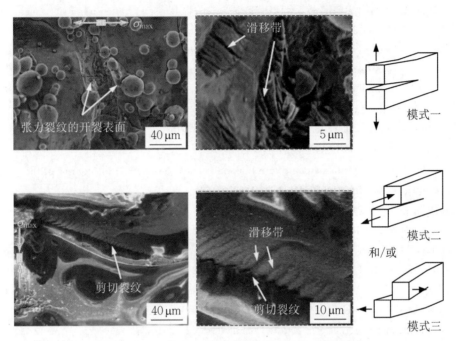

图 2.12 利用选区激光熔融制备不锈钢微纳栅格结构时出现的材料失效形式[104]
（a）在拉伸区域；（b）在压应力区域

参 考 文 献

［1］ NEWNHAM R. Properties of materials：Anisotropy，symmetry，structure[M]. Oxford：Oxford University Press，2004.

［2］ MM Eisenstadt，Introduction to mechanical properties of materials［M］. New York：Macmillan，1971.

［3］ ATKIN R J，FOX N. An introduction to the theory of elasticity[M]. London：Courier Corporation，2013.

［4］ FUNG Y，Foundations of solid mechanics[M]. New Jersey：Upper Saddle River，1965.

［5］ LEDBETTER H，REED R. Elastic properties of metals and alloys，I. iron，nickel，and iron-nickel Alloys[J]. Journal of Physical and Chemical Reference Data，1973，2：531-618.

［6］ TIMOSHENKGO S，GOODIER J. Theory of elasticity[M]. McGraw-Hill，New York，1970.

［7］ MILTON G. The theory of composites[M]. New York：Cambridge University Press，2002.

［8］ 潘兆橹.结晶学及矿物学[M].北京：地质出版社，1993.

［9］ KADIC M，BUECKMANN T，SCHITTNY R，et al. Metamaterials beyond electromagnetism[J]. Reports on Progress in Physics，2013，76：126501.

[10] WANG Y, LAKES R. Extreme stiffness systems due to negative stiffness elements[J]. American Journal of Physics, 2004, 72: 40-50.

[11] DE JONG M, CHEN W, ANGSTEN T, et al. Charting the complete elastic properties of inorganic crystalline compounds[J]. Scientific Data, 2015, 2: 150009.

[12] GREAVES G N, GREER A L, LAKES R S, et al. Poisson's ratio and modern materials[J]. Nature Materials, 2011, 10: 823-837.

[13] XIE Y, YANG X, SHEN J, et al. Designing orthotropic materials for negative or zero compressibility[J]. International Journal of Solids and Structures 2014, 51: 4038-4051.

[14] MILTON G W, CHERKAEV A V. Which elasticity tensors are realizable? [J]. Journal of Engineering Materials and Technology, 1995, 117: 483-493.

[15] CHRISTENSEN J, KADIC M, KRAFT O, et al. Vibrant times for mechanical metamaterials [J]. MRS Communications, 2015, 5: 453-462.

[16] MILTON G. Composite materials with Poisson's ratios close to −1[J]. Journal of the Mechanics and Physics of Solids, 1992, 40: 1105-1137.

[17] 高隆昌. 系统学原理[M]. 北京:科学出版社,2005.

[18] 钱学森. 创建系统学[M]. 太原:山西科学技术出版社,2001.

[19] BERTOLDI K, REIS P, WILLSHAW S, et al. Negative Poisson's ratio behavior induced by an elastic instability[J]. Advanced Materials, 2010, 22: 361-366.

[20] LAKES R. Foam structures with a negative Poisson's ratio[J]. Science, 1987, 235: 1038-1040.

[21] BÜCKMANN T, THIEL M, KADIC M, et al. An elasto-mechanical unfeelability cloak made of pentamode metamaterials[J]. Nature Communications, 2014, 5: 4130.

[22] KADIC M, BÜCKMANN T, STENGER N, et al. On the practicability of pentamode mechanical metamaterials[J]. Applied Physics Letters, 2012, 100: 191901.

[23] LAKES R, LEE T, BERSIE A, et al. Extreme damping in composite materials with negative-stiffness inclusions[J]. Nature, 2001, 410: 565-567.

[24] NICOLAOU Z, MOTTER A. Mechanical metamaterials with negative compressibility transitions [J]. Nature Materials, 2012, 11: 608-613.

[25] WYART M, LIANG H, KABLA A, et al. Elasticity of floppy and stiff random networks[J]. Physical Review Letters, 2008, 101: 215501.

[26] GÓMEZ L, TURNER A, VAN HECKE M, et al. Shocks near jamming[J]. Physical Review Letters, 2012, 108: 058001.

[27] CHEN B G-G, UPADHYAYA N, VITELLI V. Nonlinear conduction via solitons in a topological mechanical insulator[J]. Proceedings of the National Academy of Sciences, 2014, 111: 13004-13009.

[28] PAULOSE J, CHEN B-G, VITELLI V. Topological modes bound to dislocations in mechanical metamaterials[J]. Nature Physics, 2015, 11: 153-156.

[29] NASH L, KLECKNER D, READ A, et al. Topological mechanics of gyroscopic metamaterials [J]. Preceedings of the National Academy of Sciences, 2015, 112: 14495-14500.

[30] YU X, ZHOU J, LIANG H, et al. Mechanical metamaterials associated with stiffness, rigidity and compressibility: A brief review[J]. Progress in Materials Science, 2018, 94: 114-173.

[31] ASHBY M F. Materials selection in mechanical design[M]. 4th ed. Burlington, MA: Butter-

worth-Heinemann，2011.

[32] SCHAEDLER T A，JACOBSEN A J，TORRENTS A，et al. Ultralight metallic microlattices [J]. Science，2011，334：962-965.

[33] WANG Y，LAKES R. Composites with inclusions of negative bulk modulus：extreme damping and negative Poisson's ratio[J]. Journal of Composite Materials，2005，39：1645-1657.

[34] XINCHUN S，LAKES R. Stability of elastic material with negative stiffness and negative Poisson's ratio[J]. Physica Status Solidi B，2007，244：1008-1026.

[35] GREAVES G，GREER A，LAKES R，et al. Poisson's ratio and modern materials[J]. Nature Materials，2011，10：823-837.

[36] LAKES R，WOJCIECHOWSKI K. Negative compressibility，negative Poisson's ratio，and stability[J]. Physica Status Solidi B，2008，245：545-551.

[37] NICOLAOU Z，MOTTER A. Longitudinal inverted compressibility in super-strained metamaterials[J]. Journal of Statistical Physics，2013，151：1162-1174.

[38] CAIRNS A，GOODWIN A. Negative linear compressibility[J]. Physical Chemistry Chemical Physics，2015，17：20449-20465.

[39] CAIRNS A，CATAFESTA J，LEVELUT C，et al. Giant negative linear compressibility in zinc dicyanoaurate[J]. Nature Materials，2013，12：212-216.

[40] GOODWIN A，KEEN D，TUCKER M. Large negative linear compressibility of $Ag_3[Co(CN)_6]$ [J]. Proceedings of the National Academy of Sciences，2008，105：18708-18713.

[41] CHRISTENSEN J，KADIC M，KRAFT O，et al. Vibrant times for mechanical metamaterials [J]. MRS Communications，2015，5：453-462.

[42] DEYMIER P A. Acoustic metamaterials and phononic crystals[M]. Heidelberg：Springer Science & Business Media，2013.

[43] CRASTER R V，GUENNEAU S. Acoustic metamaterials：Negative refraction，imaging，lensing and cloaking[M]. Heidelberg：Springer Science & Business Media，2012.

[44] SHENG P，MEI J，LIU Z，et al. Dynamic mass density and acoustic metamaterials[J]. Physica B：Condensed Matter，2007，394：256-261.

[45] HUANG H H，SUN C T，HUANG G L. On the negative effective mass density in acoustic metamaterials[J]. International Journal of Engineering Science，2009，47：610-617.

[46] GURTNER G，DURAND M. Stiffest elastic networks[J]. Proceedings of the Royal Society A，2014，470：20130611.

[47] GRIMA J N，GATT R，FARRUGIA P S. On the properties of auxetic meta-tetrachiral structures[J]. Physica Status Solidi B，2008，245：511-520.

[48] WOJCIECHOWSKI K. Two-dimensional isotropic system with a negative Poisson ratio[J]. Physics Letters A，1989，137：60-64.

[49] PRALL D，LAKES R S. Properties of a chiral honeycomb with a Poisson's ratio of-1[J]. Interational Journal of Mechanical Science，1997，39：305-314.

[50] GATT R，ATTARD D，FARRUGIA P S，et al. A realistic generic model for anti-tetrachiral systems[J]. Physica Status Solidi B，2013，250：2012-2019.

[51] ALDERSON A，ALDERSON K L，ATTARD D，et al. Elastic constants of 3-，4-and 6-connected chiral and anti-chiral honeycombs subject to uniaxial in-plane loading[J]. Composites Science

and Technology, 2010, 70: 1042-1048.

[52] SPADONI A, RUZZENE M. Elasto-static micropolar behavior of a chiral auxetic lattice[J]. Journal of the Mechanics and Physics, 2012, 60: 156-171.

[53] LORATO A, INNOCENTI P, SCARPA F, et al. The transverse elastic properties of chiral honeycombs[J]. Composite Science and Technology, 2010, 70: 1057-1063.

[54] CHEN Y, SCARPA F, LIU Y, et al. Elasticity of anti-tetrachiral anisotropic lattices[J]. International Journal of Solids and Structures, 2013, 50: 996-1004.

[55] MOUSANEZHAD D, HAGHPANAH B, GHOSH R, et al. Elastic properties of chiral, anti-chiral, and hierarchical honeycombs: A simple energy-based approach[J]. Theoretical & Applied Mechanical Letters, 2016, 6: 81-96.

[56] POZNIAK A A, WOJCIECHOWSKI K W. Poisson's ratio of rectangular anti-chiral structures with size dispersion of circular nodes[J]. Physica Status Solidi B 2014, 251: 367-374.

[57] MILLER W, SMITH C W, SCARPA F, et al. Flatwise buckling optimization of hexachiral and tetrachiral honeycombs[J]. Composite Science and Technology, 2010, 70: 1049-1056.

[58] BACIGALUPO A, GAMBAROTTA L. Simplified modelling of chiral lattice materials with local resonators[J]. International Journal of Solids and Structures, 2016, 83: 126-141.

[59] SPADONI A, RUZZENE M, GONELLA S, et al. Phononic properties of hexagonal chiral lattices[J]. Wave Motion, 2009, 46: 435-450.

[60] KUZYK A, SCHREIBER R, FAN Z, et al. DNA-based self-assembly of chiral plasmonic nanostructures with tailored optical response[J]. Nature, 2012, 483: 311-314.

[61] ABDELJABER O, AVCI O, INMAN D. Optimization of chiral lattice based metastructures for broadband vibration suppression using genetic algorithms[J]. Journal of Sound and Vibration, 2016, 369: 50-62.

[62] MEEUSSEN A, PAULOSE J, VITELLI V. Geared topological metamaterials with tunable methanical stability[J]. Physical Review X, 2016, 6: 041029.

[63] ROSSITER J, TAKASHIMA K, SCARPA F, et al. Shape memory polymer hexachiral auxetic structures with tunable stiffness[J]. Smart Materials and Sturctures, 2014, 23: 045007.

[64] BETTINI P, AIROLDI A, SALA G, et al. Composite chiral structures for morphing airfoils: Numerical analyses and development of a manufacturing process[J]. Composites Part B, 2010, 41: 133-147.

[65] ZHANG Q, YANG X, LI P, et al. Bioinspired engineering of honeycomb structure-using nature to inspire human innovation[J]. Progress in Materials Science, 2015, 74: 332-400.

[66] HOPKINS J B, CULPEPPER M L. Synthesis of multi-degree of freedom, parallel flexure system concepts via Freedom and Constraint Topology (FACT)-Part I: Principles[J]. Precision Engineering, 2010, 34: 259-270.

[67] 乔生儒,曾燮榕,白世鸿.复合材料细观力学性能[M].西安:西北工业大学出版社,1997.

[68] 张研,张子明.材料细观力学[M].北京:科学出版社,2008.

[69] C S. Mechanical metamaterials: design, fabrication, and performance[C]//Engineering N A O. Frontiers of engineering: reports on leading-edge engineering from the 2015 symposium. Washington, DC: The National Academies Press, 2016:174.

[70] 周济.超材料与自然材料的融合[M].北京:科学出版社,2016.

[71] HALL E. The deformation and ageing of mild steel: III discussion of results[J]. Proceedings of the Physical Society, 1951, 64: 747-753.

[72] PETCH N. The cleavage strength of polycrystals[J]. Journal of the Iron and Steel Institute, 1953, 174: 25-28.

[73] VALDEVIT L, BAUER J. Fabrication of 3D micro-architected/nano-architected materials[M]// Baldacchini T. Three-dimensional microfabrication using two-photon polymerization. Oxford: William Andrew Publishing, 2016: 345-373.

[74] MEZA L R, DAS S, GREER J R. Strong, lightweight, and recoverable three-dimensional ceramic nanolattices[J]. Science, 2014, 345: 1322-1326.

[75] JANG D C, MEZA L R, GREER F, et al. Fabrication and deformation of three-dimensional hollow ceramic nanostructures[J]. Nature Materials, 2013, 12: 893-898.

[76] SCHAEDLER T, JACOBSEN A, TORRENTS A, et al. Ultralight metallic microlattices[J]. Science, 2011, 334: 962-965.

[77] ZHENG X, LEE H, WEISGRABER T H, et al. Ultralight, ultrastiff mechanical metamaterials [J]. Science, 2014, 344: 1373-1377.

[78] QIU L, LIU J, CHANG S, et al. Biomimetic superelastic graphene-based cellular monoliths[J]. Nature Communications, 2012, 3: 1241.

[79] WORSLEY M, KUCHEYEV S, SATCHER J R J, et al. Mechanically robust and electrically conductive carbon nanotube foams[J]. Applced Physical Letters, 2009, 94: 073115.

[80] CALLADINE C. Buckminster Fuller's "tensegrity" structures and Clerk Maxwell's rules for the construction of stiff frames[J]. International Journal of Solids and Structures, 1978, 14: 161-172.

[81] FLECK N A, DESHPANDE V S, ASHBY M F. Micro-architectured materials: past, present and future[J]. Proceedings of the Royal Society of London A, 2010, 466: 2495-2516.

[82] GIBSON L, ASHBY M. Cellular solids: structure and properties[M]. Cambridge: Cambridge University Press, 1997.

[83] DESHPANDE V S, FLECK N A, ASHBY M F. Effective properties of the octet-truss lattice material[J]. Journal of the Mechanics and Physics of Solids, 2001, 49: 1747-1769.

[84] RAYNEAU-KIRKHOPE D J, DIAS M A. Recipes for selecting failure modes in 2-d lattices[J]. Extreme Mechanics Letters, 2016, 9: 11-20.

[85] CLAUSEN A, WANG F, JENSEN J S, et al. Topology optimized architectures with programmable Poisson's ratio over large deformations[J]. Advanced Materials, 2015, 27: 5523-5527.

[86] KAMINAKIS N, STAVROULAKIS G. Topology optimization for compliant mechanisms, using evolutionary-hybrid algorithms and application to the design of auxetic materials[J]. Composites Part B: Engineering, 2012, 43: 2655-2668.

[87] DESHPANDE V S, ASHBY M F, FLECK N A. Foam topology: bending versus stretching dominated architectures[J]. Acta Materialia, 2001, 49: 1035-1040.

[88] HASHIN Z, SHTRIKMAN S. A variational approach to the theory of the elastic behaviour of polycrystals[J]. Journal of the Mechanics and Physics of Solids, 1962, 10: 343-352.

[89] BERGER J B, WADLEY H N G, MCMEEKING R M. Mechanical metamaterials at the theoretical limit of isotropic elastic stiffness[J]. Nature, 2017, 543: 533-537.

[90] BENDSOE M, SIGMUND O. Topology optimization: theory, methods and applications[M]. Heidelberg: Springer Science & Business Media, 2003.

[91] DE KRUIJF N, ZHOU S, LI Q, et al. Topological design of structures and composite materials with multiobjectives[J]. International Journal of Solids and Structures, 2007, 44: 7092-7109.

[92] 王勖成. 有限单元法[M]. 北京: 清华大学出版社, 2003.

[93] ESCHENAUER H A, OLHOFF N. Topology optimization of continuum structures: a review [J]. Applied Mechanics Reviews, 2001, 54: 331-390.

[94] ROZVANY G I. Topology optimization in structural mechanics[M]. Wien: Springer, 2014.

[95] 陈立周. 机械优化设计方法[M]. 北京: 冶金工业出版社, 1995.

[96] KANG S, SHAN S, KOŠMRLJ A, et al. Complex ordered patterns in mechanical instability induced geometrically frustrated triangular cellular structures[J]. Physical Review Letters, 2014, 112: 098701.

[97] SADOC J-F, MOSSERI R, Geometrical frustration[M]. Cambridge: Cambridge University Press, 2006.

[98] MAO X, SOUSLOV A, MENDOZA C, et al. Mechanical instability at finite temperature[J]. Nature Communications, 2015, 6: 5968.

[99] WAITUKAITIS S, VAN HECKE M. Origami building blocks: Generic and special four-vertices [J]. Physical Review E, 2016, 93: 023003.

[100] COULAIS C, OVERVELDE J, LUBBERS L, et al. Discontinuous buckling of wide beams and metabeams[J]. Physical Review Letters, 2015, 115: 044301.

[101] FLORIJN B, COULAIS C, VAN HECKE M. Programmable mechanical metamaterials[J]. Physical Review Letters, 2014, 113: 175503.

[102] HAGHPANAH B, PAPADOPOULOS J, VAZIRI A. Plastic collapse of lattice structures under a general stress state[J]. Mechanics of Materials, 2014, 68: 267-274.

[103] PAULOSE J, MEEUSSEN A, VITELLI V. Selective buckling via states of self-stress in topological metamaterials[J]. Proceedings of the National Academy of Sciences, 2015, 112: 7639-7644.

[104] LI P. Constitutive and failure behaviour in selective laser melted stainless steel for microlattice structures[J]. Materials Science and Engineering A, 2015, 622: 114-120.

第3章 负泊松比拉胀材料

　　负泊松比是典型的拉胀力学超材料所展现的超常力学性能。它具体指的是一类人工结构功能材料,在被拉伸时横截面会变得更膨胀。从力学意义上来说,当其泊松比小于零($v<0$),或在体弹性模量与杨氏模量之比远远小于1($K/G\ll1$)的相对极限时,泊松比约等于-1。通常情况下,我们将这类负泊松比拉胀材料对应在扩展的密尔顿 K-G 图横坐标 x-G 轴上,如图3.1所示。

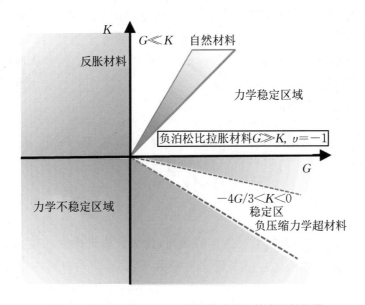

图3.1　扩展的密尔顿 K-G 图及负泊松比拉胀材料位置

　　拉胀力学超材料呈现着负泊松比的力学属性。当材料被拉伸时,在垂直于施加力的方向上,它们会呈现膨胀而不是颈缩现象。这是由于其特殊的内部结构,以及单轴加载时这种材料的变形方式。关于负泊松比拉胀力学超材料的称谓,笔者还是要施些笔墨,在这略微解释一下概念上的些许想法。相较其他力学超材料而言,负泊松比材料在国内的研究较为深入广泛,于是,就出现了基于仿生的负泊松比材料的研究[1],抑或负泊松比声学超材料的减振性能研究[2]。不过,在超材料概念未曾推广的2000年以前,也存在着更早的提法,复合材料负泊松比设计[3]。直至目前,负泊松比的微结构拓扑优化可能更易于被力学或机械工程领域的人员所接受[4]。无论如何,我们为新生事物命名的过程中,其实或多或少映射着研究人员内在价值观念。也就是说,这些称谓中包含着人们对这种事物的期待。比如在机械工程领域,人们可能希望在微结构上提升力学性能,微结构这一提法,就比较契合其初衷。而在材料工程方面,人们的想法可能是如何丰富材料体系以实现功能材料的创新设计,那么复合材料或超材料的称谓就会更适合一些。值得一提的是,万变不离其宗,人们只是从不同的角度来看待这一事物。而事物本身的设计过程,也存在着自身的演变过程。正如光学超材料概念本身的发展过程,起初被称为左手材料,还有超电介质、负折射材料等。这些概念随着超材料研究的不断拓展深入,其内涵也不断被丰富。为此,本书的想法是,拓展超材料的理念到不同的激元,暂且定义为力学超材料。随着后续研究的不断导向和深入,其概念也会随之而变动,毕竟用静止不动的这些称谓来命名各种各样不停演进的超常性能的材料结构,还是有待商榷的。如果能吸引更多领域人员来参与材料结构设计,本书也就尽了些绵力,毕竟科学知识是一代一代不断向前推进的。

为此,这一章将系统性地论述这类负泊松比拉胀材料。在 3.1 节介绍了负泊松比拉胀材料的源起及定义;根据不同的人工原子结构设计机理,笔者对各种各样的立方结构负泊松比超材料进行了分类(3.2 节);在 3.3 和 3.4 节里,笔者将重点论述两大基本负泊松比拉胀材料类型,即零或负泊松比拉胀力学超材料(3.3 节)和正负混合型可编译的泊松比拉胀材料(3.4 节);3.5 节简要地给出了这些负泊松比拉胀材料的研究趋势和发展愿景。

3.1 负泊松比拉胀材料的源起及定义

3.1.1 泊松比

当论及负泊松比时,人们会有这样的疑问,什么是泊松比呢?在材料力学基础概念中,我们早已熟知,泊松比常用字母 υ 来表示,代表着均匀材料在横向变形时的弹性常数。

在 17 世纪,Simeon-Denis Poisson 观察到,在轴向拉伸力下进行材料拉伸时,材料不仅存在纵向伸长,而且还会出现横向的收缩。由此,泊松比就定义为,拉伸或压缩物体的负侧向应变除以其纵向应变。具体地说,是指材料在单向受拉或受压时,横向正应变与轴向正应变的负比值[5]。大部分固体经轴向拉伸后(即轴向正应变为正值),会侧向收缩(即横向正应变为负值),根据定义,泊松比是横向与轴向正应变的负比,所以泊松比一般情况下是正值。或者换一种角度来说,如图 3.2 所示,当固体材料经轴向压缩后(即轴向正应变为负值),会向侧向扩展(即横向正应变为正值),同样因为比值总体为负值的初始设定,泊松比也是正值。也就是说,对于泊松比这个无量纲的数值,对大多数传统天然材料而言,其值均在 0.25 到 0.33 之间[6-8]。对于大多数泡沫材料,泊松比约为 0.3[9]。然而,橡胶材料的泊松比数值可高达 0.5,这是各向同性材料稳定性的上限。在自然界中,只有极少数的几种类型的天然材料,具有负的泊松比($v<0$)，或相对无限的 $K/G\ll1$ 和泊松比约为 -1。因此，它们可以表现出违反直觉的膨胀行为，当被横向拉伸时没有出现颈缩现象而是断面上出现膨胀，当在被压缩时不是横向膨胀而出现了断面收缩现象[10-12]。这就是为什么这种类型的力学超材料得名于此。

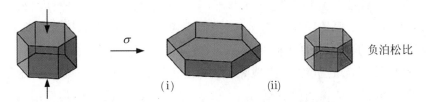

图 3.2　正泊松比与负泊松比的材料结构示意图

3.1.2　负泊松比拉胀材料的定义

不过，在自然界中，仅有少数种类的天然材料拥有负泊松比。这类负泊松比材料在被拉伸时呈现着反直觉的膨胀行为。也就是说，当物体被拉伸时，侧面是膨胀的，而当物体被压缩时，侧面却是收缩的[7,11,12]，如图 3.2 所示。那么，所得到的材料横向正应变与轴向正应变的负比值泊松比，就变为负值的了。这就是负泊松比材料的由来。

负泊松比(Negative Poisson's Ratio，NPR)，在英文语境下，常用专业术语"auxetics"来指定人工设计的这一新奇特例的力学属性[13]。"auxetics"一词来源于希腊词 *auxetikos*，意思是那些倾向于增加的事物。这一词语选择精确，直观形象地描述了负泊松比拉胀材料的力学属性。因此，在汉语语境下，研究人员常将负泊松比材料翻译成"拉胀材料"，正是缘于目前公认的术语"auxetics"，指的是一种特殊的力学性能，即负泊松比材料所展现的超常规的力学行为[13]。Milton[14]介绍了具有等级层次结构的辅助周期结构排布，其后是 Grima 等做了大量的研究工作[15-27]，用于探索几何结构变化和不同的周期排列来实现负泊松比或零泊松比等不同寻常的力学性能。一般情况下，在负泊松比拉胀超材料的几何结构设计中，有两种可行的方法，一是利用化学合成生成一种高度模块化的网络。另外一种方法是利用机械制造或其他增材制造，来构筑介观或宏观上的分级栅格几何结构材料。后一种方法主要应用于本书所讨论的力学超材料。

3.1.3　负泊松比拉胀材料的研究范畴

人工结构设计的负泊松比拉胀材料，源于 1987 年，Lakes 等制作并研究了一种泊松比小到 -0.8 的三维泡沫负泊松比结构材料[28]，当时他将其概念化为拉胀材料，以此来表示一拉就胀，因为活骨组织本身就是一种天然的各向异性拉胀材料。此外，英国科学家设计制备了泊松比为 -0.7 的多孔聚四氟乙烯树脂，据悉其拉胀性能显著。其他研究人员也发现了单晶体、层压材料和其他材料，它们也具有负泊松比的属性[11]。在负泊松比拉胀材料的专有名称及力学属性确定之后，如果后续研究中发现了所能表现出来这样力学特征的材料，就可以汇总归类到这一种类的相关材料结构设计范畴了。

目前，存在许多微纳几何结构的力学模型，用以预测和解释增强的力学行为。基于引起各种力学性能的几何结构设计的不同，人们已经定义了四种负泊松比拉胀力学超材料的子类：① 原始凹角折返结构，类似于由聚氨酯泡沫制备的折叠单元，包括各种重新折返式的开孔微纳几何结构[29-31]、旋转正方形[15,20,24,32]或三角形[17-19,33]；② 由弹性不稳定性引起的负泊松比现象，特别是某肋梁缺失的三维网状几何结构模型[30,34]，及不同几何结构的模式转换[35-37]；③ 使用手性或反手性几何结构单元的负泊松比结构材料，手性[38-41]抑或反手性栅格几何结构材料[42,43]；④ 几何结构的设计灵感来自啤酒架似的几何结构[44]，其中一部分就是折纸超表面材料。目前，很多研究兴趣集中在最初研究所发现的第一种类型的拉胀力学超材料，即负泊松比的折返几何结构周期阵列样式[10,18,20,45]。其他三种负泊松比拉胀力学超材料类型，也是本书在后续章节中陆续需要讨论的话题。这些热点研究，可能会让更多的具有异国情调、更加新颖别致的拉胀力学超材料类型出现。

为此，本章就已经出现的拉胀力学超材料类型进行综合评论[10,12,46-50]，及相关的负泊松比方面的英文论著书籍，进行阐释拉胀力学超材料，旨在以负泊松拉胀超材料的力学性质为出发点，对这种类型的力学超材料进行分类描述。也就是说，从零泊松比，抑或负泊松比，以及负/正可编程的泊松比形式的角度来分析这种类型的力学超材料，而不是根据传统意义上的依据其各种多样化的几何结构来描述。这样做主要是因为负泊松比拉胀力学超材料的几何结构样式发展依然劲头强劲，而且这些几何结构与其他力学超材料也存在不同程度的交叠，从负泊松比力学行为这一角度出发，可以更为有效且系统性地处理这种类型的力学超材料，同时预留更为广阔辽远的新型几何结构的发展空间，这正是撰写此节的初衷所在。

正是基于这些前期的探索，研究人员考虑如何利用超材料的理念来设计、制备拉胀力学超材料。目前，现有的负泊松比拉胀材料涉及两种调控方式，一种是力学超材料所提倡的利用不同的结构设计，如分级式的栅格结构。另一种是通过化学合成获得多模式化的网络结构。因篇幅有限，笔者在此仅谈及第一种力学超材料的研发情况。在这一领域中，主要成果有 Milton[14]在 1992 年提出的负泊松比的分级式的分层网格结构，以及 Grima 和 Caruana-Gauci 课题组随后先后尝试的可变泊松比结构[27,51]、负或零泊松比结构设计等方案。

3.2 立方结构负泊松比超材料的分类

3.2.1 依据几何结构样式分类

截至目前,许多的负泊松比结构种类的力学模型已被研发出来。这些力学结构模型用于进一步预测解释及增强负泊松比的拉胀行为。基于各类的负泊松比力学行为的微纳力学超材料结构设计,传统意义上依据其不同的结构形式进行分类汇总。

通常情况下,根据不同的人工原子结构设计样式,这些超材料结构又可分为四大类(如图 3.3 所示)。① 嵌入式凹角结构。类似于由聚氨酯泡沫塑料制备的向内折叠的多孔单元结构。这类超材料结构的人工原子基元可以是重入式开孔微结构网络[30,31,52]、旋转式方形结构[15,20,24,32]或三角形的结构单元[17-19,27]。② 基于弹性压杆不稳定性而制成的负泊松比拉胀力学超材料,如在带孔板的模式转换结构[30,34]中,人工移除不同位置的连接梁等。这部分的人工结构材料,可调刚度力学超材料有相重合的研究部分[35,37,53]。③ 基于手性和反手性结构单元而制作的负泊松比拉胀力学超材料,手性[40,41,54,55]或反手性晶格结构设计[42-44]。④ 结构设计灵感来自啤酒架结构[56]的部分二维平面折纸结构(第 10 章),也展现着某种特定的负泊松比的力学特性。

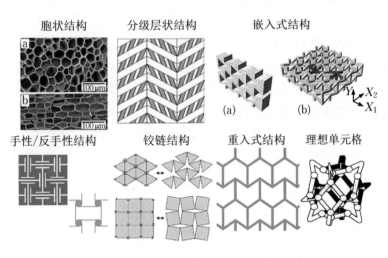

图 3.3 负泊松比拉胀超材料的种类[7,29,57-59]

近年来,新型微纳米加工技术催生了越来越多的负泊松比拉胀材料的结构样式。这类材料结构设计诸多的研究兴趣都集中在第一种类型的嵌入式凹角结构方面,尤其是在立方结构的杆件拉伸方向上,即负泊松比拉胀材料的内外或上下杆件的折返结构[7,18,20,24,58,60]。余下的其他三种类型也是我们在其他章节中将重点讨论的热门研究方向。这些结构功能材料的研究领域,将有望促进更多新颖超音速材料的研究与发现。鉴于此,关于负泊松比拉胀超材料的书籍及其一些综合评论[7,11,12,48-50,61],皆是从结构样式这个角度来进行论述的。

3.2.2 依据负泊松比的属性分类

随着各式各样的力学结构不断涌现,我们已经发现,这种根据结构设计外形的分类方法,已经不足以适应结构样式不断发展的需求。与此同时,负泊松比拉胀力学超材料领域基础研究正不断趋于成熟,尤其是大量的综述及其详尽的书籍皆开始有所论述[7,11,61]。在这样的背景下,本章将就新近研制出来的新奇结构作以简要的归类厘清,不同于之前惯常所使用的分类,此处并不是依据所设计负泊松比拉胀材料的结构样式的不同(3.2.1节)那样进行归组,而是尝试不同的材料分类角度。换句话说,以其力学超材料结构设计背后所依据的理论基础作为出发点,从两个不同的力学行为的角度进行论述。因此,在这一章里,笔者旨在将它们的力学性质分成两大类,其中一类是零或负泊松比,另外一类是正负混合型可编译的泊松比。这种依据负泊松比属性的分类方式,基于的是立方结构晶体自身的特性。

类比立方晶系晶体学结构和微纳米管的负泊松比行为[62],本书将负泊松比拉胀力学超材料分为两种完全不同的可行性类型(如图 3.4 所示),即完全负泊松比拉胀材料和部分负泊松比拉胀材料。也就是说,前者属于完全负泊松比,其材料结构的等效泊松比始终是负值,而后者为部分负泊松比,其有时泊松比数值为负,有时数值为正。这种类型的部分负泊松比拉胀材料,同时共有并分享正值泊松比和负值泊松比,其条件取决于受到变形的人工原子的取向关系。例如,在单轴拉伸的情况下讨论,这样的力学行为受制于所设计的立方人工原子结构的类似晶向的特征。传统材料在拉伸情形下,如果在拉伸方向上,由三个欧拉角 φ, θ, ψ 表示,正如在晶体学理论中所论述的那样,那么,泊松比取决于这三个欧拉角以及两个无量纲复合体 Π, δ。为此,人工几何结构若是类比于晶体学理论中空间点阵列及晶体学中的织构等基本理论,不同晶系的取向关系可以由三个欧拉角 φ, θ, ψ 来进行表示,那么弹性力学参数泊松比,就可以取决于这三个欧拉角以及两个无量纲复合体 Π, δ(如图 3.4 所示),可以用于

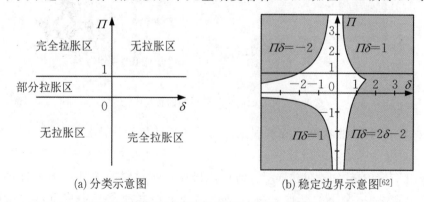

(a) 分类示意图   (b) 稳定边界示意图[62]

图 3.4 立方结构的完全负泊松比和部分负泊松比力学超材料的分类依据

界定这些负泊松比拉胀材料的具体划分边界,一些详细的理论细节可以在参考文献[62]中找到。这就是为什么本章将从完全负泊松和部分负泊松比这两个角度来阐释拉胀力学超材料。无论晶体取向关系或晶系方向如何,泊松比都呈现为或零或负的完全拉胀增强的现象。然而,当泊松比的具体数值和符号变化是根据晶系的取向关系和晶体学方向及其应用条件,在这种情形下所引起的泊松比的局部变化,则称为部分负泊松比。

因此,本章将从这两个角度来解释说明负泊松比拉胀力学超材料。无论结构形式或受力方向如何,负泊松比时刻都为零或负的,称为完全拉胀增强现象,这便是其一,详见3.3节。其二,负泊松比根据外界受力方向和应用条件的不同,分时刻不同变换泊松比的正负符号,称为局部拉胀材料或部分拉胀材料,或较正式地定名为正负可编译式泊松比力学超材料,这部分的基本理论将在3.4节重点论述。

3.3 零或负泊松比拉胀力学超材料

3.3.1 负泊松比数值的存在范围

在零泊松比的力学行为中,令人熟知的例子是一种天然软木胞状结构材料,如图3.3按结构外形分类所示。针对人工制造的零或负泊松比材料而言(如图3.5所示),我们可以得到各种各样测得的负泊松比的具体数值存在范围,及对应的相关结构材料。这些人工结构材料包括嵌入式或铰链蜂窝式和泡沫结构。同时,它们也包括具有微孔状的高分子结构、结构模式转换材料、纳米管超材料和手性力学超材料等。

关于负泊松比拉胀超材料的一些研究进展(图3.5所示),显示了各种材料实验测得的广泛范围的负泊松比。这些拉胀超材料包括可重入或铰接的蜂窝体和泡沫[28-31,54],类似于基于组合或旋转单元的另一种定向半拉胀固体材料。相似的拉伸性由微孔聚合物[63]、模式转换材料[35,53,64]、纳米管超材料[60]和手性[43,55]等人工结构材料组成。其中有一类结构使用拉胀成分的金属纤维复合材料,或选择合适的单向薄层叠加顺序,也同样能观察到了负泊松比的相关力学效应[65]。

天然软木塞可以作为显示零泊松比材料的最为著名的例子[如图3.5(a)所示]。关于负泊松比拉胀力学超材料的一些研究进展(如图3.5),概略显示了各种材料构建,并且在实验上测得的具有广泛数值的负泊松比范围。这些负泊松比拉胀力学超材料,可包括折返式或铰接式蜂窝三维结构和泡沫结构材料[28-30,38]。这些结构类似于基于组合或旋转单元的另一种定向部分拉胀三维结构,包括微孔聚合物[63]、力学模式转换[36,64,66]、纳米管超材料[67]和手性与反手性[39,43]等多种类型的力学超材料。在纤维复合材料中的高度拉胀特性,只能通过结合金属纤维几何网络结构来加以实现[68,69],这样的负泊松比拉胀结构可以呈现$-20\sim-4$的较高数值的负泊松比。这种类型的纤维组件是具有高度取向性的力学属性依赖的,如纤维主要定向于平面内,并且通过在纤维交叉点处将不同的连接纤维烧结在一起而制成。这些研究表明,拥有金属、陶瓷和聚合物成分的纳米几何结构,可以呈现出拉胀力学超材料的发展潜力。除了上述从可调模式转换、手性和折纸等力学超材料以外,这里主要简单描述了经典可折返几何结构的概念起源与进展,以及一些特定几何结构的力学超材料,例如三维巴基球类负泊松比材料[70-72]、金属纤维网络结构材料[68,69],及相关的微纳米管卷起的几何结构引发的负泊松比拉胀效应。

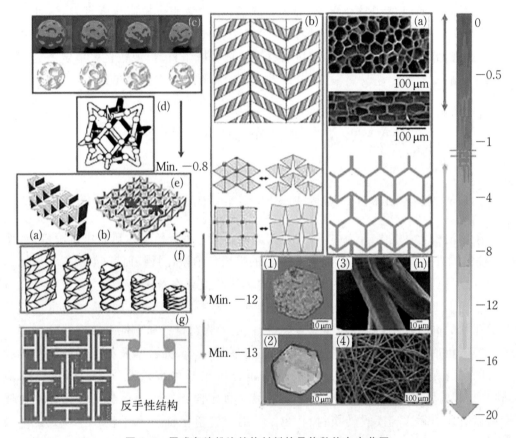

图 3.5　零或负泊松比结构材料的具体数值存在范围

3.3.2　负泊松比的典型几何结构

三种典型拉胀材料的基本几何结构,可以被确定为折返蝴蝶结式结构、手性与反手性结构和旋转几何形状的刚性结构。近来更加多样化和个性化的其他类型几何结构被引入,包括不锈钢纤维网络[69,73]、三维巴基球类负泊松比拉胀超材料[70,72,74]及其他微纳米卷管等。此外,也存在其他拉胀几何结构,例如减震器的三角形网络,其轴向变形并保持它们的相对角度,并且本质上为拉胀双螺旋纱线,其通过刚性外部卷绕的反转而变形,并且更柔顺,更厚的芯部特征[49,75]。在这里,仅简要论述前三种典型负泊松比类型:① 折返蝴蝶结式;② 用于负泊松比的手性与反手性结构;③ 旋转几何形状的刚性结构,及后三种新近研发的个性化几何结构;④ 不锈钢金属纤维网络;⑤ 三维巴基球类;⑥ 微纳米卷管。在论述过程中,包括了这些类型负泊松比几何结构材料的概念衍生和进展,及一些特定结构的负泊松比拉胀超材料。而对于可调刚度力学超材料和二维折纸超表面材料,将在第 7 章和第 10 章中陆续详细予以论及。

3.3.2.1 折返式的几何结构类型

折返式凹角几何结构①通常具有向内指向的负角度,如图 3.6 所示的蝴蝶结式蜂窝。凹槽结构的变形主要由细胞肋条(铰链)的重新排列决定,尽管细胞肋条的挠曲和轴向变形(拉伸)也是引起拉胀行为的机制之一[22]。

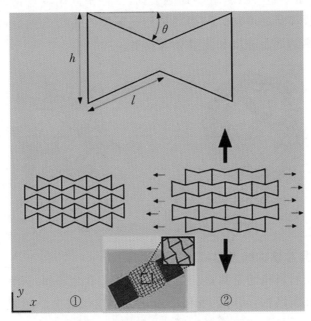

图 3.6 折返蝴蝶结式几何结构[76]

θ 为凹角, h/l 为细胞肋骨长度比, w 为肋骨的厚度,
①为静止状态;②为受制于 y 方向的拉伸载荷

1. 多孔泡沫拉胀材料

最早的负泊松比力学特性,正是在三维多孔泡沫材料中观测到的[28]。这些多孔材料通常用于振动和噪声控制,因为它们可以消散在其介质中传播的声波。拉胀泡

----

① 折返式结构(Reentrant Structures)这一名词的翻译尚待商榷。笔者现将个人理解写在这里,以供参考。Reentrant 这个单词主要有三种中文翻译,第一种应用于计算机领域具体算法中,可译为可重入式程序;第二种应用于数学或是机械结构设计中,可译为凹(多边形)、凹状(腔型);第三种用于结构力学及建筑学领域,称为(房屋)折返性、折返(运动)等。故此处初步定为"折返"之意。不过这样的话,就容易与摄影技术中的折返镜头(Reflex),相混淆了。这种折返镜头也是利用凹透镜来调节光的方向的,好在这种全手动的折返镜头不能自动对焦,近乎被单返镜头所淘汰。考虑到此,笔者才拾起"折返"这个词,表示利用凹形几何结构来实现在外加力的作用下,整体结构外形呈现单轴反向膨胀,而不是自然收缩的负泊松比效应。这样就可以将众多类型的凹形几何结构归为一大类,从而进行系统的分析建构了。

沫是多孔材料的其中一部分子集,由固相(框架或骨架)和流体相组成,所述流体相是空气或孔隙中的流体。它们可以由常规的低密度开孔聚合物泡沫材料通过使每个单元的肋条永久地向内突出,从而产生凹角结构来进行制备。拉胀泡沫材料的主要力学特征就是负泊松比。当只有向一个方向拉伸时,它们的体积才会向四面八方扩展。

常规自然泡沫与拉胀泡沫材料之间(如图 3.7 所示)[77]最大差异在于泡沫孔的几何形状变化,这一变化是由孔状结构的体积压缩比决定的。增加几何结构的体积压缩比,通常会导致泊松比数值相对较小,杨氏模量下降(如 2 倍左右),剪切模量和韧性增加。然而,由于细胞肋条黏附或其他干扰,拉伸中的聚合物泡沫,在高体积压缩比下可能经历杨氏模量的增加。与相同初始孔隙率的传统自然泡沫相比,拉胀泡沫材料可以具有更高的屈服强度和能量吸收效率。

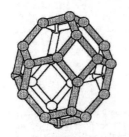 

(a) 常规四面体结构　　　　　　　(b) 折返式几何结构

图 3.7　理想化泡沫材料结构单元[77]

2. 折返式蜂窝芯结构的负泊松比拉胀材料

蜂窝结构拉胀材料指的是那些任意相同的折返单元阵列,嵌套在一起以填充平面或三维空间的几何结构,同时呈现负泊松比力学性能的力学超材料[78]。尽管正六边形的人工结构单元显示着面内各向同性,而相应的折返六边形人工结构单元却具有高度的各向异性。与正六边形蜂窝结构相比,折返六边形组成的蜂窝几何结构呈现着较高的横向杨氏模量和剪切模量。横向剪切模量显示出对肋长细比值(w/l)的显著依赖性,接近小肋长细比的上限。为此,在小应变张力下,可以通过改变肋板的厚度,来调控杨氏模量和泊松比之间的线性关系。通过改变肋板的力学常数,可以使得泊松比调整为正值,这就形成了后续在第 3.4 节所提及的正负可编译的部分泊松比拉胀材料。这种折返六边形蜂窝几何结构类型已经被应用于制造具有增强的防污特性过滤装置,其中泊松比约为 -1.82[79]。

除了典型的折返六边形蜂窝几何结构之外,还有其他的几何结构形状已经显示出了具有相同的折返机制变形(如图 3.8 所示)。图 3.8(a)给出了一种箭头外形的拉胀几何结构。根据箭头结构单元的配置,外力的压缩会启动三角形几何结构的塌陷,从而导致横向收缩,其负泊松比为 $-0.8\sim-0.92$[80]。

如图 3.8(b)所示的两种拉胀几何结构材料,即通过引入缺失特定肋梁的泡沫材料,被称为 Lozenge 菱形网格和方形网格结构。这两种几何结构都呈现出面内负泊松比,相对最小值分别为 -0.43 和 -0.6。鉴于可以将折返六边形蜂窝几何结构看作由"箭头形状单元"制成的结构阵列,并且当单个箭头人工单元以它们的手臂形成"星形"方式连接时,就具有 $n=3$ 和 $n=4$ 的旋转对称性的结构,也可以建立 $n=6$ 的情况,这样就分别形成星形-3、星形-4 和星形-6 系统,如图 3.8(c)所示。在单轴载荷作用下的星形结构张开过程,促使拉胀效应的产生,不过刚度(stiffness)主要是由施加的力常数决定的[81]。

图 3.8(d)显示了蜂窝拉胀材料的分层结构组织被描述为一个比率,也就是说在每阶层次 γ_i 蜂窝几何结构阵列中,定义为新添加的六边形边缘长度(b 代表一阶层次,c 代表二阶层次)与原始六边形边缘长度(a)的比率,$\gamma_1=b/a$ 和 $\gamma_2=c/a$。在相对较早的变形阶段,引入的层次依赖的弹性屈曲可以有效地减小泊松比的数值,因为该结构在单轴上被压缩,导致在后续变形阶段有拉胀性。当展现两种不同的变形模式时,分层体系结构对于具有不同几何参数的结构沿相同方向的压缩现象是独一无二的。

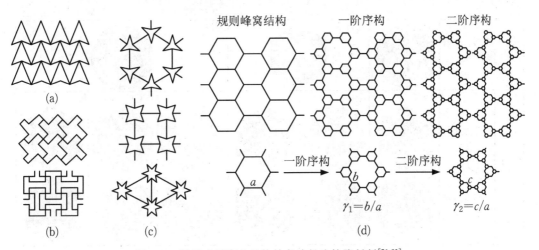

图 3.8　折返式蜂窝芯结构的负泊松比拉胀材料[76,83]

(a) 箭头形状;(b) 菱形网格和方格外形;(c) 3-4-6 星形系统;

(d) 正六边形蜂窝芯结构及其相应的一阶和二阶单元

在具有一阶层次的结构之间实现了最低泊松比的优化设计,这正好与屈曲模式切换点对应。通过引入更高级别的层次结构,拉胀效应可以更加显著,即负泊松比更低。等级蜂窝为设计能量吸收材料和可调膜过滤器提供了新的见解[82]。

3. 三维蜂窝折返式结构的负泊松比拉胀材料

二维拉胀泡沫材料的单元几何结构和力学特性之间的可调性,启发人们利用增材制造技术去构建三维蜂窝折返式结构。图 3.9(a)为利用电子束熔化技术(electron beam melting,EBM)制备的 Ti-6A1-4V 材料三维折返结构。这是一种以材料粉末为基础的打印工艺,其中电子束用于选择性地溶化粉末粒子。

对于这里所述的三维屈曲晶格(bucklicrystals)几何结构设计,其中一个有代表性的例子就是巴基球类负泊松比拉胀超材料。正如卫星的制造来源于陀螺仪玩具一样,生活中的许多玩具有时也会为科学研究带来无限的灵感。如果说艺术即体验,或是在生活中打磨,那么,科学发现更是如此。在这里,我们将引入一种三维巴基球似的力学超材料结构,它正是源于研究人员对年少时玩巴基球的回忆,如图3.10所示。

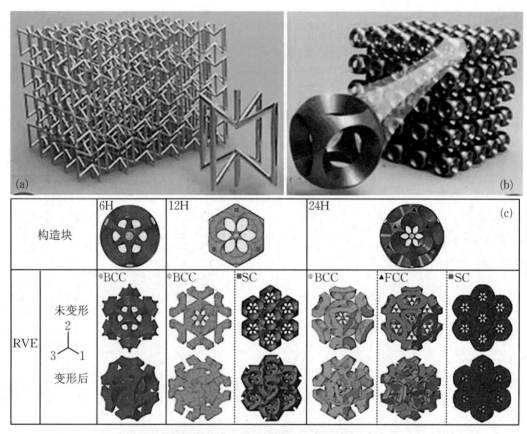

图 3.9　典型的三维折返式几何结构

（a）六边形单元格的三维折返结构；（b）六孔的屈曲晶格；（c）屈曲晶格构建图集

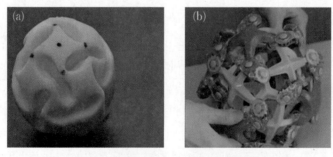

图 3.10　巴基球类负泊松比的力学超材料结构

（a）橡胶拉胀球外形；（b）类似等效负泊松比效果的巴基球玩具[74]

三维巴基球类拉胀材料具有奇特的拉胀力学特性结构[70,74]，其几何形状是由巴基球玩具的几何外形而想到的。一个具有 24 个独立圆形孔孔空位周期排列的三维巴基球结构，就是一个带有规则阵列的圆形空隙的球形壳状的三维结构[74]，其顶点连接处可旋转。在一定的临界的内部压力作用下，每个空位之间彼此相连的狭窄韧带屈曲扣压，导致球骨架出现协作屈曲级联效应，即空位的闭合，因而呈现出具有加压结构压缩的特征。这种韧带屈曲导致空隙闭合，并使壳体总体积减小高达 54%。利用不同的人工结构单元，如果我们使用三维巴基球类材料作为构建单元的拉胀超材料，可以将应变范围进一步扩展到 0.3 左右。

需要指出的是，这里相当一部分的几何结构材料，其结构理论构建的基础多是由二维可调刚度材料拓展到三维材料，在这样从二维到三维过程中所形成的这些仿晶格材料，可以列在第 8 章仿晶格及缺陷力学超材料中予以详述。

4. 负泊松比拉胀微孔聚合物

负泊松比拉胀微孔聚合物已经表现出了高度的各向异性，其泊松比数值可低至 -12[63]。图 3.11 概略地表述了这种类型材料相互连接的网络几何构型。在这一微观结构的示意图中，存在着一种盘状颗粒和原纤维的互联网络构型。在受到外载荷的拉伸测试期间，从几乎完全致密化的固体材料开始，原纤维将持续地受到拉紧的状

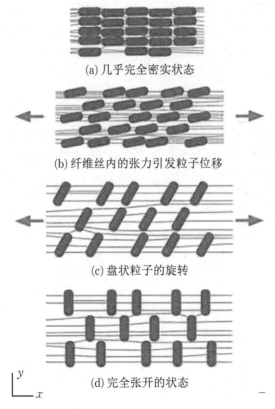

(a) 几乎完全密实状态

(b) 纤维丝内的张力引发粒子位移

(c) 盘状粒子的旋转

(d) 完全张开的状态

图 3.11　负泊松比拉胀微孔聚合物的网络几何构型[84]

态,继而转化颗粒引起第一次膨胀,如图 3.11(b)所示。其次,这样的盘状颗粒随着外载荷的不断增加,将开始旋转,最终导致完全膨胀,如图 3.11(c)、图 3.11(d)所示。为此,它在小应变值下可以获得最大负泊松比数值,这一数值主要是固体材料内部颗粒受制于外载荷而引起的平移。

随着固体材料内部中心颗粒的旋转,泊松比和刚度随着应变而增加[84]。对于拉胀超高分子量聚乙烯材料的生产,我们可以确定三个不同的拉伸膨胀外部变形阶段,即聚合物粉末的压实、烧结和挤出压死。这种热成型路线,能够在膨胀 PTFE 中观察到上述这种结节-原纤维显微观结构的变化过程。随着加工路线的改进,人们已经制成了许多复合的拉胀聚合物产品。

3.3.2.2 利用手性与反手性结构实现负泊松比拉胀特性

典型的利用手性结构单元的拉胀力学超材料,包括封装在切向连接的韧带中的中心圆柱体,及在相应镜像上不可叠加的周期阵列。图 3.12 所描述的基本单元可以是右手或左手构造的,从而产生手性或反手性结构材料。反手性结构表现出反射对称性,因为它们的节点连接在连接韧带的同一侧。中心圆柱可以在外力负载下旋转,导致韧带弯曲。这一过程将引起韧带在拉伸或压缩载荷下,分别实现整体结构的折叠抑或展开。根据整体结构的几何特征,这一受力过程可能导致负泊松比接近 -1。为了产生周期性的手性结构,我们应该遵守旋转对称的约束。为此,连接到每个节点的韧带数量应等于旋转对称的顺序。除非放宽这种限制,否则只能存在五种这样的结构,即三阶手性/反手性、四阶手性/反手性和六阶手性结构。一旦放宽这种边界约束,我们就可以创建人工单元的手性结构[85]。

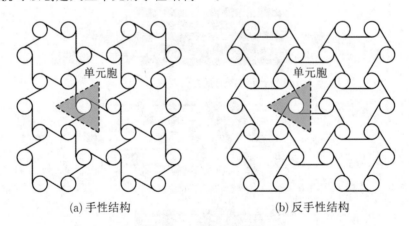

(a) 手性结构   (b) 反手性结构

图 3.12　手性结构单元

三维手性胞状栅格结构是由立方体和许多可变形肋梁制成。有效杨氏模量和有效剪切模量取决于每侧的单位晶胞数量,同时最终收敛到恒定值。我们通过增加该数量可实现刚度降低,而通过增加肋长细比实现相反的效果。泊松比可以通过足够数量的晶胞数量调整到负值,例如,其数值约为 -0.1393[86]。

3.3.2.3　旋转几何形状刚性结构的负泊松比拉胀材料

旋转刚性和半刚性负泊松比拉胀几何结构,主要指理想化几何结构单元经由旋转所构筑成的周期阵列几何结构,其中几何单元可以包含简单铰链连接的刚性方块。当整个体系受外力加载时,几何结构单元的方块可以在连接顶点处旋转,与此同时,根据加载类型特点进行整体的扩展或收缩效应。该结构设计概念已经被广泛实现,并使用了正方形、矩形、三角形、菱形和平行四边形等几何结构单元,如图 3.13 所示[76,87]。

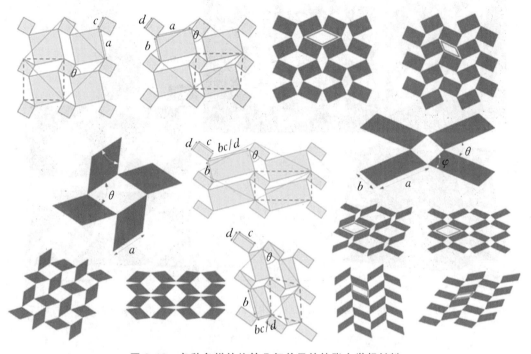

图 3.13　各种各样的旋转几何单元的拉胀力学超材料

剪切模量、体模量和各向同性材料的泊松比之间的关系,可以作为负泊松比力学超材料的评价指标[88]。体模量和剪切模量通常被认为是正值,以确保自然材料的热力学稳定性,此时泊松比必须在 $-1 \sim 0.5$ 之间变化。在泊松比为 0.5 的情况下,体模量非常高,剪切模量极低,这被称为五模反胀力学超材料(将在下一章节中详细讨论)。当泊松比为 -1 时,会出现与此常规自然材料相反的情况。在这种情况下,与剪切模量相比,体积模量非常小,并且极值材料被称为拉胀材料。无论它们经历多少变形,膨胀材料的形状都保持不变,只有它们的大小会发生变化。换句话说,拉胀材料仅仅会由于变形而缩放。人们已经提出了各种用于产生拉胀力学超材料的几何结构周期阵列方式。图 3.14[89]显示了利用增材制造技术在宏观和微观尺度上实现的三维拉胀弹性力学超材料的典型代表样式。

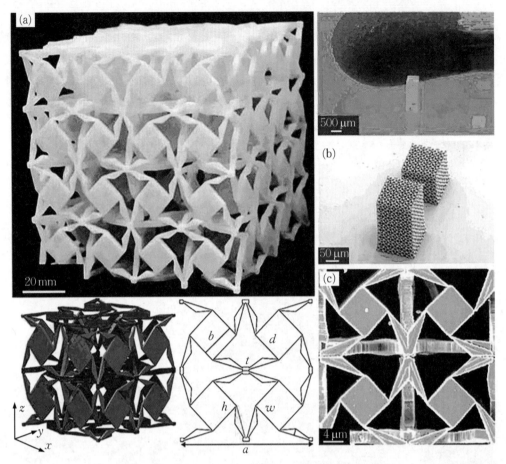

图 3.14　利用增材制造技术制备的在宏观(a)和微观(b,c)尺度上实现的三维拉胀力学超材料[89]

3.3.2.4　不锈钢金属纤维负泊松比结构

相较来看,负泊松比拉胀效应也出现在一些具有纤维强化的复合材料内部。这就涉及利用不同的拉胀结构单元,在不同拉伸方向上,通过堆积或周期排列金属或高分子纤维的结构设计序列来得以实现[69,73]。

随着对这些拉胀材料研究的不断深入,结构基元材料也逐渐扩展到高强度的金属纤维材料之中。更高的负泊松比拉胀材料可能将出现在整合金属纤维网络结构。例如 Neelakanta 等人的研究[68]说明高的负泊松比数值可以达到 $-20 \sim -4$(如图 3.15 所示)。这种纤维结构是具有高度取向的,即制造纤维主要定向于平面内,并且通过在交叉点将纤维烧结在一起而制成。也就是说,这些不锈钢金属纤维具有一定的面内晶向布置,之后,将每个交叉点都烧结在一起。实验表明,整体等效网状结构平面外泊松比的测量值约为 -18[69]。这种纤维网状结构的拉胀效应,可归因于面内拉伸测试时纤维被矫直时的反应效果,即纤维的向外弯曲过程,特别是在加工期间由施加的压力引起的纤维扭结。这种纤维网络结构中较大的平面外拉胀行为,可以通过较弱的层间粘合、高纤维含量和低网格排布厚度来实现拉胀的增强效应。从这一纺丝结构形貌表征和拉胀机理可以推断,拉胀力学超材料的设计理念将会更加迅速地延伸到各向异性且高强度常用金属性基元的超材料结构中。

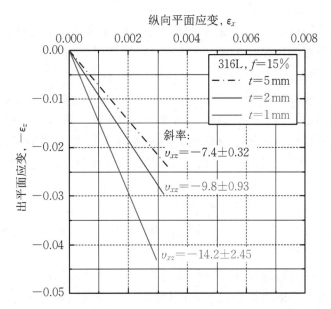

图 3.15 不锈钢丝烧结纤维在不同直径时形成网格材料的负泊松比范围[68,69]

近期的研究表明,具有金属、陶瓷和聚合物成分的纳米结构具有发展拉胀超材料的潜力。由此,纳米结构的金属基、陶瓷基和高分子基物质相互整合的研究思路,可能是未来负泊松比拉胀力学超材料的发展方向。

3.3.2.5 微纳管负泊松比拉胀材料

微纳米管卷起的结构设计,也可以引发负泊松比的拉胀效应。许多由碳微米管和纳米管激发的微纳米结构屈曲管,也体现着拉胀材料的力学特性[82]。根据微纳晶体结构相对于管轴的取向,利用弹塑性力学理论可以将板形结构轧制成立方体、六方体和菱形体等多种结构外形的人工微纳结构。根据不同的受力状态和成形机制,可以将这些微纳结构分成不同的类型系统[62]。因此,当各向异性材料获得独立的弹性常数时,较强的拉胀效应在理论上应是可行的[69]。这些观察结果表明,这种类型的负泊松比,有望可以设计为达到各向异性拉胀超材料的更高的负值水平[90]。此外,德国 Martin Wegener 课题组设计出了一种特殊的凹型领结单元[91],当沿着 z 轴方向施加压力时,其将沿着 z 轴和 x 轴的方向收缩。这些结构的力学超材料,同样具有负泊松比的拉胀行为,这将在第 4 章中重点论述。

值得一提的是,这些力学超材料结构的实现,得益于制备材料的 3D 打印增材技术的如火如荼的发展,当然主要是双光子吸收 3D 打印立体加工技术的应用开展,从而可以实现在宏观到介观尺度上,利用不同的人工原子基元结构设计出一系列新型的负泊松比拉胀力学超材料。第 11 章将系统地论及当面向这些不同类型的力学超材料时,与前沿的 3D 打印技术相融合的力学超材料加工和制备技术。

3.3.3 负泊松比的评价指标

当了解了诸多负泊松拉胀结构之后,研究人员发现其相当大一部分结构,与其他各章的力学超材料有关。于是,这不禁让人想问,是不是几乎所有的力学超材料结构,均具有负泊松比的拉胀行为呢?如果是,那就是说,负泊松比的特性是力学超材料结构设计中首先要达到并取得的评价指标,是这样的吗?答案是并不是所有的结构都是如此,只是部分结构在某些情况下才会如此。当一个问题或是瓶颈出现时,研究人员与哲学家们无异,他们只能回到问题的源头,追本溯源,重新界定我们的视域与理解。在这个问题上,也就是为什么人们感觉几乎所有的力学超材料结构均与负泊松比有关呢?可能的原因大概有两点,一是负泊松比拉胀结构由来已久,其他力学特性的结构设计多是基于此类结构而来的。这是力学超材料研究历史的延续性所致。但更重要的一点在于,泊松比概念即是横向正应变与轴向正应变的负比。那么,在第 2 章的弹性力学基本理论中,我们已经知道,杨氏弹性模量和体模量均与正应变有关,而只有剪切模量与正应变无关。由此,与正应变有关的情况下,是不是就与泊松比相连呢?进一步说,当设计力学超材料结构时,其背后的理论基础涉及了正应变条件时,我们是需要考虑负泊松比这一评价指标的。不过,若力学超材料结构仅与剪切模量有关时,可暂时不予以考虑。

我们再细细考察究竟在什么条件下,与什么模量有关呢?如果有关,那是怎样的一种关系呢?这就要提到固体弹性模量的表达方式了。在第 2 章中,我们已经知道在通常情况下固体支持纵向和横向的两类弹性波的传播。其中,我们一般通过体模量 K 和质量密度 ρ 来描述纵向弹性波的传播行为,而剪切模量 G 则与横波模式密切相关。由此,一般固体弹性模量可以写成张量的形式,往往用泊松矩阵描述。对于各向同性介质,泊松矩阵可退化为式(3.1)。

$$\frac{K}{G} = -\frac{(\upsilon+1)}{3(0.5-\upsilon)} \qquad (3.1)$$

其中,K 为体模量,G 为剪切模量,υ 为泊松比。对于传统的弹性力学材料,K 和 G 值均为正,这就限定了 υ 的可能区间为 $[-1, 0.5]$。由此可见,当剪切模量为 0 时,式(3.1)不存在。那就是说,在设计力学超材料结构时,如果整体结构的等效剪切模量为零,则可暂时不予考虑泊松比的情况。这种剪切模量为零的力学超材料将在第 4 章中重点论述。

3.4 可编译正负部分泊松比力学超材料

3.4.1 部分拉胀材料的等效体系

具有正泊松比和负泊松比混合的力学特性,对应于图 3.4(a)中间的部分拉胀区域,并主要取决于在张力作用下的等效结构的取向[62]。自然界中,存在着一些天然材料,其表现为定向的半拉胀固体[32],例如在立方晶系[110]的方向拉伸时的某些立方晶系金属材料[92,93]。这里需要再次指出的是,这种部分拉胀或完全拉胀力学性能的分类,是基于具有立方晶系对称特性的材料而言的。立方晶系结构对于其他晶系对称类型是必不可少的,例如三方晶系结构对称[90]。关于晶体的最优取向关系——立方晶系对称结构,通常用于类比一些自组装的人工介孔结构材料。类似于天然材料的晶体学结构分析,晶体学的相关内容很可能转移利用于各种人工制备的力学超材料,尤其是拉胀力学超材料。由此,拉胀材料的力学特征,就可以很方便地采用Bunge晶体取向符号体系[3]中的三个欧拉角进行表征了。其中一个典型的例子,就是具有随机取向切片的拉胀力学超材料。在传统拉胀材料的打孔分布系统中,高度有序的狭缝排列模式,可以由每个狭缝以准随机方式进行类似于晶系取向的布置方式来进行排布[16,53,64]。

3.4.2 拉胀材料的可编译性能研究

正负混合型可编译的泊松比拉胀材料,是指在等效力学超材料结构的力学属性中,呈现部分正或负泊松比的情况(如图 3.16 所示)。根据超材料结构拉伸方向的不同,有时全部为正泊松比,有时全部为负泊松比,或是根据人工设计调节何时为正值、何时为负值。这种可编译的泊松比力学超材料设计的初衷,有两层战略意义:其一是想得到所需的更广泛的等效结构应变的可利用范围;其二是想在可扩展的力学行为下制备更广可利用范围的泊松比力学超材料。

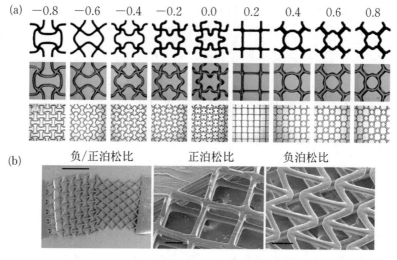

图 3.16 空间上可调的正负可编译泊松比力学超材料

(a)设计和打印的可编译泊松比范围的单元结构[94];

(b) 聚氧乙烯(PEG)实验制备的材料[95]

目前,拉胀材料的泊松比可编译性能研究多集中于二维平面的几何结构方面。

如图 3.17(a)所示,一个由 2×2 中心单元格组成的拓扑优化结构体系,在较大的变形条件下,可实现泊松比在 −0.8～0.8 之间的 9 个相等的离散值。尤其是,当在大应变或变形条件下,显示几乎恒定的泊松比值。也就是这一系列完整的拓扑优化结构,在大变形下展现着几乎恒定的等效泊松比。从 Clausen 等和 Soman 等的研究成果[94,95]中可以发现,联合拓扑结构优化设计与 3D 打印增材制造技术,至少在技术上可以制备正负可编译式泊松比的力学超材料。

再者,如果连接凹角结构的方形人工原子,如图 3.17(b)所示,我们就可以实现空间可调的拉胀力学超材料,其同时具有负泊松比和正泊松比行为[95,96]。此外,如果衔接的方形人工原子和折返式蝴蝶结的几何结构相结合,就可以制备更加多样化和个性化的拉胀材料。由此,我们可利用正负可编译式泊松比力学超材料制备可再生骨骼,多样化的泊松比拉胀属性可能更接近于天然组织的力学特性,从而应用于更加多样化的个体生物医疗[97,98]。具有双泊松比的医用支架,将更适用于模拟天然组织的拉胀力学行为,以期广泛推广于各种生物医学应用实践中。

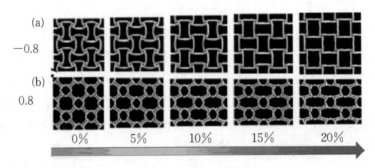

图 3.17 可编译正负部分泊松比的典型几何结构 2×2 中心单元格
和应变变化,泊松比为 0.8、−0.8

3.4.3 部分拉胀材料的研究趋势

简而言之,拉胀力学超材料中一些泊松比数值可能大于 1[99],有一些可能为负值,甚至可以为 0[96]。换句话说,在先进的现代材料设计中,可实现泊松比是任何应用所期望的值。不过,Taylor 等学者的研究成果[100]表明,整体拉胀力学超材料层级式的子结构基元,或称人工原子,对力学超材料的等效力学性能比较敏感,尤其是不同分级子结构的质量分布。关于人工基元单位对整体超材料性能的敏感性影响,也出现在光学超材料和等离子激元的研究中[101,102],这使得力学超材料的研究工作逐步开始转入人工原子基元的深入探索之中。这些研究发现将促进负泊松比拉胀力学超材料向更深层次拓展,直至强度更高的金属基或陶瓷基材料。可以预见,这些负泊松比拉胀力学超材料无疑将为生物工程和生物医疗提供更为个性化的助力。

3.5 本章小结

负泊松比拉胀材料已被广泛应用于新产品的应用开发之中,例如,跑鞋外形设计、形状记忆泡沫和生物假体等组织。这不仅仅是因为负泊松比拉胀材料具有不寻常的力学响应,而且拉伸成型,也因为它提供了获得其他材料力学性能的超常极端值的途径,比如,更高的压痕抵抗性、抗剪切性、能量吸收性、硬度和断裂韧性。设计一种具有所需力学性能(包括负泊松比)、几何结构超材料的能力,不断地推进着拉胀力学超材料的发展。

参 考 文 献

[1] 黄慧明,赵红平.基于仿生的一种负泊松比材料的研究[C].中国力学大会,2013.

[2] 秦浩星,杨德庆,张相闻.负泊松比声学超材料基座的减振性能研究[J].振动工程学报,2017,30: 1012-1021.

[3] 张汝光,叶先良,叶先扬.复合材料负泊松比设计讨论[C].全国复合材料学术会议,1998.

[4] 杜义贤,杜大翔,李涵钊,等.极限负泊松比的微结构拓扑优化[J].机械设计,2018,35:62-66.

[5] TIMOSHENKGO S, GOODIER J, Theory of elasticity[M]. New York: McGraw-Hill, 1970.

[6] DE JONG M, CHEN W, ANGSTEN T, et al. Charting the complete elastic properties of inorganic crystalline compounds[J]. Scientific Data, 2015, 2: 150009.

[7] GREAVES G, GREER A, LAKES R, et al. Poisson's ratio and modern materials[J]. Nature Materials, 2011, 10: 823-837.

[8] TIMOSHENKO S. History of strength of materials: with a brief account of the history of theory of elasticity and theory of structures[M]. Yew York: Courier Corporation, 1953.

[9] GIBSON L, ASHBY M. Cellular solids: structure and properties[M]. Cambridge: Cambridge University Press, 1997.

[10] GREAVES G N, GREER A L, LAKES R S, et al. Poisson's ratio and modern materials[J]. Nature Materials, 2011, 10: 823-837.

[11] LAKES R. Advances in negative Poisson's ratio materials[J]. Advanced Materials, 1993, 5: 293-296.

[12] PRAWOTO Y, Seeing auxetic materials from the mechanics point of view: a structural review on the negative Poisson's ratio[J]. Computational Materials Science, 2012, 58: 140-153.

[13] EVANS K. Auxetic polymers: a new range of materials[J]. Endeavour, 1991, 15: 170-174.

[14] MILTON G. Composite materials with Poisson's ratios close to -1[J]. Journal of the Mechanics and Physics of Solids, 1992, 40: 1105-1137.

[15] GRIMA J N, GATT R, FARRUGIA P S. On the properties of auxetic meta-tetrachiral structures[J]. Physica Status Solidi B, 2008, 245: 511-520.

[16] GRIMA J, MIZZI L, AZZOPARDI K, et al. Auxetic perforated mechanical metamaterials with

randomly oriented cuts[J]. Advanced Materials, 2016, 28: 385-389.

[17] GRIMA J, EVANS K. Auxetic behavior from rotating triangles [J]. Journal of Materials Science, 2006, 41: 3193-3196.

[18] GRIMA J, GATT R, ELLUL B, et al. Auxetic behaviour in non-crystalline materials having star or triangular shaped perforations[J]. Journal of Non-Crystalline Solids, 2010, 356: 1980-1987.

[19] CHETCUTI E, ELLUL B, MANICARO E, et al. Modeling auxetic foams through semi-rigid rotating triangles[J]. Physica Status Solidi B, 2014, 251: 297-306.

[20] GRIMA J, EVANS K. Auxetic behavior from rotating squares[J]. Journal of Materials Science Letters, 2000, 19: 1563-1565.

[21] GRIMA J, JACKSON R, ALDERSON A, et al. Do zeolites have negative Poisson's ratios? [J]. Advanced Materials, 2000, 12: 1912-8.

[22] SMITH C W, GRIMA J, EVANS K. A novel mechanism for generating auxetic behaviour in reticulated foams: missing rib foam model[J]. Acta materialia, 2000, 48: 4349-4356.

[23] GRIMA J, ALDERSON A, EVANS K. Auxetic behaviour from rotating rigid units[J]. Physica Status Solidi B, 2005, 242: 561-575.

[24] GRIMA J, ZAMMIT V, GATT R, et al. Auxetic behaviour from rotating semi-rigid units[J]. Physica Status Solidi B, 2007, 244: 866-882.

[25] GRIMA J, FARRUGIA P, CARUANA C, et al. Auxetic behaviour from stretching connected squares[J]. Journal of Material Science, 2008, 43: 5962-5971.

[26] GRIMA J, OLIVERI L, ATTARD D, et al. Hexagonal honeycombs with zero Poisson's ratios and enhanced stiffness[J]. Adranced Engineering Materials, 2010, 12: 855-862.

[27] GRIMA J, CARUANA-GAUCI R. Mechanical metamaterials: Materials that push back[J]. Nature Materials 2012, 11: 565-566.

[28] LAKES R. Foam structures with a negative Poisson's ratio[J]. Science, 1987, 235: 1038-1040.

[29] CHOI J, LAKES R. Nonlinear analysis of the Poisson's ratio of negative Poisson's ratio foams [J]. Journal of Composite Materials, 1995, 29: 113-128.

[30] Yang L, Harrysson D, West H, et al. Compresive properties of Ti-6Al-4V auxetic mech structures made by elevtion beam melting[J]. Acta Materialia, 2012, 60: 3370-3379.

[31] MASTERS I, EVANS K. Models for the elastic deformation of honeycombs[J]. Composite Structures, 1996, 35: 403-422.

[32] ROTHENBURG L, BERLIN A, BATHURST R. Microstructure of isotropic materials with negative Poisson's ratio[J]. Nature, 1991, 470-472.

[33] GRIMA J N, CARUANA-GAUCI R. Mechanical metamaterials: Materials that push back[J]. Nature Materials, 2012, 11: 565-566.

[34] POZNIAK A, SMARDZEWSKI J, WOJCIECHOWSKI K. Computer simulations of auxetic foams in two dimensions[J]. Smart Materials and Structures, 2013, 22: 084009.

[35] BERTOLDI K, REIS P, WILLSHAW S, et al. Negative Poisson's ratio behavior induced by an elastic instability[J]. Advanced Materials, 2010, 22: 361-366.

[36] SHAN S, KANG S, ZHAO Z, et al. Design of planar isotropic negative Poisson's ratio structures[J]. Extreme Mechanis Letters, 2015 4: 96-102.

[37] OGBORN J, COLLINGS I, MOGGACH S, et al. Supramolecular mechanics in a metal-organic

framework[J]. Chemical Science, 2012, 3: 3011-3017.

[38] PRALL D, LAKES R S. Properties of a chiral honeycomb with a Poisson's ratio of −1[J]. International Journal of Mechanical Sciences, 1997, 39: 305-314.

[39] SPADONI A, RUZZENE M. Elasto-static micropolar behavior of a chiral auxetic lattice[J]. Journal of the Mechanics and Physics of Solids, 2012, 60: 156-171.

[40] SPADONI A, RUZZENE M, GONELLA S, et al. Phononic properties of hexagonal chiral lattices[J]. Wave Motion, 2009, 46: 435-450.

[41] BETTINI P, AIROLDI A, SALA G, et al. Composite chiral structures for morphing airfoils: Numerical analyses and development of a manufacturing process[J]. Composites Part B, 2010, 41: 133-147.

[42] ALDERSON A, ALDERSON K L, ATTARD D, et al. Elastic constants of 3-, 4-and 6-connected chiral and anti-chiral honeycombs subject to uniaxial in-plane loading[J]. Composites Science and Technology, 2010, 70: 1042-1048.

[43] HA C S, HESTEKIN E, LI J, et al. Controllable thermal expansion of large magnitude in chiral negative Poisson's ratio lattices[J]. Physica Status Solidi B, 2015, 252: 1431-1434.

[44] CHO Y, AHN T-H, CHO H-H, et al. Study of architectural responses of 3D periodic cellular materials[J]. Modelling and Simulation in Materials Science and Engineering 2013, 21: 065018.

[45] SILVA S P, SABINO M A, FERNANDES E M, et al. Cork: properties, capabilities and applications[J]. Intenational Materials Reviews, 2005, 50: 345-365.

[46] LIM T-C. Auxetic materials and structures[M]. Singapore: Springer, 2015.

[47] LAKES R. Advances in negative Poisson's ratio materials[J]. Advanced Materials, 1993, 5: 293-296.

[48] CARNEIRO V, MEIRELES J, PUGA H. Auxetic materials: a review[J]. Materials Science - Poland, 2013, 31: 561-571.

[49] HOU X, SILBERSCHMIDT V. Metamaterials with negative Poisson's ratio: a review of mechanical properties and deformation mechanisms, in Mechanics of Advanced Materials[M]. Heidelberg Springer, 2015: 155-179.

[50] CRITCHLEY R, CORNI I, WHARTON J, et al. A review of the manufacture, mechanical properties and potential applications of auxetic foams[J]. Physica Status Solidi B, 2013, 250: 1963-1982.

[51] GRIMA J, CHETCUTI E, MANICARO E, et al. On the auxetic properties of generic rotating rigid triangles[J]. Proceedings of the Royal Society of London A, 2012, 468: 810-30.

[52] CHOI J B, LAKES R S. Nonlinear analysis of the Poisson's ratio of negative Poisson's ratio foams[J]. Journal of Composite Materials, 1995, 29: 113-128.

[53] Patiballa S K, Krishnan G. Talitative Analysis and Conceptual Design of Planar Metamaterids with negitive Poisson's ratio[J]. Journal of Mechanisms and Robitcs, 2018, 10: 021006.

[54] PRALL D, LAKES R. Properties of a chiral honeycomb with a Poisson's ratio of −1[J]. International Journal of Mechanical Sciences, 1997, 39: 305-314.

[55] SPADONI A, RUZZENE M. Elasto-static micropolar behavior of a chiral auxetic lattice[J]. Journal of the Mechanics and Physics of Solids, 2012, 60: 156-171.

[56] GRIMA J, WILLIAMS J J, EVANS K. Networked calix [4] arene polymers with unusual

mechanical properties[J]. Chemical Communications，2005，41：4065-4067.

［57］ MIZZI L，AZZOPARDI K，ATTARD D，et al. Auxetic metamaterials exhibiting giant negative Poisson's ratios[J]. Physica Status Solidi-Rapid Research Letters，2015，9：425-430.

［58］ SILVA S，SABINO M，FERNANDES E，et al. Cork：properties，capabilities and applications [J]. International Materials Reviews，2005，50：345-365.

［59］ WANG X-T，LI X-W，MA L. Interlocking assembled 3D auxetic cellular structures[J]. Materials & Design，2016，99：467-476.

［60］ KARNESSIS N，BURRIESCI G. Uniaxial and buckling mechanical response of auxetic cellular tubes[J]. Smart Materials and Structures，2013，22：084008.

［61］ LIM T C，Auxetic Mterials and Structures[M]. New York：Springer，2015.

［62］ GOLDSTEIN R，GORODTSOV V，LISOVENKO D，et al. Negative Poisson's ratio for cubic crystals and nano/microtubes[J]. Physical Mesomechanics，2014，17：97-115.

［63］ CADDOCK B，EVANS K. Microporous materials with negative Poisson's ratios. I. Microstructure and mechanical properties[J]. Journal of Physics D：Applied Physics，1989，22：1877.

［64］ CARTA G，BRUN M，BALDI A. Design of a porous material with isotropic negative Poisson's ratio[J]. Mechanics of Materials，2016，97：67-75.

［65］ CLARKE J，DUCKETT R，HINE P，et al. Negative Poisson's ratios in angle-ply laminates：theory and experiment[J]. Composites，1994，25：863-868.

［66］ BERTOLDI K，REIS P，WILLSHAW S，et al. Negative Poisson's ratio behavior induced by an elastic instability[J]. Advanced Materials，2010，22：361-366.

［67］ KARNESSIS N，BURRIESCI G. Uniaxial and buckling mechanical response of auxetic cellular tubes[J]. Smart Materials and Structures，2013，22：084008.

［68］ NEELAKANTAN S，BOSBACH W，WOODHOUSE J，et al. Characterization and deformation response of orthotropic fibre networks with auxetic out-of-plane behaviour[J]. Acta Materialia 2014，66：326-339.

［69］ NEELAKANTAN S，TAN J-C，MARKAKI A. Out-of-plane auxeticity in sintered fibre network mats[J]. Scripta Materialia，2015，106：30-33.

［70］ BABAEE S，SHIM J，WEAVER J，et al. 3D Soft metamaterials with negative Poisson's ratio [J]. Advanced Materials，2013，25：5044-5049.

［71］ SHIM J，PERDIGOU C，CHEN E，et al. Buckling-induced encapsulation of structured elastic shells under pressure [J]. Proceedings of the National Academy of Sciences，2012，109：5978-5983.

［72］ REIS P. A perspective on the revival of structural (In)stability with novel opportunities for function：From buckliphobia to buckliphilia[J]. Journal of Applied Mechanics，2015，82：111001.

［73］ NEELAKANTAN S，BOSBACH W，WOODHOUSE J，et al. Characterization and deformation response of orthotropic fibre networks with auxetic out-of-plane behaviour[J]. Acta Materialia，2014，66：326-339.

［74］ SHIM J，PERDIGOU C，CHEN E，et al. Buckling-induced encapsulation of structured elastic shells under pressure [J]. Proceedings of the National Academy of Sciences，2012，109：5978-5983.

［75］ MILLER W，HOOK P，SMITH C W，et al. The manufacture and characterisation of a novel, low modulus, negative Poisson's ratio composite[J]. Composites Science and Technology, 2009, 69: 651-655.

[76] KOLKEN H M, ZADPOOR A. Auxetic mechanical metamaterials[J]. RSC Advances, 2017, 7: 5111-5129.

[77] CHOI J, LAKES R, Analysis of elastic modulus of conventional foams and of re-entrant foam materials with a negative Poisson's ratio[J]. International Journal of Mechanical Sciences, 1995, 37: 51-59.

[78] 蒋伟,马华,王军,等. 基于环形蜂窝芯结构的负泊松比机械超材料[J]. 科学通报, 2016, 61: 1421-1427.

[79] ALDERSON A, RASBURN J, AMEER-BEG S, et al. An auxetic filter: a tuneable filter displaying enhanced size selectivity or defouling properties[J]. Industrial & Engineering Chemistry Research, 2000, 39: 654-665.

[80] LARSEN U D, SIGMUND O, BOUWSTRA S. Design and fabrication of compliant micromechanisms and structures with negative Poisson's ratio, Micro Electro Mechanical Systems, 1996, MEMS'96, Proceedings. An Investigation of Micro Structures, Sensors, Actuators, Machines and Systems. IEEE, The Ninth Annual International Workshop on, IEEE, 1996: 365-371.

[81] GRIMA J N, GATT R, ALDERSON A, et al. On the potential of connected stars as auxetic systems[J]. Molecular Simulation, 2005, 31: 925-935.

[82] GATT R, MIZZI L, AZZOPARDI J, et al. Hierarchical auxetic mechanical metamaterials[J]. Scientific Reports, 2015, 5: 8395.

[83] MOUSANEZHAD D, BABAEE S, EBRAHIMI H, et al. Hierarchical honeycomb auxetic metamaterials[J]. Scientific Reports, 2015, 5: 18306.

[84] Evans K E, Caddock B D. Microporous Metenials with negtive poisson's ratios. Ⅱ, mechanisin and interpretation[J]. Journal of Physics D, 1989, 22: 1883-1887.

[85] LIU X, HU G. Elastic metamaterials making use of chirality: A review[J]. Journal of Mechanical Engineering, 2016, 62: 403-418.

[86] HA C S, PLESHA M E, LAKES R S. Chiral three-dimensional lattices with tunable Poisson's ratio[J]. Smart Materials & Structures, 2016, 25: 054005.

[87] GRIMA J N, MANICARO E, ATTARD D. Auxetic behaviour from connected different-sized squares and rectangles[J]. Proceedings of the Royal Society of London A, 2011, 467: 439-458.

[88] ZADPOOR A A. Mechanical meta-materials[J]. Materials Horizons, 2016, 3: 371-381.

[89] BÜCKMANN T, SCHITTNY R, THIEL M, et al. On three-dimensional dilational elastic metamaterials[J]. New Journal of Physics, 2014, 16: 033032.

[90] TING T, BARNETT D. Negative Poisson's ratios in anisotropic linear elastic media[J]. Journal of Applied Mechanics, 2005, 72: 929-931.

[91] BÜCKMANN T, SCHITTNY R, THIEL M, et al. On three-dimensional dilational elastic metamaterials[J]. New Journal of Physics 2014, 16: 033032.

[92] BAUGHMAN R H, SHACKLETTE J M, ZAKHIDOV A A, et al. Negative Poisson's ratios as a common feature of cubic metals[J]. Nature, 1998, 392: 362-365.

[93] BAUGHMAN R, DANTAS S, STAFSTRÖM S, et al. Negative Poisson's ratios for extreme states of matter[J]. Science, 2000, 288: 2018-2022.

[94]　CLAUSEN A，WANG F，JENSEN J S，et al. Topology optimized architectures with program-mable Poisson's ratio over large deformations[J]. Advanced Materials，2015，27：5523-5527.

[95]　SOMAN P，LEE J W，PHADKE A，et al. Spatial tuning of negative and positive Poisson's ratio in a multi-layer scaffold[J]. Acta Biomaterialia，2012，8：2587-2594.

[96]　FOZDAR D Y，SOMAN P，LEE J W，et al. Three-dimensional polymer constructs exhibiting a tunable negative Poisson's ratio[J]. Advanced Functional Materials，2011，21：2712-2720.

[97]　ZHANG W，SOMAN P，MEGGS K，et al. Tuning the Poisson's ratio of biomaterials for inves-tigating cellular response[J]. Advanced Functional Materials，2013，23：3226-3232.

[98]　MA Y，ZHENG Y，MENG H，et al. Heterogeneous PVA hydrogels with micro-cells of both positive and negative Poisson's ratios[J]. Journal of the Mechanical Behavior of Biomedical Mate-rials，2013，23：22-31.

[99]　LEE T，LAKES R. Anisotropic polyurethane foam with Poisson'sratio greater than 1[J]. Jour-nal of Materials Science，1997，32：2397-2401.

[100]　TAYLOR C M，SMITH C W，MILLER W，et al. The effects of hierarchy on the in-plane elastic properties of honeycombs[J]. International Journal of Solids and Structures，2011，48：1330-1339.

[101]　LITCHINITSER N M，SUN J. Optical meta-atoms：Going nonlinear[J]. Science，2015，350：1033-1034.

[102]　POUTRINA E，HUANG D，SMITH D R. Analysis of nonlinear electromagnetic metamaterials [J]. New Journal of Physics，2010，12：093010.

第4章　五模式反胀材料

本章谈及的五模式反胀力学超材料类型,其几何结构设计与力学属性关乎所设计结构的剪切模量与体弹性模量的比值。在数学角度上讲,涉及剪切模量与体弹性模量比值相关的力学超材料,可以充分定义在扩展的密尔顿 K-G 图(图4.1)中。图中包括三个可供选择的区域范围:第一个存在区域是 $G(x)$ 轴,即第3章论及的负泊松比拉胀力学超材料。第二个区域是 $K(y)$ 轴($G \ll K$),剪切模量的数值远远小于杨氏模量,常被称为消失的剪切模量,或剪切模量的消隐。这类人工材料类型就是本章将要论述的研究对象。此外,第三个区域位于扩展的密尔顿 K-G 图的第四象限中,即 $E>0$ 和 $-4G/3<K<0$,被称为材料的负可压缩性,这部分尝试的力学超材料将在第5章进行详细论述。

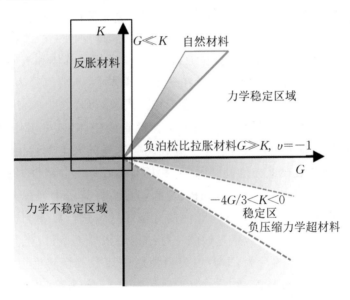

图4.1　扩展的密尔顿 K-G 图及其五模式反胀材料在力学超材料分类图中的位置

五模式反胀力学超材料具体指的是一类人工结构功能材料,它们的等效剪切模量 G 无限接近于零,力学属性就像理想流体一样。如图4.1所示,对应扩展的密尔顿 K-G 图中,其纵坐标 $K(y)$ 轴上。通常情况下,如果三维几何结构材料的力学性能位于该 K 轴上,则其材料的剪切模量近乎消失状态。换句话说,几何外形看起来是三维结构的人工材料,但其所表现出来的力学性能上,仅可以获得两个维度上的可检测性,在英文语境下,其常被称为"Vanishing shear modulus"。因其三维几何结构外形及二维流体的力学性能，目前常被应用于声学超材料及海洋潜水艇等声学隐身领域。

本章将系统性地论述这类剪切模量消失的反胀力学超材料。第 4.1 节首先介绍了反胀力学超材料的起源与发展；然后重点介绍两大类反胀材料，即五模式反胀材料的主要晶体结构样式。在第 4.2 节，笔者追溯了五模式反胀等效结构设计的理论基础，在第 4.3 节，笔者简要概述了五模式反胀力学超材料展现出来的超常力学特性及相关的实验制备构建方面存在的挑战。这些反胀力学超材料的成功研制，以及这种超流体样式的发展方向和应用前景，将在第 4.4 节中有所论及。

4.1 反胀材料的起源与发展

4.1.1 剪切模量的消隐

剪切模量的消隐（vanishing shear modulus）[①]，指的是等效几何结构材料具有有限的体模量 K，但剪切模量 G 为 0，等价于 $G \ll K \Leftrightarrow v \approx 0.5$。这就不得不提及静态弹性力学超材料的力学特性。在第 2 章中，笔者已经提及到，在一般情况下，之所以利用体积模量 K 和质量密度 ρ 来描述气体和液体中弹性波的传播行为，是因为气体和液体只支持纵向偏振的压力波。而固体则支持纵向和横向的弹性波，其中，横波模式与剪切模量 G 密切相关。也就是说，在通常情况下，理想的气体和液体具有有限的体模量 K，但剪切模量 G 为 0，即剪切模量在气体和液体中，其数值是为零，而消隐不存在的。这种在理想气体和液体中剪切模量为零的现象，可称之为剪切模量的消隐。

这种类型的三维力学超材料可以被定义为理想的流体，其中剪切模量 G 与体积模量 K 相比接近零，即 $G \ll K$。目前至少存在两类这样的人工微结构材料，比较有代性这种类型材料涉及五模式力学超材料[1,2]和具有 Kagome 晶格栅格的力学超材料。其中后者主要是仿制固体晶格和缺陷而设定的，为此，将其归入第 8 章的仿晶体材料专门予以系统的阐释。这里仅就比较热门的五模式材料进行概述。这两种类型的力学超材料所具有的功能特征，就是它们的三维结构形状外部条件，但其力学行为显示为二维性质，类似于液体的行为，即剪切模量消隐的现象。换句话说，这些类型的力学超材料很难压缩但却极易流动[3,4]。由于剪切模量 G 接近于 0，从而让剪切模量的力学特征消失了，可以称之为超流体（metafluid）或反胀（anti-auxetic）超材料[5,6]。

4.1.2 五模式反胀力学超材料的源起

五模式反胀（pentamode anti-auxetic）力学超材料的名称来自其展现出来的材料

---

① "vanishing shear modulus" 尚未出现合适的中文翻译。考虑到 "vanishing" 可译为"消隐、消通"，此处取前者，旨在说明此类人工材料的剪切模量是可以"隐没不出现"，也可以"显现"的，通过理论设计具有选择性，而不是有逃跑之意的"通"。

力学属性，它仅存在一个方向上单一应力，易于支持五个方向上无限小的应变模式，也就是五个模式下的应变无限小。由此，这类五模式材料可泛指一种展示出理想流体力学行为的人工三维几何拓扑网状结构的固体材料。其人工结构等效的力学属性，类似于理想气体和液体的剪切模量为零的情况。也就是说，其材料难以压缩，却极易变形，剪切模量近似于零，从而实现二维流体的响应性能，类似于理想流体。这种类型的力学超材料分布在扩展的密尔顿 K-G 图（图 4.1）中 $K(y)$ 纵坐标轴上。

图 4.2 给出了各向同性材料体模量和剪切模量的取值空间范围[7]。在通常情况下，传统自然流体的剪切模量为零，位于密尔顿 K-G 图的纵轴上，也就是说固体材料只能承受静水压力，这属于五模式材料的特例情况，如图 4.2(b) 所示的水。三维固体材料中的天然橡胶[如图 4.2(c) 所示]的剪切模量远低于体模量，可近似看作五模材料。通过对固体微纳结构的几何设计，我们可以制备出近似各向同性的五模材料[如图 4.2(d) 所示]，抑或各向异性的五模式结构材料[如图 4.2(e) 所示]。

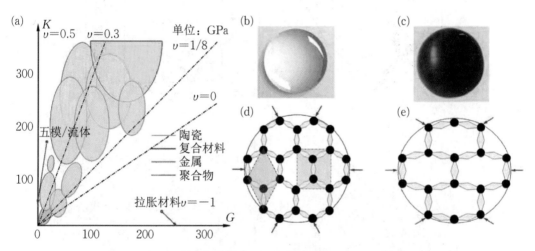

图 4.2　各向同性材料体模量和剪切模量取值空间及几种特殊材料
（a）常见材料体模量、剪切模量取值空间；（b）水 $G/K=0$；（c）橡胶 $G/K \ll 1$；
（d）各向同性微结构五模材料；（e）各向异性微结构五模材料[7]

较为典型的五模式结构反胀力学超材料具体的几何结构设计（如图 4.3 所示）是由上下直径不同相连接的双圆锥单元组成。其中，具有特定几何类型的可变截面的圆锥体梁，即在其基部彼此连接的两个锥形梁，以菱形网格结构排列。在力学本构关系模型中，这种类型的五模式超材料的 6 个分量弹性张量中有 5 个为零的本征值。这样一种典型的五模式结构，最早在 1995 年由 G. W. Milton[8-10] 和 O. Sigmund[2] 独立地完成了理论上的预测构想，其初步的理论模型如图 4.3(a) 所示。自此以后，这种结构模式不断地进一步更新改进[11,12]，直至 2012 年，Martin Wegener 课题组[13] 利用激光直写技术将这种五模式拉胀结构制备而成，即如图 4.3[(b)～(d)] 所示的点接触的双锥结构。也就是说，人们已经使用 3D 打印即增材制造技术实现了这种类型的五模网格几何结构。此外,还存在着一类完全不同的凝胶例子,它可以在任何给定方向上容易地变形,但强烈抵抗体积变化静压。其他例子还包括粒状的材料[14]。

在长波极限下,该材料通常会显示明显的各向同性的流体性质,支持单模式的弹性压缩纵波,但同时其却具有超各向异性的弹性模量。例如,沿着该材料的立方体对角线方向压缩时,其横向几乎无形变,即剪切模量为0、泊松比基本接近0.5的理想流体。值得注意的是,基于整体五模式力学超材料几何结构的稳定性需要,这种类型的几何结构不可能在严格意义上为零,也就是说这种类型的材料仅是一种近似的五模式几何结构材料。因此,该类反胀超材料有时也被称为超流体(metafluids)。"超流体"这一名称的赋予,承载着人们对这种新兴材料的期望,以期在流体声学和变换声学中展现其重要的应用愿景。

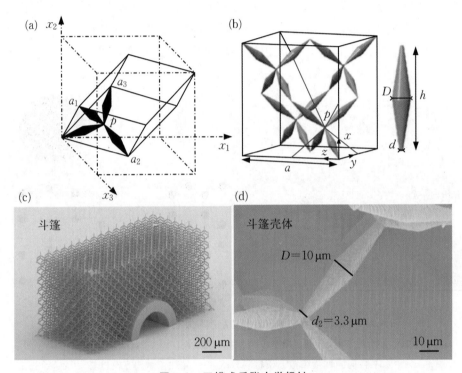

图 4.3 五模式反胀力学超材

(a) 最初的理论示意图[9];(b) 实验设计制成的点接触的双锥结构[13];
(c) 双锥反胀材料应用于隐身领域;(d) 人工微结构单元

4.2 五模式反胀等效结构的理论基础

在五模式反胀等效结构的理论模型中,如图 4.3(a)所示,可以设定其 6 个分量弹性张量中,有 5 个为零的本征值。通过不同的材料方法设计,五模式结构理论模型的力学基础具体是指在 6×6 的等效材料弹性张量中，6 个对角单元中的 5 个弹性张量趋近于零，只有 1 个是非零的[15,16]。

若设想存在一组力，F_1，F_2，F_3 和 F_0 从会聚点 p 沿着连杆指向外[如图 4.3(a)]，其相应的弹性常数为 k_1，k_2，k_3 和 k_0，那么就有如下等式：

$$F_1 = k_1(a_1 - p), \quad F_2 = k_2(a_2 - p)$$
$$F_3 = k_3(a_3 - p), \quad F_0 = -k_0 p \tag{4.1}$$

根据体系的力学平衡，可得

$$kp = \sum_{i=1}^{3} k_i \alpha_i, \quad k = \sum_{i=0}^{3} k_i \tag{4.2}$$

如果满足会聚点 p 在单元格内，则有

$$0 < \frac{k_i}{k} < 1, \quad i = 1, 2, 3 \tag{4.3}$$

那么单元格内的整体应力为

$$\delta_l = \sum_{i=1}^{3} k_i \alpha_i \otimes \alpha_i - kp \otimes p \tag{4.4}$$

为此，可以通过选择满足限定条件的不同的弹性常数 k_1，k_2，k_3 和 k_0，只要满足方程(4.3)即可，选择合适的不同的单元格向量 a_1，a_2，a_3，这样总可以找到一种可能的状态条件组合方式，使得单元格内的具体应力 σ_l 正比于某一个既定的应力状态 σ。这就是五模式反胀力学超材料结构最初的结构设计理念。当积分应力与既定应力成正比时，在应力张量（行列式中）就没有了剪切应力项，只有正应力存在，之后在通过旋转操作，使得正应力的本征量中只余下一个。也就是说，当整体应力与给定应力的比值恒定时，就会仅存在法向应力而剪切应力均为零的情况。基于这一理论，利用不同的人工原子基元就可以设计各种各样所需的五模式反胀力学超材料了[9]。

值得注意的是，五模式反胀材料可等效为菱形似结构，整体上可简化为四个连杆机构会聚到同一点，由此，这一结构中一个应力对应一个相同符号的本征值[2,9,12]。这一结构与传统的二维蜂窝结构和反蜂窝结构是有区别的，因为蜂窝结构是三个连杆会聚到同一点[17,18]。五模式反胀材料的这种四连杆汇合机构，可以移动会聚点到单元格的不同面，那么一个应力就会对应多个符号的本征值，这样就得到不同的结构。

4.3 五模式反胀力学超材料超常力学特性的建构

4.3.1 基本几何结构

在基本几何结构理论建立之后，后续的工作可能就是外在的形式问题了。即如何选择不同的弹性常数和尺度向量，选择哪一条路去实现这一理念，并将其制成实在

的成品，这就是现今人们正在做的研究。既然我们已经知道，五模式结构的理论雏形早已建立，直到双光子 3D 打印直写技术的推广，人们于 2012 年初才开始真正意义上的建构制造这种五模式反胀力学超材料。仅就提出了这一类型的拉胀超材料结构的 Wegener 课题组[5,6,19-23]，就构建了各种各样的结构样式。起初，它们是依据 1995 年提出理论模型[如图 4.3(a)]而建立的，如图 4.3(b)所示，两个平头圆锥体由点接触对接而构成的双锥结构单元[15,23]。这可以称为五模式反胀力学超材料的基本结构形式（如图 4.4 所示）。

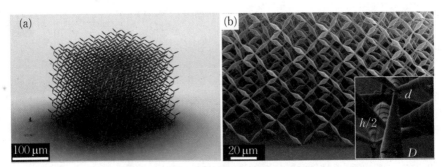

图 4.4 五模式反胀力学超材的制备[15,23]

(a) 整体外形；(b) 上下直径不同相连接的双圆锥结构单元

4.3.2 主要的衍生几何结构

五模式结构的衍生几何结构具有多样性，其中包含了两层意义在里面，一种是力学性质上的，一种是结构单元数量上的。不得不说，这里所提及的五模式的衍生结构的多样性，多指的是思维泡沫上的后者。在这样做的情况下，为了在某些受力条件下，获得力学结构的稳定性，例如体模量和剪切模量的比值对几何结构的有限连接直径的依赖性，实现了取代严格理论上的点状尖端的有限连接方式。与此同时，直径非对称的双锥结构单元元件，已经被用于由两个连接的截头圆锥体构成的五模式力学超材料[3]。研究发现，在具有不同直径和外径长度的不同横截面形状中，包括正三角形、正方形、五边形、六边形和圆形等（如图 4.4 所示）[24]，三角形断面表面呈现特别好的声学特性，不过其具体的力学行为特征，还不可预知。一般来说，五模式力学超材料的胞状几何结构可以由 16 个双锥结构单元组成[4,5,25,26]。此外，我们也可以修正其锥形体直径 d_1 和 D_2（如图 4.5 所示）[27]，从而有效地获得各种几何结构的五模式力学超材料。

具体来说，在点接触对接的双锥体基本结构中，出现了诸多五模式反胀力学超材料的衍生结构。不过，在大多数情况下，仅在现有的点接触对接双锥结构的基础上，进行零星的修正改进。极具代表性的改进方式：① 移动会合的接触点；② 改变双锥结构元件的对称性；③ 选择不同的锥体横截断面的形状；④ 调节两个连接圆锥体的直径范围；⑤ 探索圆锥体单元简化设计成铰接杆件。

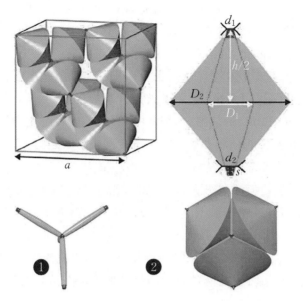

图 4.5   锥形体几何结构单元的双锥体直径 d_1 和 D_2 差异变化[27]

（1）移动会合的接触点。通过将两个圆锥体相连接的会合点，移动到整体结构单位单元的另一侧，可以获得另一种结构模式，从而用以支持具有混合符号特征值的应力［如图 4.3(a)所示］[9]。在这样做的情况下，为了在某些特定的条件下获得其材料存在的稳定性，例如体模量和剪切模量对不同连接直径的依赖性，从而力图去实现取代严格理论上的点状尖端的连接形式[15]。

（2）改变双锥结构元件的对称性。通常情况下，点接触的双锥结构单元呈现一定的周期对称性排布方式。这种周期排列方式类似于晶体学中晶胞内不同晶格的几何对称特性。近年来，人们逐步开展了不对称双锥元件的几何构型研究，已经提出用于由两个连接的截面头的圆锥体构成的五模式拉胀结构超材料。

（3）选择不同的锥体横截断面的形状。可以利用正三角形、正方形、五边形、六边形和圆形等多种不同横截面形状（如图 4.6 所示）[28]来构建五模式结构材料。与此

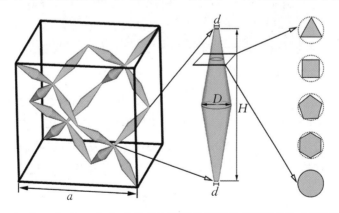

图 4.6   正三角形、正方形、五边形、六边形和圆形等不同横截面形状构建的双锥体结构[28]

同时,研究人员发现,三角形横断面具有特别好的声学特性。那么,其他横截面形状的双锥体结构,又适用于什么样的实际工况呢?其所构成的整体结构的力学性能又如何呢?这些问题尚且未知,值得去深入探讨。

(4)调节两个连接圆锥体的直径范围。一般来说,五模式反胀结构超材料的人工晶胞,在通常情况下,可以是由16个双锥元素组成的[5,6,15,23,26,29]。那么,人们自然想到可以修改直径 d_1 和 D_2 的范围(如图4.5所示)[27],从而获得具有不同直径和细径的结构样式,及相应不同的力学属性的五模式反胀材料。

其中,若这种五模式超材料结构中,设定面心立方FCC晶格的晶格常数为 a。那么比率 d_1/a 就可以确定有效体积模量 K/K_0,比率 D_2/a 确定有效相对静态质量密度 ρ/ρ_0,其等于体积填充分数。如图4.7所示,利用增材制造技术制备的五模式力学超材料的电子显微结构图片[27],其中 FCC 晶格常数 $a = 40$ mm,$s/h = 0.05$,$D_1/a = 0.12$,和 $d_2/a = 0.04$。这些聚合物几何结构是通过基于三维浸入式振镜扫描器的激光光刻技术制造的,并证明了五模式力学超材料概念的制造可行性。

图4.7 利用增材制造技术制备的五模式力学超材料的电子显微结构[27]

(5)探索圆锥体单元简化设计成铰接杆件。基于各向异性的五模式结构,Gurtner & Durand 模拟分析研究得出[11]立方栅格结构的外形结构。这一结构可以转变为更加多样化的力学属性,特别展现了零泊松比及相关的拉胀性能。这部分简化成杆件的栅格网络结构,可以归属于第8章所论及的仿晶格及其缺陷的力学超材料几何结构周期样式,遂当谈及时,再予以深入地论述。

4.3.3　新奇的反胀力学性能

综上所述,五模式反胀力学超材料具有的力学性质有:

(1) 五个非常小的特征值,即它们在六个主要方向中的五个方向上数值非常小。

(2) 与剪切模量相比,五模式力学超材料的体积模量非常大,其体积不会因变形而改变。

(3) 五模式力学超材料的泊松比为 0.5 左右。

(4) 非常小的剪切模量数值,理想的五模式力学超材料在受外载荷作用下,可以立即流走,这种力学行为类似于流体,为此,五模式力学超材料也被称为"超流体"。

研究结果显示了点接触对接的双锥结构,展现了各向同性的类似流体的,剪切模量消隐的力学特性,及各向异性的弹性模量,同时,支持单模式的弹性压缩纵波。当这样的双锥结构单元周期排布成一个立方体整体结构时,若沿立方体对角线方向进行压缩时,几乎没有发生形变的迹象,也就是说其整体结构的剪切模量为零,可近似为理想流体。具体而言,通过浸入式激光直写光刻增材技术,可以制造出多种多样的三维聚合物微纳结构外形。详细的关于生产力学超材料的 3D 打印增材制备技术,将在第 11 章中进行系统性的论述。这里,我们仅就五模式反胀材料所表现出的力学属性进行分析。经过这样 3D 打印制备出来的聚合物基的五模式反胀结构材料,有测量显示,在上下直径不同相连接的双圆锥单元,如果最小直径与人工晶体的栅格常数比值取最小可接近值 1.5% 时,等效体模量与剪切模量的比值,可高达 1000 左右[15,22,30,31]。

不过,大部分五模式反胀材料的力学性能检测背景和相当的研究成果多集中在声学超材料隐身技术方面。在结构体系的静态-动态转换中,Martin 等人[23]已经计算了三维五模式反胀超材料的声子能带结构的压缩波和剪切波的相速度。研究三维各向异性五模式反胀超材料的力学性能,及较大的各向异性比率,对于实现三维自由空间斗篷[5],可能是相当契合的。

在自然可供参考的条件下,关于天然固体材料,例如块体状金物质,表现出相当大的体积模量与剪切模量之比,其具体数值约为 $K/G=13$。不过在实践应用过程中,这一数值可能是远远不够的。在五模式的力学超料中,有研究表明体模量远远高于剪切模量,其比率或"品质因数(FOM)"数值在 10^3 左右的范围内。换句话说,剪切模量远远小于体模量,变得越来越不重要了。这类几何结构完全可以通过浸入式直接激光写入制备而成,不过目前增材制造的自然材料仅限于高分子低熔点的聚合物微结构,金属或陶瓷等熔点较高的材料的增材制造还有待于进一步发展,几何结构形式方能不断地向前推进。涉及 3D 打印制备力学超材料的部分,笔者将在第 11 章中具体进行论述。

如图 4.8 所示,经 3D 打印技术制备得到几何结构的力学参数关系,其中包括体模量和剪切模量,及体模量与剪切模量的比值 B/G 与所用杆梁的最小直径 d 的依赖性关系。我们可以看出，随着最小直径的减小，体模量与剪切模量的比值不断增加［如图 4.8(b)所示］。为描述清楚起见，在图 4.8 中选择了用双对数来绘制。在最小直径 d 处于较小值时，体模量与弹性模量的比值 K/G 大致类似于

$$\frac{K}{G} \propto \frac{1}{d^2} \qquad (4.5)$$

同时，我们可以参见图 4.8 中的相应全局拟合情形。随着最小直径 d 的减少，体模量与弹性模量的比值 K/G 的增加主要源于 G 与 K 的相比更快速的减少［如图 4.8(a)所示］。五模式几何结构单元中，其他参数固定为直径 $D=3$ μm，长度 $h=16.15$ μm[15]。

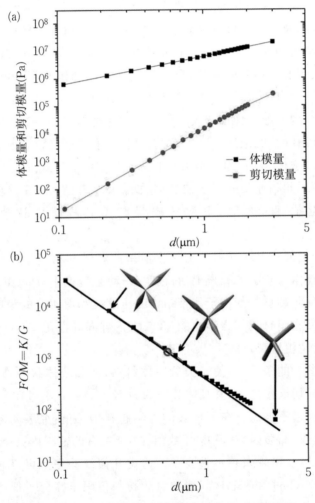

图 4.8　经 3D 打印技术制备得到几何结构的力学参数关系
（a）五模式结构体模量 K 和剪切模量 G，与结构单元锥体薄端的直径 d 的对数关系表示；
（b）体模量与剪切模量比值表示[15]

至于其他衍生结构形式的力学性能，不仅功能更加的多样化，而且也得到了有效

的增强。在模拟分析研究中,Gurtner 提出最强的栅格结构正是基于各向异性的五模式结构,这一结构可以转变为更加多样化的力学属性,特别展现了零泊松比及相关的拉胀性能。由此可见,通过调控五模式的菱形栅格对称性结构属性,可以使此类力学超材料拓展到更广阔的发展空间。一般而言,五模式反胀材料的衍生结构中,可以利用五模式结构的三维空间内的层叠,获得有效的各向异性的单轴动态质量密度张量这样的力学超材料[27]。这种类型的三维各向异性的五模式力学超材料具有更大的各向异性比,更适用于三维自由空间的隐身,俄罗斯雷洛夫国家研究中心已经在进行这方面的研究了。

除了体模量和剪切模量之外,有效质量密度可以通过向五模式反胀超材料引入几何奇异摄动来修正。换句话说,我们可以利用五模式反胀材料具有的五种简单变形模式,将其用于研制开发超强超轻质的栅格网状结构。五模式反胀超材料的等效力学属性,无论是各向同性的,抑或各向异性的,都可以从以拉伸为主导的周期通用栅格中,按生产应用需求来进行广泛的调节。在这种以拉伸为主导的周期性人工杆件结构中,考虑到 $d=2$ 或 $d=3$ 维的周期晶格结构时,由拉伸的主导极限 $Z=d+1$ 的一般公式,得到五模式反胀结构超材料的各向同性或各向异性的等效力学特性,其中,这些薄细弹性构件,是从类似位置的中央节点发出的[12]。所提出的最坚硬的人工晶格结构,是基于五模式反胀材料结构设计分析模拟而来的[11]。这些各向异性的五模式反胀超材料,因此可以转化为零泊松比甚至拉胀行为。这种类型的力学超材料,可以通过定制五模式的金刚石晶格结构的对称性,而展现超越力学超材料本身的更广泛多样化的新颖力学属性。这部分具体内容将在第 9 章中继续以轻质超强的评价角度加以详述。

4.4　五模式反胀材料的应用前景

在谈及这种五模式反胀力学超材料的具体工程应用之前,我们有必要再回顾一下这种所谓的超流体的超常的力学性能。这样才能进一步地去发现其所能推广的实践场合。也许这正是"温故而知新"的真正寓意所在吧。

我们之所以称其为五模式反胀力学超材料(或超流体),主要是因为在其固体的张量结构模型中所包含的 6 个分量弹性张量,有 5 个张量的本征值为零。这种只有一个弹性系统结构非零数值的本构模型,类似于气体或液体中剪切模量消隐的现象,其宏观的表现为横向几乎没有形变,难以压缩,却像液体一样极易流动。而且,从结构理念设计到实验研究和制备过程中,我们发现这种五模式反胀材料在长波极限下,显示了明显的各向同性的流体性质,支持单模式的弹性压缩纵波,同时其却具有超各向异性的弹性模量。更为重要的是,沿着整体反胀材料的立方体对角线方向进行压缩时,其横向几乎无形变,即剪切模量为 0、泊松比基本接近 0.5 的理想流体。

那么,这样以固体结构材料外形示人,内在却是流体力学性质的人工结构材料,可以应用于很多我们日常生活不能想象的领域。这就是说,人类至少存在两种以上的不同视角来研究观察事物。最基本的两个视角就是,要么会当凌绝顶,高屋建瓴,发现探索事物在全局上的不同;要么以旁观者或是局外人的姿态,来探究事物之间的细节分枝。这样的科学研究者,才能想别人所不敢想,走别人所不敢探索的路,而不是无奈地在众多思维泡沫中沉浮,如梦如幻一场风。这就是为什么在超流体的应用前景这部分,笔者会仅列举有限的已经得到的应用背景,而更多的留白放置在这里的真正原因。教育所能做的,只是引出读者内心本就拥有的好奇心。而笔者在这里,只是将自己未曾做出来,或是有感为憾事的东西写出来,以期更多的充满潜力的应用愿景得以呈现。

4.4.1 五模式反胀材料的研究和应用

到目前为止,我们所能检索到五模式反胀材料的应用背景,多是在军事国防领域,这种极具民用潜力的力学超材料,仍尚属未知。据军事内部消息称,最新的五模式反胀力学超材料可用于海底"无触感"斗篷隐身技术,例如,用来消除潜水艇等设备的噪声。还有一些应用在军事装备上的智能蒙皮材料,尤其是军用战机[6]。这主要是因为,这种五模式反胀材料的超流体性质,可以将关键的设备主体隐匿起来,使其无法被手指或是其他力的作用感觉到(如图 4.9 所示)。这种五模式反胀超材料已经应用于美国的潜艇战舰的蒙皮,并将会在流体声学以及变换声学中有重要的应用前景[32,33]。

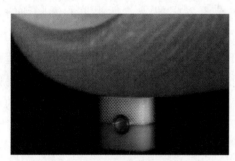

图 4.9 "无触感"斗篷隐身技术理念
其中五模式力学超材料可以将圆柱体隐匿起来,
使其无法被手指感觉到[4]

具体来说,受光学中不可见的核-壳纳米粒子的启发,五模式反胀超材料的结构设计和制造,可用于近似弹性力学的核-壳外形的不可探测斗篷[6,26]。其他团队的应用研究,也涉及五模式声学斗篷,包括二维平面应变空间[34]、转换方法和其他理论算法研究[26]。这些研究调查表明,五模式反胀超材料在非线性光学转换方面具有一定的应用潜力,尤其是在声学不可见的隐形技术中。

由此可见,目前,五模式反胀材料的应用主要集中在声学自由空间斗篷的应用[6],也就是声学隐身方面,例如多层三维样式的五模式反胀声学超材料。这主要是因为在实现弹性动力学三维变换的五模式反胀结构材料中,其所利用的基本原理类似光学超材料中的非线性变换光学。研究人员自然而然地将研究成熟的光学超材料,向其他更广泛的声学等激元方向拓展[35-37]。Wegener 团队从 2012 年起进行了多次的初步尝试性推广[15],并且将五模式反胀材料基本理论得以验证和实施[15,23]。他们对相关几何参数[5,22]进行了广泛而系统的调查,相继设计出不同结构外形的五模式反胀衍生结构材料。最终,这些材料正逐步应用于声学斗篷或其他军事装备的智能蒙皮[6,20]。

4.4.2 融合流体声波超材料的水声调控

变换理论给出波传播路径与材料属性分布的关系,但所要求的材料属性往往比较苛刻,如急剧梯度化、强各向异性以及负等效参数等,须借助超材料技术实现。以声学介质为例,传统介质密度和体积模量都大于零,取值位于图 4.10 中第一象限,此时声波能在该介质传播且相速度与群速度方向一致。位于其他三个象限的材料要求密度或模量有一个或两个为负值[38,39]。一般自然界材料很难具备上述负值属性,这里将它们统称为声波超材料。但通过适当设计复合材料微结构单元格,可实现位于这三个象限中的任何一类材料。对于具有单负材料,声波会快速衰减而无法传播;对于双负介质,声波能正常传播,而其相速度与群速度方向相反[40,41]。力学超材料的发展和融合,极大地扩展了材料性质的可选择空间,为实现基于变换理论的波动控制提供了材料基础。

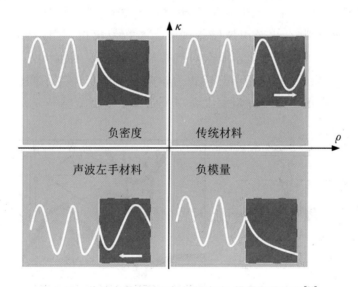

图 4.10 传统声学介质和超材料密度、模量取值空间[34]

具体而言,研究人员通过浸入式直接激光写入光学光刻制造三维聚合物微结构,所得到的体模量与剪切模量的比例高达约 1000。在静态/动态转换中,Martin 等人已经计算了三维五模式力学超材料的声子能带结构,以及在压缩波和剪切波方面的相速度[25]。研究三维各向异性五模式力学超材料的力学性能,并且其较大的各向异性比率,对于实现三维自由空间斗篷,即隐身技术,可能是比较理想的[5]。静态剪切模量和杨氏模量的直接测量表明,当 $d/a \sim 1.5\%$ 时[22],剪切模量与杨氏模量的比值约为 10^4 更高的情形。随后,受光学中看不见的核-壳纳米粒子的启发,人们基于五模式力学超材料设计和制造了近似弹性力学核-壳不可探测斗篷[4]。其他团队的研究也涉及五模式声学斗篷,包括二维平面应变空间[34]、转换方法和其他理论研究[26]。这些研究表明,五模式力学超材料在非线性光学及其相应的声学转换方面,具有潜在的应用价值,例如上述所提及的声学隐身体斗篷等。

由上述论述可以了解到,五模式力学超材料是一种拥有固体特征形式的复杂流体材料,可以通过超材料技术由固体材料经过微结构精心设计近似得到。可调节的各向异性体模量和剪切模量,及其相关的固体特征赋予五模力学超材料优越的流体水声波的调控能力,在降低水下物体目标强度等领域有着重要潜力。为此,这种固体五模式结构的力学超材料不依赖于谐振机制,具有本质的宽频适用性。理论上如果这种几何结构设计得无限小的话,则有效性质适用频率可以无限宽。为此,这种类型的力学超材料,可以应用于声波调控的各向异性水声隐身技术等工程应用领域。与此同时,有研究提出了基于五模式力学超材料的变换声学理论[42],为通过五模材料控制声波奠定了理论基础。我国在五模式反胀材料理论研究方面,已经有了相当不错的进展,尤其是以北京理工大学为代表的军事院校[7,33,43]。

最早,人们是将五模材料微几何结构功能设计和材料微结构设计相结合,按照几何参数的需求设计出了相应五模式力学超材料微纳几何结构[34](如图 4.11 所示)。与此同时,在理论模拟上,也对声波蜃景现象做了数值模拟,并且验证了这种类型的五模式力学超材料,可以有效地应用在声波控制方面[42]。根据该几何结构单元的人工原子构型,人们也设计出了环形五模式力学超材料隐身斗篷不同位置所需的人工原子构型,但并未将人工原子构型集成为一个完整声学覆盖层[34]。

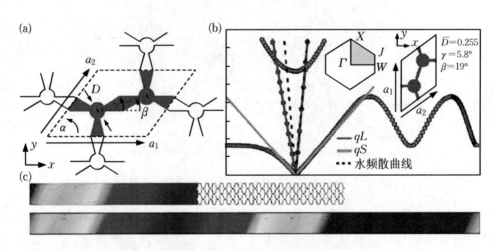

图 4.11 五模材料几何结构及声波蜃景模拟结果

(a)五模材料微几何结构设计;(b)各向异性五模材料单元格带结构曲线;
(c)声波蜃景模拟结果[34]

4.4.3 其他方面的潜在应用

当前超材料和人工结构功能材料的研究趋势大致有几种走向[35,36]，力学超材料存在顺应这一潮流的态势。具体地说，主要适用于此种五模式反胀超材料的是从简单均匀体系向复杂耦合的非均匀体系发展，及向声学和其他元激发系统拓展的趋势。为此，我们可以考虑将各向异性的结构单元引入声学超材料，这样能够使人工结构材料的等效密度或者等效弹性模量同时呈现各向异性特性[44]。这将大大有助于利用变换声学方法实现声波的有效隐身[16]，并且利用其所提到的宽频响应单元很好地实现类似于光学完美透镜所实现的新奇现象那样的声学上的超透镜[6]或者是双曲透镜[17]。这主要是利用等效的弹性参数，并通过局域共振或者有效平均来实现的，与光学超材料所采用的等效介质理论近似。

除了声学调控方面的应用之外，人们可以开发这种五模式力学超材料的简单变形模式，用于轻质超强的力学超材料几何结构，例如第 9 章所述。一般而言，五模式几何结构的层叠，可能制备具有有效各向异性单轴动态质量密度张量变化的力学超材料[27]。这种类型的五模式力学超材料，可以使得质量密度与它们的刚度（stiffness）解耦分离。在这一点上，它就完全不同于大多数多孔胞状材料和人工仿晶格结构，因为后者的这两种材料中，存在着质量密度和结构弹性模量之间的幂律关系。五模式力学超材料的特殊力学性质，使它们对某些应用具有吸引力。例如，它们可以用于在特定方向上对最终动力波进行波导，以便实现声波的光学隐形的功效。五模式力学超材料的弹性模量和质量密度（或孔隙率），可以彼此独立地改变，这使得当设计多孔组织工程支架时，它们可用于扩展几何结构的设计空间。众所周知，组织工程支架中的孔径尺寸、孔隙率直接影响着细胞附着、细胞营养/氧合作用及细胞组织的再生率。此外，通过在同一类型的栅格结构内，进行组合五模式力学超材料，可以制备出具有任何正定弹性张量的人工仿晶格结构样式。这使得五模式力学超材料成为一种通用框架，在该框架下，人们可以几何结构设计和增材制造这种力学超材料。这对于实现有用材料，例如呈现复杂的力学性能分布的结构材料，可以应用拓扑优化算法产生制备出这些特殊力学特性的力学超材料[45]。

鉴于这些流体声波力学超材料都是被动式运作的，最近研究人员考虑利用压电材料主动地调制有效参数，展开超材料结构应用主动性运作的探索。例如，在管子内部引入压电膜，从而来实现反馈可控的有效密度[19]，在管子旁的亥姆霍兹腔内引入压电膜来实现可控的有效模量，这种主动式超材料对于声控微流芯片等新型超声器件的设计具有重要意义。

参 考 文 献

［1］ MILTON G W, CHERKAEV A V, Which elasticity tensors are realizable? ［J］. Journal of Engineering Meterials and Technology, 1995, 117: 483-493.

［2］ SIGMUND O, Tailoring materials with prescribed elastic properties［J］. Mechanics of Materials, 1995, 20: 351-368.

［3］ COULAIS C, OVERVELDE J, LUBBERS L, et al. Discontinuous buckling of wide beams and metabeams［J］. Physical Review Letters, 2015, 115: 044301.

［4］ BÜCKMANN T, THIEL M, KADIC M, et al. An elasto-mechanical unfeelability cloak made of pentamode metamaterials［J］. Nature Communications, 2014, 5: 4130.

［5］ KADIC M, BÜCKMANN T, SCHITTNY R, et al. On anisotropic versions of three-dimensional pentamode metamaterials［J］. New Journal of Physics, 2013, 15: 023029.

［6］ BÜCKMANN T, THIEL M, KADIC M, et al. An elasto-mechanical unfeelability cloak made of pentamode metamaterials［J］. Nature Communications, 2014, 5: 4130.

［7］ 陈毅, 刘晓宁, 向平, 等. 五模材料及其水声调控研究［J］. 力学进展, 2016, 46: 382-434.

［8］ TIMOSHENKGO S, GOODIER J. Theory of elasticity［M］. New York: McGraw-Hill, 1970.

［9］ MILTON G, CHERKAEV A. Which elasticity tensors are realizable? ［J］. Journal of Engineering Materials and Technology, 1995, 117: 483-493.

［10］ MILTON G, BRIANE M, WILLIS J. On cloaking for elasticity and physical equations with a transformation invariant form［J］. New Journal of Physics, 2006, 8: 248.

［11］ GURTNER G, DURAND M. Stiffest elastic networks［J］. Proceedings of the Royal Society of London A, 2014, 470: 20130611.

［12］ NORRIS A. Mechanics of elastic networks［J］. Proceedings of the Royal Society of London A, 2014, 470: 20140522.

［13］ BÜCKMANN T, SCHITTNY R, THIEL M, et al. On three-dimensional dilational elastic metamaterials［J］. New Journal of Physics, 2014, 16: 033032.

［14］ MILTON G W. Complete characterization of the macroscopic deformations of periodic unimode metamaterials of rigid bars and pivots［J］. Journal of the Mechanics and Physics of Solids, 2013, 61: 1543-1560.

［15］ KADIC M, BÜCKMANN T, STENGER N, et al. On the practicability of pentamode mechanical metamaterials［J］. Applied Physics Letters, 2012, 100: 191901.

［16］ MILTON G. The Theory of Composites［M］. New York: Cambridge University Press, 2002.

［17］ ALDERSON A, ALDERSON K L, ATTARD D, et al. Elastic constants of 3-, 4-and 6-connected chiral and anti-chiral honeycombs subject to uniaxial in-plane loading［J］. Composites Science and Technology, 2010, 70: 1042-1048.

［18］ PRALL D, LAKES R. Properties of a chiral honeycomb with a Poisson's ratio of −1［J］. International Journal of Mechanical Sciences, 1997, 39: 305-314.

［19］ BÜCKMANN T, STENGER N, KADIC M, et al. Tailored 3D mechanical metamaterials made by dip-in direct-laser-writing optical lithography［J］. Advanced Materials 2012, 24: 2710-2714.

[20] BÜCKMANN T，KADIC M，SCHITTNY R，et al. Mechanical metamaterials with anisotropic and negative effective mass-density tensor made from one constituent material[J]. Physica Status Solidi B，2015，252：1671-1674.

[21] BÜCKMANN T，SCHITTNY R，THIEL M，et al. On three-dimensional dilational elastic meta-materials[J]. New Journal of Physics，2014，16：033032.

[22] SCHITTNY R，BÜCKMANN T，KADIC M，et al. Elastic measurements on macroscopic three-dimensional pentamode metamaterials[J]. Applied Physics Letters，2013，103：231905.

[23] MARTIN A，KADIC M，SCHITTNY R，et al. Phonon band structures of three-dimensional pentamode metamaterials[J]. Physical Review B，2012，86：155116.

[24] HUANG Y，LU X，LIANG G，et al. Pentamodal property and acoustic band gaps of pentamode metamaterials with different cross-section shapes[J]. Physical Letters A，2016，380：1334-1338.

[25] MARTIN A，KADIC M，SCHITTNY R，et al. Phonon band structures of three-dimensional pentamode metamaterials[J]. Physical Review B，2012，86：155116.

[26] MÉJICA G，LANTADA A. Comparative study of potential pentamodal metamaterials inspired by Bravais lattices[J]. Smart Materials and Structures，2013，22：115013.

[27] KADIC M，BÜCKMANN T，SCHITTNY R，et al. Pentamode metamaterials with independent-ly tailored bulk modulus and mass density[J]. Physical Review Applied，2014，2：054007.

[28] HUANG Y，LU X，LIANG G，et al. Pentamodal property and acoustic band gaps of pentamode metamaterials with different cross-section shapes[J]. Physics Letters A，2016，380：1334-1338.

[29] KADIC M，BUECKMANN T，SCHITTNY R，et al. Metamaterials beyond electromagnetism [J]. Reports on Progress in Physics，2013，76：126501.

[30] SINGH R. Process capability study of polyjet printing for plastic components[J]. Journal of Mechanical Science and Technology，2011，25：1011-1015.

[31] MALONEY K，ROPER C，JACOBSEN A，et al. Microlattices as architected thin films：Analy-sis of mechanical properties and high strain elastic recovery［J］. APL Materials，2013，1：022106.

[32] 徐锡申,张万箱.实用状态方程理论引导[M].北京:科学出版社,1986.

[33] CHEN Y，LIU X H，HU G K. Latticed pentamode acoustic cloak[J]. Scientific Reports，2015，5：15745.

[34] LAYMAN C，NAIFY C，MARTIN T，et al. Highly anisotropic elements for acoustic pentamode applications[J]. Physical Review Letters，2013，111：024302.

[35] 国家创新力评估课题组.面向智能社会的国家创新力:智能化大趋势[M].北京:清华大学出版社,2017.

[36] 彭茹雯,李涛,卢明辉,等.浅说人工微结构材料与光和声的调控研究[J].物理,2012:569-574.

[37] 国家发展和改革委员会高技术产业司,工业和信息化部原材料工业司,中国材料研究学会.中国新材料产业发展报告(2016)[M].北京:化学工业出版社,2017.

[38] FANG N，XI D，XU J，et al. Ultrasonic metamaterials with negative modulus[J]. Nature Materials，2006，5：452-456.

[39] LEE S H，PARK C M，SEO Y M，et al. Acoustic metamaterial with negative density[J]. Phys Lett A，2009，373：4464-4469.

[40] LI J，CHAN C T，Double-negative acoustic metamaterial［J］. Physical Review E，2004，

70：055602.

[41] LEE S H，PARK C M，SEO Y M，et al. Composite acoustic medium with simultaneously negative density and modulus[J]. Physical Review Letters，2010，104：054301.

[42] NORRIS A N. Acoustic metafluids[J]. The Journal of the Acoustical Society of America，2009，125：839-849.

[43] 徐冰，王晓明，梅玉林.两种五零能模式材料单胞构型及其性能分析[J].固体力学学报，2015，36：290-296.

[44] 阮居祺，卢明辉，陈延峰，等.基于弹性力学的超构材料[J].中国科学：技术科学，2014，44：1261-1270.

[45] ZADPOOR A A. Mechanical meta-materials[J]. Materials Horizons，2016，3：371-381.

第5章　负压缩力学超材料

本章所论述的负压缩性力学超材料类型,其几何结构设计与力学特性,与第 3 章及第 4 章提到的负泊松比拉胀和五模式反胀材料相类似,均涉及所设计结构的剪切模量与体弹性模量的比值。为此,从数学角度上来看,这也是第三类涉及剪切模量与体弹性模量比值相关力学超材料。在扩展的密尔顿 K-G 图(见图 5.1)中,负泊松比拉胀超材料位于第一个区域是 $G(x)$ 轴,五模式反胀超材料位于第二个区域是 $K(y)$ 轴 $(G \ll K)$,而本章重点论述的负压缩性力学超材料,位于扩展的密尔顿 K-G 图的第四象限中,满足条件 $E > 0$ 和 $-4G/3 < K < 0$,这就是第三个力学稳定存在区域,涉及剪切模量与体弹性模量比值的力学超材料。

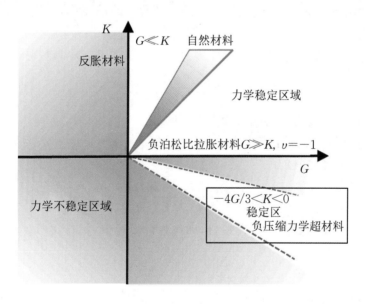

图 5.1　扩展的密尔顿 K-G 图及其负压缩力学超材料分类图中的位置

在这一章里,笔者将系统地论述这类负压缩性力学超材料。首先,在第 5.1 节对负压缩率或负压缩性、负泊松比和负热膨胀等基本概念加以厘清;然后,根据负压缩性力学超材料背后的力学工作原理,将负压缩性力学超材料分为负线性可压缩性和负面积可压缩性两大类型。分别在第 5.2~5.3 节对负线性和负面积可压缩性两大类别,进行详细的阐释。最后,第 5.4 节探讨了负压缩性力学超材料的结构表征方式,即通常用负热膨胀系数进行评价的设计理念。与此同时,第 5.5 节给出了这些负压缩性力学超材料可能的研究及发展方向。

5.1 负压缩率的基本概念与范畴

5.1.1 压缩率的定义

固体的可压缩性(compressibility),在力学上表示其材料的压缩率是体模量 K 的倒数[1,2],有时也称为压缩率(coefficient of compressibility)[3]。接下来,笔者将回顾一下在第 2 章中提到的连续性力学的基本理论,考虑一个边与其坐标轴平行的弹性单元体。在这里,省略中间的其他计算步骤,可以得到体积膨胀的关系式(5.1)。

$$e = \varepsilon_x + \varepsilon_y + \varepsilon_z \tag{5.1}$$

式中,e 是单元体的体积膨胀总和;$\varepsilon_x,\varepsilon_y,\varepsilon_z$ 是小变形下的单元体,分别在 x,y,z 三个方向上的单位伸长量,即单位应变。

相应地,法向单位应力的总和可用式(5.2)来表示。

$$\theta = \sigma_x + \sigma_y + \sigma_z \tag{5.2}$$

式中,θ 是单元体法向应力之和;$\sigma_x,\sigma_y,\sigma_z$ 是小变形下的单元体,分别在 x,y,z 三个方向上的法向单位应力。

那么,单元体积膨胀与法向单位应力总和之间的关系,就可以得出式(5.3)。

$$e = \frac{1 - 2\upsilon}{E} \theta \tag{5.3}$$

式中,υ 是泊松比;E 是材料的杨氏模量。

如果假定均匀的静水压力量为 p,那么就有 $\sigma_z = \sigma_y = \sigma_x = -p$,在这种情况下,式(5.3)可以化简为式(5.4)。

$$e = -\frac{3(1 - 2\upsilon)p}{E} \tag{5.4}$$

其中,右式表示为体积膨胀的弹性模量,即体弹性模量 K,则有:

$$K = \frac{E}{3(1 - 2\upsilon)} \tag{5.5}$$

经历这样的力学变量推演,我们可以发现固体的可压缩率等效为体弹性模量 K 的倒数形式[2],由此可表示为相应的导数形式[4],如式(5.6)所示。

$$K = -\frac{1}{V}\frac{\mathrm{d}V}{\mathrm{d}p} \tag{5.6}$$

式中,V 代表材料的体积。

这些弹性模量常数皆为正数,对于自然材料来说,其数值是具体而明确的。然而,当开启创新材料的想象空间时,我们就会发现,如果存在两种基本材料,一个充分柔软,而另一个充分刚硬,也就是说,前者具有极端大的弹性模量,而后者具有极端小的弹性模量[5]。在这种情形下,是否存在一种可能,即制造出一系列既足够多样化,又具有复杂结构外形的极端材料的微结构组合呢？从而，人为主动地去设计希望得到的弹性模量，也就是随心所欲地组合制备适合生产应用需求的个性化的特制弹性模量材料。值得一提的是，这里指的是弹性模量刚度的调节，当出现负刚度的调节过程时，也就是涉及力学稳定性的问题，即会涉及负压缩性结构材料的设计。研究人员[6]从来没有放弃过对这一美好愿景的想象，近年来，随着个性化特定制备的增材技术的发展，这一想象逐渐成为现实，走到了科学研究的前沿。

5.1.2 负压缩率的力学稳定范围

涉及各种各样等级水平的弹性材料的稳定性问题，存在着几种不同的弹性常数稳定存在区间范围。本节将重点引入相关力学基础理论，阐释为什么负压缩性材料的力学稳定落在 $-4G/3 < K < 0$ 这一区间范围，也就是说，$-4G/3$ 是如何计算而来的，抑或其推断的发现过程。

首先考虑到的案例就是，从未出现应变状态，到在无限小且均匀各向同性线弹性变形的情形时。假定弹性单元体的应变能是正定的，当且仅当剪切模量 G 和泊松比 υ，满足式（5.7）的条件时。

$$G > 0, \quad -1 < \upsilon < 0.5 \tag{5.7}$$

遵循这些关系式的结构材料，产生了混合边界值问题的独特解决方案，其中指定了表面荷重和表面位移的任何适当组合。希尔[7]指出，唯一性是增量稳定的必要条件。这种材料确实为更多种类且大范围的混合边界值问题提供了力学稳定的解决方案。正是基于这些事实，研究人员才认识到可以制备具有负泊松比的材料，如第 3 章所述，这些结构材料在没有外部约束的情况下，是力学稳定存在的。式（5.7）所列的不等式，意味着杨氏模量 E、剪切模量 G 和体模量 K，在应变能的正定性条件下，其弹性常数必须是正值。并且，在较宽范围的加载条件下，无约束的材料固体在小变形下也是全局上稳定的。

如果弹性模量满足强椭圆条件的话，如式（5.8）所示，那么，纯位移边界条件的边界值问题就有独特的解决方案，而且，它们也是递增性力学稳定的[8,9]。

$$G > 0, \quad -\infty < \upsilon < 0.5 \text{ 或者 } 1 < \upsilon < \infty \tag{5.8}$$

这个强椭圆条件所限定的弹性常数存在范围，比式（5.7）所限制的范围减少了相当大部分。从物理意义上讲，位移边界条件对应于弹性物体的约束条件。这些约束条件使得结构的力学稳定性得以成为可能，因此，就存在较小范围的严格控制边界，从而界定了可允许弹性常数范围。Truesdell 的研究[10]进一步表明，如果在一定的应变状态下，材料弹性模量的张量是遵循强椭圆条件的，那么，在纯粹位移边界条件下，均匀（任意）应变构建的均一任意各向异性结构材料，受制于叠加的有限变形时，可以存在独特而稳定的求解。

根据拉姆常数 λ 和剪切模量 G，式（5.8）所表示的强椭圆条件也可以写成式（5.9）。

$$G > 0, \quad \lambda + 2G > 0 \tag{5.9}$$

式(5.9)中,右不等式条件的重要的物理意义在于,在侧向约束(单轴应变)条件下,刚度也可以被认为是张量模量 C_{1111},那么,对于其轴向压缩或延伸时是正值。若满足式(5.9)的不等式条件时,弹性波在传播过程中,其纵波的速度也是正的。

根据弹性力学的基本理论[11]可知:

$$\lambda = \frac{\upsilon E}{(1+\upsilon)(1-2\upsilon)}, \quad G = \frac{E}{2(1+\upsilon)} \tag{5.10}$$

将式(5.10)的相关条件,代入式(5.9)的右侧不等式,则可以得到

$$G > 0, \quad \frac{E(1-\upsilon)}{(1+\upsilon)(1-2\upsilon)} = 2G\frac{(1-\upsilon)}{(1-2\upsilon)} > 0 \tag{5.11}$$

由于式(5.10)中右式可知,$E = 2G(1+\upsilon)$,对于强椭圆率,E 的范围是 $-\infty < E < \infty$,至于体模量,则有

$$K = \frac{E}{3(1-2G)} = \frac{2G(1+\upsilon)}{3(1-2\upsilon)} = \lambda + \frac{2G}{3} \tag{5.12}$$

将式(5.12)所得的结果,综合代入式(5.9)中的强椭圆不等式限定条件时,即可得出体模量的稳定存在区间范围,如式(5.13)所示。

$$-\frac{4G}{3} < K < \infty \tag{5.13}$$

所以在强椭圆的力学稳定条件下是允许一些体模量为负值的,具体区间范围如图5.1所示。如果违反强椭圆稳定性力学条件,那么材料可能表现出极端的不稳定性,以及与形成的不均匀变形带相关的不稳定性。

这就是说,人工设计的几何结构材料,即力学超材料,尽管体现出超常反直觉的力学属性,但是有一点需要值得肯定,这样的超材料的理论设计基础并没有违反自然规则,事实上体现的是一种与自然材料相互融合的理念[12]。正如这里所提到的,负压缩性超材料并没有违反强椭圆稳定性的力学条件,如式(5.9)所示,在这一稳定规律条件下,是允许一部分体模量的数值为负的情况的。

5.1.3 负压缩率与负刚度

在弹性力学体系中,当人们谈及材料的负压缩率时,就不得不提起负刚度问题。这主要是因为,在力学本构模型中,负压缩率存在稳定范围,一般是由负刚度系统来进行界定和导出的。从物理意义上讲,弹性固体材料的外在表现形式时,负刚性结构体系的存在可能,是由结构本身的稳定性来决定的,而负压缩率常常用于界定结构材料稳定性的存在范围。关于负刚度的人工结构体系设计,笔者在第8章中将作深入的论述。在这里,笔者主要是对负压缩率和负刚度两个基本概念,从力学基本理论角度进行更为清晰的厘清。

对于大多数弹性体系,刚度一般是正值的,即变形的物体受到与变形相同方向的力。换句话说,在通常情形下,施加到可变形物体(例如弹簧)上的力与变形方向相

同,对应于趋向于将弹簧恢复到其中性位置的恢复力。不过,有些系统中可能出现负刚度,例如预应变物体,包括含有存储能量的后屈曲结构单元[13]。这主要是因为,负刚度需要扭转变形物体中的力和位移之间通常意义上所固有的同向关系。尽管如此,负刚性结构和材料也可能出现负刚度,但它们结构本身不稳定。由此可知,负刚度涉及不稳定的平衡,那么相应地在结构体系平衡时,结构所存储能量为正值。与此同时,对于各向同性材料,−1 至 0.5 范围内的泊松比与稳定性相关,而当负刚度材料在大块体状态形式下时,存在着不稳定问题[9]。在第 7 章,笔者将更深入地讨论关于负刚度结构的稳定存在的力学特性。在此,考虑到负刚度结构组分单独存在时的不稳定情形,因此,主要阐释与负刚度的结构组分相关的,界定其稳定性范围的负压缩性力学超材料,及相关结构体系的稳定性。

而对于负压缩性结构材料,当杨氏弹性模量 $E>0$,即刚度为正值时,这些人工结构的等效弹性模量满足于强椭圆力学稳定性条件 $-4G/3<K<0$。这种特殊的力学响应,只有在受力系统从一个稳定状态移动到另一个亚稳状态时才会发生,称为负/倒置可压缩性转变[14,15]。不过,在力学中,这种情况类似于双稳态情形[16],其中能量储存在[13]或提供给[17]一个变形的物体,包括一些后屈曲单元[8,18,19]。在大多数情况下,弯曲微纳管也表现出负增量刚度,类似变形结构的扰动。类似地,极值点失稳(snap through)现象发生复合材料在足够小的夹杂固体颗粒中,用作约束夹杂物。这种极值点失稳现象主要是由于复合材料中的表面能量效应,实现了较大的机械阻尼和异常的弹性模量[9,20]。这种极值点失稳现象所支持的结构材料有很多,例如可调刚度材料、二维折纸超表面材料等。与此处所言的负压缩性结构,存在着细微的本质差别,即在静水压力下,固体材料体积的正负变化过程。

值得一提的是,关于可调刚度这部分,笔者在第 7 章将有详细的论述。不过,关于如何通过添加一些特定材料的夹杂物,以实现复合材料的负刚度问题,通过选择夹杂物加入基体相的冶金过程,本质上归属于复合材料的研究范围。而且,其获得负刚度特性的方式,是冶金晶体学材料设计,完全不同于超材料用人工单元构造不同的几何结构,通过几何结构的变化而获得力学特性的设计理念。因此,如何通过加入不同的物质颗粒到基体相的问题,可以参见复合材料及复合力学的相关文献[21],在此将不作讨论。

5.1.4 负压缩率和负泊松比

压缩率,在力学角度上讲,如式(5.6)所示,近似于体模量 K 的倒数,主要表征在静水压力作用下,固体或流体相对于其所受的压力变化而引起的相对体积变化的量度[2]。在通常状态下,材料的可压缩率一般为正数。不过,由 5.1.2 节可知,只有在强椭圆限制的情形下[8],存在极少数的天然材料,其压缩率的数值可能是负的。这里所说的负压缩性,即负体弹性模量,从物理意义上讲,与常规材料不同,其在静水(均匀)压力下均降低其固有的体积,而负可压缩性,是在这一致密化的过程中,有少数材料实际上沿着一个或多个方向膨胀[22]。具体地说,指的是材料在受静水压力作用时经历膨胀的过程,或材料在受拉力时,其固有体积却产生收缩的现象[14,23]。这种负压缩性结构材料与负泊松比拉胀材料有某些相似之处,二者都存在着受压时产生膨胀的响应,其不同之处在于负泊松比拉胀材料是轴向压缩时,侧面承受收缩效应,而可压缩性结构是指随外界压力的变化,结构材料的相对整体体积发生改变,其具体区分可参见图5.2。由此可见,负压缩性结构材料可能呈现负泊松比拉胀力学行为,也可能不会呈现。

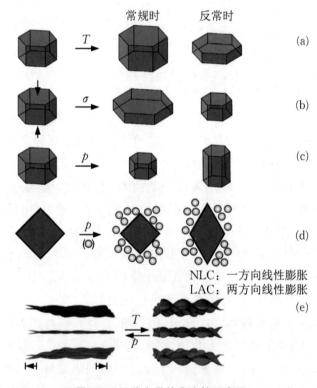

图 5.2 四种力学效应比较示意图

(a) 负热膨胀[24];(b) 负泊松比;(c)～(d) 负线性可压缩[22];(e) 负面积可压缩[25]

在这里,笔者有必要穿插一个小故事,来说明在同一表象下,隐藏着不一样甚至截然相反的内在本质。我知道,在这样严肃的专业书籍里,写一点题外话,有多么不可饶恕。可是,没有什么比下面这个例子更能表达我内心的想法,并用以说明不同概念之间看似相似却完全不同的差异。一群孩子在野营中,前面一个孩子欣喜地指着大树枝上正在啃食物的小松鼠,怜惜地感慨道:“多可爱的小动物啊!”随后赶上来的小朋友,说了句“是啊,好可爱的小动物啊,如果是把它做成烧烤,一定非常美味吧”。这是孩子讲给我听的,也不知他从哪本漫画书中得来的小故事,而我却印象深刻。就是说,在许多外在表象下,我们从不同的角度看问题,得到的结果有时会完全对立。同样是可爱的小动物,在一个人眼里是可爱的小动物,在另外一个人的眼里却可能是美食。这也许属于精神现象学所讨论的主题吧。

而在这里,尽管我们可以看到负压缩率和负泊松比都拥有令人眼花缭乱新奇的力学行为,但二者的本质与灵魂是不一样的。负压缩率体现在材料整体的体积方面,展现着材料在受压时出现体积在一个或两个方向上膨胀的现象;而负泊松比侧重于瞬时的应变变化,材料被拉伸时横截面会变得更胖。因此,压缩性超材料与负泊松比拉胀超材料并不相同[26-29],因为二者对不同的外部刺激所作出的响应本质上有所不同。

此外,综合式(5.12)和式(5.13)计算可得存在负压缩行为,即在 $E>0$ 和 $-4G/3<K<0$ 时,泊松比的具体取值范围是

$$1<\upsilon<\frac{1}{2} \tag{5.14}$$

也就是说,在各向同性的固体中,当负泊松比足够小,低于其稳定极限(用于应力控制)时,才可以获得体模量 $K<0$。这种结构材料在其整体变形方面是力学不稳定的,必须通过限制其边界来令其稳定存在。这类似于材料化学中的结晶金属-有机骨架(MOF)[30],可以说这种类型材料也具有力学超材料呈现的负压缩性。换句话说,负可压缩性结构材料主要是不稳定的结构,涉及稳定性的问题;如果是负泊松比的话,其负压缩性材料将变得更加力学不稳定,即不满足强椭圆稳定性限制条件。

5.1.5　负压缩率和负热膨胀系数

至于负热膨胀(NTE)行为,将在第 6 章系统地介绍其结构设计的相关概念。在这里的论述,主要是为了区别于负压缩率,即负线性压缩和负面积压缩[如图 5.2(a)所示]。

负热膨胀方面进行的研究[31],一方面是为了检测结构材料是否具有负压缩性力学行为而引起广泛关注的。对于各向异性结构材料的负热膨胀行为,即当整个结构物体被加热时,存在一个或几个方向上的收缩[30,32],而不是常规的膨胀效应。这一反直觉的负热膨胀现象,主要源于结构材料在加热过程中的动态不稳定性[33]。与此同时,这种负热膨胀行为也暗示着结构材料存在着负线性压缩行为的可能性[34-37]。负热膨胀行为通常与结构材料加热条件下,在一个或多个方向上收缩的结构相关[25,30][如图 5.2(a)所示],而这些结构所表现出来的力学行为,与负压缩性中体积的变化方向相类似。因此,通过移植负热膨胀材料的几何结构,是有可能得到负压缩性结构材料的。鉴于此,负热膨胀行为可能是在设计开发负压缩超材料前,要首先考虑的问题。

此外,与负膨胀相关的微纳米结构设计,其中有一部分类似复合材料中将夹杂物颗粒注入散装材料的基体内部,从而获得负膨胀的行为特性。这些研究领域的想法,主要移植于复合材料力学行为的设计理念,不过,在实验制备这些几何结构方面,依然存在很大的挑战。随着微纳米加工技术的快速发展,不同的结构设计理念将会不

断成型,并且会出现更多不一样的想法。负压缩性结构材料,尽管其结构理论设计渐成雏形,但相关研究尚不完善,在此归类引入负压缩率,也仅作为未来人工结构材料的创新性设计的愿景所在。

简而言之,负压缩性转变不同于负泊松比[26,38]和负法向应力状态[39],其中异常响应是横向反应于施加的力。负压缩性也与负增量刚度[20,40]不同,其特征在于减小所产生的恢复力以增加变形。最后,这种负压缩性状态是由封闭系统中的静水压力引起的线性和面积膨胀的相关现象,与拉伸致密化形成对比[23,41,42],这些现象通过其他方向的收缩得到补偿,导致体模量出现普通力学行为。图 5.3 比较了负压缩性转变与负泊松比、负增量刚度和拉伸致密化之间的区分。

如图 5.3 所示,负压缩性转变体现在纵向变形 $\Delta^r L_x$ 与纵向所施加力变化 $\Delta^a F_x$ 相反,其中可以是拉伸张力[如图 5.3(a)所示],或是静水压力[如图 5.3(b)所示],使得下式成立,

$$\frac{\Delta^r L_x}{\Delta^a F_x} < 0 \tag{5.15}$$

式中,系数 a 代表应用外载荷,系数 r 代表响应载荷,参数 Δ^a,Δ^r 为对应量的增加(或减少)正(或负)的增量。

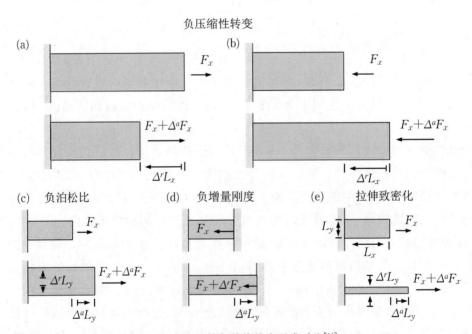

图 5.3 负压缩性与其他效应形成对比[14]
(a) 拉伸条件下;(b) 压缩条件下,负压缩性效应;(c) 负泊松比效应;
(d) 负等量刚度效应;(e) 拉伸密实化效应

图 5.3(c)中所示的负泊松比中,横向的膨胀(或收缩)$\Delta^r L_y$ 对应于纵向的拉伸(或是压缩)$\Delta^a L_x$,那么就可以得出以下式子成立:

$$-\frac{\Delta^r L_y}{\Delta^a L_x} < 0 \tag{5.16}$$

在图 5.3(d)中所示的负增量刚度,随着固体材料变形 $\Delta^a L_x$ 的增加,所得到的恢复力 F_x 是减小的,由此可以得到

$$\frac{\Delta^r F_x}{\Delta^a L_x} < 0 \tag{5.17}$$

这种力学行为的稳定性条件适用于由一种组分构建而成的人工复合材料,如对于金属基质中的夹杂物,但对于整体材料的这样的负增量刚度效应就不再适用了。

在图 5.3(e)中所示的拉伸致密化材料,指的是当沿着该方向拉伸时,在静水压缩条件下,在一个方向上膨胀的人工构造材料具有正体模量也变得更致密。在固体材料的小变形条件下,当 $\Delta^a L_x > 0$ 时,有以下式子成立:

$$(\Delta^r L_y) L_x + (\Delta^a L_x) L_y < 0 \tag{5.18}$$

值得注意的是,这些概念的显著差异在于,由于稳定其他不稳定配置所必需的约束,自变量可以被认为是变形 $\Delta^a L_x$,而不是施加的外力。这种区别是至关重要的,应该与图 5.3(c)和图 5.3(e)形成对比,其中所施加的量是纵向力还是纵向变形通常没有区别。

5.1.6　负压缩结构材料的分类

负压缩力学超材料主要包括,有一个方向上的线性可压缩性和两个方向的面积负可压缩性,分别对应于负线性压缩性(NLC)和负面积压缩性(NAC)。负压缩性力学行为,主要是来自该领域最近化学研究的一些启示。负线性压缩性侧重于在拉伸晶体中的整体结构单向收缩[33]。而负面积压缩性,侧重于在整体结构两个方向上的收缩情形[35](如图 5.2 所示)。两种类型的负压缩性力学行为,可以通过几何结构的单轴或双轴的负热膨胀特性来确定,即当温度升高时,整体结构出现一个或多个方向上的收缩现象[30,32]。这类几何结构材料各向异性的负热膨胀现象将是第 6 章要解决的主要问题。

一般情况下,最一般定义区分 3 种类型的可压缩性,即线性、面积和体积可压缩性。负压缩性基本上意味着材料响应流体静压力而膨胀,这取决于发生膨胀的尺寸的数量,材料可具有长度、面积或体积负可压缩性。人们已经在甲醇—水合物中鉴定出具有负线性和面积可压缩性的晶体,以及负和各向异性热膨胀。除了晶体之外,许多其他系统也表现出负压缩性,这些系统可以为 4 大类[43]:① 胞状结构的几何形状是负压缩性的原因。例如,二维六边形蜂窝体中显示负线性可压缩性,而晶格结构形成从细长的六边形十二面体中得到的三维几何形状具有负泊松比和负压缩性,四角梁结构也显示出负线性可压缩性。② 两种具有不同力学性能的材料组合。工程材料的一个典型的例子就是由多种材料组成的桁架型结构。③ 负压缩性是由特定约

束引起的。④ 负压缩性呈现散装材料的特性,而不是材料几何形状的组织方式。目前,只有 13 种负线性压缩自然材料被发现,而其中所观测到的负线性压缩性较高的值为 -12 T/Pa[22,44]。关于负面积压缩性超材料的研究相当少,而人工制备的负压缩力学超材料研究几乎还没有开展,因此,此处仅涉及负线性压缩和负面积压缩的结构设计的具体理论方面。

5.2 负线性可压缩性结构材料

这种类型的负可压缩力学超材料是当杨氏模量大于零,即 $E>0$ 时,这些人工制备的几何结构材料要求满足有效弹性模量 $-4G/3<K<0$。这种特殊力学效应,只有在受力系统从一个稳定状态移动到另一个亚稳状态时才会发生,称为负或倒置可压缩性转变[14,15]。在连续静态弹性力学中,这种情况类似于双稳态系统[16],其中能量储存在[45]或提供给一个变形的物体[17],包括后屈曲元素[8,18,46]。在大多数情况下,屈曲管件也表现出负增量刚度,类似于变形结构配置中的微小摄动。类似地,这种瞬间准稳态(snap through)现象发生在足够小的颗粒内部,用作边界约束的夹杂物。这种咬合穿透现象主要是由于复合材料中的表面能量效应,及为此而实现了较大的机械阻尼和模量异常情况[20,47]。

本小节将介绍两种类型的负压缩性力学超材料中的一种,即负线性压缩性(NLC),具体指的是拉伸晶体中的单向收缩[33]。第 5.3 节将陆续引入负面积压缩性(NAC)在两个方向收缩[35](如图 5.2 所示)。这两种类型的负压缩性力学超材料,可以通过单轴或双轴负热膨胀(NTE)来确定,即自然候选物变暖后收缩[30,32]。这种各向异性的负热膨胀(NTE)行为类型,将单独列在后续的第 6 章中进行详细论述。

5.2.1 负线性可压缩性的定义

负线性力学超材料是指在均匀静水压力作用下,整体结构材料具有在单方向膨胀的效应。换句话说,负线性压缩行为涉及在均匀压缩情形下,整体结构的体积在一个方向上的出现膨胀的现象,并且与材料拉胀行为有一定的关联。例如,塑性变形的泡沫和蜂窝结构材料[26,48,49],均具有负泊松比或泊松比混合的力学行为,并且其沿拉伸方向的膨胀总和都超出了单元格的单位量。但是,仅有蜂窝结构材料可以用于构建为负线性可压缩力学行为[23]。就是说,结构材料的可压缩性,通常要考虑当外界压力变化时,整体几何结构中相对体积的变化量。

负线性力学超材料涉及均匀压缩时在一个方向上的膨胀,并且与拉胀行为密切相关。后者在轴向压缩下需要横向收缩,正如在负泊松比拉胀材料中发生的那样。压缩性通常表示材料相对于压力变化的相对体积变化。因此,负线性力学超材料不同于负泊松比拉胀材料,即拉胀超材料[26,29,50,51],因为它们对不同的外部刺激作出不同的反应。例如,塑性变形的泡沫和蜂窝已知以提供负泊松比或泊松比[48,49],其总和超过沿拉伸方向的单位。但是,负线性力学超材料行为仅由蜂窝结构显示[23]。

此外,这种外载荷拉伸增加而体积减小的过程,有的研究也称之为反向压缩性转换(Inverted Compressibility Transition,ICT)[15]。也就是说,如果拉伸张力增加导致所占据的平衡状态变成为亚稳态,则材料可能经历一种转变,其中该超应变状态的衰减引发了随着张力增加而体积减小的外在现象。这种到亚稳态的转变的存在,已经在一维和二维系统的相关研究中得到了数值性的证明[14]。也有研究从第一原理出发证明了在任何维度上[15],都可以展示这种固体材料的可压缩性的力学行为。如图5.4所示,外部实线表示在应力增加之前超应变材料的边界,内部实线表示亚稳态过渡后的状态。在每种受力变形的情况下,固体材料沿着与亚稳态过渡期间增加施加张力相同的方向收缩。

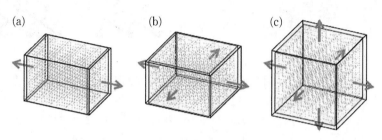

图 5.4 三维材料中反向压缩性转变响应于单轴(a)、双轴(b)、各向同性拉伸应力(c)[15]

5.2.2 负线性可压缩性结构的分类

目前,具有负线性可压缩力学属性的几何结构材料及相关的微观作用机制,大致可分为四类负线性可压缩性的结构材料,并且其中大部分为自然材料[23,52]。这些负线性可压缩结构材料包括:① 基于一定准铁弹性相转变的负线性可压缩性复合材料;② 由倾斜多面体组成驱动的负线性可压缩性的网格结构固体;③ 螺旋结构体系;④ 骨架材料,例如类葡萄酒酒架外形几何结构[23,36]、类蜂巢[25]等相关的拓扑类几何框架结构[24,30,53],其中负线性可压缩性力学行为源于骨架内部杆件的链接效应框架调整[22]。这种自然材料各种新奇的力学属性,已成就了两篇具有代表性的前沿综述文章[22,23],这将为人工结构设计负线性可压缩力学超材料提供理论基础。

负线性可压缩材料中,比较典型的代表是 $KMn[Ag(CN)_2]_3$,其晶体结构示意图如图 5.5 所示[54]。在图 5.5(a)中可以看出,晶体结构中的$[MnN6]$八面体几何结构,可以通过几乎线性的 $NC \rightarrow Ag \rightarrow CN$ 单元连接,其中 K^+ 离子位于交替的 Ag3 Kagome 三角形的上方和下方。在如图 5.5(b)和 5.5(c)所示的 $Ag_3[Co(CN)_6]$晶体结构中,这种负线性可压缩机制在 $KMn[Ag(CN)_2]_3$ 中通过引入而受挫效应。这种具有负线性可压缩的材料表现出了较强的持久性负线性可压缩效应。当固体材料处在整个静水压力范围为 $0 < p < 2.2$ GPa 时,其呈现的体弹性模量可高达 12 T/Pa[39]。而在这种晶体结构中,K^+ 离子的存在,会选择性地加强软模式,从而负责压力诱导的

相变,并留下驱动负热膨胀和负线性可压缩的无阻尼低能量模式。无论如何,对这些典型的具有负线性可压缩的自然材料的几何结构作用机制的探索,将有助于人工构建具有负线性可压缩性的人工微纳拓扑几何结构。

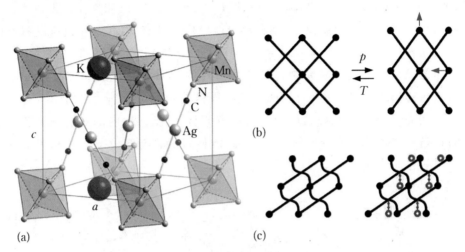

图 5.5 负可压缩性相关示意图

(a) 典型的具有负可压缩性的晶体结构示意图;(b)类葡萄酒酒架外形几何结构的负热膨胀和
负线性可压缩机制的示意图;(c) 负线性可压缩机制,在 0.19 GPa 下被剪切诱导的骨架坍塌
破坏(左图),通过引入额外的骨架离子(开放的红色圆圈,右侧)而引发的受挫效应[54]

从严格的数学意义上讲,基于一定准铁弹性相转变的负线性可压缩性材料的力学本质是力学不稳定的亚稳态模式。从这个角度来讲,负线性可压缩力学超材料,与第 7 章所讨论的模式转换可调刚度力学超材料,在几何结构和力学行为设计的本质上有相融合的部分。这两种类型超材料之间的区别,还有待于基础研究的不断深入,各种不同几何构型的不断引入开发,方能有所显现其中的微妙差异所在。就目前来看,不同类型的力学超材料之间,所构建的几何结构实现的不同力学行为之间,其区分和差异并不十分明显,这就有力地证明了力学超材料仍处于在前期的探索性研究阶段。为此,比较可行的方法是尽量将不同类型的超材料进行有效的融合,不必过分设限而囿于想象力的发挥。有时界限的设定,是在于有效地区分厘清已经成熟的固定术语范式,为此,在不同类型的超材料之间,还是要谨慎把握好是区分界定还是相融合之间的适合尺度。

5.2.3 负线性可压缩性材料的超常力学特性

天然负线性可压缩材料,通常比普通所固有的正线性压缩性的自然材料在数值上要小很多。这主要是因为线性可压缩性的线性维度,通常反映了常规人工构造的晶格材料中化学键的结合强度。一般情形下,固体材料的正线性压缩率的典型值,例如强度较高的金刚石、合金和陶瓷等较硬的致密性材料,其正线性压缩率约通常可达到 5 T/Pa;而在如聚合物和泡沫材料等较软性的材料中,其正线性压缩率可高达到

$100\ T/Pa^{[4]}$。以钢和混凝土为例而言，当施加的压力每增加 1 GPa 时，则其长度方向上的收缩量仅为 0.5％，相当于 K～5 T/Pa 的线性压缩率$^{[55]}$。相比较而言，仅有十几种负线性可压缩化合物已被确定$^{[23]}$。对于方英石结构的 $BAsO_4^{[44]}$、三角硒 $Se^{[39]}$ 和 $KMn[Ag(CN)_2]_3$，观察到的最负值分别仅为$-2\ T/Pa$、$-1.2\ T/Pa$ 和$-12\ T/Pa^{[54]}$。由此可见，在大多数情况下，负线性可压缩效应相对正线性压缩率来说，其数值相对较小。

图 5.6 展示了经验拟合 $KMn[Ag(CN)_2]_3$ 晶体结构提取的可压缩率变化$^{[54]}$。图中，沿着晶体学 c 轴的负压缩率数值，随静水压力的增加而增加。曲线中不存在不连续性的状态，也反映了在所研究的压力范围内，随周围环境变化而变化。线性压缩率是通过误差加权拟合晶格参数来确定的，如下式所示：

$$l = l_0 + \lambda(p - p_c)^v \qquad (5.19)$$

为此，得到的平均值为：$K_a = +33.2\ T/Pa$，$K_c = -12\ T/Pa$。这是迄今为止在如此大的压力范围内报道的最强负线性可压缩效应。重要的是，负线性可压缩性在数量上与"正常"材料的正压缩性相似，这表明有效的不可压缩复合材料可以被获得。

值得一提的是，在各种不同的化学家族中，天然负线性可压缩材料存在着不同的力学性能形成的原因。如何确定什么样的几何

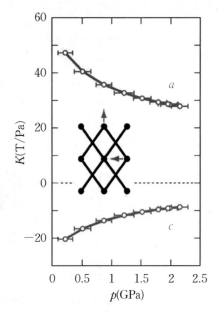

图 5.6　经验拟合 $KMn[Ag(CN)_2]_3$ 晶体结构提取的可压缩率变化$^{[54]}$

结构是否会出现这种负线性可压缩行为，并发现其普遍存在的几何结构行为趋势，这将是目前设计线性可压缩结构需要准备的。图 5.7 中比较分析了不同负线性压缩性天然材料的负线性压缩效应幅度，及其与观察现象相关的压力范围之间的关系$^{[22]}$。在阿什比（Ashby-type）图中，其对角线是线性压缩率的常数点。显而易见的是，大多数负线性压缩性天然材料分布在对应的对角线周围的 1‰ 区域附近。相比之下，MOFs 和分子骨架的柔性开孔结构，在负线性压缩性非常强的区域聚集，但仅在小的压力范围内持续存在。就新的负线性压缩性人工结构材料设计而言，在阿什比图中，最吸引人的区域当然是依然空置着的右上角灰色部分，其中，两个评价指标均可以达到最大化。无论如何，占据在这个区域的结构材料，如果可能设计成功的话，必须平衡产生强烈负线性压缩性所需的弱相互作用，及避免在高压下几何结构崩溃前所需求的结构完整性。

如何设计负线性可压缩结构材料，以获得比天然材料更高的压缩率数值呢？关于负线性可压缩的力学行为研究刚刚兴起，材料化学领域目前也仅限于结晶金属-有

机框架(MOF)方面的探索。其主要原因可能是,在宏观尺度上的负线性可压缩现象并不是违反直觉的,例如,网格栅栏和葡萄酒架都可以通过向一个方向拉动而被折叠收纳起来[54]。由此可知,负线性可压缩结构材料设计的真正挑战在于其微纳米及原子尺度上,设计类似的结构并行使负可压缩性的功能,并使其成为被开发的结构材料的固有力学属性。在基础研究层面上,可以从分子框架结构,来理解负线性压缩性的运行机制及相互的关联性。在第11章中,将涉及负压缩性结构的设计回顾及相关的创新与探索,以便利用微纳米成形技术,进行构筑这种类型的力学超材料。

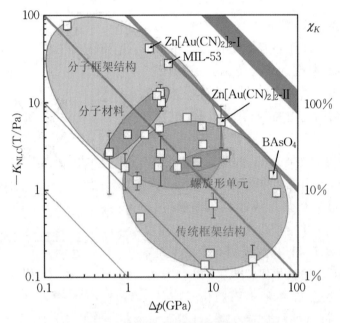

图 5.7 阿什比图显示了负线性可压缩行为的大小
及材料所受压力范围之间的关系[22]

5.3 负面积可压缩性结构材料

5.3.1 负面积可压缩性的定义

相比负线性可压缩效应来说,负面积压缩性行为是一种极其罕见的力学特性,其涉及在一个方向上进行张力拉伸时,几何结构材料出现两个方向上的收缩效应[35],类似的典型机理可参见图 5.1。通常,通过在层错堆叠方向上塌陷移平,层状材料可实现显著的致密化,反过来也会导致层内两个垂直方向上的膨胀。我们可以理解为,在较大的静水压力下截面面积增加的效应。从结构的角度来看,这种现象类似于波纹层的压力驱动阻尼效应,这可以在更大的静水压力下增加层的横截面积[25]。

相比负线性可压缩效应来说，具有负面积可压缩效应的材料更少了，只有少数的层状材料，如钒酸钠等。原因在于，层状材料沿着层错轴线方向会比垂直方向更具有可压缩性。凭借不同的负面积压缩平面作为主导的晶面，一个晶体便可以得到在静水压力作用下总体的面积增加的负面积可压缩性效应。这种负面积可压缩性材料可以被用于基底，提供压电响应以数量级很高倍数的放大，可应用于铁电传感器、人工肌肉和反应器。负压缩力学超材料的工作正在兴起，如从自然材料中汲取灵感及理解其后的运作机理[56]。

5.3.2 负面积可压缩性结构的类别

与广泛研究的负线性压缩性结构材料相比，负面积压缩性结构仅存在小范围的影响，同时仅观察到或预测极少数层状固体材料中会发生负面积压缩性力学行为，例如银(I)三氰基脒酸盐[25]和钒酸钠[57]。这种负面积压缩效应发生在分层结构中的原因，主要是层状材料沿着叠加轴线通常比沿着垂直方向更易于压缩[32]。通过选择一个具有负面积压缩性的平面作为主晶面，可以在静水压力（均匀）下，获得总表面积增加的负面积压缩性效应的几何结构晶体[23]。因此，不是去选用负线性压缩性结构材料，而是可以选用负面积压缩性结构材料作传感器的衬底，以提供铁电传感器[23]，用于人造肌肉和致动器中压电响应振幅，并且可以达到一个数量级的增加效应。

在5.2.2节所提及的四种负线性压缩性结构材料类型，结合各种葡萄酒架和蜂窝状拓扑结构的特定几何形状，将可以确定区域扩展下的密集化[24,36,58]。负面积压缩性结构不可能像负线性压缩性一样有强大的影响力。这主要是由于正体积可压缩性的力学稳定性标准所限。这个稳定性标准意味着沿垂直于负压缩性平面的轴线的正线性压缩性(PLC)必须至少是KNAC的两倍。这意味着负面积压缩性只能达到正线性压缩性的一半数值[22]。负面积压缩性材料不太常见，它们的数值甚至比负线性压缩性结构材料更小[35]。

这种负面积压缩性行为是在分离夹层的快速压力驱动塌缩过程中，抚平蜂窝状层而构建的[25]。具体而言，将软质多孔质材料[Zn(L)$_2$(OH)$_2$]nGuest（其中，L 为 4-(1H-萘并[2,3-d]咪唑-1-基)苯甲酸酯)甲醇)表现出最强的可观察到的负面积压缩性行为[35]。与负线性压缩性结构材料研究类似，负面积压缩性结构的研究领域也发生同样的事情。只有少数材料显示出负面积压缩性的力学性质，而工程金属有机骨架(MOFs)相当有限[59]。我们需要从几何结构的基础理论研究层面着手，找出如何表征负线性/负面积压缩性的力学属性。

5.4 负压缩力学超材料的研究趋势与应用前景

一旦负线性和负面积压缩性结构材料的基础研究能达到一个共同的认识层面，

并且可以互相强化的话,我们就可以利用这些研究结论。但目前情况尚不足以做到这一点,天然负压缩性材料正在不断被发现,而人工制备的负压缩性结构还尚待挖掘,这就告诉我们,"一个理论只有在它不完备的条件下,才能发现其自身的问题"[60]。

5.4.1 负压缩力学超材料的研究趋势

最近,各种各样的原理机制已经提出来,用于解释负压缩性力学行为的结构设计机理,及相应的初步探索性的人工结构设计。这些具有负压缩性行为的几何结构包括:利用两种不同材料组分的条带结构,搭接成的不同力学特性的双材料带状结构[52],由特定的几何结构构建的不同力学属性的体系[61],或添加不同的约束而构筑的几何结构等[19]。目前所提出的这些几何结构,具有负压缩性力学转变的材料,其背后的机理皆来源于力的势能原理[14]。这种力学势能原理,类似于将电性和磁性转变为横向原子和分子振动的 MOFs 机制[62]。这些研究表明,双稳态结构的力学性能,既是一个必要条件,也是在强椭圆性限定条件下负压缩性力学行为的显著外显表示[16]。

相比于现已发现的负压缩性自然材料[15],很少有研究关注通过力学超材料进行的人工结构设计负压缩性力学行为。主要的挑战难度,正是在于负压缩性力学行为可能在现实的动力学系统中无法稳定存在而消失殆尽,除非强烈耦合到外部负载之上,这种稳定机制,类似于开放热力学系统中的亚稳态情形[16]。目前,对于负压缩性结构转变机制,存在一个较有影响力的理念[14],就是通过精细地选择成对的力学势能构件,从而为等效负压缩性力学超材料提供可能的稳定性优化设计。这些失稳力学状态所引起的应力诱导的固-固相转变,与应力-应变关系的扭曲滞后曲线相关。尤其是由双材料构成的结构材料,也可以表现出其他相关的负力学性能,特别是负压缩性[52]。因此,具有负压缩性转变力学性能的应变驱动超材料,可以应用于在致动器、载荷放大器、微机械控制及其相关的保护装置中,可能会具有很好的应用前景[14]。

在拓扑学中,双方向演进的结构优化方法[2],也可用于结构材料设计,其中包括各种各样的力学属性,如刚度。与此同时,统计物理学理论可用于现已存在的负压缩性结构材料设计。在一项尝试性实验研究[63,64]中,二维材料可以通过压缩屈曲的方式,进行三维布局的几何变换。这一研究已成功设计了超过 40 种代表性的几何结构框架,其中包括从单螺旋和多螺旋,到环形甚至鲜花结构外形。

综合起来,这些不同几何结构的开创性研究,清楚地揭示了一些用于最大化负压缩性力学行为的设计规律:① 如果体积可压缩性为正值,则正交方向上的可压缩性保持为正值;② 可以使用所需的键、肋或纤维,进而来延长力学稳定性的存在范围;③ 网络拓扑可能与酒架或蜂窝图案有关;④ 如果体积可压缩性也是负值,则双材料或高层结构等级中,其结构单元的刚度梯度应该足够大,才能保证在整个结构系统内出现负压缩性的力学属性。最后,具有负压缩性行为的力学超材料对于生物工程和生物医学工程中高灵敏度压力检测器和其他各种智能材料的开发,具有重要的实际应用意义,特别适用于较大压力的范围。

另外,为了确定你所设计的几何结构是否具有负压缩性力学行为,一种可行的方法是检测结构材料的各向异性负热膨胀行为[31],也就是当结构材料的外部温度升高时,其整体结构材料的某个或某些方向上出现了几何结构收缩的现象[30,32]。来自负热膨胀行为的动态不稳定性问题[33],往往表明其所设计的结构材料可能具有负线性可压缩性的力学行为[34-37]。负热膨胀行为通常与加热时在一个或多个方向上收缩的几何结构相关[25,30],这些笔者将在第6章中细致论述。

5.4.2 负压缩力学超材料的应用前景

在局部共振附近的有限频率处,允许存在负值的有效参数。这些局部谐振频率等效的波长长度,要比周期性人工原子超材料结构的晶格常数大得多。负质量密度意味着弹性体加速了异相,此时相对于谐波变化的驱动力。对于负体模量,弹性体在动态拉伸时会压缩。结合体模量小于零,即 $K < 0$,和质量密度小于零,即 $\rho < 0$,这就产生了在变换光学中,双负或负折射率超材料的相对应的部分[65]。为此,目前已经有人提出了一些应用具有负压缩性力学超材料,包括当需要避免压缩、肌肉研究和机电系统时,或是在深海应用中保护传感器和其他敏感仪器。

负线性/负面积可压缩性结构材料的直接应用是干涉压力传感器中的光学元件,因为大体积压缩性与负线性压缩性的结合实现了更高的灵敏度[34]。通过进一步了解负压缩性的机制,负线性/负面积可压缩性结构材料还有可能被用作有效的生物结构、纳米流体致动器,或作为不良水分引起的混凝土/黏土基工程材料膨胀的补偿器。注意,所有上述已知的负线性/负面积可压缩性结构材料都具有预定的拓扑。如果允许改变或"设计"材料微观结构的拓扑结构,就为寻找具有负线性/负面积可压缩性效应的新材料开辟了许多可能性。在拓扑优化的材料设计方面进行了大量的工作,涵盖了各种特性,如刚度声学、电导率和磁导率[66]。最近有研究使用拓扑优化来设计具有负磁导率的电磁材料[67]。与此同时,部分研究[2]已经开始通过拓扑优化设计负压缩性或零压缩性的人工结构材料来构建通用的设计技术。

近年来,人们越来越关注负压缩的力学性能,主要是由于其许多潜在的应用,例如敏感的压力传感器、压力驱动的致动器和光学通信电缆。在分子或纳米结构水平上,已发现一些显示负线性可压缩性结构材料。负线性/负面积可压缩性结构材料,具有正刚度的材料在施加力的方向上变形并形成恢复力,该恢复力试图恢复变形材料的原始形状,从而抵抗变形。另一方面,具有负刚度的材料在与施加力的方向相反的方向上变形并形成辅助力,从而有助于变形。为此,当经受相当的加载条件时,与刚度结构材料相比,负刚度材料会经历更大的变形。这就是假设具有负刚度的材料不稳定的原因,除非它们受到约束。然而,具有负刚度的材料可以与正刚度材料进行结合或嵌入正刚度材料中,或者以其他方式受到约束以获得稳定性。许多表现出负刚度的材料与某些类型的双稳态(具有两种稳定状态)和快速行为有关。另外,具有负刚度行为的其他材料,例如"不连续屈曲"系统(包括带扣元件)。负刚度材料的一种应用是同时实现高阻尼和高刚度。还有一个有些相关的应用是使用超材料用于转换声学应用,例如声学隐形。负刚度材料的更多应用包括车辆振动保护系统、结构的地震保护和铁路振动隔离[68]。

参 考 文 献

[1] TIMOSHENKGO S, GOODIER J. Theory of elasticity[M]. New York：McGraw-Hill, 1970.

[2] XIE Y, YANG X, SHEN J, et al. Designing orthotropic materials for negative or zero compressibility[J]. International Journal of Solids and Structures 2014, 51：4038-4051.

[3] LOVE A E H. A treatise on the mathematical theory of elasticity[M]. Cambridge：Cambridge University Press，2013.

[4] NEWNHAM R. Properties of materials：Anisotropy, symmetry, structure[M]. Oxford：Oxford University Press，2004.

[5] LAKES R. Extreme damping in compliant composites with a negative-stiffness phase[J]. Philosophical Magazine Letters, 2001, 81：95-100.

[6] MILTON G, CHERKAEV A. Which elasticity tensors are realizable? [J]. Journal of Engineering Materials and Technology, 1995, 117：483-493.

[7] HILL R. On uniqueness and stability in the theory of finite elastic strain[J]. Journal of the Mechanics and Physics of Solids，1957, 5：229-241.

[8] WANG Y, LAKES R. Composites with inclusions of negative bulk modulus：extreme damping and negative Poisson's ratio[J]. Journal of Composite Materials, 2005, 39：1645-1657.

[9] LAKES R, DRUGAN W. Dramatically stiffer elastic composite materials due to a negative stiffness phase? [J]. Journal of the Mechanics and Physics of Solids, 2002, 50：979-1009.

[10] TRUESDELL C, NOLL W. The non-linear field theories of mechanics [M]. Berlin：Springer, 2004.

[11] TIMOSHENKO S. History of strength of materials：with a brief account of the history of theory of elasticity and theory of structures[M]. New York：Courier Corporation, 1983.

[12] 周济. 超材料与自然材料的融合[M]. 北京：科学出版社,2016.

[13] THOMPSON J. Stability predictions through a succession of folds[J]. Philosophical Transactions of the Royal Society of London. Series A, 1979, 292：1-23.

[14] NICOLAOU Z, MOTTER A. Mechanical metamaterials with negative compressibility transitions [J]. Nature Materials, 2012, 11：608-613.

[15] NICOLAOU Z, MOTTER A. Longitudinal inverted compressibility in super-strained metamaterials[J]. Journal of Statistical Physics, 2013, 151：1162-1174.

[16] CHEN M, KARPOV E. Bistability and thermal coupling in elastic metamaterials with negative compressibility[J]. Physical Review E, 2014, 90：033201.

[17] THOMPSON J. "Paradoxical" mechanics under fluid flow[J]. Nature, 1982, 296：135-137.

[18] BAŽANT Z, CEDOLIN L. Stability of structures：elastic, inelastic, fracture and damage theo-

ries[M]. Singapore: World Scientific, 2010.

[19] LAKES R, WOJCIECHOWSKI K. Negative compressibility, negative Poisson's ratio, and stability[J]. Physica Status Solidi B, 2008, 245: 545-551.

[20] LAKES R, LEE T, BERSIE A, et al. Extreme damping in composite materials with negative-stiffness inclusions[J]. Nature, 2001, 410: 565-567.

[21] MILTON G. The theory of composites[M]. New York: Cambridge University Press, 2002.

[22] CAIRNS A, GOODWIN A. Negative linear compressibility[J]. Physical Chemistry Chemical Physics, 2015, 17: 20449-20465.

[23] BAUGHMAN R, STAFSTRÜM S, CUI C, et al. Materials with negative compressibilities in one or more dimensions[J]. Science, 1998, 279: 1522-1524.

[24] COLLINGS I E, TUCKER M G, KEEN D A, et al. Geometric switching of linear to area negative thermal expansion in uniaxial metal-organic frameworks[J]. CrystEngComm, 2014, 16: 3498-3506.

[25] HODGSON S, ADAMSON J, HUNT S, et al. Negative area compressibility in silver (I) tricyanomethanide[J]. Chemical Communications, 2014, 50: 5264-5266.

[26] LAKES R. Foam structures with a negative Poisson's ratio[J]. Science, 1987, 235: 1038-1040.

[27] GREAVES G, GREER A, LAKES R, et al. Poisson's ratio and modern materials[J]. Nature Materials, 2011, 10: 823-837.

[28] LAKES R. Advances in negative Poisson's ratio materials[J]. Advanced Materials, 1993, 5: 293-296.

[29] BABAEE S, SHIM J, WEAVER J, et al. 3D Soft metamaterials with negative Poisson's ratio[J]. Advanced Materials, 2013, 25: 5044-5049.

[30] OGBORN J, COLLINGS I, MOGGACH S, et al. Supramolecular mechanics in a metal-organic framework[J]. Chemical Science, 2012, 3: 3011-3017.

[31] MILLER W, SMITH C, MACKENZIE D, et al. Negative thermal expansion: a review[J]. Journal of Materials Science, 2009, 44: 5441-5451.

[32] MUNN R. Role of the elastic constants in negative thermal expansion of axial solids[J]. Journal of Physics C: Solid State Physics, 1972, 5: 535-542.

[33] GOODWIN A, KEEN D, TUCKER M. Large negative linear compressibility of $Ag_3[Co(CN)_6]$ [J]. Proceedings of the National Academy of Sciences, 2008, 105: 18708-18713.

[34] CAIRNS A, CATAFESTA J, LEVELUT C, et al. Giant negative linear compressibility in zinc dicyanoaurate[J]. Nature Materials, 2013, 12: 212-216.

[35] CAI W, GŁADYSIAK A, ANIOŁA M, et al. Giant negative area compressibility tunable in a soft porous framework material[J]. Journal of the American Chemical Society, 2015, 137: 9296-9301.

[36] CAI W, KATRUSIAK A. Giant negative linear compression positively coupled to massive thermal expansion in a metal-organic framework[J]. Nature Communications, 2014, 5: 4337.

[37] EVANS J. Negative thermal expansion materials[J]. Journal of the Chemical Society, Dalton Transactions, 1999, 3317-3326.

[38] BAUGHMAN R H, SHACKLETTE J M, ZAKHIDOV A A, et al. Negative Poisson's ratios as a common feature of cubic metals[J]. Nature, 1998, 392: 362-365.

[39] MCCANN D, CARTZ L, SCHMUNK R, et al. Compressibility of hexagonal selenium by X-ray and neutron diffraction[J]. Journal of Applied Physics, 1972, 43: 1432-1436.

[40] MOORE B, JAGLINSKI T, STONE D, et al. Negative incremental bulk modulus in foams[J]. Philosophical Magazine Letters, 2006, 86: 651-659.

[41] 于相龙.金属材料的高温氧化铁皮[M].北京:科学出版社,2019.

[42] FORTES A, SUARD E, KNIGHT K. Negative linear compressibility and massive anisotropic thermal expansion in methanol monohydrate[J]. Science, 2011, 331: 742-746.

[43] ZADPOOR A A. Mechanical meta-materials[J]. Materials Horizons, 2016, 3: 371-381.

[44] HAINES J, CHATEAU C, LEGER J, et al. Collapsing cristobalitelike structures in silica analogues at high pressure[J]. Physical Review Letters, 2003, 91: 015503.

[45] THOMPSON J. Stability predictions through a succession of folds[J]. Philosophical Transactions of the Royal Society of London. Series A, 1979, 292: 1-23.

[46] LAKES R, WOJCIECHOWSKI K. Negative compressibility, negative Poisson's ratio, and stability[J]. Physica Status Solidi B, 2008,245: 545-551.

[47] LAKES R, DRUGAN W. Dramatically stiffer elastic composite materials due to a negative stiffness phase? [J]. Journal of the Mechancs and Physics of Solids, 2002, 50: 979-1009.

[48] LEE T, LAKES R. Anisotropic polyurethane foam with Poisson'sratio greater than 1[J]. Journal of Materials Science, 1997, 32: 2397-2401.

[49] MILTON G. Composite materials with Poisson's ratios close to -1[J]. Journal of the Mechanics and Physics of Solids, 1992, 40: 1105-1137.

[50] GREAVES G N, GREER A L, LAKES R S, et al. Poisson's ratio and modern materials[J]. Nature Materials, 2011, 10: 823-837.

[51] LAKES R. Advances in negative Poisson's ratio materials[J]. Advanced Materials, 1993, 5: 293-296.

[52] GATT R, GRIMA J. Negative compressibility[J]. Physica Status Solidi B, 2008, 2: 236-238.

[53] LI W, PROBERT M R, KOSA M, et al. Negative linear compressibility of a metal-organic framework[J]. Journal of the American Chemical Society, 2012, 134: 11940-11943.

[54] CAIRNS A, THOMPSON A, TUCKER M, et al. Rational design of materials with extreme negative compressibility: Selective soft-mode frustration in KMn $[Ag(CN)_2]_3$[J]. Journal of the American Chemical Society, 2011, 134: 4454-4456.

[55] LEDBETTER H, REED R. Elastic properties of metals and alloys: I. iron, nickel, and iron-nickel Alloys[J]. Journal of Physical and Chemical Reference Data, 1973, 2: 531-618.

[56] YU X, ZHOU J, LIANG H, et al. Mechanical metamaterials associated with stiffness, rigidity and compressibility: A brief review[J]. Progress in Materials Science, 2018, 94: 114-173.

[57] OHWADA K, NAKAO H, FUJII Y, et al. Structural aspects of NaV_2O_5 under high pressure [J]. Journal of the Physical Society of Japan, 1999, 68: 3286-3291.

[58] CLIFFE M, GOODWIN A. PASCal: a principal axis strain calculator for thermal expansion and compressibility determination[J]. Journal of Applied Crystallography, 2012, 45: 1321-1329.

[59] FURUKAWA H, CORDOVA K E, O'KEEFFE M, et al. The chemistry and applications of metal-organic frameworks[J]. Science, 2013, 341: 1230444.

[60] 费希纳.心理物理学纲要[M].李晶,译.北京:中国人民大学出版社,2015.

[61] GRIMA J, ATTARD D, CARUANA-GAUCI R, et al. Negative linear compressibility of hexagonal honeycombs and related systems[J]. Scripta Materialia, 2011, 65: 565-568.

[62] WU Y, KOBAYASHI A, HALDER G, et al. Negative thermal expansion in the metal-organic framework material Cu_3 (1, 3, 5-benzenetricarboxylate)2[J]. Angewandte Chemie International Edition, 2008, 120: 9061-9064.

[63] ZHANG Y, YAN Z, NAN K, et al. A mechanically driven form of Kirigami as a route to 3D mesostructures in micro/nanomembranes[J]. Proceedings of the National Academy of Sciences, 2015, 112: 11757-11764.

[64] XU S, YAN Z, JANG K-I, et al. Assembly of micro/nanomaterials into complex, three-dimensional architectures by compressive buckling[J]. Science, 2015, 347: 154-159.

[65] CHRISTENSEN J, KADIC M, KRAFT O, et al. Vibrant times for mechanical metamaterials [J]. MRS Commun, 2015, 5: 453-462.

[66] BENDSOE M, SIGMUND O. Topology optimization: theory, methods and applications[M]. Herdelberg: Springer Science & Business Media, 2003.

[67] ZHOU S, LI W, CHEN Y, et al. Topology optimization for negative permeability metamaterials using level-set algorithm[J]. Acta Materialia, 2011, 59: 2624-2636.

[68] TONG X C. Functional metamaterials and metadevices[M]. Cham: Springer, 2018.

第6章 负热膨胀力学超材料

负热膨胀(NTE)现象,是指当人工结构材料被加热时,整体几何结构中出现一个方向或多方向的收缩效应[1-3]。这与绝大多数材料的热胀冷缩性质相反,负热膨胀超材料在宏观上表现为加热时收缩,而冷却时膨胀,即热膨胀系数为负值。此处,笔者会对这种反常的热膨胀特性进行简要论述,并对超材料的几何结构设计作介绍。一般情况下,为了确定负压缩性力学超材料,一种可行的方法就是引入各向异性负热膨胀行为进行检测。因而,此处单独设立这一章,用以细致地阐释负热膨胀力学超材料,各章节结构的具体规划是,第6.1节将介绍负热膨胀的基本概念和结构单元的设计原理;第6.2节将陈述目前研发的负热膨胀二维和三维结构排布,及结构单元的设计原理;第6.3节单独列出典型的手性与反手性结构的相关优化设计过程;第6.4节展望负热膨胀结构材料的研究和应用前景。

6.1 负热膨胀的基本概念

在引入负热膨胀力学超材料之前,有必要澄清一下与其相关的术语之间微妙含义变化。故而,本节在介绍负热膨胀的基本概念后,将重点厘清负热膨胀与负比热,及与负线性压缩性之间的不同。

6.1.1 热膨胀行为

热膨胀(thermal expansion,TE)指环境温度变化引起物体膨胀或者收缩的现象。通常定义为在一定静水压力下,单位温度引起物体的体积变化,称为该物体的热膨胀系数(thermal expansion coefficient),用以描述物体膨胀或收缩与温度变化的关系。根据实际研究对象的物体维度需要,我们通常会用到物体的线膨胀系数 α、面膨胀系数 β,和体膨胀系数 γ。线膨胀系数 α,指的是单位温度 ΔT,引起的某一方向上的长度变化 ΔL,与其在室温 20 ℃时长度 L 的比值。

$$\alpha = \frac{\Delta L}{L \cdot \Delta T} \tag{6.1}$$

面膨胀系数 β,则指的是单位温度 ΔT 引起的面积变化 ΔS,与其在室温 20 ℃时面积 S 的比值。

$$\beta = \frac{\Delta S}{S \cdot \Delta T} \tag{6.2}$$

体膨胀系数 γ，指的是单位温度 ΔT 引起的体积变化 ΔV，与其在室温 20 ℃ 时体积 V，的比值。

$$\gamma = \frac{\Delta V}{V \cdot \Delta T} \tag{6.3}$$

以上各式中，ΔT 是温度的变化量，L，S 和 V 分别是其在室温 20 ℃ 时物体的长度、面积和体积，ΔL，ΔS，ΔV 分别是对应温度变化后物体长度、面积和体积的变化量。从热膨胀系数的数学表达公式来看，热膨胀系数是小区间温度内的微分近似，若要准确地描述物体的热膨胀性能，需要体积和温度变化无限微小，这就导致了热膨胀系数在较大的温度区间内一般不是常量。

6.1.2 负热膨胀行为的源起

在室温下表现出的负热膨胀的力学超材料具有多种应用，主要用于控制各种复合材料的整体热膨胀[4]。具有低热膨胀系数的材料对温度变化不太敏感，因此在诸多工程领域中都是有所需求的，例如精密仪器、扫描电子显微镜、柔性电子设备、生物医学传感器、热致动器和微机电系统（MEMS）。低热膨胀系数材料在航空航天部件中也特别重要，例如天基镜和卫星天线，这些部件在地球上构建但在外部空间中操作，其中宽温度波动可能导致不希望的形状和尺寸收缩。目前存在着部分固体材料，例如因瓦尔（Invar）和其他金属合金，呈现固有的低或负热膨胀力学属性，并且尽管有其局限性，但目前仍在使用。它们的一个缺点是，它们可以操作调控的温度空间比较狭窄，当出现较大的温度波动时，如在外部空间中从 −150～150 ℃ 就会出现应用上的问题。另一方面，陶瓷和其他脆性固体的热膨胀系数较低，并且对温度变化不敏感，然而，这些材料的脆性带来了挑战，因为热应力容易达到峰值并导致突然失效。相比之下，理想的材料热膨胀系数可以定制为在其运行的整个温度范围内消失，并且不会变脆，这是目前所有现有天然固体材料都无法满足的条件。创建具有可调整热膨胀系数的材料的一种途径，是设计其几何结构架构，并有目的地调整以产生期望的、从正值到负值的热膨胀系数范围[5]。

大部分自然材料的热膨胀系数都是正值，其体积会随着温度的增加而变大，在温度下降时体积也会减小。例如大多数类似水凝胶的软材料，在吸水时显示正体积变化，即对应于正膨胀，而负膨胀（negative swelling）则代表了大多数天然材料中不存在的反常现象[6]。不过，随着对自然材料研究的不断深入，人们发现有一些特殊的自然材料并不遵循这一热膨胀规律。例如水温在 0～4 ℃ 间，随着温度的降低，水的体积不会减小，反而会不断增大，其热膨胀系数为负数；某些陶瓷材料在温度升高时，体积几乎不变，热膨胀系数趋近于为零[7-9]。这类在某个温度区间内，物体体积变化与温度变化成反比的现象，称为负热膨胀，简称 NTE，某个温度区间内热膨胀系数为负数的材料被称为负热膨胀材料[10-12]。这种负热膨胀系数并不常见，并且在少数固体中自然发生，包括金属氧化物，例如钨酸锆以及一些聚合物和沸石[13-15]。

由此可见，负热膨胀力学行为可以是固体材料的内在力学属性，抑或外在力学特征。一般情况下，可以通过 X 射线或中子衍射测量热膨胀属性，也就是单位晶胞体积随温度的变化量。众所周知，陶瓷晶体材料经高温烧结制备后，材料内部的晶粒尺寸差异变化较为明显[16]。那么，当这种晶粒大小不均的陶瓷材料受到高温条件作用时，其内部的微小晶粒或具有各向异性晶粒的热膨胀时，会发生不同取向上的热膨胀系数不均的情况。最极端的情况是在一维或二维结构中的强烈热膨胀，以及在其他方向上的强烈收缩。与此同时，陶瓷内部的微裂纹也会引起负膨胀效应。例如当温度降低时，微裂纹扩大，而在加热后，裂缝倾向于重新闭合[17]，这样的过程就导致陶瓷材料出现负热膨胀现象[10,18]。不过目前，这种情况在优质的陶瓷等材料制备中已经不是很常见了。

虽然自然界中少数材料具有负热膨胀的力学性能，但是它们仅能在很窄的温度区间范围内表现出负热膨胀力学特性，对环境条件的要求较为苛刻。而且这些自然材料的负热膨胀响应，有时仅能在特定的一个方向上实现，无法实现可调控的各向同性负热膨胀及宽区间范围的热膨胀系数。并且，这样固体材料的稀有度也大大限制了这些材料的设计自由度。因此，如何设计出一种宽区间可调的各向同性负热膨胀材料，成为当下力学超材料研究的一个新分支领域。近年来不少科学家提出了各类负膨胀材料的人工原子几何结构，但这些结构大多不对称，无法实现各向同性的负热膨胀。此外，研制具有显著特征的各向异性负膨胀材料仍然是一个挑战。

6.1.3　人工结构设计负热膨胀材料

负热膨胀现象，是指当人工结构材料被加热时，整体几何结构中出现一个方向或是多方向的收缩效应。这与绝大多数材料的热胀冷缩性质相反，负热膨胀超材料在宏观上表现为加热时收缩，而冷却时膨胀，即热膨胀系数为负值。

负热膨胀力学行为引入超材料几何结构设计的最初构想[3,19]，来源于热膨胀复合材料的设计过程。每一个新奇的想法，在局外人看来，或许都是造物主垂爱的灵光一现。然而，身在此山中的人们会知道，没有什么是凭空而来的，存在有其存在的必然。复合材料在加热时的热膨胀行为，一般不能大于其组成成分的最大膨胀量，因为两相间之间存在着析出边界[20]。假定复合材料中两相完全结合，这些相界也没有孔隙，由此，每个相都具有特定的正应变能。确切地说，热膨胀受微观结合电位的不对称性支配，不容易调整[2]。理论上讲，在复合材料方面，热膨胀系数是与霍尔系数一并进行研究的[21]。当一种复合材料，其空隙足够多时，对于线热膨胀系数是明显不同的。于是，这就激发了研究人员的构想，如果推翻这一假定，让联结边界处存在孔隙又如何呢？如果复合材料包含更多的空隙空间，则可以设想具有或大或小幅度的可调控体积膨胀，甚至负膨胀的晶格结构[22,23]。在复合材料结构设计中，关于二维结构中调节空位和霍尔系数的相关理论，可参见教科书中的综述[24]。这可能就是负热膨胀行为的缘起吧，同时，人们发现越来越多的自然材料[8]也展现着负热膨胀的现象。

需要指出的是，负热膨胀行为[1-3]，具体指的是当外界环境温度升高时，固体材料出现了结构外形收缩的现象[25-27]。在通常情形下，大部分自然材料，受制于加热条件时，材料的体积倾向于向外扩展，而使材料膨胀。与这种向外扩张的现象截然相反的是，有小部分自然材料，或是人工结构设计的功能材料，可以实现在被加热时展现在一个或多个方向上反直觉的收缩行为[28]（如图 6.1 所示）。这种利用负热膨胀系数表征的整体几何结构的动态不稳定性[29]，往往可以用来彰显并进而判断该结构材料是否具备负线性压缩性行为的可能[30-33]。

图 6.1　负热膨胀的力学效应示意图

从目前研究的负热膨胀材料的不同人工结构可以看出，负热膨胀力学超材料的研究和应用正处于发展的早期阶段。这些不同几何结构制造的基本概念，可以追溯到其他常见的主要力学超材料，特别是负泊松拉胀力学超材料。如图 6.2 所示，人们已经制造出各种负热膨胀力学超材料，其拓扑结构从手性超材料[34,35]，到三维六角形晶格的胞状泡沫多孔力学超材料[36]，旋转三角形或正方形[13,27]，以及盘形、圆柱形和针形夹杂物的负热膨胀材料[37,38]。图 6.2(a)中，十四面体模型（tetrakaídecahedral）是由三维六角形晶格的多孔结构与弯曲的双材料肋条组成了倒六角形胞状结构体，并呈现较大的负热膨胀力学超材料[36]。图 6.2(b)所示的手性结构，主要是由正方形外构架与不同厚度的双材料韧带连接而成的，其中材料 1（橙色）制成部分的厚度为 t_1，其杨氏模量为 E_1，而韧带的另一部分由材料 2（蓝色）制成，其具有厚度 t_2 和杨氏模量 E_2[39]。图 6.2(c)为最初的负热膨胀结构尝试，呈现盘形、圆柱形和针形夹杂物的几何形式。图中（ⅰ）为可能的复合材料的横截面，其中高度膨胀和硬针状夹杂物以随机并对齐的方式，在基体内模制而成[37]。（ⅱ）为改性的和（ⅲ）为初始圆柱形结构（橙色），包括嵌入材料 A 的基质（绿色）中的材料 B，以及显示其尺寸的横截面[38]。

这些关键框架的几何形状背后原则是，通过在曲线的外部放置更高膨胀的材料，可以很容易地在几何结构网格中，实现负热膨胀力学性能[36]。换句话说，当两种材料具有不同的热膨胀系数并且黏合在一起时，它们将在温度变化时弯曲，就像恒温器机构中的双金属带一样[39]。这些分析表明，框架几何结构在确定通过铰链显示各向异性响应的几何结构框架材料的机械响应中起着至关重要的作用。因此预期双材料韧带结构，可以用作构造力学超材料的结构单元部件，所述力学超材料可以表现出负压缩性，特别是负热膨胀力学行为。

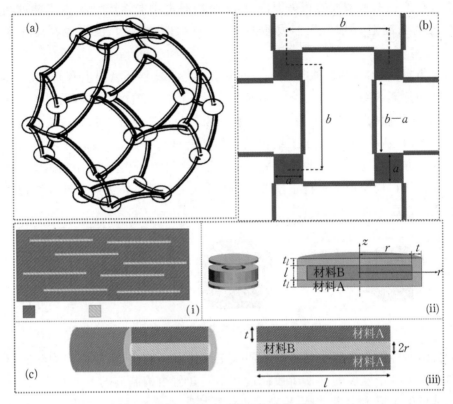

图 6.2　各种负热膨胀力学超材料

(a) 三维六角形晶格的胞状泡沫多孔力学超材料[36]；

(b) 手性结构的几何形状由厚度分别为 t_1 和 t_2 的双材料韧带连接到方形节点组成[39]；

(c) 盘形、圆柱形和针形夹杂物的负热膨胀材料[37,38]

6.1.4　负热膨胀系数与负比热

与负热膨胀系数易于混淆的术语，首推就是负比热（negative specific heat）。具有负比热性质的自然材料确实很少见，但它又的确存在于自然界之中。这种反常规的负比热效应表明，当材料系统供热时，系统的温度、能量或熵会明显地减少[40]，例如，在玻璃化转变温度附近，通过快速冷却的无定形材料[41]。

负热膨胀系数则在形成机理上完全不同于负比热。负热膨胀行为是遵循能量守恒定律的，只是当整个有效结构受热时，它会存在一个或多个方向收缩现象，而不是如同通常意义那样的热胀而已。也就是说，负热膨胀整体结构的能量还是守恒的，而不是像负比热材料那样，出现能量耗散或缺失。对能量守恒定律的遵循，融合自然材料的力学超材料几何结构设计，在这一点上，还是需要明确的，也就是说，超材料并不改变能量守恒定律。

也就是说，负热膨胀行为从某种程度上可以说是内源性的、由弹性波的机械振动组成的。而振动最终还是会遵守能量守恒定律。根据这条定律，人们若想要往系统内的某一个方向增加能量,就必须以某种其他的形式,或是在其他方向上来缩减它的能量。因此,两种反向力量之间的对抗现象就自然地出现了。就像将生冷的牛肉薄切片置于滚烫的烧烤箅子上那样,当牛肉薄切片遇热时,它会出现整体材料的快速收缩现象。于是,面临这种对抗力量的结构体系,往往就会出现振动。此时,几何结构材料要服从于能量守恒定律,因而它必定会成为一个振动系统。

再者,若负热膨胀结构体系本身成为一个振动系统,那么,就会存在弹性波中的主波和次波(或称为涟漪)。其中,这条主波,是由次波叠加而成的,都表现在弹性波上,如在振幅、周期及其频谱分量的相位关系等参数上。于是,接下来,笔者就对这样的负热膨胀结构体系所呈现的弹性波,进行相应的傅里叶分析。在这种情形下,某个外界的温度刺激,就不是这个刺激强度的一种简单的过程,而是取决于周期和内源性主波与外源性涟漪之间的相位关系,取决于环境温度是在缓慢发生,还是突然发生,即温度梯度的非连续性条件。显然,瞬时分辨力有时也会受到限制,使人们无法注意到负热膨胀行为在高频率地振动,这种结构材料的关联性往往也会通过一种不同频率间的编码表现在时间领域里。由此看来,负热膨胀行为并非存在于单个的结构单元之中,而是出现在结构材料的整个体系中,而这整个几何结构构成了负热膨胀的主体部分。值得肯定的是,弹性波理论的延伸,将可以让负热膨胀超材料的几何结构更加精准,并实现结构与功能的可调节性,并有望成为其未来基础研究的发展方向。

6.1.5 负热膨胀与负线性压缩性

负线性压缩性,如第 5 章所述,指的是在均匀静水压力作用下,结构材料具有在单方向膨胀的效应。而各向异性的负热膨胀通常指的是在加热环境下,即温度升高时,材料发生收缩效应[26,27,42]。实践表明,当结构材料的动态不稳定性来自负热膨胀行为时[43],这往往表明所选择的自然材料通常存在着的负线性压缩性的力学行为[30,32,33]。因为负热膨胀材料一般与加热时在一个或多个方向上收缩的结构相关[26]。为此,在甄别负线性压缩性自然材料时,一种可行的方法是先调查验证其各向异性负热膨胀行为。经验证据已经表明,各向异性的负热膨胀力学超材料与负线性或负面积可压缩超材料,在几何框架结构及背后的形成机理等方面,具有特定的力学联系[44]。事实上,在环境冷却过程和静水压强作用下,相似的固体材料压力收缩机制确实存在[25],这也是最先表明,当环境温度下降时,负热膨胀力学行为,与静水压强作用下的负线性压缩性力学行为之间必然存在着的一定的关联。

从材料化学家的角度来看,一些特定的分子框架材料[29,45,46]可以较好地适应这种负热膨胀与负线性压缩性之间的相似性。在使用元素 Se 进行结构设计的一个典型例子里,沿着 Se 螺旋轴的负热膨胀力学行为,其形成机制很可能用以解释说明整体结构的在同一方面上的负线性压缩特性[47]。此外,在大多数其他各向异性材料中,屈曲和黏结压缩的机制,几乎总是能比单轴或双轴晶格的膨胀更有效地降低晶体体积[28]。因此,在材料化学系统中,可以实现从不连续负压缩性力学行为,到连续负体积可压缩性行为之间的动态转换。一种可行性的方法,就是利用不均匀的化学掺杂来消除转变过程中的压强变化。这一理念,在其他研究领域已经被用于将不连续的热容量转化为负热膨胀行为[48],及在分子共晶中的负线性压缩力学行为[46,49]。不过,这些相关的理论研究已超出了本书的范围,暂且不予论述了。

另一个易于混淆的概念,就是负泊松比了。原因在几何结构设计层面上,主要是其中几个新近研发的负热膨胀力学超材料的几何结构的原型是来自最初为负泊松比力学超材料所设计的框架。而且,时下几何结构的拓扑优化设计,也表明负热膨胀力学超材料与负泊松拉胀材料之间没有明显的力学关系[23,50]。

6.2　负热膨胀结构单元的设计原理

本节将简述负热膨胀力学超材料的几何结构单元的设计基础,包括负热膨胀材料设计的热力学基本原理,以及几何结构设计时所利用的拓扑优化设计方法,并且以双材料负热膨胀力学超材料为例,简要概述负热膨胀双材料几何结构的理论设计过程,尤其关注在结构设计过程中的几何结构和力学行为的分析。

6.2.1　负热膨胀材料设计的热力学原理

从热力学公式计算的角度,当省略剪切项时,各向异性结构材料中的热膨胀与压缩率的比可以表示为式(6.4)[25]。

$$\alpha_i = \frac{C_T}{V} \sum_j S_{ij} \gamma_j \tag{6.4}$$

式中,C_T 为等温比热,V 为单元格晶胞的体积,S_{ij} 为弹性顺度,γ_j 为各向异性结构单元格鲁内森(Gruneisen)状态方程的分量,即在格鲁内森参数的各向异性模式下的加权和[29]。

对于各向异性材料,S_{ij} 若为负值时,则可以设定式(6.5):

$$K_i = \sum_j S_{ij} \tag{6.5}$$

将式(6.5)代入式(6.4),并且,γ_i 对于非轴向的负热膨胀均为正值时,有式(6.6)成立。

$$\alpha_i = \frac{C_T}{V} \left(K_i \gamma_i + \sum_{j \neq i} S_{ij} \gamma_{ji} \right) \tag{6.6}$$

式中,$\gamma_{ji} = \gamma_j - \gamma_i$。对于柔性框架式结构材料,格鲁内森状态方程假定是相对各向同性的,即 $\gamma_{ij} \ll \gamma_i$。因此,方程(6.4)中的耦合就变成了二阶修正式。这就说明负热膨胀系数 α_i 的具体数值,可能对应于负的体模量 K_i,尽管结构材料作为整体展现为正的热膨胀时。

无论如何,在加热过程中,负热膨胀行为与负面积压缩性材料之间的关系,可以由结构材料整体框架在几何方面的不同变化过程推导出来。例如,业已建立的层状材料负热膨胀结构模型[28],就预见了负热膨胀力学行为属性与层面屈曲程度之间的耦合关系。具体地说,我们可以利用整体结构网络的扭转角度来进行量化处理。类似地,负面积压缩性材料与负热膨胀结构材料具有相似的层状涟波机制的驱动,并且,随着压力增加,其向外展开的几何尺寸参数就变得越发明显。因此,这些研究表明,负热膨胀行为,即结构材料在加热时收缩的现象,可用于制备基于现有拓扑结构优化的可调热膨胀力学超材料。

6.2.2　负热膨胀材料的拓扑优化设计方法

负热膨胀力学超材料的几何结构设计,通常利用拓扑优化设计来完成,即利用有限元求解器作为核心物理引擎,同时受制于目标函数和约束条件的优化设计算法。在人工原子向整个空间排布的过程中,需要选择确定的三个关键要素:较高热膨胀系数的组成材料、相对较低热膨胀系数的组成材料和向外拓展的空隙空间。这种几何结构设计,从定义一个目标函数开始,如人工单元的特定目标热膨胀,及其定量化的约束条件,如刚度和体积分数边界。

在优化求解过程中,有限元求解器计算三个关键要素随机分布的材料属性可能会远离目标,也可能违反约束条件。此时,类似基于梯度方法的优化算法,将通过少量重新分配三个关键参数,利用有限元求解器再次计算属性。然后针对目标和先前计算的值评估新属性,以及优化算法,再次基于这些信息重新分配材料以试图接近目标[51-53]。

以自由、致动和约束拓扑 FACT 方法为例,该方法依赖于使用以前开发的完全几何形状库来定义基本的挠曲和螺旋运动。这些几何形状使得人工单元的设计者,可以将其排布组装成各种微结构元件区域,可视化地实现期望的块体材料性质。例如,考虑使用自由/致动和约束拓扑 FACT 推导出的具有负热膨胀的二维晶胞设计(如图 6.3 所示)[54]。在这个单元格中,需要两种材料(以红色和灰色显示),加上空隙空间才能达到负值的力学属性。随着整体单元格的升温,热膨胀较大的红色材料相对于灰色材料体积膨胀更多。因此,红角部件向内拉动构成单元格侧壁的弯曲元件的中

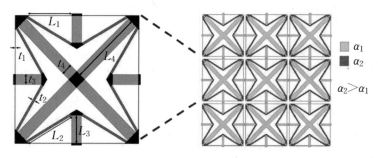

图 6.3　利用自由/致动和约束拓扑(FACT)设计的负热膨胀人工单元和整体几何结构[54]
α 为热膨胀系数,L 为杆件长度,t 为杆件厚度

心,同时向外推动单元格的角部。当布置成在每个侧壁的中点处连接的格子时,角落生长到空隙空间中,同时侧壁被向内拉动,导致格子整体收缩并因此产生负热膨胀。

6.2.3　负热膨胀几何结构设计过程

在负热膨胀结构的几何设计方面,目前多采用两种以上的多种自然材料来制备。最初的几何结构设计是基于研究相对成熟的负泊松比拉胀材料而展开的。如果将负泊松比拉胀力学超材料中的一类几何结构,例如平面蜂窝状手性结构栅格[55],扩展到负热膨胀超材料的几何结构设计中,那么,我们就可以在手性负泊松比拉胀结构中实现可调控的大幅度的负热膨胀力学行为。值得一提的是,不同的几何结构单元,其负热膨胀结构的设计原理有所不同。而且,负热膨胀力学超材料正不断趋于多样化和个性化,这使得负热膨胀的几何结构单元设计更加的复杂多变。限于篇幅,笔者在这里仅列举负热膨胀几何结构中最具代表性的三阶手性结构单元及结构设计原理。其他更具多样化的手性与反手性结构单元,将在 6.3 节作重点的分类阐述。

6.2.3.1　双材料结构单元设计

一些对称的、平衡的、角度层叠的纤维增强塑料层压板表现出异常的热弹性力学行为,其特征在于这些层压正交各向异性材料的一个面内主方向上出现了负热膨胀系数[56,57]。这样的力学特性一般出现在高度各向异性碳和芳纶纤维的复合材料内,纤维本身在其长度上具有负热膨胀现象[58,59]。鉴于此,人们找到了另一种途径,即将两种热膨胀系数差异较大的不同材料进行耦合,从而形成整体几何结构材料的负热膨胀行为。

为了实现对几何结构热膨胀的调节,单一材料制成的负泊松比拉胀结构,或手性/反手性结构单元,需要进行不同程度上的结构或材料上的调整,才能形成具有负热膨胀的几何结构样式。在人工构建的单元格中,其连接节点间的肋梁,可以修改为由不同热膨胀系数的两种材料的夹层制成,进而引起整个结构不同程度的弯曲变形[35]。研究分析表明[60],这种单元格具有其他所有已知单元格拓扑结构的最大微极弹性特征长度。为此,由双金属梁构成的细化几何结构及二维宏观模型单元排布,已经有所报道[61,62]。人们从理论上讨论了由双金属片构成的相关二维结构,显示出在固定温度下呈现负值的有效压缩性。

其中极具代表性的负热膨胀几何结构单元,就是三阶手性结构单元(如图 6.4 所示)[35]。这种网格手性结构使用的是双材料肋梁元件。这些肋梁在温度变化时会出现弯曲,从而引起节点旋转,进一步引起整个网格结构应变的变化。通过在热板上加热这些肋梁结构,我们可以观察到其曲率半径的变化,从而来确定高和低两膨胀侧的情形。

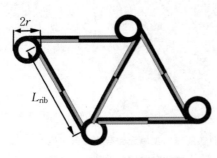

图 6.4　三阶手性结构单元

通常情况下，对于一维杆件而言，其线性热膨胀系数可以表示为

$$\alpha_L = \frac{1}{L}\frac{\partial L}{\partial T} \tag{6.7}$$

式中，L 是杆件沿热膨胀方向上的长度，T 代表温度。

对于具有不同热膨胀系数的材料所建构的几何结构而言，其整体结构的热膨胀系数与由于热应力作用而令几何结构发生弯曲变形的杆件曲率的变化成正比，如式 (6.8) 所示。

$$\frac{1}{\rho} \propto (\alpha_2 - \alpha_1) \tag{6.8}$$

式中，α_1，α_2 分别是所构成几何结构的两种材料的热膨胀系数。

由此可以得出，负热膨胀力学超材料的框架结构所采用的是比较有代表性的结构设计理念。确切地说，我们完全可以通过利用这一双层材料结构，让外侧是高热膨胀系数材料而内侧是低热膨胀系数的材料，这样等效的结构框架在加热后，就会由于不同的膨胀收缩速率，而导致整体构架的曲率变化[3,23]，也就是说，将其换算成应变的变化。换句话说，当具有不同热膨胀系数的两种材料黏结在一起时，一旦外界温度改变，整体结构就会发生弯曲变形，类似于双金属带的热动开关机理。因此，这种双材料韧带结构有希望被用作一种结构单元去制备负压缩和负热膨胀力学超材料。

利用双材料或多材料组成的几何结构，通过调整结构的曲率变化，来进行人工设计负热膨胀系数的优化设计。采用这样材料设计理念，我们可以组合形成各种各样的力学超材料类型，要么变换组成材料的成分，要么变换所构建材料的结构单元排布。例如一种由角铰状梁状元件组成的三角形结构，依据每个组成元件固有的热膨胀系数，并且其中一个具有相对较大的热膨胀系数[13]，就可以将该结构单元细分为更复杂的结构，当温度发生变化时，可以使三角形内的不同结构单元存在不同程度的拉伸或压缩扩展，从而导致整体几何结构的有效的负热膨胀系数不同于其组成元素的热膨胀系数。为此，负热膨胀力学超材料设计的关键还是在于两点：一是自然材料热膨胀系数的差异性选择，二是选择合适的几何结构拓扑样式。这样就可以通过调整几何结构和材料属性之间的给定关系，有效地调节负热膨胀系数的可选择范围。

6.2.3.2 三阶手性双材料结构单元的几何分析

最为典型的双材料几何结构单元在加热过程中，三阶手性结构单元的力学分析正是基于两种材料不同的热膨胀系数而引起整体结构的几何应变而展开的。在此，笔者将就这种三阶手性结构单元进行简要的力学分析，意在了解负热膨胀几何结构设计的分析步骤，对于更复杂的手性或反手性二维结构，或是三维结构单元，在第 6.3 节中会逐步引入相关的概略介绍，不过与其相关的更复杂的力学解析可以参见相关的文献[63]。

在这样相对简洁的三阶手性结构单元中，假定肋梁有足够大的细长比，也就是说，相比于肋梁的弯曲变形来说，其轴向应变是可以忽略不计的。并且，结构单元每

一个连接结点假定为刚性,当整体几何结构被加热,热膨胀可以自由地出现,没有任何约束或限制。在图 6.4 的手性栅格结构中,部分研究表明其等效的栅格热膨胀系数大约为$-3.5\times10^{-4}/K$[35]。图中,r 为连接结点的外半径,L_{rib} 为肋板的长度,ρ 为由温度改变所促使的双层材料中肋板单元的弯曲曲率。为此,在这种手性栅格结构中[55],应变是几何联系于旋转角度 φ,如图 6.5 所示,其中,相邻节点距中心的间距为 R,则几何结构的应变可表示为

$$\varepsilon = \frac{r\varphi}{R} \tag{6.9}$$

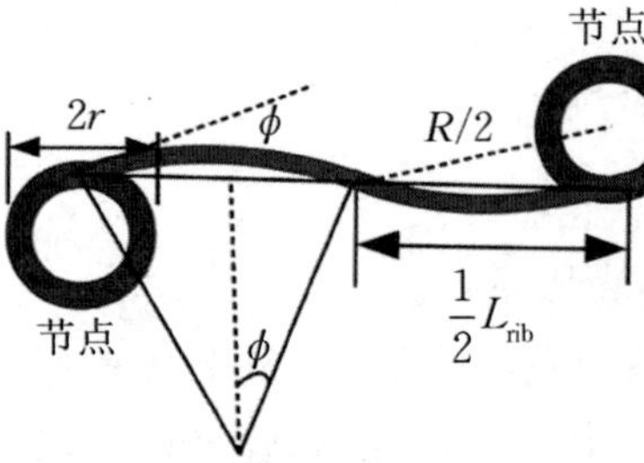

当环境温度发生变化时,双材料的肋梁将会发生弯曲变形,并因而发生了杆件曲率的变化(如图 6.5 所示)。

则结点的旋转角度可以表示为

$$\varphi = \frac{L_{lib}}{4\rho} \tag{6.10}$$

图 6.5 三阶手性结构单元中,某个弯曲肋梁弯曲变形的几何分析图[35]

式中,L_{lib} 是连接肋梁的长度(如图 6.4 所示)。其中每半个梁长度上均展现一致的曲率,而另一半出现的曲率为相反方向,这主要是由于两种材料有两个相反方向上的热膨胀。由此可知,在这种三阶手性结构单元中,杆件肋梁的弯曲变形成"S"形状。根据手性结构中连接肋梁内切于两相邻结点的特点,可得到相应的几何结构关系式:

$$R^2 = L_{lib}^2 + (2r)^2 \tag{6.11}$$

综合式(6.9)至式(6.11)可得到应变量为

$$\varepsilon = \frac{r}{4\rho} \frac{1}{\sqrt{1+(2r/L_{lib})^2}} \tag{6.12}$$

根据具体曲率半径的变化关系,得

$$\frac{1}{\rho_s} = \frac{1}{\rho\delta T} = \frac{\kappa}{t} \tag{6.13}$$

式中,δT 为环境温度的变化量;κ 为自然材料的固有属性,由材料制造厂商提供,与自然材料本身的弹性模量有关;t 为材料的厚度。相应地,热膨胀系数可与具体的几何曲率建立联系,其整体几何结构材料的热膨胀系数为[35,55]

$$\alpha = \frac{r}{4\rho_s} \frac{1}{\sqrt{1+(2r/L_{lib})^2}} \tag{6.14}$$

这就是利用三阶手性结构获得所需要的热膨胀系数的具体过程。由此可知,热膨胀系数与整体几何结构中的杆件曲率密切相关。对于两种不同材料,其热膨胀系数和弹性模量的不同,如果已知两种材料成分的弹性模量和热膨胀系数分别为材料 1 的 E_1 和 α_1,材料 2 的 E_2 和 α_2,以及双材料带中每层材料的相应厚度 t_1 和 t_2,那么,其杆件曲率也会发生变化,如式(6.15)所示。

$$\frac{1}{\rho} = \frac{(\alpha_2 - \alpha_1)\delta T}{\left(\dfrac{t}{2}\right) + \dfrac{2(E_1 I_1 + E_2 I_2)}{t}\left[\dfrac{1}{E_1 t_1} + \dfrac{1}{E_2 t_2}\right]} \tag{6.15}$$

式中,相应地惯性矩及肋梁厚度条件为

$$I_1 = \frac{a_1^3}{12}, \quad I_2 = \frac{a_2^3}{12}, \quad t = t_1 + t_2 \tag{6.16}$$

这种类型的手性栅格结构单元可以按需求对热膨胀系数进行调节。若选择较大的连接节点,则会引起更大的热膨胀弯曲变形。几何结构热膨胀系数的正负值,取决于双金属肋梁元件的弯曲变形方向。此外,在特定曲率下,肋梁杆件厚度减小,即更细长的杆件,可以导致热膨胀系数的增加。

由此可知,在选择不同的自然材料构建几何结构时,材料组分的不同,热膨胀系数也有所不同。具体而言,当选择某种 P675R 材料时,如图 6.3 所示晶格的等效热膨胀系数 α 约为 $-3.5 \times 10^{-4}/\text{K}^{[35]}$。这就应和了超材料的结构设计理念需要与自然材料相融合的理念[64]。在一些情形下,包括负热膨胀在内的力学行为,在概念上甚至是无界的。即使选择利用那些有限的自然材料,并且热膨胀系数均为正数的材料来构建超材料,等效的超材料参数也可以假定为从负无穷到正无穷的任何值。当选择不同的自然材料来组装超材料几何结构单元时,其所生成的负热膨胀系数是不同的。不过,虽然超材料几何结构的确决定着超材料的相关力学或光学属性,但构成超材料几何结构单元的自然材料,也不可小觑。这些由自然材料在构建几何结构单元中,也将发挥相应作用,并且,这种作用将会随着研究的深入而日益增强。

6.3　反手性结构的负热膨胀材料

通常情况下,我们可以将负泊松比的几何结构[65],结构力学的双材料梁桁架结构,或平面蜂窝手性栅格等常用几何结构,拓展到这里的负热膨胀力学超材料领域,进而获得较大数量级的调控热膨胀。这样一来,负热膨胀力学超材料的几何框架结构就变得日趋多样化和个性化。这里挑选比较常用的二维反手性几何结构为模板应用于负热膨胀力学超材料优化设计,并论述负热膨胀力学超材料的基本设计方法和过程。本节主要以负热膨胀材料的四阶反手性和三阶反手性结构单元为研究对象,对其不同温度下的应力应变力学特性进行探究,深入研究几何结构尺寸、双材料热膨胀系数差和材料连接方式对负热膨胀结构的性能影响。

6.3.1　负热膨胀结构单元双材料的选择

在负热膨胀几何结构设计中,所选用自然材料组分的低热膨胀系数还不够,还必须要结合材料足够的强度、延展性和韧性等力学性能,从而支撑平面载荷和弯矩。这两种力学特性兼备组合的自然材料，在自然界中是很难找到并直接应用的。如图 6.6 所示[66]，从材料属性图中可以看出，可供选择自然材料显示在热膨胀系数与杨氏模量空间。

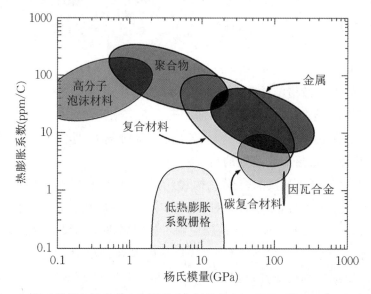

图 6.6 杨氏模量与热膨胀空间可供选择的结构坚固的材料范围（不包括陶瓷）

与此同时，表 6.1 给出常见的几种自然材料的热膨胀系数，可以用来选择制备不同的双材料结构单元。在材料选择上，两种材料的热膨胀系数要有足够大的差异，这样才会引起由于热膨胀系数的不匹配，而导致的整体结构应变的变化。目前，材料组分的设计已经日益成熟，可以任意搭配选择不同的组分占比自由设计所需要的热膨胀系数。因此，表 6.1 所列数据意在展示热膨胀系数可能存在的范围，当进行具体研究设计时，可以自由选择数值，尽可能地解除自然材料所囿。

表 6.1　常见几种自然材料的热膨胀系数　　　（单位：×10^{-6}/K）

材料	铁	锰	殷钢	热膨胀合金
热膨胀系数	10	22	1.3	27.2

如前所述，在自然界中也存在着拥有低热膨胀系数甚至是负值热膨胀系数的材料。不过，拥有这种力学性能的天然材料，当温度大范围改变时，一般受限其强度和稳定性而未能有效地应用。在力学超材料的几何结构设计中，人们更为关注的是几何结构的拓扑形式，而组成材料本身的性能并不是主要的影响因素。为此，你可以在之前不被利用的一些材料中寻找可供负热膨胀力学超材料结构设计选用的材料。为此，这里仅列出在之前复合材料设计中常用的 3 种材料，作为引子来介绍。

图 6.7 为 3 种固体材料的温度与热膨胀系数的关系[66]，即因瓦合金（Invar）、微晶玻璃（Zerodur）和碳-碳复合材料。其中，因瓦合金是强度比较适中的，但仅在 0 ℃到 100 ℃之间会出现低膨胀现象。微晶玻璃在较大的温度范围内会出现低膨胀现象，但因为它是玻璃陶瓷材料且具有脆性，不适用于可靠的承载结构。包含碳纤维的

复合材料,具有最接近所需属性的性质组合。这些纤维具有非常低的轴向热膨胀系数。当结合到基质中后,材料将低热膨胀系数和可接受的刚度结合起来,但是其结合效率限制了它们在苛刻的高温环境方面的应用。当掺入有机基质中时,两种组分之间的热膨胀的巨大差异导致温度循环时的应变,出现基质开裂和热疲劳。通过使用碳基质可部分避免这种缺陷。这种材料具有低至 1500 ℃ 的低膨胀以及合理的强度。然而,它们在高温下经历严重的氧化,会出现坚固性问题和制造限制[66]。

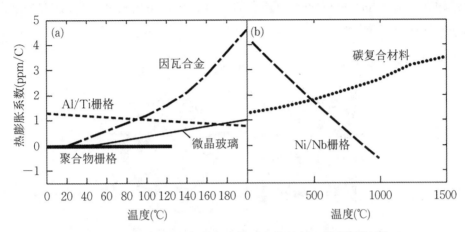

图 6.7　**因瓦合金、微晶玻璃和碳-碳复合材料 3 种固体材料的**
温度与热膨胀系数的关系[66]

为此,在我们的研究中,自然材料的热膨胀系数不是重点,只要满足两者热膨胀系数之间存在一定的差异即可。也就是说,其挑战是如何从本质上强度较高的金属或聚合物成分开始,这些成分各自具有较高的热膨胀系数。然后,几何结构拓扑概念,将用于生成在较大温度范围内具有负热膨胀系数的材料,并且具有可接受的刚度、强度和抗热疲劳性。我们要采用的方法结合了两个完全不同的组成部分,以实现各自可以达到的范围之外的属性。换句话说,广泛不同热膨胀系数的两个组分,可以经过空间组合,从而以产生出总体膨胀系数为负值的人工晶格材料。因而,这里以四阶反性结构为例,暂且选用两种金属材料作为初始条件进行研究(如表 6.2 所示)。

表 6.2　**四阶反手性结构双材料组分的力学参数**

	热膨胀系数	密度	杨氏模量	泊松比
单位	$10^{-6}/K$	kg/m³	GPa	
外部材料	17	8960	110	0.35
内部材料	12.3	7850	205	0.28

6.3.2　反手性几何结构模型的构建

我们以四阶反性结构单元为例来构建负热膨胀力学超材料。该模型的人工单元是基于反手性结构设计的,具体术语可参见第 2.3.2 节。这种类型的几何结构,最初应用于各向同性负泊松比的力学超材料设计中[67,68],由 Wojciechowski 提出[69],并最终由 Lakes 和 Sigmound 实现构建[67,70]。作为具有几个切向连接的韧带的中心点,以下称为"结点圆环"。当附着的韧带数量(即为 N)发生变化时,反手性结构可以包含一系列相似的系统[71]。单个结构单元旋转对称于 N 阶,其中 N 被证明仅限于三阶反手性和四阶反手性。而在三维机制中,人们只能构建四阶反手性系统,因为三维反手性结构在几何上是不存在的[72]。现有的二维反手性系统模式,其中韧带杆件与结点圆环的连接方式为铰接形式(如图 6.8 所示)。

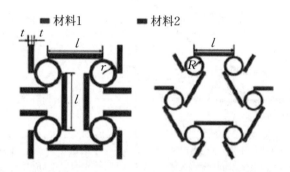

图 6.8　负热膨胀的二维双材料四阶反手性和三阶反手性结构单元[3]

这种四阶反手性几何结构单元是由双材料杆件与单材料圆环组成的类正方形结构(如图 6.9 所示)。此处,双材料杆件由两种热膨胀系数不同的材料焊接构成,外材料的热膨胀系数大于内材料的热膨胀系数,且内材料与构成结点圆环的材料相同。两种材料的热膨胀系数都是正数,通过四阶反手性结构进行周期有序优化设计,可拓展延伸形成大面积的,甚至整个几何结构都能体现出负的热膨胀性能。

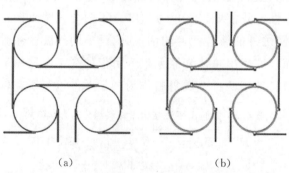

(a)　　　　　　　　　　(b)

图 6.9　负热膨胀的二维双材料四阶反手性结构单元
(a) 焊接;(b) 铰接

此处所提出的负热膨胀材料的四阶和三阶反手性结构,是一类典型各向同性负热膨胀人工构建的几何结构[3,19,73]。其基本构成为单材料圆环和双材料杆(如图 6.9 所示),此处将对该结构模型的几何尺寸、结构与材料进行探讨。初步设计该四阶反手性结构的几何尺寸:结点圆环半径 $R=35$ mm,连接杆件长度为 $l=100$ mm,杆件厚

度为 $t=1\,mm$，环境温度为 $T=600\,K$。并且，所选用的材料参数如表 6.2 所示。

对单个四阶反手性结构单元进行几何分析时，如果要探讨结点圆环和杆件的尺寸比例对于四阶反手性结构的应力分布和形变的影响，我们就可以固定连接杆件长度为 $l=100\,mm$，杆件厚度为 $t=1\,mm$，改变结点圆环半径 R 的大小，在温度为 $T=600\,K$ 的环境下，检测反手性结构单元的应力云图（如图 6.10 所示）。

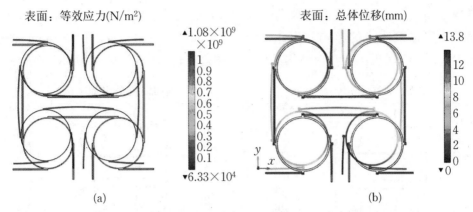

图 6.10　负热膨胀的二维双材料四阶反手性的典型应力云图
（a）焊接；（b）铰接

将双材料杆件与反手性结构组合构建成的负热膨胀超材料，假定对于由杆件制成的双材料复合连接件是有效的，其中杆件与结点圆环之间的黏结效应暂且忽略不计[74]。热应力和施加的载荷应力可以导致整体结构材料变形。为此，由于热应力导致的几何结构模型中连接杆件的弯曲，将会引起结点圆环之间的距离缩短，从而在两个面内主方向上出现整体几何结构收缩的趋势（如图 6.11 所示）[3]。这样一来，整个几何结构反手性系统将表现出各向同性的负热膨胀行为。

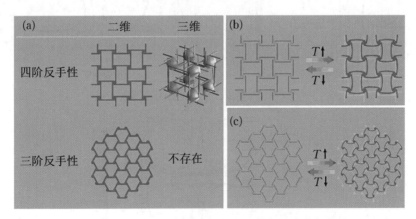

图 6.11　四阶/三阶双材料韧带反手性负热膨胀超材料

6.3.3　反手性结构设计的影响因素

当进行负热膨胀力学超材料的二维双材料四阶反手性焊接结构单元优化设计

时,设计得需要考虑几何尺寸对四边形结构负热膨胀性能的影响。研究表明,这种类型的反手性几何结构表现出各向同性的负热膨胀,并且有效热膨胀系数的数值与结点圆环的半径成比例。

6.3.3.1 圆环半径对负热膨胀结构性能的影响

我们现在固定这种四阶反手性结构的几何尺寸,即连接杆件长度为 $l=100$ mm,杆件厚度为 $t=1$ mm,环境温度为 $T=600$ K,而变换结点圆环半径,来考察圆环半径对负热膨胀结构性能的影响。为此,将 $R=20$ mm,$R=25$ mm,$R=30$ mm,$R=35$ mm,$R=40$ mm 时反手性几何结构的应力云图进行比对(如图 6.12 所示)。从云图中

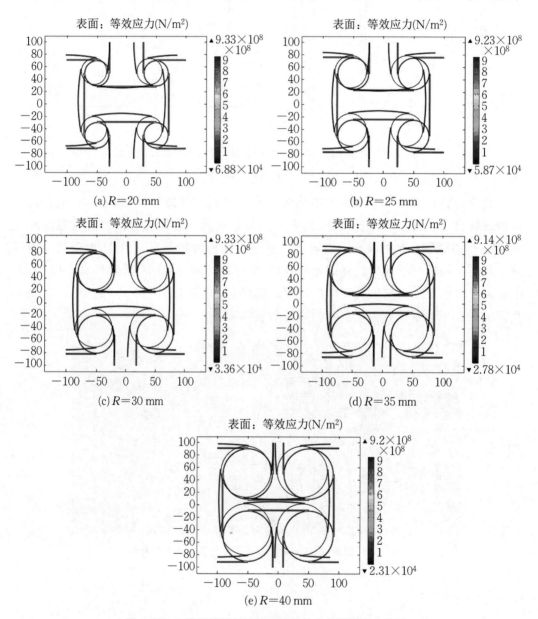

图 6.12 二维双材料四阶反手性结构负热膨胀应力云图

可以发现,改变结点圆环半径 R 的取值对于该反手性结构中的应力分布并没有明显的影响。在确定的双材料杆件长度 l 的前提下,结点圆环和杆件的可变形空间随着结点圆环半径 R 的增大而呈现明显减小的趋势,这意味着单材料圆环的半径越大,反手性几何结构的负热膨胀表现越不明显,负热膨胀可扩展的区间范围越窄。

进一步分析可得,如图 6.13 绘制结点圆环半径 R 与最小应力 $\sigma_{\min}$ 的关系。图中,我们可以直观地发现,随着结点圆环半径 R 的增加,反手性几何结构中的最小应力呈现不断减小的趋势。反手性几何结构中的最大应力出现在双材料的接触面上。为此,在对反手性几何结构进行整体分析时,我们可以忽略双材料接触面的界面效应,那么应力在双材料杆和单材料圆环中都可以看做是均匀分布的。也就是说,在实际生产设计过程中,我们应当寻求适当的结点圆环半径 R 的数值,使得反手性几何结构的应变空间与最小应力之间达到平衡,从而在达到负热膨胀性能要求的同时,增加反手性几何结构的使用寿命。

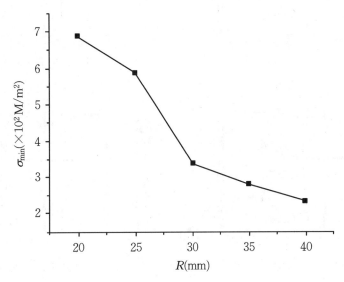

图 6.13 二维双材料四阶反手性结构负热膨胀中,结点圆环半径 R 与最小应力 $\sigma_{\min}$ 的关系图

6.3.3.2 双材料热膨胀系数差对负热膨胀性能的影响

反手性几何结构中,双材料杆件起到了至关重要的连接作用。通过以上研究结果可知,圆环半径尺寸对反手性几何结构应变影响的探究,可以发现在外加温度 T 一定时,圆环半径尺寸 R 是影响负热膨胀可变化体积范围的一个重要因素。由热膨胀系数的定义公式有

$$\alpha = \frac{\Delta L}{(L \cdot \Delta T)}, \quad \Delta L = \alpha L \Delta T \tag{6.17}$$

在确定了外部温度 T 和圆环半径尺寸 R 时，热膨胀系数 α 的改变，将成为影响反手性几何结构形变的另一项重要因素。那么，在双材料几何结构中，两种材料的热膨胀系数之差，又将如何影响反手性几何结构的形变呢？为此，在固定反手性几何结构的相关参数，如圆环半径尺寸 $R=35$ mm，杆件长度 $l=100$ mm，杆件厚度 $t=1$ mm，在这样的反手性几何结构下，保持内材料的热膨胀系数（$\alpha_1=12.3\times10^{-6}$）不变，改变外材料的热膨胀系数（$\alpha_2$），从而检测反手性几何结构的应力云图变化情况，如图 6.14和图 6.15 所示。

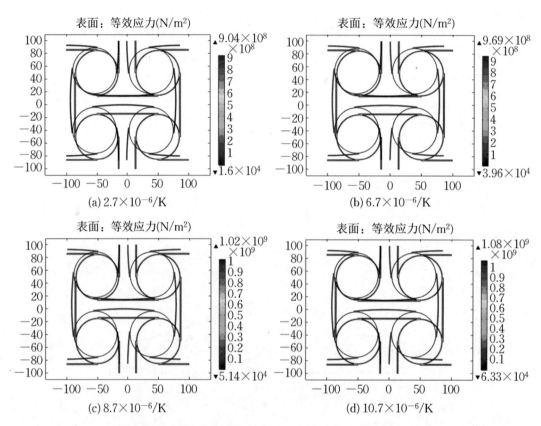

图 6.14　双材料热膨胀系数差 $\alpha_2-\alpha_1$ 时四阶反手性结构应力云图

从图中数据可以看出，随着双材料热膨胀系数差的不断增大，整体反手性几何结构材料的最大应力和最小应力都在显著增加。结合图 6.14 所示的四阶反手性结构应力云图来看，四阶反手性几何结构的最大应力仍旧出现在双材料的接触表面上，因此双材料热膨胀系数的差值不能过大，否则会导致双材料杆件在相互连接层面的剥离或损坏等黏结失效的表面缺陷。为此，我们有必要深入地探究材料杆件与圆环之间的黏结方式应如何选择，以及其对负热膨胀的性能本身又有什么影响。

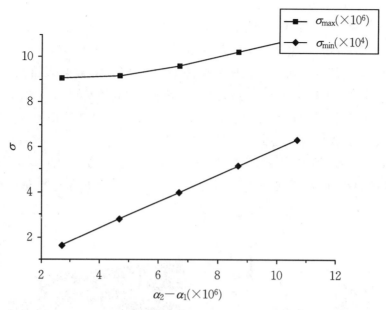

图 6.15　热膨胀系数差 $\alpha_2 - \alpha_1$ 与四阶反手性结构的等效
最大应力 σ_{max}、最小应力 σ_{min} 的关系图

6.3.3.3　杆件连接方式对负热膨胀性能的影响

在以上的探究中,我们默认双材料杆件与结点圆环的连接方式为焊接。如果杆件与圆环的连接方式采用铰接,反手性几何结构中的应变及应力分布会有怎样的变化呢?此处,选取固定的几何尺寸结点圆环半径 $R = 35$ mm,杆件长度 $l = 100$ mm,杆件厚度 $t = 1$ mm。与此同时,采用表 6.2 的双材料力学参数,在设定温度为 $T = 600$ K 的外加条件下,其应力及形变分布如图 6.16 所示。

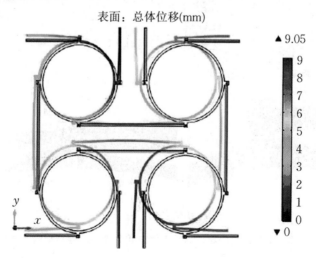

图 6.16　负热膨胀的二维双材料四阶反手性铰接连接时的应力云图

对比结点圆环半径 $R=35$ mm 时反手性几何的焊接连接应力云图,我们可以发现两种连接方式产生的形变差距虽然相似,但应力分布有极大的差距。若忽略界面效应(如图 6.17 所示)对整体反手性几何结构进行观察,链接结构的最大应力出现在离固支点最远的圆环上,在四个圆环和杆件上的分布都不均匀;焊接模型中,应力在双材料杆件和圆环上近乎均匀分布。对比两种模型,链接结构的最大应力只有 9.05 Pa,而焊接时的整体平均最小应力在 $2.7×10^4$ Pa 左右。虽然链接模型的最大应力远小于焊接模型,其性能和应用区间都更加优秀,但是在实际加工时,链接对结构的精细程度要求很高,焊接结构更容易实现,在通过有效的表面处理降低界面效应后,在材料屈服强度内,焊接结构在保证工艺简单的情况下也能体现出较好的负热膨胀性能。

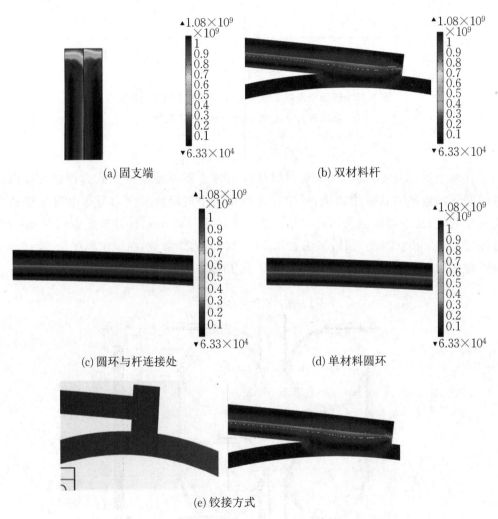

图 6.17 双材料杆件与圆环的连接方式为焊接时连接处的应力云图

6.3.4 其他几何结构的可拓展方向

负热膨胀的二维双材料三阶反手性结构单元(如图6.18所示),类似于六边形的负热膨胀几何结构。与四阶反手性结构类似,该结构也是由双材料杆件和单材料圆环组成的近似正六边形结构,即三阶反手性单元,并且也可以进行整体的延伸拓展,形成大面积的负热膨胀材料。此处,同样采用表6.2的材料力学参数,这里的三阶反手性几何尺寸为结点圆环半径 $R = 40$ mm,杆件长度为 $l = 100$ mm,杆件厚度为 $t = 1$ mm,当温度为 $T = 600$ K 时,这种三阶反手性几何结构的应力云图如图6.18所示。对比结点圆环半径 $R = 40$ mm 时的四阶反手几何结构,三阶反手性几何结构的最小应力远大于四阶反手性几何结构的最小应力,应变也较四阶反手性几何结构更加明显。

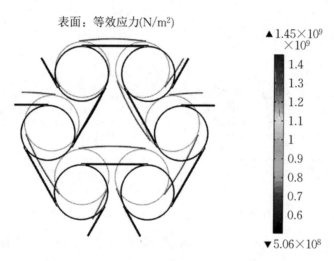

表面:等效应力(N/m²)

▲1.45×10⁹
×10⁹

▼5.06×10⁸

图6.18 三阶反手性几何结构应力云图

除了手性与反手性几何结构单元以外,还存在仿晶格材料的人工结构单元样式。该结构单元由基本的三角形单元构成,各单元之间连接部分比较薄,且表面镶有磁铁,使得这种材料可以灵活折叠、相互吸附,经过编程能自主折叠成各种各样的形状。此外,图6.19展示仿晶体八面体的双材料负热膨胀几何结构的热性质和基准概念。图中将八面体仿晶格概念与文献中存在的两个三维基准进行比较[50,75],相对密度的代表值为0.05,并假设Al6061和Ti-6Al-4V为构成材料,具体细节可参见相关文献[76]。

6.3.5 负热膨胀材料的三维几何结构优化

在负热膨胀力学超材料的三维几何结构中,我们只能构建四阶反手性系统,因为三维三阶反手性结构在几何上不存在[72]。如图6.11(a)所示的三维四阶双材料韧带反手性负热膨胀超材料。为此,当对负热膨胀力学超材料三维几何结构进行优化时,

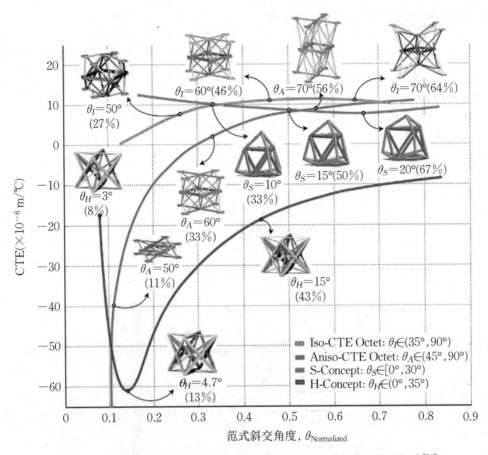

图 6.19　仿晶体八面体的双材料负热膨胀几何结构的热性质和基准概念[76]

我们可以考察四阶反手性体系的变形情况。如图 6.20 所示[3]为三维四阶反手性体系的热模拟变形应力云图，其中杆件长度 $l=100$ mm，杆件厚度 $t=2$ mm。图中可以看出四阶反手性模型的各向同性负热膨胀现象。

在负热膨胀的三维几何结构中，位移矢量场揭示了双材料杆件的负热膨胀行为，及由此引起的弯曲变形[2]。当一个材料几何结构单元排布到三维参考系的周期图案上，在整体材料受热过程中，手性结构的连接结点会发生旋转，从而会导致相连杆件挠度的变化。这些相连结点的旋转，可以补偿相邻的正值热膨胀，那么整体几何结构的等效热膨胀就会接近于零的热膨胀系数，或过度补偿了热膨胀，得到了等效的负热膨胀系数。

不过，制备这种三维几何结构的负热膨胀材料，需要精确控制的几何结构，因此还存在着许多未知，最主要的探索就是如何从两类热膨胀系数不匹配的双材料中，获取任意膨胀系数可调节的超材料，这也是其能否真正走向应用的关键。此外，利用材料薄膜的制备以及材料纳米化也是该类超材料研究的重要方面。如图 6.21 所示，这类微纳米的三维负热膨胀力学超材料充分印证了这一发展方向，同时有效地融合增材制造技术，如这里利用的是三维灰度双光子激光光刻技术。使用单一光刻胶制造

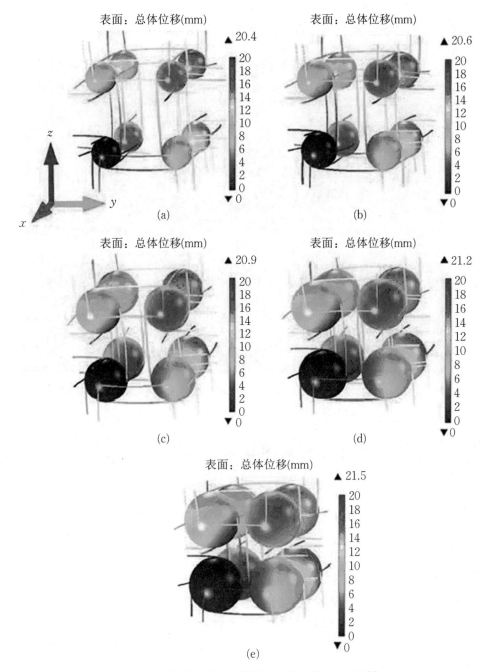

图 6.20　三维四阶反手性负热膨胀几何结构的应力云图[3]

杆件长度 100 mm，杆件厚度为 $t=1$ mm，

当结点圆环半径为：(a) 20 mm；(b) 25 mm；(c) 30 mm；(d) 35 mm；(e) 40 mm

微纳结构双组分超材料,从而使所有相关组分产生有效的负热膨胀系数。与此同时,我们可以应用图像互相关分析,直接测量微纳人工栅格,在不同尺度层次下的温度诱导位移矢量场,从而将三维几何结构制备可视化。因此,关于力学超材料制备方面的相关事宜,将在第11章中加以重点论述。

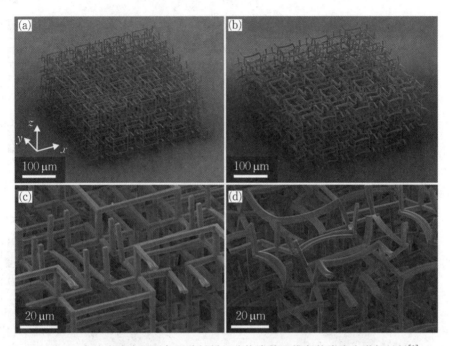

图 6.21   灰度激光直写制备两种材料组分构成的三维负热膨胀力学超材料[2]

6.4   负热膨胀材料的应用前景

控制材料的热膨胀具有重要的技术意义。不受控制的热膨胀会导致结构和设备出现故障或遭受不可逆转的破坏。在普通自然晶体中,热膨胀受微观结合电位的不对称性控制,这是不容易调节的。如上所述,在被称为负热膨胀力学超材料人工构造的几何结构体中,热膨胀可以通过几何结构来有效地控制。负热膨胀力学超材料研究已经表明,周期性几何结构材料的热膨胀系数,可以通过有目的地设计其重复单元的结构单元和适当选择构成材料来调整。因而,通过纯几何结构力学特性及与温度无关的几何机构,就可以获得低热膨胀系数。并且在设计原则上,可以使材料在很大的温度范围内操作。

然而,现有的负热膨胀力学超材料也有其局限性。它们中大多数是二维负热膨胀力学超材料,只能适应平面内的热变形,少数是三维几何结构。其中,有些可以产生大范围的热膨胀系数,也就是说它们的热膨胀系数可调性很高,但是几何结构的强度、韧性和延展性还暂时不理想。这主要是因为这些负热膨胀力学超材料的几何结构在加载时通过弯曲变形,变形机制有时远非几何结构上确保一致性。另一方面,一组微纳几何结构以高比刚度拉伸为主,但这些概念只能产生窄范围的热膨胀系数,并且不能产生消失的热膨胀系数。我们已经探索了热膨胀系数稳定性和结构效率之间的权衡。为此,目前关键是创建具有高度可调热膨胀系数的三维架构材料,包括负、零或正热膨胀系数,没有几何结构强度损失。设计的简单性和易于制造,方能使这种双材料负热膨胀力学超材料架构适合更广泛的应用,包括卫星天线、空间光学系统、精密仪器、热执行器和微机电系统(MEMS)[4,76]。

在具体的应用方面,具有可调负热膨胀的力学超材料有许多作为热致动器的潜在应用,例如,可用于微波集成电路的 $ZrSiO_4$ 陶瓷[18]。值得一提的是,接近零长度膨胀的更多宏观复合材料基于一种具有正热膨胀的组成材料和另一种具有负热膨胀的组成材料。例如,CERAN 玻璃烹饪领域就是这样做的,并有相当广泛的市场。

参 考 文 献

[1] OVERVELDE J T B, SHAN S, BERTOLDI K. Compaction through buckling in 2D periodic, soft and porous structures: effect of pore shape[J]. Advanced Materials, 2012, 24: 2337-2342.

[2] QU J, KADIC M, NABER A, et al. Micro-structured two-component 3D metamaterials with negative thermal-expansion coefficient from positive constituents[J]. Scientific Reports, 2017, 7: 40643.

[3] WU L, LI B, ZHOU J. Isotropic negative thermal expansion metamaterials[J]. ACS Applied Materials & Interfaces, 2016, 8: 17721-17727.

[4] TONG X C. Functional Metamaterials and Metadevices[M]. Cham: Springer, 2018.

[5] LEHMAN J, LAKES R. Stiff lattices with zero thermal expansion and enhanced stiffness via rib cross section optimization[J]. International Journal of Mechanics and Materials in Design, 2013, 9: 213-225.

[6] ZHANG H, GUO X, WU J, et al. Soft mechanical metamaterials with unusual swelling behavior and tunable stress-strain curves[J]. Science Advances, 2018, 4: 8535.

[7] MARY T, EVANS J, VOGT T, et al. Negative thermal expansion from 0.3 to 1050 Kelvin in ZrW_2O_8[J]. Science, 1996, 272: 90-92.

[8] FISHER D. Negative Thermal Expansion Materials[C]. Materials Research Forum LLC, 2018.

[9] WELCHE P, HEINE V, DOVE M. Negative thermal expansion in beta-quartz[J]. Physics and Chemistry of Minerals, 1998, 26: 63-77.

[10] SLEIGHT A W. Isotropic negative thermal expansion[J]. Annual Review of Materials Science, 1998, 28: 29-43.

[11] SLEIGHT A W. Negative thermal expansion materials[J]. Current Opinion in Solid State and Materials Science, 1998, 3: 128-131.

[12] LIND C. Two decades of negative thermal expansion research: where do we stand? [J]. Materials, 2012, 5: 1125-1154.

[13] MILLER W, MACKENZIE D, SMITH C, et al. A generalised scale-independent mechanism for

tailoring of thermal expansivity: Positive and negative[J]. Mechanics of Materials, 2008, 40: 351-361.

[14] ROMAO C P, PERRAS F D R A, WERNER-ZWANZIGER U, et al. Zero thermal expansion in $ZrMgMo_3O_{12}$: NMR crystallography reveals origins of thermoelastic properties[J]. Chemistry of Materials, 2015, 27: 2633-2646.

[15] PANDA M K, RUNČEVSKI T, SAHOO S C, et al. Colossal positive and negative thermal expansion and thermosalient effect in a pentamorphic organometallic martensite[J]. Nature Communications, 2014, 5: 4811.

[16] KINGERY W, BOWEN H, UHLMANN D, et al. 陶瓷导论[M]. 北京:高等教育出版社,2010.

[17] GREEN D J. 陶瓷材料力学性能导论[M]. 龚江宏,译. 北京:清华大学出版社,2003.

[18] VARGHESE J, JOSEPH T, SEBASTIAN M. $ZrSiO_4$ ceramics for microwave integrated circuit applications[J]. Materials Letters, 2011, 65: 1092-1094.

[19] WU L, LI B, ZHOU J. Enhanced thermal expansion by micro-displacement amplifying mechanical metamaterial[J]. MRS Advances, 2018, 3: 1-6.

[20] CRIBB J. Shrinkage and thermal expansion of a two phase material[J]. Nature, 1968, 220: 576-577.

[21] KADIC M, SCHITTNY R, BÜCKMANN T, et al. Hall-effect sign inversion in a realizable 3D metamaterial[J]. Physical Review X, 2015, 5: 021030.

[22] LAKES R. Cellular solid structures with unbounded thermal expansion[J]. Journal of Materials Science Letters, 1996, 15: 475-477.

[23] LAKES R. Cellular solids with tunable positive or negative thermal expansion of unbounded magnitude[J]. Applied Physics Letters, 2007, 90: 221905.

[24] MILTON G. The theory of composites[M]. New York: Cambridge University Press, 2002.

[25] MUNN R. Role of the elastic constants in negative thermal expansion of axial solids[J]. Journal of Physics C: Solid State Physics, 1972, 5: 535-542.

[26] OGBORN J, COLLINGS I, MOGGACH S, et al. Supramolecular mechanics in a metal-organic framework[J]. Chemical Science, 2012, 3: 3011-3017.

[27] MILLER W, SMITH C, MACKENZIE D, et al. Negative thermal expansion: A review[J]. Journal of Materials Science, 2009, 44: 5441-5451.

[28] HODGSON S, ADAMSON J, HUNT S, et al. Negative area compressibility in silver (I) tricyanomethanide[J]. Chemical Communications, 2014, 50: 5264-5266.

[29] GOODWIN A, KEEN D, TUCKER M. Large negative linear compressibility of $Ag_3[Co(CN)_6]$ [J]. Proceedings of the National Academy of Sciences, 2008, 105: 18708-18713.

[30] CAIRNS A, CATAFESTA J, LEVELUT C, et al. Giant negative linear compressibility in zinc dicyanoaurate[J]. Nature Materials, 2013, 12: 212-216.

[31] CAI W, GŁADYSIAK A, ANIOŁA M, et al. Giant negative area compressibility tunable in a soft porous framework material[J]. Journal of the American Chemical Society, 2015, 137: 9296-9301.

[32] CAI W, KATRUSIAK A. Giant negative linear compression positively coupled to massive thermal expansion in a metal-organic framework[J]. Nature Communications, 2014, 5: 4337.

[33] EVANS J. Negative thermal expansion materials[J]. Journal of the Chemical Society, Dalton

Transactions，1999，3317-26.

[34] GATT R，GRIMA J. Negative compressibility[J]. Physica Status Solidi B，2008，2：236-238.

[35] HA C S，HESTEKIN E，LI J，et al. Controllable thermal expansion of large magnitude in chiral negative Poisson's ratio lattices[J]. Physica Status Solidi B，2015，252：1431-1434.

[36] LAKES R. Cellular solids with tunable positive or negative thermal expansion of unbounded magnitude[J]. Applied Physics Letters，2007，90：221905.

[37] GRIMA J N，ELLUL B，ATTARD D，et al. Composites with needle-like inclusions exhibiting negative thermal expansion：A preliminary investigation[J]. Composites Science and Technology，2010，70：2248-2252.

[38] GRIMA J N，ELLUL B，GATT R，et al. Negative thermal expansion from disc，cylindrical，and needle shaped inclusions[J]. Physica Status Solidi B，2013，250：2051-2056.

[39] GATT R，GRIMA J，. Negative compressibility[J]. Physica Status Solidi R，2008，2：236-238.

[40] LAKES R，WOJCIECHOWSKI K. Negative compressibility，negative Poisson's ratio，and stability[J]. Physica Status Solidi B，2008，245：545-551.

[41] BISQUERT J. Master equation approach to the non-equilibrium negative specific heat at the glass transition[J]. American Journal of Physics，2005，73：735-741.

[42] Takenaka K. Negative thernal expansion materials：technological key for control of thernal expansion[J]. Science and Technology of Advanced Materials，2012，13：013001.

[43] Miller W，Evans K E，Marmier A. Negtive linear compressibility in common materials[J]. 2015，106：231903.

[44] CAIRNS A，THOMPSON A，TUCKER M，et al. Rational design of materials with extreme negative compressibility：Selectivesoft-mode frustration in KMn［Ag(CN)₂］₃[J]. Journal of the American Chemical Society，2011，134：4454-4456.

[45] LI W，PROBERT M R，KOSA M，et al. Negative linear compressibility of a metal-organic framework[J]. Journal of the American Chemical Society，2012，134：11940-11943.

[46] FORTES A，SUARD E，KNIGHT K. Negative linear compressibility and massive anisotropic thermal expansion in methanol monohydrate[J]. Science，2011，331：742-746.

[47] MCCANN D，CARTZ L，SCHMUNK R，et al. Compressibility of hexagonal selenium by X-ray and neutron diffraction[J]. Journal of Applied Physics，1972，43：1432-1436.

[48] AZUMA M，CHEN W-T，SEKI H，et al. Colossal negative thermal expansion in BiNiO₃ induced by intermetallic charge transfer[J]. Nature Communications，2011，2：347.

[49] CLIFFE M，GOODWIN A. PASCal：a principal axis strain calculator for thermal expansion and compressibility determination[J]. Journal of Applied Crystallography，2012，45：1321-1329.

[50] STEEVES C A，E LUCATO S L S，HE M，et al. Concepts for structurally robust materials that combine low thermal expansion with high stiffness[J]. Journal of the Mechanics and Physics of Solids，2007，55：1803-1822.

[51] 王勖成.有限单元法[M].北京:清华大学出版社,2003.

[52] ESCHENAUER H A，OLHOFF N. Topology optimization of continuum structures：a review[J]. Applied Mechanics Reviews，2001，54：331-390.

[53] ROZVANY G I. Topology optimization in structural mechanics[M]. Wien：Springer，2014.

[54] HOPKINS J B，LANGE K J，SPADACCINI C M. Designing microstructural architectures with

thermally actuated properties using freedom, actuation, and constraint topologies[J]. Journal of Mechanical Design, 2013, 135: 061004.

[55] PRALL D, LAKES R. Properties of a chiral honeycomb with a Poisson's ratio of -1[J]. International Journal of Mechanical Sciences, 1997, 39: 305-314.

[56] ITO T, SUGANUMA T, WAKASHIMA K. Glass fiber/polypropylene composite laminates with negative coefficients of thermal expansion[J]. Journal of Materials Science Letters, 1999, 18: 1363-1365.

[57] JONES R M. Mechanics of composite materials[M]. New York: CRC press, 2014.

[58] KELLY A, MCCARTNEY L, CLEGG W, et al. Controlling thermal expansion to obtain negative expansivity using laminated composites[J]. Composites Science and Technology, 2005, 65: 47-59.

[59] LANDERT M, KELLY A, STEARN R, et al. Negative thermal expansion of laminates[J]. Journal of Materials Science, 2004, 39: 3563-3567.

[60] SPADONI A, RUZZENE M. Elasto-static micropolar behavior of a chiral auxetic lattice[J]. Journal of the Mechanics and Physics of Solids, 2012, 60: 156-171.

[61] GRIMA J N, BAJADA M, SCERRI S, et al. Maximizing negative thermal expansion via rigid unit modes: a geometry-based approach [J]. Proceedings of the Royal Society A, 2015, 471: 20150188.

[62] HOPKINS J B, SONG Y, LEE H, et al. Polytope sector-based synthesis and analysis of microstructural architectures with tunable thermal conductivity and expansion[J]. Journal of Mechanical Design, 2016, 138: 051401.

[63] PRALL D, LAKES R S. Properties of a chiral honeycomb with a Poisson's ratio of-1[J]. International Journal of Mechanical Sciences, 1997, 39: 305-314.

[64] 周济. 超材料与自然材料的融合[M]. 北京:科学出版社,2016.

[65] AI L, GAO X L. Three-dimensional metamaterials with a negative Poisson's ratio and a non-positive coefficient of thermal expansion[J]. International Journal of Mechanical Sciences, 2018, 135: 101-113.

[66] STEEVES C A, E LUCATO S L D S, HE M, et al. Concepts for structurally robust materials that combine low thermal expansion with high stiffness[J]. Journal of the Mechanics and Physics of Solids, 2007, 55: 1803-1822.

[67] LAKES R. Deformation mechanisms in negative Poisson's ratio materials: structural aspects[J]. Journal of Materials Science, 1991, 26: 2287-2292.

[68] CLAUSEN A, WANG F, JENSEN J S, et al. Topology optimized architectures with programmable Poisson's ratio over large deformations[J]. Advanced Materials, 2015, 27: 5523-5527.

[69] WOJCIECHOWSKI K. Constant thermodynamic tension Monte Carlo studies of elastic properties of a two-dimensional system of hard cyclic hexamers [J]. Molecular Physics, 1987, 61: 1247-1258.

[70] SIGMUND O, TORQUATO S, AKSAY I A. On the design of 1-3 piezocomposites using topology optimization[J]. Journal of Materials Research, 1998, 13: 1038-1048.

[71] ALDERSON A, ALDERSON K L, ATTARD D, et al. Elastic constants of 3-, 4-and 6-connected chiral and anti-chiral honeycombs subject to uniaxial in-plane loading[J]. Composites Science

and Technology，2010，70：1042-1048.

[72] COXETER H. Regular skew polyhedra in three and four dimension，and their topological ana-logues[J]. Proceedings of the London Mathematical Society，1938，2：33-62.

[73] 达凤仪. 自然材料与超材料的功能替代[D]. 合肥：中国科学技术大学，2018.

[74] SUHIR E，Stresses in bi-metal thermostats[J]. Journal of Applied Mechanics，1986，53：657-660.

[75] SPADACCINI C，HOPKINS J. Lattice-structures and constructs with designed thermal expan-sion coefficients[P]. Google Patents，2014.

[76] XU H，PASINI D. Structurally efficient three-dimensional metamaterials with controllable ther-mal expansion[J]. Scientific reports，2016，6：34924.

第7章 模式转换可调刚度力学超材料

从这章起,我们所谈及的力学超材料,将均与杨氏模量 E 调控相关。本章涉及的这类力学超材料可使杨氏模量的力学行为动态可调节,称为模式转换(pattern transformation)可调刚度(tunable stiffness)力学超材料。为此,本章内容的主要安排为,第 7.1 节厘清模式转换的基本概念,包括其源起,宏观力学行为的活性,自适应性和可编译的特点,及其与负泊松比拉胀材料的区别;第 7.2 节介绍刚度可调节的内在机制及刚度结构体系的理论基础;第 7.3 节将论及在工程实践中模式转换的几何结构优化设计,从早期的单一孔板样式到现在多样化、个性化的几何结构单元排布;第 7.4 节简要提及目前模式转换可调刚度超材料的研究趋势和潜在的应用。

7.1 模式转换的基本理念

本小节涉及"模式转换"这一定义的起源,模式转换可调刚度力学超材料所表现出来的力学特性,即活性、自适应性和可编译性,及这种类型的力学超材料与第 3 章所述的负泊松比拉胀超材料的不同之处。

7.1.1 模式转换定义的起源

这种类型的力学超材料——模式转换人工结构材料的定义源于在外力变形条件下,给定的二维多孔软材料模板中出现的一种可调节的有效刚度。具体而言,就是可切换受力模式的力学超材料,其宏观行为表现类似于大多数金属晶体材料科学中不同显微结构之间的物相转变过程(Phase Transformation)关系[1]。这里所提及的模式转换是从具有特定的周期性模板范式,到另一种更大尺度的力学不稳定状态。更确切地说,当这种力学超材料被压缩到超过某个力学行为所要求的阈值时,就会引起应力-应变特性在宏观尺度方面状态形式的改变。其内在的基本概念隐含着一种合作式的屈曲方式,让元属性(meta-Properties)发生。这些变换的图案模式,类似于多晶体材料中不同取向的等效晶体结构,例如,正方晶系中的晶体结构单胞,其中长轴指向不同的方向[2,3]。与此同时,宏观外部应力也可以促使整个力学超材料内不同图案模式之间进行"开关转换"。

典型的模式转换可调刚度材料主要是软材料构成的多孔板(如图 7.1 所示)[4],

它可以属于一种周期性的弹性胞状固体，但其不同之处在于该结构背后的设计理念是基于弹性材料屈曲不稳定性，这种模式转换与从一种显微结构到另一种显微结构的相变相似[1]。这就是为什么我们可称这种现象为模式转换[5-8]。模式转换事件本质上是非线性的，因此在宏观应变变化相对较小时，它可以在某些类别的简单周期性结构中引发剧烈变化。

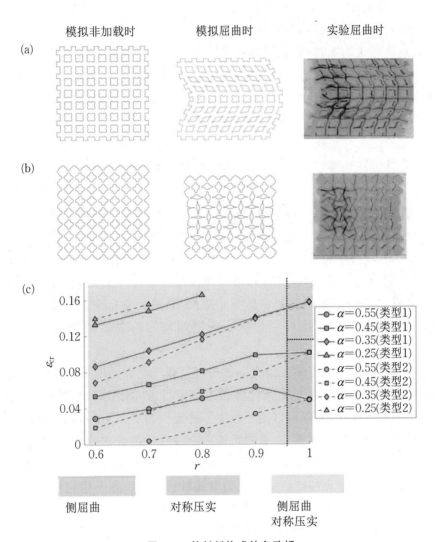

图 7.1　软材料构成的多孔板

软材料多孔板在特定设计中[4]，不稳定性模式可能是(a) 侧面弯曲，或(b) 压实，
其取决于孔的形状，(c) 不稳定性图可用于将各种几何参数与不稳定性模式相关联

　　不过，鉴于这种模式转换刚度可调节的力学行为起初出现在利用夹杂物改变相变点的复合材料结构中，所以它被称为相转变材料。此处，笔者将其定义为模式转换可调刚度材料，一来可以保持其研究的延续性，二来更加突显了这种力学超材料类型所要进行调节不同刚度的力学行为基础。随着力学超材料的几何结构设计日臻完

善,该概念也会渐趋于不同的修正过程。

7.1.2 活性、自适应性和可编译性

模式转换刚度可调节力学超材料主要是利用软材料的大变形和不稳定性,而研发出来的一类具有活性、自适应性和可编译性力学行为的超材料。如图 7.1 所示,这样的胞状软物质设计显示了不稳定性阈值和不稳定性模式,这些模式可以完全由几何形状控制,而不管制造它们的散装材料有何力学性能。在这个特定的几何结构设计中,根据板孔形状的不同,不稳定性模式可能是侧面弯曲或压实等力学行为。也就是说,几何结构孔的各种几何参数决定了不稳定性模式的不同状态。由是观之,各种各样不同类型的力学超材料均可以经过合理的几何结构设计,实现自由组合软材料、大变形和不稳定性这三种设计理念,例如利用软材料在非线性变形区间的硬度不稳定性[9],可获得史无前例或是特有的力学属性和功能特性。

活性、自适应性和可编译性充分体现在软材料的不稳定机制和模式转换材料中。力学性能极端的可编译性是基于能够完成数学运算的人工原子构建的,例如空间积分、微分和卷积,这些数学运算已经在电磁光学超材料的设计中得以发展。这种数字可编译的设计理念,不断地延伸到各种力学超材料的结构设计中。例如,胞状多孔固体软物质显示了在力学行为方面的可编译性,以及多稳定性和巨磁效应(giant hysteresis)。不同力学模式间切换、激活、适应和校正力学行为及相关功能属性,正是这种类型力学超材料设计的主要初衷所在。故而,当达到施加载荷的临界值时,有研究[10]在周期性弹性体胞状固体中发现了新颖且均匀的变形诱导的图案模式转变现象。

预先定制和调节不稳定模式的力学超材料是被广泛应用的设计策略。二维和三维胞状软材料固体常被应用于调整材料的不稳定行为。如图 7.1 所示,直孔的几何形状和相应的孔径尺寸,不仅可以用于改变不稳定性力学行为的阈值,也可以用于调整不稳定行为的类型和变换模式,有时可能完全独立于制备它的块体材料力学属性。多种类型的不稳定模式及打破几何结构排布的应用对称方式,均可以导致与原构成材料明显不同的力学行为特征。如果说力学超材料的多稳态不稳定模式是可以调控的,或者说,是可以通过不同的几何结构设计来预先设定的,那么,力学超材料的功能和可激活就可以呈现明显特定的不稳定性,就可以在需要时进行有目的性的调整。同时辅以其他新颖的设计方法,例如在栅格结构方面耦合,或利用所谓的智能软材料的软模态[4],就可以自由地进行设计可激活的自适应性力学超材料。

7.1.3 模式转换可调刚度与负泊松比

在详述这种类型的力学超材料之前,我们需要先厘清模式转换刚度可调力学超材料与其他类型的力学超材料,特别是与负泊松比拉胀力学超材料的区别。模式转换刚度可调节力学超材料与传统负泊松比拉胀超材料存在显著的不同。这主要是由

于模式转换材料在外部机械负载（通常为压缩）下，在轴向和法向方向上呈现着不断变化的杨氏模量，即可调节的有效刚度。相应的弹性常数泊松比，无论是负的、正的或是两者兼具，可以认为是在不同外力条件下，不同时间间隔内，泊松比的平均变化量。也就是说，在这样的变化过程中，我们可以获得增量泊松比，并且相关的正或负符号也可以改变。在某些情况下，泊松比可能是一个很大的负值，而在其他条件下则不是。这与传统自然材料的恒定负泊松比非常不同。这种可变泊松比的现象，也发生在其他类型的力学超材料中。有时，这种可变的泊松比力学行为可称为可编程泊松比，或可调泊松比，读者可以回读在第 3.4 节中的详细讨论。

此外，与模式转换刚度可调节力学超材料不同的另一种类型材料是手性与反手性几何结构超材料。当直孔结构图案排布方式，呈现手性或反手性模式优化设计时，二维手性与反手性材料就与模式转换材料之间确实存在一些重叠[11]。这主要是由于二者皆共享着力学不稳定的调节机制[12]，在微/纳米结构尺度层面表现得越发明显。在微/纳米尺度上，黏合在柔顺基底的刚性薄膜常会发生屈曲现象[13]。这是折纸结构的曲面折叠模式和模式转换可调刚度材料的基本设计理念。由此可以看出，折纸结构设计的机制也是一种不稳定的形式。关于折纸超表面材料会在第 10 章中加以详述。关于这些理论机制，请读者参阅第 2.3.2 节及相关类型的力学超材料，例如第 6.3 节的反手性结构负热膨胀材料。

值得一提的是，在弹性力学体系中，负刚度同时也与材料的负压缩率有关。一般情况下，在力学本构模型中的负刚度系统可用于界定和导出其负压缩率的稳定存在范围。从物理意义上讲，负刚性结构体系的可能存在形式，就是由非稳态的状况来决定的。这部分可参阅第 5.1.3 节进行比对分析理解。为此，我们有必要从力学基本理论的角度，进行更为清晰细致的梳理。

7.2 刚度可调的内在机理

7.2.1 弹性力学行为中的刚度

物体的刚度（rigidity）指的是受外力作用的材料、构件或结构抵抗变形的能力。材料的刚度由使其产生单位应变时所需的外力值，即力或力矩来量度。各向同性材料的刚度取决于它的杨氏模量和剪切模量。一般来说，刚度与杨氏模量是不一样的。杨氏模量是物质组分的性质，而刚度是固体的本质属性。也就是说，杨氏模量是物质微观的性质，而刚度是物质宏观的性质。对于非常坚硬的材料，例如结构金属的弹性模量具有相对大的值。钢的模量约为 30000 ksi（210 GPa），对于铝，典型值约为 10600 ksi（73 GPa）。更柔软的材料具有较低的弹性模量值，范围为 100 ksi 至 2000 ksi（0.7 至 14 GPa）[14]。

不过值得注意的是,各向异性结构材料的刚度不仅取决于组成材料的弹性模量,还同其几何形状、边界条件等因素以及外力作用形式有关。作用在结构材料上的"载荷"(例如力、动量、应力、任意力群等)有无数种可能的配置,几何结构中还有无数个可能的作用点,其中变形可能为位移,可以测量应变、角度、半径、曲率等。其中"配置"意味着物体结构的每个材料颗粒,可以由空间中唯一的一组坐标[例如,(x, y, z)或相似体系]来定义。因此,材料结构的术语"刚度"总是需要对载荷配置进行精确描述以及测量精确定位和变形类型。否则,测量值或计算值不能与其他研究结果进行比较。也就是说,外部固定以不同的变形(轴向位移、多个角度、应变等)对不同的功能力(轴向力、弯矩、扭矩)作出反应。根据变形的选择,可以确定几个刚度值。将刚度定义为结构的恒定属性,仅对完全由线性弹性材料构成的结构有意义。

如图 7.2 所示,弹性(elasticity)是一种材料特性,当移除负载时,变形的弹性材料会弹回其原始构型。这就意味着弹性材料中的内应力仅取决于应变,而不取决于其他变形变量,如应变速率、频率或时间。在澄清上述定义之后,弹性体的结构刚度可以定义为与时间无关的值,换句话说,结构的载荷和变形具有相同的时间依赖性。在这种情况下,材料的刚度是由与杨氏模量有关的胡克弹性定律来定义的。也就是说,在均匀各向同性的材料中,假设该结构材料是线性弹性的,这意味着结构中的应力线性地取决于应变。其中,各向同性(isotropic)指的是,材料单元对应力的变形响应在所有方向上都是相同的。在各向同性材料的情况下,仅包含两个独立的弹性常数组分,弹性模量 E 和剪切模量 G。泊松比数值此时也取决于这两个值[15]。为此,上述定义中的刚度数值总是恒定的,与负载或变形变量无关,并且如前所述,与时间无关。然而,在正交各向异性材料中,例如纤维在 3 个正交方向上取向的纤维增强材料,存在 6 个独立的刚度系数。不过刚度定义为载荷和变形之间的关系仍然适用于该矩阵表达式。

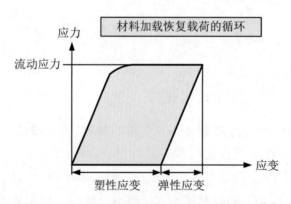

图 7.2　材料应力-应变曲线及其弹性与塑性变形[15]

但是,如果将应力增加到超过一定限度(屈服强度),则材料的结构会发生不可逆转的变化。例如,在移除载荷后,变形不会回到零,但所谓的塑性变形将保持不变(如图 7.2 所示)。这意味着应力和应变之间的关系是非线性的,可变刚度的具体数值,则开始取决于结构材料的变形。模式转换刚度可调节力学超材料的设计理念正是在于调节刚度的变化。

7.2.2　不稳定的屈曲状态

在结构材料设计过程中，除了考虑强度之外，几何结构优化设计可能涉及刚度和稳定性。如上节所述，刚度是指结构抵抗形状变化的能力，例如，抵抗拉伸、弯曲或扭曲。稳定性是指结构在压缩应力下抵抗屈曲的能力。不过，我们有时需要限制刚度以防止过度变形，例如可能干扰其性能的梁的大挠度[16]。弯曲是柱子设计中需要考虑的主要因素，这些柱子多数是细长的压缩构件。为此，存在着一种类型的材料失效行为就是屈曲。如图 7.3 所示，屈曲行为发生在这些杆件上，例如在压缩状态下轴向加载的细而长的结构构件。如果压缩构件相对细长，它可能会横向偏转并通过弯曲而失效，如图 7.3(b)所示，而不是通过直接压缩材料而失效。不过，由于宽梁中的大应变或人工原子梁中的强非线性显著改变了这种后屈曲情况。研究发现，足够强的非线性可以导致不连续的屈曲，这是一种新型的屈曲形式，其中后屈曲状态下的力随着变形的增加而减小[17]。

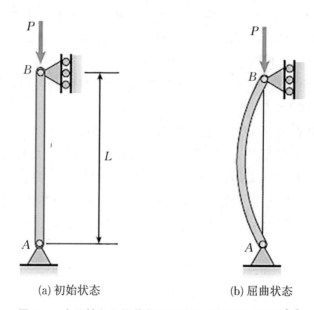

(a) 初始状态　　　　　　　　　(b) 屈曲状态

图 7.3　由于轴向压缩载荷 P 导致细长柱的屈曲行为[14]

在传统材料设计中，人们多认为这种屈曲行为是结构材料应该避免出现的情形。也就是说，对于大多数弹性体系，刚度一般是正值的，即变形的物体受到与变形相同方向的力。换句话说，在通常情形下，施加到可变形物体（例如弹簧）上的力与变形方向相同，对应趋向于将弹簧恢复到其中性位置的恢复力。不过，在图 7.3 所示的系统中可能出现负刚度，例如预应变物体，包括含有存储能量的后屈曲结构单元[18]。这主要是因为负刚度需要扭转变形物体中的力和位移之间通常意义上所固有的同向关系。尽管如此,负刚性结构和材料也是可能的,只是它们结构本身不稳定而已。由此可知,负刚度涉及不稳定的平衡,那么相应地在结构体系平衡时,结构所存储的能量为正值。值得一提的是,对于各向同性材料,泊松比在$-1\sim0.5$范围内时,结构材料与力学稳定性相关,而负刚度材料在大块体状态形式下时,也存在着不稳定问题[19]。

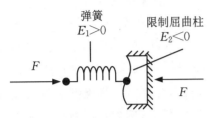

图7.4 负刚度元件与正刚度元件的
弹簧串行连接[21]

与此同时,在某些结构和对象的背景下,存在一些负刚度结构的经典例子[20]。例如,考虑一个杆件,被屈曲成"S"形的结构配置,从而进行约束限制(如图7.4所示)。受约束的屈曲杆件,其等效模量 E_2 代表负刚度元件,而与作为正刚度元件的弹簧串行连接。若在屈曲杆件上横向施压,可以使其保持这种不稳定的屈曲状态。由此可以看出,这种负刚度存在条件是力学不稳定的,但可以通过侧向约束来将其稳定住,例如,将其连接到刚性块上。一种验证屈曲杆件力学属性的方法,就是借助柔性塑料标尺。

在此处的力学超材料中,负刚度力学特性一般出现在多孔泡沫材料的单晶胞结构模型中,即我们一般采用多孔周期或非周期排布的弹性材料板来进行建构,特别是当柔性四面体模型表现出压缩时不单调的力-变形关系[22]。在较高的压缩应变过程中,结构单元向内凸起,从而产生了几何的非线性。

不过,需要指出的是,关于如何通过添加一些特定材料的夹杂物以实现复合材料的负刚度问题,事实上,选择夹杂物加入基体相的冶金过程,本质上归属于复合材料的研究范围。例如在包含 VO_2 颗粒夹杂物的金属基体(Sn)的复合材料中,相关人员也观察到了高黏弹性阻尼[23],其经历了铁弹性相转变过程。由此,具有一个负刚度组分的非均相体系是有意义的,因为它们被预测会引起极大的整体阻尼和刚度[24],高黏弹性阻尼,以及在含有屈曲微纳管的柔性系统中所观察到负轴向刚度[25]。而且,其获得负刚度特性的方式,是冶金晶体学材料设计,这完全不同于超材料的用人工单元构造不同的几何结构,进而通过几何结构的变化而获得力学特性的设计理念。因此,如何通过加入不同的物质颗粒到基体相的问题,可以参见复合材料及复合力学的相关文献,笔者在此将不作讨论。

7.2.3 集中式负刚度结构体系

负刚性的力学行为也出现在集中式的结构栅格中(如图7.5所示)。这一网状结构包括多个具有预应变弹簧的刚性可旋转节点。如果预应变是足够大的话,则栅格结构的有效剪切模量为负值。这种二维晶格结构最初是在广义连续介质力学的研究中进行试验探索的,但不适用于经典模量的异常值,否则可能会导致出现负泊松比[26]甚至负剪切模量,前提条件是如果能提供足够的预应变支撑。图7.5所示的结构是二维立方平面。然而,那是可能的,通过适当选择弹性韧带的刚度,使得立方结构可以获得弹性的各向同性力学行为。也就是说，根据结构单元杆件的初始固有的自然材料弹性常数，可以调节结构排布的形式以实现整体结构的各向同性，并且根据节点尺寸和非中心力的相对大小，从而进行计算整体结构等效的弹性常数，具体理论计算过程可参见相关文献[19]。这正是超材料设计的理念——通过几何结构的设计来获得新奇的各种力学特性。

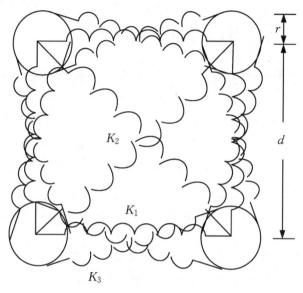

图 7.5　具有可旋转节点的预应变弹簧构成的集中式刚度体系[21]

必须指出的是，这种集中式负刚度几何结构设计，与第 9 章轻质超强结构力学材料及第 8 章仿晶格结构缺陷结构材料和第 10 章折纸超表面材料，皆有相互交叠的研究部分。比如，在轻质超强结构栅格中，尤其是手性或反手性周期排列的几何结构中，可能存在负刚度的情形。在仿晶格结构缺陷结构材料中，模拟位错的 Kagome 晶格结构也有可能出现等效结构的负刚度力学行为。很显然，由于几何结构内部理论设计基础和外部材料设计条件趋于多样化，力学超材料中不同结构的演进结果也会更加趋向多样化、个性化进程。不过，如果要等待构成体系的几何结构完全纯粹化，再去建构力学超材料的体系，那么，我们就会将此前运用思维的研究停下来，而相应的力学超材料的几何结构设计定律也就永远不会出现[27]。因此，目前所能做的是尽可能将这些多样化的力学超材料几何结构进行系统化、概念化，部分相互交叠的部分也是暂且放在各章，以期在后续研究过程中不断得以修正和发展。

7.2.4　分布式负刚度结构体系

基于材料设计的许多因素，在某些相变附近的材料被期望在微尺度上呈现负刚性行为。在材料的相变点附近，铁弹性材料[28]和铁电材料[29]在临界温度下，可以达到最小或倾向于零的刚度分量。若是通过将材料基体中加入不同种类的夹杂物以调节弹性模量,这里将其归类为复合材料的研究范围,而力学超材料假定仅考虑利用材料的几何结构的排列方式,来调节等效弹性模量。

在基本复合材料的研究历史过程中,当材料在受压力时,如何向带状结构转变的这一结构特性,与泡沫结构单元中连接杆件的屈曲不稳定状态有关[22],这也就产生结构材料的非线性应力-应变特性。通过理论分析,从相应的带状结构样式可以进而推断局部尺度或整个结构尺度下的负刚度力学行为[21]。鉴于负刚度组分单独存在时的不稳定情形,因此,在此提供对具有负刚度结构组分的力学超材料的稳定性进行初步讨论。

某些具有力学极值的超材料,在某些变形模式下非常坚硬,而在其他变形模式下极其柔软。负刚度需要反转变形物体中力和位移之间的通常方向关系。通常为正刚度施加到可变形物体的力(例如弹簧)与变形方向相同,对应的恢复力往往会使弹簧恢复到中立位置。负刚度涉及不稳定的平衡,因此物体在平衡时存储正能量。具有负刚度的物体如果具有自由表面则不稳定。如果它们被刚性约束或者弹性复合基质约束,就可以稳定。如果受到约束,具有负体积模量的连续体是稳定的。连续体中的负剪切模量可以引起与椭圆度损失相关的带域不稳定性,但是当违反强椭圆率时,这种不稳定性并不总是发生。

简而言之,如果结构材料具有自由表面,那么其所具有负刚度的结构物体就是力学不稳定的。不过,在复合材料力学中[19],如果它们受到刚性或弹性复合材料基体的约束,它们是可以稳定存在的。如果结构材料受到限制,具有负体模量的连续体就是力学稳定的。这样的连续结构体中若存在着负剪切模量的行为,那么可以引起与强椭圆缺失条件相关的带状(区域)的不稳定性,但是,若不遵循强椭圆条件时,这种不稳定性并不总是会发生。

7.3 模式转换的二维几何结构优化设计

7.3.1 初期的孔板结构设计

模式转换可调刚度力学超材料,可以追溯于一类带孔排布板状材料在受力作用下,动态可调有效杨氏模量。为了易于比较,此处可引入两种不同的直孔模式。在以前的报道中[6,7],结构材料是在一种特定材料的板上(如图7.6所示)[30]布置一系列具有同一尺寸形状的单一直孔周期阵列,称为单孔模板(holy sheet)[5]。另一种类型是双排交错排列两种孔径尺寸不同或形状的周期阵列,称为双孔模板(biholar sheet)[31]。这种结构材料从既定的周期孔排布模式,在外力尤其是压力作用下转化到不同的模板范型。在这一过程中,结构材料整体的等效弹性模量是不断变化的,与此同时兼具泊松比拉胀行为属性。在外载持续的加载过程中,相应泊松比也是可以控制调节的,包括正负数值的变化,为此,这种模式转换可调刚度力学超材料可以归类为可编译泊松比或可调泊松比力学超材料系列。

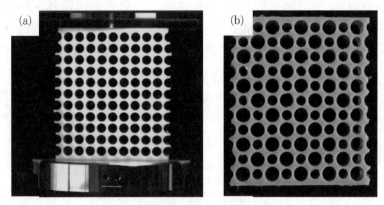

图7.6 模式转换可调刚度力学超材料
(a) 单孔状板[30];(b) 双孔模板[31]

当对这种类型的双孔模板结构材料施加的外载压力超过一定的临界值时,其宏观的表现就是应力-应变曲线属性中会突出一个拐点,类似于材料力学中的相变拐点[如图7.7(a)所示]。为此,这类双孔模板材料的命名也正是类比于材料科学中相变的特点,从一个存在相转变为另一物相,此处即从一种刚度状态转变为另一种刚度状态。力学超材料本身所受到的外部宏观应力,可诱使不同模式完成"开关转换",从而实现材料整体结构刚度的动态可调性。另外,反手性的拓扑形式,也可以拓展到模式转换可调刚度力学超材料中,这与手性/反手性力学超材料的研究有交叠相容的部分。

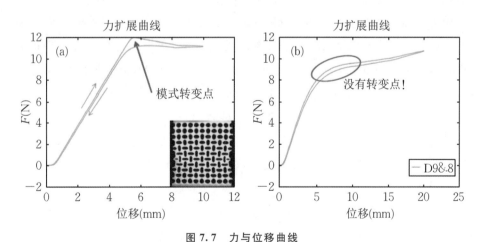

图7.7 力与位移曲线
(a) 单孔状板模式[30];(b) 双孔模板[31]

在晶体结构的构造中,存在着至少两个几何结构因素可以最终确定晶体结构的类型,即晶格中的空间点阵和基元。模式转换可调刚度力学超材料,同样也可以由相似的两个因素来决定,即直孔(涉及形状与几何尺寸),和直孔周期阵列方式。为此,模式转换材料中的图案模式,就是由不同直孔尺寸形状(即图案模式)和直孔阵列(或称拼接)组合而成的(如图7.8所示)。根据镶嵌欧几里得平面的几何约束,人们可以在不同的镶嵌中设置各种形状的孔。直孔的形状可以是规则圆形孔、椭圆形孔,甚至不规则圆形或是其他不规则的花状齿状的外形孔[32]。这些直孔设置的排布方式可以是四种选择之一:方形平铺、正三角形平铺、截半六边形排布、小斜方截半六边形排布和菱形六边形平铺[11,32]。很显然,直孔图案的几何形状对模式转换可调刚度力学超材料的整体等效的力学性能起着重要作用。因此,本小节将从这两个角度着重讨论模式转换中这两个主要影响因素。限于篇幅这里仅论述直孔形状和直孔阵列排布,其他具体可参见文献[33]。

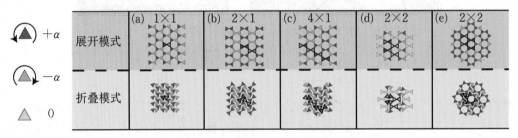

图 7.8　刚性的 Kagome 结构网络[8]

每个可压缩机构的基本单元格用黑色标出。三角形的颜色对应其相应的旋转,

基本单元格大小为:(a) 1×1;(b) 2×1;(c) 4×1;(d) 2×2;(e) 2×2

7.3.1.1　直孔几何尺寸和形状的影响

直孔形状对于初始力学不稳定性的发生和后屈曲行为是相对敏感的,这种效应对于初始方形或三角形孔状结构材料,在外力持续加载过程中,突然转换到具有高纵横比的交替,相互正交的椭圆形周期性配置尤其显著[7,34,35]。计算机数值模拟分析现已可以完成对直孔几何形状和阵列的最优化设计[36]。最初的研究表明,通过简单地改变直孔的形状和最佳压实度,可以很容易地调整力学超材料的响应[37]。我们可以选择三种不同的直孔形状,并区别直孔形状对力学行为响应的影响[32]。基于这些孔型结构的优化设计,许多探索性的工作也在不断开展,将直孔几何形状与非线性响应相关联后,人们系统地探索了初始响应、弹性不稳定性和后屈曲等,以优化周期性弹性体结构的形状[38]。

为了表征优化直孔形状,一种通用的方法是考察直孔形状对应力-应变响应的影响,或对结构递增杨氏模量的影响,抑或对侧向应变演进的影响(如图7.9所示)[32]。这些力学检测表明,应力-应变响应对离散刚度和泊松比之间的关系,存在三种不同的模式转变机制。也就是说,在第一区域对应初始线弹性刚度,第二区域由不稳定性诱使陡然转变,令弹性模量趋近于零,进入平台阶段;最后当孔完全压平,即椭圆形状时,又有一个陡然的转变成弹性模量大于零 $E>0$。这一研究发现提供了前沿性的思考，直孔形状可被有效用于所需的材料属性的结构设计。这使如何裁制显著的力学属性成为可能，包括泊松比、临界应变，尤其是可调制的刚度等力学性能。

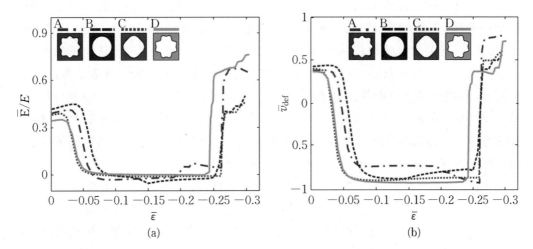

图 7.9　四种直孔形状时，(a) 等效弹性模量和(b) 泊松比随宏观等效应变的变化曲线[38]

7.3.1.2　直孔周期阵列对力学行为的影响

不同孔径的阵列，也是模式转换可调刚度力学超材料的结构优化设计需要考虑的力学机理问题。我们以研究初期的单孔模板和双孔模板作为比较研究对象。单孔模板可以被理论上假定为特殊的栅格结构，即用杆梁相连的刚性构造。这一胞状结构的力学和几何结构属性已经被应用于设计高能量的吸收材料。在越过初始线弹性阶段后，通过大变形过程中胞状结构的移平，可以让弹性体的能量吸收显著增强。图7.9 中，在外力作用下，从线弹性行为到屈服或弹性模量为零的平台应力，这一屈服过程有的文献称之为应变强化[6]。

这种非线性应力-应变行为，通常起源于胞状结构中一个单元或薄壁的屈曲过程。进而导致局部变形成为移平的连接带，进入相对恒定的应力状态[39]。此外，双孔模板还具有负松比拉胀特性，而力与位移实验结果，却没有观测到在单孔模板中所见的怪异的尖峰。与此同时，也有数值模拟[40]揭示在单轴拉伸时的预应变，可以推迟可调刚度模式的转换。而且均衡膨胀也可能中断转变成椭圆模式的转换状态，其本质上是源于打破了结构阵列的旋转对称。这可导致沿双圆孔板两基轴方向上高度非线性变形的耦合[31]，也就是说，结构对称破缺可引起屈曲和捕捉（snapping）效应。这些结果意味着双孔模板对轴向的响应可以用侧向约束编译，允许出现单调的、非单调的和弛豫行为等。

7.3.2　近期的结构设计发展

可调节杨氏模量力学超材料，主要利用弹性材料的结构不稳定性，也就是由力学拉胀而引起的材料响应软化和切线模量的衰减，可反转的弹性不稳定性可以激发不同样式的改变。传统意义上的弹性不稳定性多被认为是缺陷模式。模式转换可调刚度力学超材料表面上看也是取得这样一种缺陷状态,但内在特性是一种可调的刚度或劲度。可反转的弹性不稳定性可以激发模式的改变。模式转换因此被用于裁制各种材料属性,因此这类材料可被用于定制各种不同的力学属性,如可调负泊松比[5,32,41,42]、开关式拉胀材料、手性模式[43,44]、光子和声子开关[45],及其他可编程多色显示器[46,47]。值得一提的是,反手性对称破缺结构机制、刚性折纸栅格结构,或刚性Kagome折叠点阵来进行模式转换[8],均可引入这类可调节杨氏模量力学超材料的体系中来。尽管如此,只有少数几个系统显示出能够在反手性和手性配置之间进行可逆切换[11]。无论如何,此处的多孔结构都可能使初始的反手性模式和弯曲的手性模式之间的可逆切换成为可能。

为此,我们可以通过几何结构模式转换和手性/反手性超材料实现可调整的刚度。在模式转换中,正如一些广泛的研究所报道的[32],直孔形状对力学不稳定性的发生和后屈曲行为都有很强的影响。尤其当圆形孔由正方形或三角形阵列突然变换为具有高纵横比交替的模式时,就会出现相互正交的椭圆的周期性配置[7,34,35],如图7.10所示[32]。为此,这种动态可控刚度的特性弹性材料可以用于远程磁力,进而来调整其在声学应用中的振动吸收特性[48]。

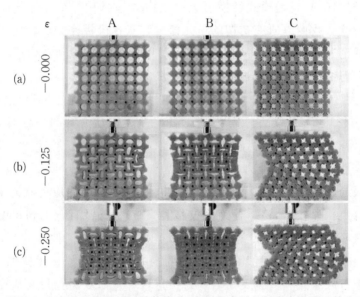

图7.10 圆形 A、十字形 B 和星形 C 结构直孔,在不同应用工程应变水平下的实验图像[32]

值得注意的是,这里提及的声学超材料中的负刚度与模式转换力学超材料的可调刚度,在具体含义上略有不同。两者都表示为一般刚度,指的是广义力与广义位移的比率。在声学超材料中[48,49],在波传播的边界条件下,负刚度和负密度受限于设计结构有效控制方程中矩阵的刚度[50]。不过,在力学超材料中,刚度被定义为没有声学边界条件的力学性能。为此,可调刚度的力学超材料可以用来独立调节体积模量(对应于介电常数)和密度(对应于电磁或超声材料的渗透率),从而不断出现用以实现独立负密度和负刚度调节的弹性力学超材料[51,52]。

此外,足够大的预应变可以防止模式转换,导致椭圆单调力学模式[40]。这些变形构型表明,在预应变存在下,过渡态的出现是所选聚合物和溶剂的特定组合的结果。换句话说,由于预拉伸引起的拉伸应力与溶剂膨胀引起的压缩应力之间可能存在竞争[34]。这种力学特性,使得从一个圆形方孔格子的聚合物薄膜开始,进而可以创建和优化设计更为丰富的各种周期性图案模式。

7.4　模式转换可调刚度力学超材料的研究趋势与应用

力学超材料的不同调控类型,可以进行有针对性的融合设计,抑或选择不同类型的组成材料,加之几何结构优化设计,将会设计出各种各样不同创新类型,更具个性化和多样化的力学超材料来。例如选用材料基底的吸水特性,结合 Kagome 结构网络优化设计,就可以实现力学行为可调性的超材料。近来有研究设计了[53]可调应力-应变曲线同时兼具异常膨胀行为的软性力学超材料(如图 7.11 所示)。该人工结构材料可以实现较大的有效负膨胀比(effective negative swelling ratio)和应力-应变曲线可调的软性力学超材料,并展现出独特的各向同性/各向异性特征。由图 7.11 中可以看出,这种材料体系利用水凝胶和被动材料的马蹄形复合微结构作为基础框架,具有周期性的晶格网络结构,实现了高达约−47%线性应变。在受载作用下,显示出独特的"J"型应力-应变曲线,通过控制吸水时间,可以精确控制网状材料的弹性模量及临界应变等力学性质。该类型的可调节材料可以应用于可展开天线和软体机器人的构型主动控制方面。

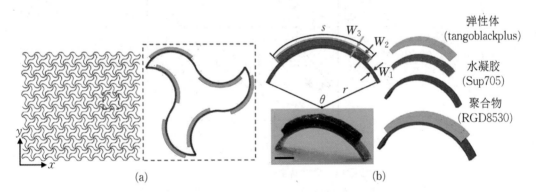

图 7.11　具有较大负膨胀比和可调应力-应变曲线的软力学材料[53]
(a) 软材料复合设计网络示意图,其中插图表示代表性的单位单元;
(b) 由夹层(蓝色)、活性层(红色)和包封层(蓝色)组成的马蹄形微结构夹层的横截面图和分解图

模式转换可调刚度力学超材料的主要研究工作是在 Bertoldi 团队的综合研究[5-8,11,32,35,38,42,47,54,55]。当前的研究结果表明[56],具有相同尺寸直孔的结构不能通过

使用外部机械力切换到另一个模式变体;不过,如果弹性结构由具有两种尺寸的规则孔阵列的弹性体板组成(如图 7.12 所示),则实践技术上可以实现模式转换,甚至可以形成更加与众不同的形状记忆效应。这可能是通过简单地改变外部压力,例如使用压力控制室可以实现。换句话说,当对结构施加各向同性的压应力时,这些直孔可以保持打开并形成正方形晶格,或者根据外部大气与内部压力之间的压力差,将晶格扭曲,使其变成矩形形状的密封孔。因此,在压缩过程中应变增加时,我们可以通过应力实现快速切换[57,58],类似于手性和声子特性的切换行为[54],因为应变在外力压缩过程中是增加的[如图 7.12(c)所示]。

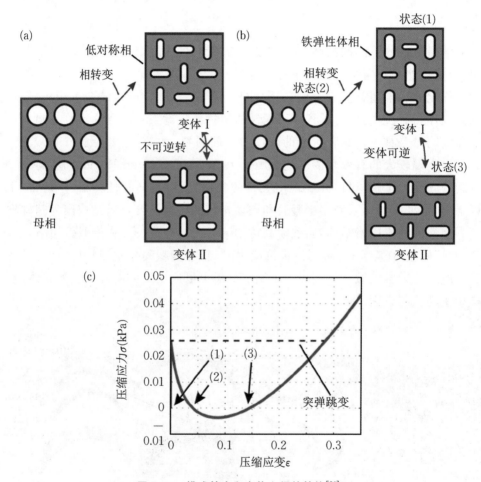

图 7.12　模式转变和变体之间的转换[56]

(a) 相同尺寸孔的弹性体块;(b) 不同尺寸孔的弹性体;
(c) 在模式切换期间(b)中单元体的压缩应力和压缩应变的数值关系

总而言之,模式转换可调刚度力学超材料利用的是周期性多孔弹性结构中的力学不稳定性。为此,这种类型的力学超材料可以为智能材料的广泛应用开辟新的道路。自适应性的软材料能够根据环境变化改变自身的形状、体积和材料力学属性,在生物组织工程、软机器人、生物传感和柔性显示器中有着重要的潜在应用意义。这些材料的架构可以根据不同的外部刺激而发生显著变化[32,59,60]。例如,纯粹的力学超材料可以独立存在,与需要电场的传统压电材料相反[61]。这种类型的力学超材料面临的主要挑战是如何将它们扩展到其他母材(例如金属或合金),不包括软材料。目前的研究表明[42,62-64],通过一组简单的切割,可以将片材完全不同的图案模式转换成各种所需的形状和图案模式,从而产生多级层次结构和不同的力学行为。层次切割模式和切割水平的每种选择,都允许材料扩展成具有独特属性的独特结构。这种类型的力学超材料将在第 10 章中予以提及,与此同时,它也揭示了一个更加极具洞察力的新奇力学性能,赋予力学超材料以新的意义。

参 考 文 献

[1] PORTER D A, EASTERLING K E, SHERIF M. Phase Transformations in Metals and Alloys [M]. London: CRC Press, 2009.

[2] WANG Y, LAKES R. Composites with inclusions of negative bulk modulus: extreme damping and negative Poisson's ratio[J]. Journal of Composite Materials, 2005, 39: 1645-1657.

[3] WILLIAMS J H. Crystal engineering: how molecules build solids[M]. San Rafael: Morgan & Claypool Publishers, 2017.

[4] JANBAZ S, WEINANS H, ZADPOOR A A. Geometry-based control of instability patterns in cellular soft matter[J]. RSC Advances, 2016, 6: 20431-20436.

[5] BERTOLDI K, REIS P, WILLSHAW S, et al. Negative Poisson's ratio behavior induced by an elastic instability[J]. Advanced Materials, 2010, 22: 361-366.

[6] BERTOLDI K, BOYCE M C, DESCHANEL S, et al. Mechanics of deformation-triggered pattern transformations and superelastic behavior in periodic elastomeric structures[J]. Journal of the Mechanics and Physics Solids, 2008, 56: 2642-2668.

[7] MULLIN T, DESCHANEL S, BERTOLDI K, et al. Pattern transformation triggered by deformation[J]. Physical Review Letters, 2007, 99: 084301.

[8] SHAN S, KANG S, WANG P, et al. Harnessing multiple folding mechanisms in soft periodic structures for tunable control of elastic waves[J]. Advanced Functional Materials, 2014, 24: 4935-4942.

[9] ZADPOOR A A. Mechanical meta-materials[J]. Materials Horizons, 2016, 3: 371-381.

[10] BERTOLDI K, BOYCE M, DESCHANEL S, et al. Mechanics of deformation-triggered pattern transformations and superelastic behavior in periodic elastomeric structures[J]. Journal of the Mechanics and Physics Solids, 2008, 56: 2642-2668.

[11] SHIM J, SHAN S, KOŠMRLJ A, et al. Harnessing instabilities for design of soft reconfigurable auxetic/chiral materials[J]. Soft Matter, 2013, 9: 8198-8202.

[12] MATSUMOTO E, KAMIEN R. Elastic-instability triggered pattern formation[J]. Physical Review E, 2009, 80: 021604.

[13] AUDOLY B, BOUDAOUD A. Buckling of a stiff film bound to a compliant substrate. Part I: formulation, linear stability of cylindrical patterns, secondary bifurcations[J]. Journal of the

Mechanics and Physics Solids, 2008, 56: 2401-2421.

[14] GERE J M, GOODNO B J. Mechanics of Materials[M]. Belmont: Brooks Cole, 2004.

[15] F B. Stiffness — an unknown world of mechanical science? [J]. Injury, 2000, 31: 14-84.

[16] 刘鸿文. 材料力学[M]. 北京:高等教育出版社, 1992.

[17] COULAIS C. OVERVELDE J, LUBBERS L, et al. Discontinuous buckling of wide beams and metabeams[J]. Physical Review Letters, 2015, 115: 044301.

[18] THOMPSON J. Stability predictions through a succession of folds[J]. Philosophical Transactions of the Royal Society of London. Series A, 1979, 292: 1-23.

[19] LAKES R, DRUGAN W. Dramatically stiffer elastic composite materials due to a negative stiffness phase? [J]. Journal of the Mechanics and Physics of Solids, 2002, 50: 979-1009.

[20] BAZANT Z, CEDOLIN, L. Stability of structures[M]. Oxford: Oxford University Press, 1991.

[21] LAKES R, DRUGAN W. Dramatically stiffer elastic composite materials due to a negative stiffness phase? [J]. Journal of the Mechanics and Physics Solids, 2002, 50: 979-1009.

[22] LAKES R, ROSAKIS P, RUINA A. Microbuckling instability in elastomeric cellular solids[J]. Journal of Materials Science, 1993, 28: 4667-4672.

[23] LAKES R S, LEE T, BERSIE A, et al. Extreme damping in composite materials with negative-stiffness inclusions[J]. Nature, 2001, 410: 565-567.

[24] LAKES R. Extreme damping in composite materials with a negative stiffness phase[J]. Physical Review Letters, 2001, 86: 2897.

[25] LAKES R. Extreme damping in compliant composites with a negative-stiffness phase[J]. Philosophical Magazine Letters, 2001, 81: 95-100.

[26] LAKES R. Deformation mechanisms in negative Poisson's ratio materials: structural aspects[J]. Journal of Materials Science, 1991, 26: 2287-2292.

[27] 恩格斯. 自然辩证法[M]. 北京:人民出版社, 1971.

[28] SALJE E. Phase transitions in ferroelastic and co-elastic crystals[J]. Ferroelectrics, 1990, 104: 111-120.

[29] LINES M E, GLASS A M. Principles and applications of ferroelectrics and related materials [M]. Oxford: Oxford University Press, 1977.

[30] BERTOLDI K, REIS P, WILLSHAW S, et al. Negative Poisson's ratio behavior induced by an elastic instability[J]. Advanced Materials, 2010, 22: 361-366.

[31] FLORIJN B, COULAIS C, VAN HECKE M. Programmable mechanical metamaterials[J]. Physical Review Letters, 2014, 113: 175503.

[32] OVERVELDE J, SHAN S, BERTOLDI K. Compaction through buckling in 2D periodic, soft and porous structures: effect of pore shape[J]. Advanced Materials, 2012, 24: 2337-2342.

[33] YU X, ZHOU J, LIANG H, et al. Mechanical metamaterials associated with stiffness, rigidity and compressibility: A brief review[J]. Progress in Materials Science, 2018, 94: 114-173.

[34] ZHANG Y, MATSUMOTO E, PETER A, et al. One-step nanoscale assembly of complex structures via harnessing of an elastic instability[J]. Nano Letters, 2008, 8: 1192-1196.

[35] SINGAMANENI S, BERTOLDI K, CHANG S, et al. Bifurcated mechanical behavior of deformed periodic porous solids[J]. Advanced Functional Materials, 2009, 19: 1426-1436.

[36] BENDSOE M, SIGMUND O. Topology optimization: theory, methods and applications[M]. Heidelberg: Springer Science & Business Media, 2003.

[37] DE KRUIJF N, ZHOU S, LI Q, et al. Topological design of structures and composite materials with multiobjectives[J]. International Journal of Solids and Structures, 2007, 44: 7092-7109.

[38] OVERVELDE J, BERTOLDI K. Relating pore shape to the non-linear response of periodic elastomeric structures[J]. Journal of the Mechanics and Physics Solids, 2014, 64: 351-366.

[39] CHUNG J, WAAS A. Compressive response of circular cell polycarbonate honeycombs under inplane biaxial static and dynamic loading. Part I: experiments[J]. International Journal of Impact Engineering, 2002, 27: 729-754.

[40] OKUMURA D, INAGAKI T, OHNO N. Effect of prestrains on swelling-induced buckling patterns in gel films with a square lattice of holes[J]. Internation Journal of Solids and Structures, 2015, 58: 288-300.

[41] KARNESSIS N, BURRIESCI G. Uniaxial and buckling mechanical response of auxetic cellular tubes[J]. Smart Materials and Structures, 2013, 22: 084008.

[42] SHAN S, KANG S, ZHAO Z, et al. Design of planar isotropic negative Poisson's ratio structures[J]. Extreme Mechanics Letters, 2015.

[43] HAGHPANAH B, PAPADOPOULOS J, MOUSANEZHAD D, et al. Buckling of regular, chiral and hierarchical honeycombs under a general macroscopic stress state[J]. Proceedings of the Royal Society A, 2014, 470: 20130856.

[44] ROSSITER J, TAKASHIMA K, SCARPA F, et al. Shape memory polymer hexachiral auxetic structures with tunable stiffness[J]. Smart Materials and Structures, 2014, 23: 045007.

[45] JANG J, KOH C, BERTOLDI K, et al. Combining pattern instability and shape-memory hysteresis for phononic switching[J]. Nano Letters, 2009, 9: 2113-2119.

[46] KRISHNAN D, JOHNSON H. Optical properties of two-dimensional polymer photonic crystals after deformation-induced pattern transformations[J]. Journal of the Mechanics and Physics Solids, 2009, 57: 1500-1513.

[47] LI J, SHIM J, DENG J, et al. Switching periodic membranes via pattern transformation and shape memory effect[J]. Soft Matter, 2012, 8: 10322-10328.

[48] QIAN W, YU Z, WANG X, et al. Elastic metamaterial beam with remotely tunable stiffness[J]. Journal of Applied Physics, 2016, 119: 055102.

[49] DING Y, LIU Z, QIU C, et al. Metamaterial with simultaneously negative bulk modulus and mass density[J]. Physical Review Letters, 2007, 99: 093904.

[50] MATTHEWS J, KLATT T, MORRIS C, et al. Hierarchical design of negative stiffness metamaterials using a bayesian network classifier[J]. Journal of Mechanical Design, 2016, 138: 041404.

[51] OH J, KWON Y, LEE H, et al. Elastic metamaterials for independent realization of negativity in density and stiffness[J]. Scientific Reports, 2016, 6: 23630.

[52] OH J, SEUNG H, KIM Y. Adjoining of negative stiffness and negative density bands in an elastic metamaterial[J]. Applied Physics Letters, 2016, 108: 093501.

[53] ZHANG H, GUO X, WU J, et al. Soft mechanical metamaterials with unusual swelling behavior and tunable stress-straincurves[J]. Science Advances, 2018, 4: 8535.

［54］ WANG P，SHIM J，BERTOLDI K. Effects of geometric and material nonlinearities on tunable band gaps and low-frequency directionality of phononic crystals［J］. Physical Review B，2013，88：014304.

［55］ KANG S，SHAN S，KOŠMRLJ A，et al. Complex ordered patterns in mechanical instability induced geometrically frustrated triangular cellular structures［J］. Physical Review Letters，2014，112：098701.

［56］ YANG D，JIN L，MARTINEZ R，et al. Phase-transforming and switchable metamaterials［J］. Extreme Mechanics Letters，2016，6：1-9.

［57］ BAŽANT Z，CEDOLIN L. Stability of structures：elastic，inelastic，fracture and damage theories［M］. Singapore：World Scientific，2010.

［58］ KEPLINGER C，LI T，BAUMGARTNER R，et al. Harnessing snap-through instability in soft dielectrics to achieve giant voltage-triggered deformation［J］. Soft Matter，2012，8：285-288.

［59］ JANG J-H，ULLAL C，GORISHNYY T，et al. Mechanically tunable three-dimensional elastomeric network/air structures via interference lithography［J］. Nano Letters，2006，6：740-743.

［60］ SINGAMANENI S，TSUKRUK V. Buckling instabilities in periodic composite polymeric materials［J］. Soft Matter，2010，6：5681-5692.

［61］ JAFFE B. Piezoelectric ceramics［M］. London：Academic Press，1971.

［62］ CHO Y，SHIN J-H，COSTA A，et al. Engineering the shape and structure of materials by fractal cut［J］. Proceedings of the National Academy of Sciences，2014，111：17390-17395.

［63］ GRIMA J，MIZZI L，AZZOPARDI K，et al. Auxetic perforated mechanical metamaterials with randomly oriented cuts［J］. Advanced Materials，2016，28：385-389.

［64］ CARTA G，BRUN M，BALDI A. Design of a porous material with isotropic negative Poisson's ratio［J］. Mechanics of Materials，2016，97：67-75.

第8章 仿晶格及其缺陷的力学超材料

仿晶格构筑的微结构材料实质上是依据自然晶体的理论学说选用自然材料不同形状的人工原子,然后进行周期性或非周期性的阵列,从而形成与选用自然材料性质不同的、新颖奇异的材料力学属性。仿晶格和仿晶格缺陷的力学超材料,可以表现许多形态各异的独特材料属性和效应。其中较为常用而且相对突出的特性就是轻质结构的超高强度,为此,笔者单独列为一章进行详细论述,详细内容可参阅第9章。此处,笔者仅简要地论述常见的多尺度点阵结构材料,主要包括微纳点阵材料、宏观点阵结构、仿生物结构材料和三维拓扑几何结构。在这些仿晶格材料中,我们可以引入自然晶体材料的晶格缺陷,例如点缺陷、位错和晶界等,用以有效增强人工晶格材料的超常力学属性。由此,这种类型的复合结构材料可以实现周期性调制自然材料所不具有的独特的超常力学属性。

8.1 自然晶体结构的人工构筑

在进入真正论题之前,我们有必要概述晶体学的相关理论和术语。这其中包括晶体材料学常用的空间点阵理论和相关规范,及仿晶格人工材料的类别。需要说明的是,材料科学深厚理论基础的读者,可以略过或选读这一小节,直接进入仿晶格材料人工构筑的相关章节。

8.1.1 空间点阵理论的术语

晶体材料的显著特征就是晶体结构中空间点阵的周期性。事实上,空间点阵是反映晶体结构中周期性现象的科学抽象。对这一晶体学规律的抽象概括,就是晶体结构的空间点阵理论[1]。依据这种晶体学说,晶体内部构造可以描述为由一些相同的几何点,在空间有规则地作周期性的无限分布,其中这些几何点代表原子、离子、分子或其他质点的重心[2]。这些几何点的周期排布就称为空间点阵。

空间点阵学说成功地解释了晶体结构外形上的种种内在规律性,正确地反映了晶体内部结构的特征,充分地概括了晶体结构的周期性。为此,空间点阵可按照其本身的排列周期,划分为无数并置的平行六面体单位,即空间格子。整个空间格子可以看作平行六面体在三度空间网络连续无间隙地排列而成。这些抽象网络就叫作晶格。为了同时反映晶格的周期性和对称性，人们有时选取了较大的周期单位，称为晶胞。为了便于识别，这些空间几何抽象的结点不仅在三维空间中规律排列成无限图形，还可以作许多平行直线族和平行的晶面族，故分别称为晶向和晶面。这里需要强调的是，对于晶体学的符号系统来说，我们通常用尖括号来表示相似晶向族〈hkl〉；而用大括号来表示相似的晶面族{hkl}，具体可参阅相关理论书籍文献[3]。

8.1.2 仿晶格人工材料的源起

从狭义定义上来讲，人工构造的晶格材料可用于调控电磁波和弹性波。为此，依据所调控激元的不同，可以具体地区分它们为光子晶体和声子晶体[4-6]。一般情况下，介绍一种新兴材料模式可以存在不同的写法，既可以按照这种仿晶格人工材料的研究发展顺序来写，也可以按照所引发的问题来归纳。也就是既可以由面到点，也可以由点到面。如作简短评述，则以问题为中心，采用由点到面的写法较为适合[7]。因为这样可以免去对研究背景作介绍，直接解决具体仿晶格材料超常力学属性的结构设计问题，从而关注几何结构材料设计的挑战性问题实质，以期启迪更多更新的创新设计理念。然而，如果读者对仿晶格人工结构材料的相关题材非常生疏，同时这里的阐述又如此简短，那么你可能会更想了解关于这种人工结构材料的研究发展历程。为此，这里仅就从研究之初的光子晶体到声子晶体作简述，重点强调仿晶格及仿晶格缺陷的这种人工几何结构的超常力学属性的构筑过程。

基于半导体材料的周期点阵结构对电子的调控机制，有研究在 1987 年报道了周期性介质结构材料对光子的调控[8,9]。这种光学折射率周期调制的复合结构材料的光子输运性质与电子在真实晶体中的输运类似。从而使得光子晶体的概念被提出，利用这种人工微结构晶体的光子带隙结构可有效地实现对光子的调控[10]。

既然电磁波可以进行有效地调控，那么弹性波的传播过程是否也可以进行人工调控呢？如此一来，类似于光学超材料固有参数属性的非线性调节过程，与弹性波传播相关的力学参数属性，是不是也可以进行非线性的调控呢？为此，调制周期与声波波长相当的人工结构材料就应运而生了。这些人工结构材料中的声波传播过程，与电子在真实晶体中的输运类似。这样就从本质上成就了与声波传播过程相关的固有材料属性，例如体弹性模量和质量密度等，实现周期性的调制，并且呈现了一些重要的超常声学效应。这类调控弹性波传播过程的复合结构材料，可称为声子晶体和声学超材料。

值得一提的是，光子晶体与光学超材料的区别，声子晶体与声学超材料的区别，从本质上来讲并不十分严格。多数情况下，人们认为光子晶体和声子晶体材料，是仿自然晶体而构建的周期性人工晶体材料，其光学属性和声学属性在某种程度上与自然晶体相类似。而光学超材料和声学超材料重点强调其所产生的光学与声学属性是自然界所不具有的，也就是说它们是反直觉、反常的现象，而且构筑这些材料的过程也不一定是周期性的，允许非周期性的人工原子排布。当然人工晶体与超材料概念本身,存在不同程度的交叠,而且也没有必要将其更为细致的限制起来,毕竟新材料的创新设计过程需要开放性的思维理念,不同概念之间的规定,主要是为了便于研究开发者之间的学术交流。因此,术语概念的设定,并不是最重要的,重要的是研究人员如何利用不同的研究手段,使出浑身解数开创更新奇更具超凡想象力的不同新型人工材料。有鉴于此,这里仅阐释在多尺度上人工构建点阵结构材料的超常力学特征,而光子晶体和声子晶体并未予以论及,这部分内容具体可参见相关著述和评述[11-14]。

8.2 多尺度点阵结构的力学超材料

现有自然材料的强度等力学属性,不可避免地存在着固有极限的问题(如图8.1所示)[15]。在这种情况下,新材料设计可以尝试着移向边界。也就是说,要么向最小极限方向发展,取消多尺度下的晶粒晶界的存在,创建晶格位错等缺陷的不定形完美晶体材料,例如玻璃态合金(glassy metals);要么向最大极限方向发展,对宏观、介观和微纳观不同尺度下的材料属性进行优化设计,从而人工构造超越其自然材料属性的固有极限。第二种应对策略正是本章将要探讨的主要内容。

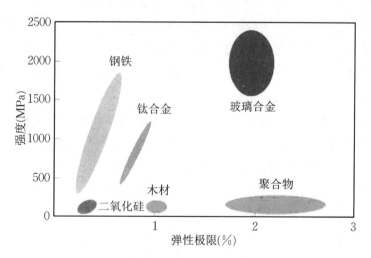

图8.1 各种合金和工程材料的强度与弹性极限的关系图

8.2.1 多尺度点阵结构材料的设计理念

自然材料强度取决于其微观结构,而微观结构又由材料加工过程控制,诸如加工硬化、沉淀和晶界等强化机制[16]。为此,改变材料本身的强度通常与变形机制相关联,并且在很大程度上取决于特定微观结构的特征长度的尺度,从而决定材料强度,例如,颗粒或沉淀尺寸,孪晶边界间距或位错密度的函数。这种微观结构或内在尺寸决定了所有样品尺度的力学性能和弹性材料变形,因为"极限抗拉强度"的经典定义认为它是一种强化性质,因此其数值并不依赖于检测试样的几何尺寸。然而,在金属结构单晶单轴变形实验中,极限拉伸强度和屈服强度与外部尺度成比例[15]。也就是说,在微米和亚微米尺度上,这个定义不再适用。再者,在幂律方式的新型材料中,出现了众所周知的"越小越强"现象[17]。力学超材料将宏观架构的理念拓展到更多尺度范围,即微纳米级,多尺度效应使得调控整体结构材料强度属性成为可能。材料尺度效应涉及纳米尺度下材料本身的"越小越强"效应(smaller-is-stronger)、"越小越弱"效应(smaller-is-weaker),或"脆韧性转变"(brittle-to-ductile transition)等[18,19]。鉴于此,内在微观结构和外在样本尺寸在力学性能和材料变形机制中起着重要作用。

质轻高强一直是工程材料不懈追求的目标,经典的密度-强度关系图,反映了自然材料的这种发展过程和趋势[20]。尽管工程材料种类繁多,但它们显示了高强度与高密度的强相关性。在材料的发展历史中,人类起初使用骨和石头,作为生产工具和防御武器,人们把石燧石和石英打磨成不同的形状,并制成更坚硬、更锋利、更耐用的工具。后来,人类开始使用天然材料、皮革、贝壳和少量金属,目前,现代工程材料的种类和性能极大地丰富了人类生活。人们可以根据物质化学性质合成新型的聚合物、陶瓷和金属等各种材料。例如人工合成橡胶和高温合金,或通过热力学原理调控材料内部相畴和缺陷等金相结构,抑或通过球磨、热压等工艺改变金属材料内位错、晶粒和晶界分布特征,以提高材料的屈服强度和疲劳断裂性能。通过化学性质和微结构这两条途径发展新材料曾经一直是最主要的手段,但目前其作用已难以彰显。

从宏观到纳观的多尺度点阵结构材料的优化设计理念,起源于人们发现亚微米下材料的尺寸效应可以进一步提高点阵结构材料的强度及相关的力学特性[15,21-23]。大自然使用这些精心挑选的离散长度尺度的动机,可能源于各个生物成分的相互作用所提供的有利特性。当结构材料包含微观和纳米级成分时,例如硬质生物材料中的情况,尺寸依赖性力学性质就可能为所构成材料在提高整体强度、刚度和抗断裂性方面起关键作用,并且需要结合到本构模型中,以准确预测其结构响应(如图 8.2 所示)。这样的特征材料长度范围从 10 nm 到 100 μm。为此,人工几何构造优化设计赋予极大的自由度来提高材料固有的性能属性。例如,类似埃菲尔铁塔建筑桥梁等的工程结构通常采用多尺度的优化设计,以压制和协调不同尺度上的强度断裂效应,从而有效地提高整体结构的力学性能[24],与此同时,相应的材料表征手段在不同尺度下也会有所不同。

此外,生物工程材料在纳米、微米到宏观等多个尺度上呈现着特定微结构特征,从而更有力地应用到个性化医疗中,用以实现独特新颖的力学特性。目前,增材制造技术的快速发展,已经允许在纳米、微米和宏观多尺度上精准地制造出任意复杂的三维几何结构[25],从而将优化后的复杂构造设计方案付诸实施。其中,为了保持论述的完整性,3D 打印技术制备力学超材料的相关内容会在第 11 章中予以系统论述。

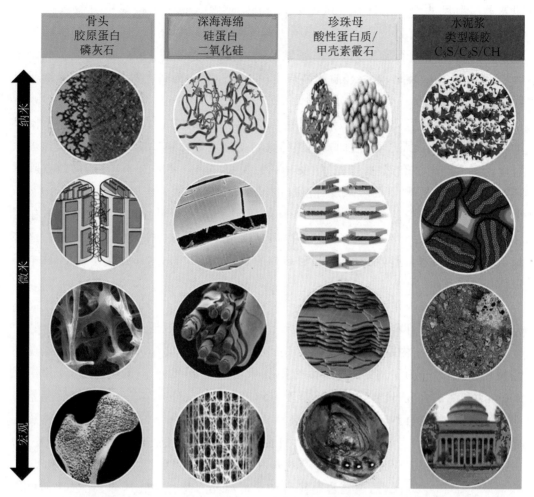

图 8.2 天然材料和水泥材料中存在的结构层次比较,展示了较小的部件组装形成较大结构的步骤[25]

8.2.2 微纳点阵材料

现有的微纳点阵材料多基于基本的点阵结构类型,例如多面体、Kagome、Kelvin 或 Octet 等周期性点阵结构,而且这些点阵材料的强度与可恢复性之间存在着相互约束,也就是说,高强度的点阵材料通常表现为脆性,而可恢复性能好的点阵材料的强度较低。在所有已知的胞状结构中,面心立方晶体结构的 Octet 点阵随密度减小,力学性能恶化速度最低,其外在表现为优异的力学性能,即低密度和高强度。这种以拉伸变形主导的 Octet 点阵,具有最优线性标度律(幂指数 $p=q=1$),一直以来由于其微纳几何结构复杂,给传统制备技术带来挑战,这在很大程度上限制了微纳米点阵材料在能量存储和机械致动等领域的应用潜力。

利用树脂光聚合 3D 打印技术,即累加材料的制造方式,去打印上述复杂的立体微纳点阵材料,从制造观念上突破了传统减材制造的限制。然而,常用的立体光固化 3D 打印技术只能打印大尺寸的模型,精度有限,而可以达到纳米精度的双光子 3D 打印技术成型尺寸无法超过 0.3 mm×0.3 mm。这些 Octet 结构晶格材料的密度为 0.87～468 kg/m³（相对密度为 0.025%～20%），接近密度为 0.16 kg/m³超轻石墨气溶胶[26]。在跨越三个数量级的相对密度范围内，其弹性模量和屈服强度完美满足 $E \propto E_s \rho$ 和 $\sigma \propto \sigma_s \rho$。为此，涉及轻质超高强度的力学性能方面将在第 9 章中再继续予以详细论述。

由此可见，采用从纳米、微米到宏观等多个尺度上的特定微结构设计调制不同尺度上结构材料的断裂过程，进而提高整体材料的强度等力学性能，这一材料设计理念可以经由上述最新的 3D 打印技术，使其成为现实。单一尺度的 3D 打印微纳点阵材料，在低密度情况下，其屈服强度标度律的幂指数 q 迅速从 1 增加到 2[27]。基于 Octet 单元打印的 4 级尺度的微米点阵[28]，有效压制了单元的脆性破坏，点阵结构在受 50%的压缩应变后依然具有良好的弹性恢复能力。值得一提的是，这方面还有诸多最新 3D 打印技术，用以制备复杂几何结构的微纳点阵材料，这部分会在第 11 章中予以详述。

此外，新近的研究报道克服强度-可恢复性的权衡，多尺度设计制备了三维高熵合金-聚合物复合纳米晶格（如图 8.3 所示）[29]。从图中可以看出，高熵合金聚合物的复合纳米晶格的结构跨越 5 个数量级尺度，从整个样品的尺寸（约 100 μm），到涂层的晶粒尺寸（约 5 nm）。其中，八面体桁架晶胞具有晶胞尺寸 a（最小特征尺寸约 260 nm）和高熵合金-聚合物的涂层厚度 t（厚度仅为 14.2～126.1 nm）。实验测量表明，这种类型的复合纳米晶格表现出高达 0.027 MPa/kg·m³ 的比强度，单位体积的超高能量吸收达到了为 4.0 MJ/m³，并且在超过 50%的应变压缩后几乎完全恢复，这一数值比自然界具有相同密度的多孔材料高 1～3 个数量级。对于给定的晶胞尺寸，涂覆厚度在 14～50 nm 的高熵合金复合纳米晶格具有最优的比模量、比强度和单位体积能量吸收，这与主要形变机制从局部屈曲到脆性断裂的转变有关。

8.2.3　宏观点阵结构

在宏观点阵结构中，镂空点阵结构是较为典型的一类轻质材料，如图 8.4 所示。因为这样的几何结构材料可以达到工程强度、韧性、耐久性、静力学、动力学性能以及制造费用的高效平衡。三维镂空结构具有高度的空间对称性，可将外部载荷均匀分解，在实现减重的同时保证承载能力。通过调整点阵的相对密度、单元格的形状、尺寸、材料以及加载速率多种途径，可以有效地调节结构的强度、韧性等力学性能。除了工程学方面的需求，镂空点阵结构间具有可调的空间孔隙，在生物工程学中植入物的应用方面，便于人体肌体组织与植入体的组织融合。

如果说微纳尺度的点阵结构可由数字光处理技术 PμSL 和激光直写技术 DLW 的 3D 打印技术进行制备，相应地，自传播光敏树脂波导 3D 打印技术更适用于制备宏观大型尺寸的点阵材料[30,31]。为此，我们采用波导技术生成宏观树脂点阵，然后电镀并去除树脂，获得边长为 5 cm 的镍金属管点阵结构，其杨氏模量满足 $E \propto E_s \rho^2$，并

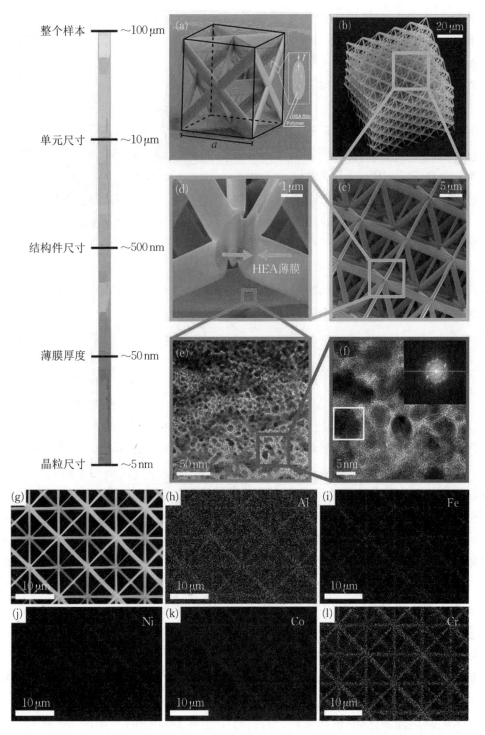

整个样本 ——~100 μm

单元尺寸 ——~10 μm

结构件尺寸 ——~500 nm

薄膜厚度 ——~50 nm

晶粒尺寸 ——~5 nm

图8.3 高熵合金聚合物的复合纳米晶格几何结构跨越5个数量级尺度[29]

(a) 八面体桁架晶胞的示意图；(b) 复合八面体桁架纳米晶格的 SEM 图像；

(c)～(d) 相应的放大部分；(e) HRTEM 图像；(f) 实线标记的纳米晶体的快速傅里叶变换 FFT 图像；

(g) 复合纳米晶格的俯视图；(h)～(l) 五种元素的 EDS 图

在承受 50％压缩应变后完全恢复原状[27]。利用波导技术和激光选区固化技术也可以制备陶瓷聚合物点阵模板,然后高温裂解得到高强、耐高温陶瓷点阵结构[32]。

对于具有承载能力的大尺寸工程点阵结构,金属粉床熔融技术打印的静态结构强度初步满足工业产品要求,例如金属制品接近锻件强度[33,34],因而近年来在工业界得到迅速推广。由于采用的激光或电子束聚焦直径约 100 μm 以及粉末粒径约 50 μm,打印精度通常为 50～100 μm。低孔隙率使得断裂韧性、疲劳性能明显优于传统工艺锻件。

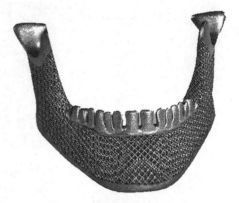

图 8.4　镂空的宏观点阵结构
（图片来自铂力特）

简言之,对于制造宏观点阵结构材料来说,主要的 3D 打印技术有自传播光敏树脂波导和激光粉床熔融技术,其中后者多用于金属承载工程构件。

8.2.4　仿生物结构材料

自然材料赋予了人们去设计更优功能性材料的愿景,这需要人类用自己的工具箱去构造这些仿生结构。自然界所见到的复杂的胞状、梯度或多级的结构材料,同时可以进行功能性创新材料设计[35]。例如在自然植物中,竹子具有极好的韧性和强度,能抵御大风作用下引起的弯曲和压力载荷。竹茎外表面强度最高,内表面强度最低,沿厚度方向纤维组织的梯度分布决定了竹子在压缩力作用下的屈曲强度。为此,制备在重载荷下的低密度中空竹茎材料,可以考虑在纳米、微米和宏观多尺度上,精确制造这种强度在承载方向上呈梯度分布的结构材料[36]。

生物能够在天然矿物材料基础上,利用长期演化过程发展出的多尺度构造,获得轻质、高强和高韧的生物材料,其中的合成和力学机理成为仿生材料的研究源泉[37,38]。在贝壳、骨骼、牙齿和硅藻等生物材料中[39],硅酸盐、磷酸盐和生物蛋白等机械性能较差的材料,通过生物矿化自组装形成砖泥或多级多孔胞状周期构造,例如贝壳具有类似砖墙的结构。通过裂纹的级联扩展有效提高裂纹扩展阻力,这些生物材料的内部结构导致了生物材料的断裂韧性通常比其矿物质组分的断裂韧性高几个数量级[40]。这些启示了可以通过仿生结构设计,利用性能较差的材料获得优异的力学性能。

人们利用光固化 3D 打印技术设计打印了仿贝壳砖泥构造(如图 8.5 所示)[41,42]。研究结果发现打印部件的强度和延展性得到了明显改善。还有利用 200 nm 厚氧化铝片和壳聚糖合成了高强质比的仿贝壳叠层复合材料[43]。这种仿贝壳砖泥结构材料可以应用于制造飞机机翼或发动机涡轮叶片等。同时,这种仿生学设计方法还可以应用于采用金属、塑料等材料多种 3D 打印技术,以改善或提高打印部件的力学性能[44]。在工程领域中,工程师经常通过优化设计材料的空间构造方式以提升整体结构性能,如叠层纳米碳纤维增强材料、泡沫金属及建筑网架等。

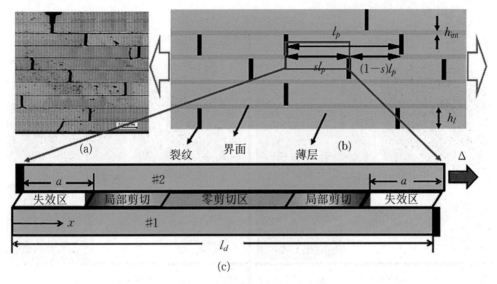

图 8.5　仿生贝壳微纳结构材料

(a) 层间断裂的 $Al_2O_3/LaPO_4$ 不连续层状结构[41];(b) 非连续层间结构模型;
(c) 界面层间断裂中的界面剪切滞后模型[42]

8.2.5　三维拓扑超材料

我们可以利用拓扑状态来调控沿着边缘或围绕局部缺陷结构材料的力学性质[45]。所构建弹性网络的刚性行为以极化拓扑不变量为特征。具有均匀偏振的材料,取决于极化相对于终止表面的取向是否显示为剧烈的边缘柔软度范围。不过,迄今为止在提出的所有三维力学超材料中,拓扑模式在 Weyl 循环中都与组织它们的大量软模式混合在一起。通过位错线来定位内部区域的拓扑软模式是三维仿晶格材料所特有的属性。这种三维拓扑超材料的设计策略[46]可以有效地调控沿着环路定位的柔软度和应力状态。

依据晶体学中的布拉格晶格结构,可以制备出任意刚性和非刚性纳米晶格拓扑结构(如图 8.6 所示)[47]。其中包括常见的八面体桁架结构、立方八面体几何结构、三维的 Kagome 三角网格结构和四面体结构。这四种纳米晶格拓扑结构具有不同程度的刚度和平均节点连通性(Z):① 八角形桁架(刚性,$Z=12$);② 立方八面体(周期性刚性,$Z=8$);③ 三维 Kagome(周期性刚性,$Z=6$);④ tetrakaidecahedron(非刚性,$Z=4$)。每个纳米晶格由固体聚合物和具有椭圆形横截面的空心 Al_2O_3 梁构成,这是采用了不同制造技术方法的结果[28,48]。

在仿晶格的几何结构优化设计中,人们多会结合计算机数值模拟技术和 3D 打印技术协同设计的步骤。其中图 8.6 为整体几何结构的 CAD 模型和 SEM 图。从仿晶格的最小单位单元格开始,自下而上周期阵列出胞状模型。这样的仿晶格几何结构在制造过程中,极具难度的问题就是桁架结构节点处的连接方式及应力集中问题,这些进而会影响到整体结构的强度。

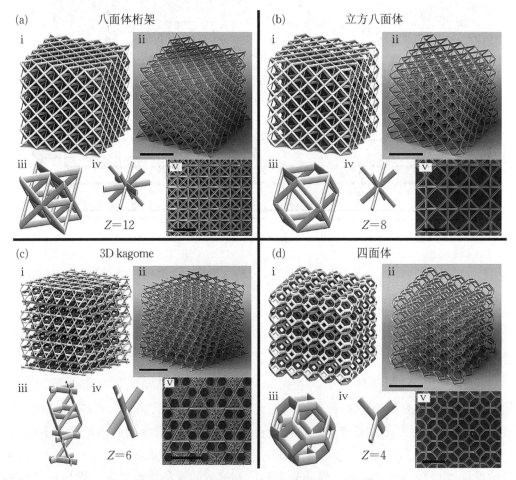

图 8.6　刚性和非刚性四种纳米晶格拓扑结构[47]

(a)八面体桁架;(B)立方八面体;(c)3D Kagome;(d)四面体。

其中(ⅰ)完整结构 CAD 模型,(ⅱ)完整结构 SEM 图,10 mm,

(ⅲ)是单元格胞状 CAD 模型,(ⅳ)节点连接,(ⅴ)结构顶部,单位长度 5 mm

　　这些不同类型的仿晶格力学超材料,提供了一系列设计变量以优化整体结构材料的致密度和比强度等超常力学属性。其中包括不同类型的拓扑结构,例如泡沫式结构、蜂窝式或网格结构材料,有研究选择近 13 个单元尺寸和单元壁的材料[45]。这些多尺度的参数选择和材料的选用,不仅会影响整体几何结构的刚度和抗压强度,还会影响到结构材料的后屈曲特性直至致密化特征。为此,这种三维拓扑结构优化还需要了解动态压缩响应。胞状几何结构材料的动态抗压强度受材料应变速率灵敏度和惯性效应的影响。为此,强度优化设计和 3D 打印制造部分,单独列出第 9 章和第 11 章予以详细阐释。

8.3 仿晶体缺陷结构的力学属性增强效应

自然晶体结构本身，科学抽象出理想化的空间点阵结构。这种仿晶格材料的科学抽象化设计是一回事，而在生产实践过程中，是否有效又是另一回事。因为是否有理取决于理性论证，而是否有效却取决于人们的需要以及时代的需要[49]。Colin Humphreys 曾有言，"Crystals are like people，it is the defects in them which tend to make them interesting"。拙译为晶体和人一样，正是其本身的缺陷，才让它们更为生动有趣。一旦自然材料统一于一个完美的概念，相应的材料属性表象就会自动消失了。这一点可以换个角度来理解，一旦人类统一于一个完美概念，文化就自动消失了。当不需要外在标准时，也就不需要任何批评标准。因此，主观就成为客观，文化就化为心理，可以说，万物齐一就不再有文化，物我为一就不再有文化。一切事物的平等价值，达到取消任何价值"[49]。类似地，正是因为自然材料存在着点缺陷、线缺陷和面缺陷，才使得晶体结构材料的不同材料属性之间，如强度与韧性，抗氧化腐蚀性与可焊接性等，更具多样化的权衡(trade-off)。

8.3.1 二维晶格类型及其屈曲

以模式转换刚度可调力学超材料为例，完美多孔胞状结构材料中的周期性弯曲图案模式，受外力作用而形成的塌陷表面，在其下面的微结构中不可避免地包含晶格缺陷，相应的组成材料中应力失效的发生也是在所难免的。其中几何结构的屈曲应力可以量化，以获得二维胞状几何结构中的一些初始失效的上边界。一般情况下，通过梁柱矩阵方法分析的晶格结构类型包括方形网格、三角形网格、六边形蜂窝、分级六边形蜂窝结构和三阶手性蜂窝结构(如图 8.7 所示)[50,51]。图中角度 θ 给出了三阶手性晶格中直壁的取向。

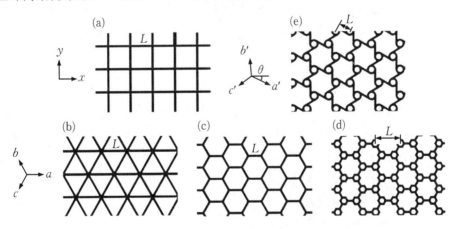

图 8.7 通过梁柱矩阵方法分析的晶格结构的类型[50]

(a) 方形网格；(b) 三角形网格；(c) 六边形蜂窝；(d) 分级六边形蜂窝结构；(e) 三阶手性蜂窝结构

具体地说,我们需要注意胞状几何结构内壁的侧向载荷的作用,即胞状结构侧壁作用力的非轴向分量,以抑制周期性结构的不稳定性。例如,在具有拉伸主导行为的三角形网格中,单元壁中的横向作用力基本为零。结果,在这样的几何结构中的单元壁不会发生预屈曲弯曲变形。在所有应力状态下,我们都可以观察到宏观载荷-位移曲线的分叉(bifurcation)现象。因此,尽管遵循基本屈曲规则,但是不同周期模式的屈曲带有各种不同的失效模式,例如,六边形和三角形蜂窝结构中的二次屈曲模式;在一般的宏观应力状态下,一些二维胞状几何结构的屈曲状态(如图 8.8~图 8.10 所示)[50]。此外,基础理论研究工作需要将具有不同形状的周期性结构模式量化,以结合塑性崩溃标准[52]。然后,可以为蜂窝结构构建全面的多轴、多故障表面。

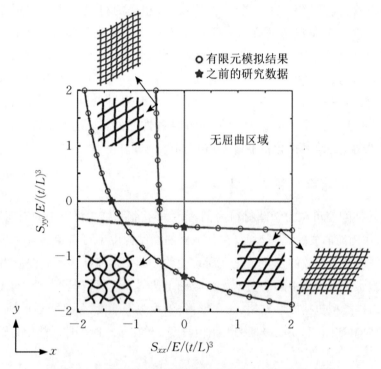

图 8.8　方形蜂窝结构的摇摆、非摇摆和长波屈曲模式[50]

8.3.2　三角形 Kagome 晶格结构

　　仿晶格缺陷材料方面研究相对较多的是涉及力学不稳定的 Kagome 三角栅格网络结构。Kagome 三角形晶格同时也可用于设计具有剪切模量消隐的力学超材料,或者说,在负泊松比拉胀超材料几何学中,同样存在着这种类型的旋转三角形晶格网络结构[53-56]。有研究称,可以将 Kagome 晶格结构[57]确定为一种理想化科学抽象的刚性和静态决定性的晶格结构材料[58,59]。人们针对这样的晶格结构发起了数十项研究,包括宏观尺度上的力学性质及技术重要性[60-62]。由于多尺度实验测量检测和多尺度计算模拟技术的应用,最近 Kagome 三角形晶格的研究出现了新一轮的发展趋

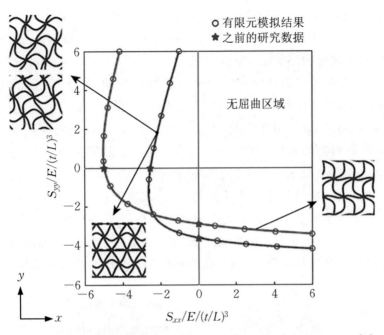

图 8.9　根据模式 I 和 II 的三角形网格在 x-y 双轴加载下的屈曲模式[50]

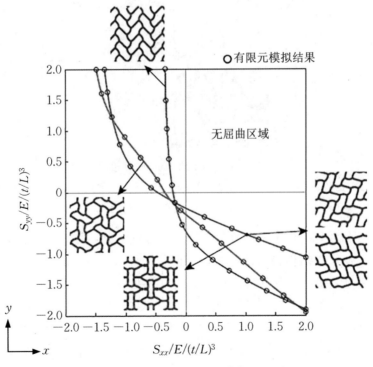

图 8.10　根据单轴、双轴和花状屈曲模式[50]，沿 x(即带状方向)和
y(即锯齿形或横向)双轴加载下正六边形蜂窝结构的双轴屈曲塌陷模式

势。从本质上来说，Kagome 三角形晶格概念来自胞状几何结构的晶格[58]，其中，各种相应的力学性质研究，多集中在如何有效地调控剪切/体积模量方面。此外，还存在一些由此晶格而衍生出来的不同几何结构，例如一些堆叠模式的三角形 Kagome 晶格结构，它们也被称为胞状 Kagome 晶格[63]。

如图 8.11 所示，相对简洁的 C3v 单元格扭转模式的 Kagome 晶格网络结构，主要由 Kagome 三角形晶格和其他周期性等压晶格构建而形成[59,64-66]。在这样的晶格体系中，每一个 Kagome 晶格单元格都是各向同性的，并且呈现体积模量消隐的特性。这种不寻常的力学行为，即消失的体积模量，可以促使声波的表面波达到隐身[67,68]，具体应用可参见第 4 章所述。这种扭转模式的 Kagome 三角形晶格，其体积模量的消隐和负泊松比等超常力学性能的出现，取决于这类几何结构对力学边界条件和 Kagome 扭转性质本身的高度敏感[67]；或者，在周期性弹性体结构中的 Kagome 三角形晶格，是否可以包括具有多个折叠机构内圆形直孔的三角形阵列[57,69]。二维刚性周期性晶格网络的几何分析，也可以产生高度动态可调的声子晶体。

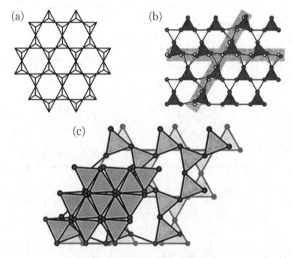

图 8.11　等静力 Kagome 晶格

（a）宏观 Kagome 平面和四面体核心[57,62]；（b）Kagome 晶格及其软（floppy）模式[66]；

（c）扭转晶格的叠加快照，显示随着角度增加而减小的区域[67]

研究二维平面 Kagome 三角形晶格的基本力学机制，目的是经由二维几何失措，从而促使对三维几何结构材料的探索。同时，三维 Kagome 晶格结构[70]也可以转化为堆叠的胞状力学超材料及其他扭转型的三角形网络模式。正是因为这些三角晶格结构的三维形状内在力学特性，所以它们有时也类似于一种理想的流体，在某些情况下，这确实符合设计者的愿望。也就是说，各种不同类型的力学超材料及不同的晶格结构，是在不断变化中前进的。在无声无息的平静海面下，不同力学超材料之间如同暗流一样呈现着千丝万缕的联系。

8.3.3 仿晶格内的位错缺陷的 Kagome 晶格

在大多数情况下,我们可以利用拓扑学模式原理模拟力学超材料中的位错[64]。图 8.12 显示了从刚性三角模板制造出来的原型 Kagome 晶格的拓扑模式。起始立方晶格中的每一个引入点(黄色标识),在最终的形变晶格中均有 4 个键合。换个角度来讲,具有原始矢量的方格引入单个点,并由此产生仅包含四个协调点的变形 Kagome 晶格,呈现出了三角形或五边形的特定区域,这意味着线缺陷类似位错的存在。其中,四点晶胞中的矢量 c 中的每个点,得到一个扭转的正方晶格,并包含相同偶极矩的位错,与此同时呈现非零拓扑极化。

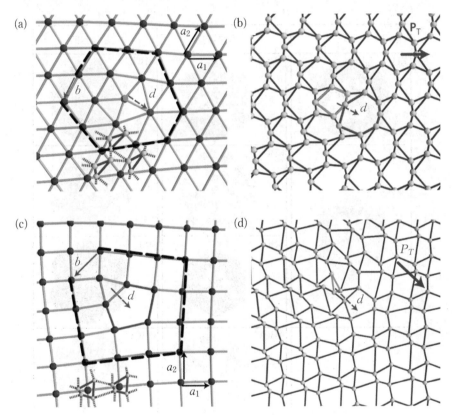

图 8.12 仿晶格内的位错缺陷的 Kagome 晶格数值模拟[64],以各种三角形和五边形区域呈现

(a) 具有原始矢量 $\{a_1, a_2\}$ 的六边形晶格;(b) 通过在 a 中装饰三角形格子
而获得的变形的 Kagome 晶格;(c) 拓扑极化;(d) 用四点晶胞装饰 c 中的每个点,
得到一个扭曲的正方晶格,它包含相同偶极矩的位错,并具有非零拓扑极化

故而,拓扑软模(soft modes)可以定位在力学超材料中所期望的位置,同时对各种几何结构变形,或材料参数的变化不敏感[68,71,72]。这些受保护的模式位于变形的 Kagome 和方格中的位错区域,于是这种与晶格缺陷相关的拓扑状态,与晶体体系中的空间点阵结构模型相类似。更进一步,借助三维先进表征检测技术,在原子分辨率高精度的纳米几何结构原位图像中,随时可以放置人工构造的晶体缺陷,例如此处所

提及的位错。

随着计算技术的飞速发展，以及原子级量化表征技术的不断推进，利用各种几何拓扑结构来模拟传统材料的晶格缺陷（例如这里的位错），这可能是未来力学超材料的发展趋势。因此，曾经在建筑学的结构力学领域中所设计的千姿百态的几何结构形式，或折纸手工艺术等其他领域的设计理念，有望源源不断地引入力学超材料的几何设计与超常力学性能的研究与开发。

此外，对于第 7 章所提及的因屈曲导致的模式转换刚度可调材料，我们可以将其二维软材料拓展成三维的结构形式，这样就形成了屈曲晶格材料（bucklicrystals）（如图 8.13 所示）[73]。为简单起见，图中用 6、12 和 24 个孔分别为红色、绿色和蓝色着

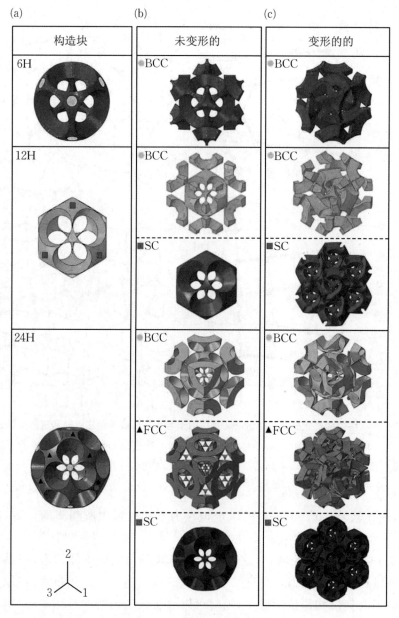

图 8.13   bucklicrystals 汇总[73]

力学超材料的构筑与超常性能

（a）具有 6、12 和 24 个孔的构件；（b）未变形时 bucklicrystal 的体积元素（RVE）；

（c）单轴压缩下 RVE 的弯曲配置

色。此外,还分别使用黄色圆圈、黑色三角形和品红色方块来识别构建块与周围单元的连接点,用于 bcc、fcc 和 sc 填充配置。术语 bucklicrystals 指的是球壳状图案的周期排列,而且整体结构在外力作用下经历各向同性的体积收缩效应。为此,三维几何结构中的相连杆件经受着一致的第一屈曲模式。这就暗示着包含 6、12、24、30 和 60 个孔的图案,可以作为构建的几何单元。6、12 和 24 孔的屈曲晶格材料显示了各向同性的体积收缩,是三维的负泊松比结构。事实上,几何结构本身的泊松比呈现着对其应变的非线性响应。也就是说,起初为负值,最终在较大应变平台上取得较大负值的泊松比,如负泊松比分别为 -0.4、-0.2 和 -0.5。除了 6 孔模式的屈曲晶格外,其他孔数的晶格都保持着在较大应变(如 $\varepsilon = 0.3$)下的横向对称行为[73]。

值得一提的是,通过这样的晶格结构优化设计,我们可以将三角形等不同晶格结构推广到其他相关的力学超材料类型中去,例如第 10 章所论述的折纸超表面材料外在表现出来的折痕周期性图案。图 8.14 显示了折纸结构的曲面折叠模式的这些折痕简化成的 Kagome 三角形晶格网络[74]。图 8.14(a)给出了周期性的 Miura-ori 折叠模式,没有山峰和山谷褶皱,只是一个简单的有向几何结构,其中一个单位单元由 4 个顶点组成。通过细分这 4 个顶点,整个曲面折叠模式就可以出现了。值得注意的是,曲面周期阵列是矩形的,晶格矢量 $a_1 = a\hat{x}$ 和 $a_2 = b\hat{y}$。图 8.14(c)为简化后的三角形网络结构在傅立叶空间中进行等效为相关的移动过程,左侧显示的是 x 方向平移,中间显示在 y 方向上平移,右侧显示连接额外折叠涉及跨越晶胞的对角线平移。值得注意的是,5 个内部折叠的相位因子相等于一。

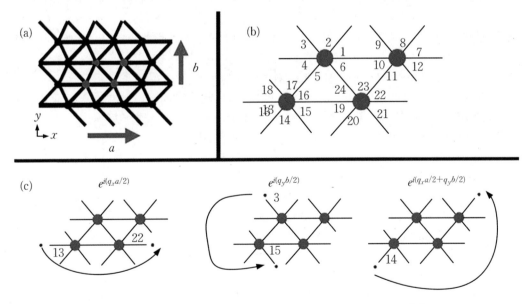

图 8.14　折纸结构的曲面折叠模式的力学三角网格简化理论[74]

(a) Miura-ori 折叠模式;(b) 每个顶点有 6 个折叠的方式标记;(c)傅立叶空间中,与在整个曲面排布这些折叠连接在一起相关的平移,相当于与适当的波数和晶格矢量相关联的相位因子

这种简化分析可以将工程技术中的折纸工艺与晶体学物理紧密地联系在一起。应用类似于固体力学的表征检测方法，真正地将折纸几何结构视为一类创新性材料。可以借鉴布拉格晶格点阵的几何晶体学知识、米勒指数，甚至择优的晶格取向，即用 Bunge 符号体系中的三个欧拉角来表示的 Euler 空间中的微纳几何结构[75]，为结构优化设计提供理论基础和多稳态力学超材料的设计机制。其他的利用折纸结构所形成的仿晶格缺陷材料，可参见第 10 章所述。

参 考 文 献

[1] 潘金生，仝健民，田民波. 材料科学基础[M]. 北京：清华大学出版社，1998.

[2] 孟中岩，姚熹. 电介质理论基础[M]. 北京：国防工业出版社，1980.

[3] 潘兆橹. 结晶学及矿物学[M]. 北京：地质出版社，1993.

[4] 倪旭，张小柳，卢明辉，等. 声子晶体和声学超构材料[J]. 物理，2012，41：655-662.

[5] JOANNOPOULOS J D, VILLENEUVE P R, FAN S. Photonic crystals：putting a new twist on light[J]. Nature, 1997, 386：143-149.

[6] PARIMI P V, LU W T, VODO P, et al. Photonic crystals：Imaging by flat lens using negative refraction[J]. Nature, 2003, 426：404-404.

[7] 朱莉娅·安纳斯. 古典哲学的趣味[M]. 张敏，译. 南京：译林出版社，2012.

[8] JOHN S. Strong localization of photons in certain disordered dielectric superlattices[J]. Physical Review Letters, 1987, 58：2486.

[9] YABLONOVITCH E. Inhibited spontaneous emission in solid-state physics and electronics[J]. Physical Review Letters, 1987, 58：2059.

[10] 彭茹雯，李涛，卢明辉，等. 浅说人工微结构材料与光和声的调控研究[J]. 物理，2012，41：569-574.

[11] 马锡英. 光子晶体原理及应用[M]. 北京：科学出版社，2010.

[12] JOANNOPOULOS J D, JOHNSON S G, WINN J N, et al. Photonic crystals：molding the flow of light[M]. Princeton：Princeton University Press, 2011.

[13] 温熙森. 光子/声子晶体理论与技术[M]. 北京：科学出版社，2006.

[14] DEYMIER P A. Acoustic metamaterials and phononic crystals[M]. Berlin：Springer Science & Business Media, 2013.

[15] GREER J R. DE HOSSON J T M, Plasticity in small-sized metallic systems：Intrinsic versus extrinsic size effect[J]. Progrossin Maerials Science, 2011, 56：654-724.

[16] HULL D, BACON D J. Introduction to dislocations[M]. Oxford：Butterworth-Heinemann, 2001.

[17] LI X, GAO H. Smaller and stronger[J]. Nature Materials, 2016, 15：373-374.

[18] MONTEMAYOR L, CHERNOW V, GREER J R. Materials by design：Using architecture in material design to reach new property spaces[J]. MRS Bulletin, 2015, 40：1122-1129.

[19] MONTEMAYOR L C, GREER J R. Mechanical response of hollow metallic nanolattices：combining structural and material size effects[J]. Journal of Applied Mechanics, 2015, 82：071012.

[20] FLECK N, DESHPANDE V, ASHBY M. Micro-architectured materials：past, present and

future[J]. Proceedings of the Royal Society A, 2010, 466: 2495-2516.

[21] BAUER J, SCHROER A, SCHWAIGER R, et al. Approaching theoretical strength in glassy carbon nanolattices[J]. Nature Materials, 2016, 15: 438-444.

[22] GAO H, JI B, JAGER I L, et al. Materials become insensitive to flaws at nanoscale: lessons from nature[J]. Proceedings of the National Academy of Sciences, 2003, 100: 5597-600.

[23] JANG D, MEZA L, GREER F, et al. Fabrication and deformation of three-dimensional hollow ceramic nanostructures[J]. Nature Materials, 2013, 12: 893-898.

[24] LAKES R. Materials with structural hierarchy[J]. Nature, 1993, 361: 511-515.

[25] PALKOVIC S D, BROMMER D B, KUPWADE-PATIL K, et al. Roadmap across the mesoscale for durable and sustainable cement paste-A bioinspired approach[J]. Construction and Building Materials, 2016, 115: 13-31.

[26] SUN H, XU Z, GAO C. Multifunctional, ultra-flyweight, synergistically assembled carbon aerogels[J]. Advanced Materials, 2013, 25: 2554-2560.

[27] SCHAEDLER T A, JACOBSEN A J, TORRENTS A, et al. Ultralight metallic microlattices [J]. Science, 2011, 334: 962-965.

[28] MEZA L, ZELHOFER A, CLARKE N, et al. Resilient 3D hierarchical architected metamaterials[J]. Proceedings of the National Academy of Sciences, 2015, 112: 11502-11507.

[29] ZHANG X, YAO J, LIU B, et al. Three-dimensional high-entropy alloy-polymer composite nanolattices that overcome the strength-recoverability trade-off[J]. Nano Letters, 2018, 18: 4247-4256.

[30] JACOBSEN A, CARTER W, NUTT S. Compression behavior of micro-scale truss structures formed from self-propagating polymer waveguides[J]. Acta Materialia, 2007, 55: 6724-6733.

[31] RASHED M G, ASHRAF M, MINES R A W, et al. Metallic microlattice materials: A current state of the art on manufacturing, mechanical properties and applications[J]. Mater Des, 2016, 95: 518-533.

[32] ECKEL Z C, ZHOU C, MARTIN J H, et al. Additive manufacturing of polymer-derived ceramics[J]. Science, 2016, 351: 58-62.

[33] LEWANDOWSKI J J, SEIFI M. Metal additive manufacturing: A review of mechanical properties[J]. Annual Review Materials Research, 2016, 46: 151-186

[34] VALDEVIT L, JACOBSEN A J, GREER J R, et al. Protocols for the optimal design of multifunctional cellular structures: from hypersonics to micro-architected materials[J]. Journal of the American Ceramic Society, 2011, 94: 15-34.

[35] 贾贤. 天然生物材料及其仿生工程材料[M]. 黄慧慧, 译. 北京: 化学工业出版社, 2007.

[36] CUI J. Multiscale structural investigation of bamboo under compressive Loading[D]. Massachusetts Institute of Technology, 2017.

[37] MAO L B, GAO H L, YAO H B, et al. Synthetic nacre by predesigned matrix-directed mineralization[J]. Science, 2016, 354: 107.

[38] WEGST U G, BAI H, SAIZ E, et al. Bioinspired structural materials[J]. Nature Materials, 2015, 14: 23-36.

[39] 崔福斋, 冯庆玲. 生物材料学[M]. 北京: 清华大学出版社, 2004.

[40] AITKEN Z H, LUO S, REYNOLDS S N, et al. Microstructure provides insights into evolution-

ary design and resilience of Coscinodiscus sp. frustule[J]. Proceedings of the National Academy of Sciences, 2016, 113: 2017-2022.

[41] TOMASZEWSKI H, WĘGLARZ H, WAJLER A, et al. Multilayer ceramic composites with high failure resistance[J]. Journal of the European Ceramic Society, 2007, 27: 1373-1377.

[42] SONG Z Q, NI Y, PENG L M, et al. Interface failure modes explain non-monotonic size-dependent mechanical properties in bioinspired nanolaminates[J]. Scientific Reports, 2016, 6: 23724.

[43] BONDERER L J, STUDART A R, GAUCKLER L J. Bioinspired design and assembly of platelet reinforced polymer films[J]. Science, 2008, 319: 1069-1073.

[44] 马骁勇, 梁海弋, 王联凤. 三维打印贝壳仿生结构的力学性能[J]. 科学通报, 2016, 61: 728-734.

[45] HARRIS J A, WINTER R E, MCSHANE G J. Impact response of additively manufactured metallic hybrid lattice materials[J]. International Journal of Impact Engineering, 2017, 104: 177-191.

[46] BAARDINK G, SOUSLOV A, PAULOSE J, et al. Localizing softness and stress along loops in 3D topological metamaterials[J]. Proceedings of the National Academy of Sciences, 2018, 115: 489-494.

[47] MEZA L R, PHLIPOT G P, PORTELA C M, et al. Reexamining the mechanical property space of three-dimensional lattice architectures[J]. Acta Materialia, 2017, 140: 424-432.

[48] MEZA L R, DAS S, GREER J R. Strong, lightweight, and recoverable three-dimensional ceramic nanolattices[J]. Science, 2014, 345: 1322-1326.

[49] 桑德尔. 反对完美[M]. 黄慧慧, 译. 北京: 中信出版社, 2013.

[50] HAGHPANAH B, PAPADOPOULOS J, MOUSANEZHAD D, et al. Buckling of regular, chiral and hierarchical honeycombs under a general macroscopic stress state[J]. Proceedings of the Royal Society A, 2014, 470: 20130856.

[51] RAYNEAU-KIRKHOPE D, DIAS M. Recipes for selecting tailure modes of 2-d lattices[J]. Extreme Mechanics Letters, 2016, 9: 11-20.

[52] HAGHPANAH B, PAPADOPOULOS J, VAZIRI A. Plastic collapse of lattice structures under a general stress state[J]. Mechanics of Materials, 2014, 68: 267-74.

[53] GRIMA J, EVANS K. Auxetic behavior from rotating triangles[J]. Journal of Materials Science, 2006, 41: 3193-3196.

[54] GRIMA J, GATT R, ELLUL B, et al. Auxetic behaviour in non-crystalline materials having star or triangular shaped perforations[J]. Journal of Non-Crystalline Solids, 2010, 356: 1980-1987.

[55] GRIMA J, CHETCUTI E, MANICARO E, et al. On the auxetic properties of generic rotating rigid triangles[J]. Proceedings of the Royal Society of London A, 2012, 468: 810-830.

[56] CHETCUTI E, ELLUL B, MANICARO E, et al. Modeling auxetic foams through semi-rigid rotating triangles[J]. Physica Status Solidi B, 2014, 251: 297-306.

[57] WICKS N, HUTCHINSON J. Sandwich plates actuated by a Kagome planar truss[J]. Journal of Applied Mechemics, 2004, 71: 652-662.

[58] HYUN S, TORQUATO S. Optimal and manufacturable two-dimensional, Kagome-like cellular solids[J]. Journal of Materials Research, 2002, 17: 137-144.

[59] WILLS A, BALLOU R, LACROIX C. Model of localized highly frustrated ferromagnetism: the

kagomé spin ice[J]. Physical Review B, 2002, 66: 144407.

[60] HUTCHINSON R, WICKS N, EVANS A, et al. Kagorne plate structures for actuation[J]. Internation Journal of Solids and Structures, 2003, 40: 6969-6980.

[61] WANG J, EVANS A, DHARMASENA K, et al. On the performance of truss panels with Kagome cores[J]. Internation Journal of Solids and Structures, 2003, 40: 6981-6988.

[62] LUCATO S, WANG J, MAXWELL P, et al. Design and demonstration of a high authority shape morphing structure[J]. Internation Journal of Solids and Structures, 2004, 41: 3521-3543.

[63] PAULOSE J, MEEUSSEN A, VITELLI V. Selective buckling via states of self-stress in topological metamaterials [J]. Proceedings of the National Academy of Sciences, 2015, 112: 7639-7644.

[64] PAULOSE J, CHEN B-G, VITELLI V. Topological modes bound to dislocations in mechanical metamaterials[J]. Nature Physics, 2015, 11: 153-156.

[65] MAO X, SOUSLOV A, MENDOZA C, et al. Mechanical instability at finite temperature[J]. Nature Communications, 2015, 6: 5968.

[66] MAO X, LUBENSKY T. Coherent potential approximation of random nearly isostatic Kagome lattice[J]. Physical Review E, 2011, 83: 011111.

[67] SUN K, SOUSLOV A, MAO X, et al. Surface phonons, elastic response, and conformal invariance in twisted Kagome lattices[J]. Proceedings of the National Academy of Sciences, 2012, 109: 12369-12374.

[68] VITELLI V. Topological soft matter: Kagome lattices with a twist[J]. Proceedings of the National Academy of Sciences, 2012, 109: 12266-12267.

[69] SHAN S, KANG S, WANG P, et al. Harnessing multiple folding mechanisms in soft periodic structures for tunable control of elastic waves[J]. Advanced Functional Materials, 2014, 24: 4935-4942.

[70] KANG S, SHAN S, KOŠMRLJ A, et al. Complex ordered patterns in mechanical instability induced geometrically frustrated triangular cellular structures[J]. Physical Review Letters, 2014, 112: 098701.

[71] CHEN B G-G, UPADHYAYA N, VITELLI V. Nonlinear conduction via solitons in a topological mechanical insulator[J]. Proceedings of the National Academy of Sciences, 2014, 111: 13004-13009.

[72] KANE C, LUBENSKY T. Topological boundary modes in isostatic lattices[J]. Nature Physics, 2014, 10: 39-45.

[73] BABAEE S, SHIM J, WEAVER J, et al. 3D Soft metamaterials with negative Poisson's ratio [J]. Advanced Materials, 2013, 25: 5044-5049.

[74] EVANS A, SILVERBERG J, SANTANGELO C. Lattice mechanics of origami tessellations[J]. Physical Review E, 2015, 92: 013205.

[75] BUNGE H-J. Texture Analysis in Materials Science: Mathematical Methods[M]. Berlin: Butterworth, 1982.

第9章　轻质超强力学超材料

本章论述力学超材料的高强度、轻量化特征(E/ρ)。这类轻质超强力学超材料的几何结构可分为四大类,即多尺度分级胞状材料、手性/反手性结构材料、微/纳米晶格材料(第8章)、曲面折叠的折纸超表面材料(第10章)。其中,单元格或经典物理学中的原始单元格是最小的晶格结构单元,在装配成周期性几何结构晶格的固体结构后,会重新创建未变形的几何形貌和加载模式。此处仅涉及微纳几何尺寸上的人工晶格结构材料及超常力学属性,而关于相应的制备技术,例如3D打印过程中相关强度问题,笔者将在第11章中予以深入论述。

为此,本章的行文结构安排是这样的:首先,第9.1节对轻质超强力学超材料进行定义与简要分类;然后,第9.2节主要论及这些人工材料的单元格结构,第9.3节侧重于介绍这些单元格结构的周期性排列特征及具体的几何结构设计,第9.4节主要讨论轻质超强超材料的理论设计基础,以及用以实现的超常力学性能;更进一步,第9.5节引入了超常力学性能的评估手段和相关表征技术;最后,第9.6节展望这些轻质超强力学超材料的工程应用愿景。

9.1　轻质超强力学超材料的定义与分类

一般情况下,适用于许多工程实践应用的理想材料同时具有以下两种或多种性能:高刚度、高强度、高韧性和低质量密度[1]。例如,珍珠质等生物天然材料由于其层次性和交错的微观几何结构,同时可以实现高刚度、高强度和高韧性[2,3]。依据这样材料结构设计的相似理念,目前的新材料开发意在通过合理的几何结构搭建,从而构筑起超常的材料性质,尤其是超硬、超强、超韧和超轻等特性。故而,本节将从超强和超轻两个特性相结合的角度,来简要论述轻质超强力学超材料的定义与范畴。

9.1.1　轻质超强结构材料的源起

桥梁、建筑和工程机械中的轻量化结构比较常见,其轻质高强的优势其实也不难理解。以日常生活中的汽车为例,车体整体质量的减轻,可以带来更便捷的操控性,发动机输出的动力能够产生更高的加速度[4]。而且,起步时加速性能会变得更好,刹车时的制动距离也会变得更短。要实现轻量化,在宏观层面上,我们可以通过采用轻质材料,例如钛合金、铝合金、镁合金、陶瓷、塑料、玻璃纤维或碳纤维复合材料等来达到目的。微观层面上,我们可以通过采用高强度结构钢这样的材料,使零件设计得更紧凑和小型化。与此同时,3D打印也带来了在几何结构设计层面上达到轻量化的可行性。目前,实现轻量化的主要途径有很多,例如,中空夹层/薄壁加筋结构、镂空点阵结构(参见第8.2.3节)。

不过,自然材料的力学属性是由化学元素组成,及其原子或离子在多尺度空间上的排列所决定的。这种原子尺度上的组成特性,从根本上限制了它们相互之间不同的力学性能。所以当我们在选择特定材料进行具体应用时,就需要对不同的材料属性进行权衡。例如,强度和密度本质上是相互关联的,对自然材料来说,一般情况下材料越密集的话,其材料的密度就越高,那么材料的强度属性就越强。换句话说,在通常情况下,在实际工程应用中,人们希望材料具有较高的杨氏模量和较低的静态质量密度,但质量密度减小往往会引起杨氏模量的大幅度减小。为此,超轻超强的力学超材料应运而生。

随着先进的微纳米增材技术的不断发展,同时结合数值计算和拓扑优化设计,研究发现,我们可以创建具有之前无法实现的性能组合的新材料系统。这些超材料的力学性能不再仅仅取决于材料的化学成分,更重要的是,会受到多尺度上的几何结构的控制。为此,协同两个主要材料设计手段,即微纳米材料的尺度效应和超材料的几何结构调控,轻质超强力学超材料成为材料创新设计的主要生长点。通常这些材料密度可小于 $10\ \text{mg/cm}^3$。这种结合超刚性和超轻量级的力学超材料类型,正在超越现有天然材料的力学性能,逐渐成为新材料的研究开发前沿。

9.1.2 轻质超强力学超材料的定义与范畴

微纳晶格力学超材料(micro-/nano-architected mechanical metamaterials)可定义为由大量尺寸相同纤细梁或杆组成的胞状、网格状、桁架式或晶格结构材料。这样的晶格材料是将一个结构单元在整个空间进行排布而完成的[5]。相应的单元格可以由几个梁或杆等不同元素组成。因此,单元格的几何尺寸及它的排布方式对于晶格材料的结构设计十分重要。这种类型的力学超材料,代表了一种新的材料设计方法,采用该方法能够人工构建以前自然材料无法实现的超强超轻组合及增强的力学性能。轻质超强力学超材料指的是在低密度下刚度,强度和韧性等诸多力学属性超强耦合的一种人工结构材料。具体来说,这种材料的质量密度一般小于 $10\ \text{mg/cm}^3$[6]。

近年来,涉及强度与轻质(E/ρ)的超轻超强力学超材料研究越来越深入,大致可分为4种结构形式:① 分级式的微纳晶格网状材料;② 手性与反手性几何结构材料;③ 折纸技术中曲面折叠超表面材料,用来模拟位错等晶格缺陷,从而提高超材料的力学性能;④ 更有将折纸技术与微纳网状晶格结构结合,形成晶格状折纸材料。限于篇幅,此处仅就较具代表性的前两类微纳晶格结构和手性/反手性结构材料,进行简要的叙述,其他类型材料将在第 10 章中予以论述,读者也可以先参见相关的综述文献[7]。而且,依据所构建的晶格几何结构的不同,这些材料又可以分为 5 种类型,即人工晶格结构、开孔泡沫结构、闭孔泡沫结构、六边形蜂窝结构和手性/反手性几何结构。

在轻质超强的力学超材料中,材料属性可以通过复杂排布和多尺度几何结构来控制。例如蜂窝结构、杆件梁结构、植物薄壁组织结构和海绵形式[8-10]等微纳几何结构,与组成材料的化学成分一起,共同决定着所制备材料的力学性能。为此,通过在多孔固体中设计高度有序的拓扑结构,可以设计这些材料在自然界中没有的力学响应特性,进而来构建力学超材料[11]。在微/纳米晶体超材料的设计中需要考虑两个因素,即人工原子(即单元格)及曲面周期排布的形式。这是因为大多数人造多孔超轻空间几何结构材料(小于 10 mg/cm^3)都是由各种固体组分制成的。在这种具有结构等级的超材料中,结构刚度取决于相对密度和胞状几何结构,即在自然固体中各种不同孔隙的空间构型[6,12]。为此,第 9.2 节将论述其一决定因素——单元格,第 9.3 节会阐释其相应的周期排列的几何结构设计过程。

9.2 轻质超强力学超材料的单元格结构

点阵结构或多孔材料能在微观层面上降低产品的质量。例如,在骨植入物中,通过局部变化来模仿骨的硬度,这样不仅能实现轻量化的目的,还使人体更加容易接纳这样的植入物[13,14]。不过,这需要通过点阵的单元格结构来实现。单元格结构就像建筑用的空心砖,单元格的有效选用是帮助实现轻质超强的力学性能的重要条件。而且,近些年微纳材料实验也表明,出现在纳米材料的独特尺寸效应,可以有效地传播到宏观性能属性层面[15]。为此,尺寸效应与几何结构设计,可以创造前所未有的性能组合,以期设计更新颖独特的超常工程材料。

9.2.1 人工晶格结构

传统的胞状材料,例如大于 50％孔隙率的泡沫和水凝胶等[16],一般是用随机方法确定晶格结构的空间排布。而人工的微纳米晶体结构的设计理念受天然细胞固体的启发,例如蜂窝状和泡沫状结构,有目的性地对开孔式胞状单元进行周期性或非周期性排布。为此,力学超材料与相对有序的空心晶格相关,其允许人为设计并高度调控胞状几何结构。鉴于对天然胞状材料的研究相对成熟,读者可参阅以前出版的书籍文献[6,17]。此处只涉及微纳尺寸上的人工晶格结构材料,及用 3D 打印制备时相关的强度问题。

在通常情况下,一般人工微纳晶格结构材料可定义为由大量均匀的多尺度晶格元素(例如细长梁或杆棒)构成的胞状几何结构,如蜂窝形状、网状状、桁架或晶格结构材料。这样的晶格材料是将一个结构单元格在整个空间进行排布而完成的[5,18,19]。

对应的单元格可以是仅由几个梁或杆等不同晶格元素组成的。因此,在这些人工晶格材料设计中,单元格的几何尺寸及其排布方式,对于晶格材料的结构设计十分重要。

人工晶格结构分类和表征方式存在许多种。一般情况下,晶体的基元及其周期排列方式,是设计微纳晶格超材料时需要着重考虑的问题。这是因为,大部分超轻质超强力学超材料均由固体材料细杆或梁组成,进而采用多样化个性化的排布方式制备而成。在结构分级的晶格超材料中,其强度主要取决于相对密度和胞状几何结构,即空位和实体的空间配置。胞状材料的这一空间配置从几何拓扑的角度来看,胞状材料的空间结构配置,可以分为开孔式和闭孔式两种单元格类型[6,20](如图 9.1 所示)。它们既可以是随机结构也可以是人工有序结构[21]。也就是说,在泡沫生产工艺过程中,多孔固体中的多孔微结构可能是自然生成的非均质的,抑或是诸如几何结构的专门设计的,其几何结构是非常规则的周期排列。

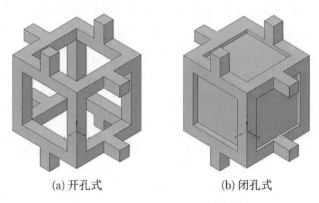

(a) 开孔式   (b) 闭孔式

图 9.1 两种胞状单元格结构[6]

在具体的晶格胞状结构中,开孔式和闭孔式单元结构类型可细化分为由杆件互连而成的点阵结构,以及由薄板组成的泡沫结构[22]。其中基元材料、单元构造和相对密度是影响晶格胞状结构材料的力学性能的三个主要因素[23,24]。这里的单元构造是指杆件或薄板等结构单元的几何形状和拓扑连接方式;相对密度定义为 $\tilde{\rho} = \rho_c/\rho_s$,其中 ρ_c 是胞状结构的质量密度,ρ_s 是组成材料在密实状态的质量密度。对于相同的材料和相对密度,不同的构造可以导致数量级差异的比强度。另一方面,对于不同的材料和相对密度,通过构造设计也可以获得相同的比强度。因此,构造在胞状材料设计中具有关键而灵活的作用。

1. 开孔泡沫结构

如图 9.1(a)所示,开孔泡沫结构所包含的泡孔,绝大多数都是互相连通的连接方式。开孔泡沫结构的获得,需要满足下列条件:① 每个球形或多边形泡孔必须至少有两个孔或两个破坏面;② 大多数泡孔棱必须为至少 3 个结构单元所共有。

与闭孔泡沫几何结构相比较,开孔泡沫结构对水和湿气有更高的吸收能力,对气体和蒸汽有更高的渗透性,对热或电有更低的绝缘性,以及更好的吸收和阻尼声音的能力。

与六边形蜂窝结构不同的是,开孔泡沫对几何结构设计的影响方面,更适合用于刺激环境下,例如应力、流动、热,尤其是不可预测的输入响应。作为吸收能量的高效几何结构,开孔泡沫适用于更复杂的几何结构设计。该材料的组元之间是互联互通的,这使得流体流过这样的几何结构时会更顺畅。

2. 闭孔泡沫结构

闭孔泡沫的泡孔是由泡壁和泡棱围成的闭孔结构[如图9.1(b)所示]。这样的几何结构较为完整,泡孔之间相互联结,互不相通。多泡孔几何结构对自然泡沫塑料的性能存在着重大的影响。一般情况下,闭孔泡沫塑料的力学强度较高,绝热性和冲缓性都较优,吸水性小。与之相比较,开孔泡沫塑料则较为柔软,更富弹性,隔音性良好。闭孔泡沫塑料除具有一般泡沫塑料特性外,还具有较低的导热性和吸水性。为此,闭孔泡沫材料一般用作保温、绝缘、隔音、包装、漂浮、减震以及结构材料等用途。

不过,在实际应用过程中,开孔结构和闭孔结构可能同时存在于自然生成的泡沫中,只是出现的概率有所不同而已。因此,根据泡沫中开孔结构和闭孔结构所占比例,我们将闭孔结构达90%以上的泡沫定义为闭孔泡沫;反之则定义为开孔泡沫。由是而观之,人工构建开孔或闭孔泡沫结构,就会更有目的性和更能适用于不同的实际情况。例如,波音公司就将晶格结构的超轻3D打印材料用于飞机墙面和地板等非机械部件,这使得飞机质量大大减轻,提高了飞机的燃油效率。由于晶格结构拥有独特特性以及低体积容量,晶格结构与功能部件的设计结合已被证明是增材制造发挥潜力的优势领域。

由此可见,人工单元格晶格的外观形状非常类似于开孔泡沫,但与后者不同的是,这些晶格中杆件组分的变形是拉伸变形为主,而不是弯曲变形。晶格结构材料的特点是重量轻、强度比高和特定刚性高,并且可以设计带来各种热力学特征晶格结构的超轻型结构适用于不同的工程应用领域,例如抗冲击/爆炸系统,抑或充当散热介质、声振、微波吸收结构和其他驱动系统。

9.2.2　六边形蜂窝结构

蜂窝的构造非常精巧,而且节省材料。六边形蜂窝结构指的是自然界中蜂巢的基本结构。蜂房由无数个大小相同的房孔组成,房孔为正六角形,每个房孔都被其他房孔包围,两个房孔之间只隔着一堵制的墙壁。这种结构也类似于石墨烯的晶体结构,即一个个正六角形背对背对称排列组合而成的一种结构。值得注意的是,每个房孔的底既不是平的,也不是圆的,而是尖的。这个底由三个完全相同的菱形组成。有人测量过菱形的角度,两个钝角都是109°,而两个锐角都是71°。大自然的神奇魅力正是在于,世界上所有蜜蜂的蜂窝都是按照这个统一的角度和模式建造的。

在这种几何结构中,相邻的房孔共用一堵墙和一个孔底,非常节省建筑材料,该结构同时也有着优秀的几何力学性能,因此在材料学科中被广泛应用。再者房孔是正六边形的,蜜蜂的身体基本上是圆柱形的,蜜蜂在房孔内既不会有多余的空间又不感到拥挤。蜂窝式的几何结构给航天器设计师们带来很大启发,他们采用了蜂窝结构,先用金属制造成蜂窝,然后再用两块金属板把它夹起来就成了蜂窝结构。这种蜂窝结构强度很高,重量又很轻,还有益于隔音和隔热。因此,现在的航天飞机、人造卫星、宇宙飞船的内部大量采用蜂窝结构,卫星的外壳也几乎全部采用蜂窝结构。因此,这些航天器又统称为蜂窝式航天器。

此外,在材料科学领域,还有蜂窝状的微纳孔结构。这涉及直孔的排列,主要理论就是基于当粒子堵塞聚集时,每个粒子周边的接触数与强度的关系。这些研究早年以埃菲尔铁塔为例,皆缘于如何评价超轻质超强人工晶格材料的整体结构强度与质量密度的标度律。

9.2.3 手性/反手性几何结构

手性几何结构就像左右手的关系一样,指的是材料结构上镜像对称而又不能完全重合的材料。其中,在经过一种以上,不改变其中任何两点间距离的操作后能复原的图形,便称为对称图形,例如自身重合。第 2.3.2 节已经概述了这类手性/反手性结构的基本概念。这里仅简要提及其单元格需要论述之处。

在人工构造的手性材料中,圆柱节点组成的一个阵列,彼此间由相切的韧带或肋板相连。如果一个节点上包含 3 到 4 个相切的韧带,我们就称其结构为三阶或四阶反手性结构。在二维基本连接单元中,无论是用左手还是右手,只涉及结构单元中相切的连接韧带是绕结点顺时针抑或逆时针排布。当结点布置在连接韧带的两侧时,则每个相邻结点比较,相切的韧带绕其结点具有相同的旋向,要么都是左旋,要么是右旋,这是手性结构(chiral hierarchical metamaterials)[25-27]。而当结点和连接韧带布置在同一侧时,相邻结点旋向不同,一个是左旋,一个右旋,这时称为反手性结构(antichiral hierarchical metamaterials)[28,29]。在化学结构中,反手性系统是外消旋,相抵消的,因为在基本结构单元中,左旋或右旋的镜像量是相等的,一般称为无手性(achiral)[30]。

值得一提的是,对于单元结构样式中的单元格,包含一个中心圆柱称为节点,其上有六个相切的韧带相连接,称为六阶手性几何结构。换句话说,人工构造的这种六阶对称旋转基本单元,存在着六个相切的连接杆件[31]。因此,它与前述的六边形蜂窝几何结构,就出现了结构上的交叠部分,二者之间的耦合设计也就成了自然而然的趋势。

9.3 轻质超强仿晶格材料的几何结构设计

材料强度问题相继引发了力学超材料领域的不断开拓,如何通过人工的拓扑结构设计去实现高强度或具有超常力学性能的材料,成为新材料设计研发的逐鹿之巅。

拓扑结构更复杂多变的三维力学超材料,其特征尺寸多处于介观范围,即在十几纳米到几百微米之间,通过结构因素耦合(晶格类型、拓扑和尺度)来决定最终整体结构材料的力学行为。人们不仅通过调控其化学组分和组织形貌,更重要的是通过调控人工三维拓扑架构,以确保材料属性和相应的工艺性能。

大多数力学超材料几何结构设计的灵感理念,可以说多受到天然材料的分层多孔固体的启发,例如典型的蜂窝结构、气凝胶和泡沫结构等。从更广泛的意义上说,分层实体通常由自身结构化的几何结构元素组成。宏观层次框架的典型例子是桁架式的建筑桥梁,例如悉尼海港大桥或埃菲尔铁塔等。分层几何结构的思想是在微/纳米尺度上,构建合成新的结构基础,让其产生增强的甚至超常的物理性能,包括超常的强度和韧性,以及将超强度与低密度相结合的不寻常的力学性能。具有结构层次的超材料的刚度,取决于相对密度和它们的几何胞状结构,即空隙和固体物质的空间构型[6,12]。

利用人工几何结构的人工原子组装成轻质高强的力学超材料,其初衷主要体现在两个方面。首先,新近研发的超高强度的轻质结构材料的力学行为表现在强度/密度比中的强度具体数值,以及杨氏模量/密度比中的刚度数值。其次,在人工构造的超材料几何结构优化设计过程中,我们必须求助于自然材料中的晶体学理论,以便更好地理解人工构筑制造的力学超材料,特别是各种金属或聚合物的多材料混合杂化的几何结构类型。为此,本小节的行文安排为:① 以拉伸为主导的八桁架晶格结构为例展开论述,这种类型的几何结构以具有立方对称的面心立方(FCC)晶胞特征进行堆叠排列;② 与之相对的,弯曲变形为主导的四面体几何 Kelvin 晶格点阵结构;③ 其他相关的面心立方/体心立方相关的单个或是组合的晶格结构;④ 六边形蜂窝的几何结构;⑤ 手性/反手性结构的几何结构材料。

值得注意的是,依据晶体学的定义规则,不同的晶格取向可以用米勒指数表示,并设定形成晶格表面就是施加载荷的晶格平面。此外,力学超材料的方向可调谐性发生在可重构的单元对称性体系[32],这听起来像晶体学择优取向的规范。与传统的分层蜂窝几何结构不同,新近开发的折纸曲面折叠力学超材料呈现更高的灵活性、可变形性和紧凑一致性[33,34]。当这种折纸超表面材料的力学模型简化为晶体学分析模型时,我们可以发现这种类型的人工结构材料相应的强化机制,在很大程度上取决于人工构建的晶体缺陷,例如空位、位错和晶界。与折纸相关的人工构筑晶格缺陷,笔者会在第 10 章中予以论述。

9.3.1 拉伸主导的 Octet 晶格点阵结构

在微/纳米人工构造晶格超材料中,密度的降低会导致相应结构材料的力学性能急剧下降。这主要是因为宏观应用载荷下,结构元件会在相连接的韧带水平处发生弯曲变形[21]。在自然界中发现的多孔胞状材料中,强度/密度的比例因子通常是平方、立方或更高次幂,这可以导致不利的非线性力学失效,从而使得结构材料的刚度随着密度降低而出现显著的损失。自然材料在孔隙大小及分布方面，往往具有更多随机变化，它们在应力下会出现规则弯曲现象。而人工几何结构的相对压缩刚度和屈服强度，可以进行人为的设定并构建成以拉伸变形占优的 Octet 晶格点阵结构，从而使得在强度/密度比理论上表现出线性比例关系。为此，本小节将就这种典型的以拉伸为主导的八桁架晶格结构展开简要的阐释，并且侧重于这种立方对称的面心立方(FCC)晶胞的几何结构设计，其产生的超常力学性能及评估表征，将在后续章节中逐步予以论及。

从基本理论原则上讲，我们可以通过几何拓扑优化得到符合目标需求的胞状结构材料[35]。不过，通常相对简捷的做法是从现有的空间点阵结构类型中选择合适的单元格周期性排列方案，例如多面体结构、三角形 Kagome 网络结构、Kelvin 和 Octet 八桁架等周期性空间点阵结构。其中，面心立方晶体结构的 Octet 八桁架空间点阵中，其配位数 $Z=12$。图 9.2 显示了这种以拉伸变形占优的单元格及其周期排列的体系结构。图 9.2(a)所示的拉伸八面体桁架单元格，在受到外界的压缩载荷时，可以清楚地看出受力的多尺度力学响应状态。这种拉伸八面体桁架晶格单元，可以按周期性阵列并填充成立方形晶格。而且，组成桁架结构的单元梁的材料通常可以选用金属(镍基)或陶瓷(氧化铝)，其几何结构可以是实心杆件。不过，在大多数情况下，为达到更轻量化可以选用空心的管件，如图 9.2(c)所示。在所有已知的胞状几何结构中，这种 Octet 空间点阵具有幂指数 $p=q=1$ 的最优线性标度律，即其展现的力学

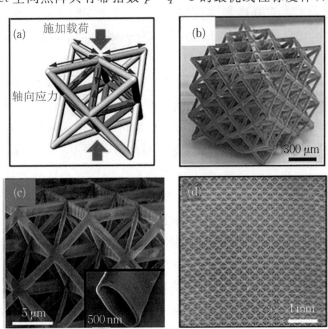

图 9.2　以拉伸变形为主导的点阵结构

(a) 单元格；(b) 单元格周期阵列后的三维几何结构；

(c) 聚合物微晶格的热解产生玻璃状碳纳米晶[49]；(d) 二维平面[37]

性能随密度减小的退化速度最低[5,36]。

从本质上来说，这种八面体桁架结构承载能力状态的发现，可能源于人们利用四面体单元构建的风筝本身[39]。之后又相继提出了相应的几何构型[36]。目前，这种典型的以拉伸变形为主导的八面体桁架几何结构已经开发出来，用以实现超轻质和超强的力学超材料。因为全三角桁架式结构主要通过桁架元件的轴向拉伸进行变形，故而，该结构使得杨氏模量和相应的强度，能够以整体结构相对密度线性地增减[36,40]。

这种八角形桁架的晶格几何结构模式具有规则的八面体作为整体几何结构的核心，这些八面体单元格周期性分布在相应的人工晶格平面上，并且与晶体结构与面心立方晶胞相同。在整体晶格结构中，所有的支柱元件具有相同的高宽比，而且节点连接性及坐标数的标定皆预先设定，再连接到每个节点的 12 根实心棒或中空管元件上，从而组合装配成以拉伸占主导地位的晶格结构。由此，这种类型的单元格结构由 b 个支柱(struts)和 j 个无摩擦连接铰接副组成，这样一来，就满足了第 2.4.2 节所提及的麦克斯韦(Maxwell)材料设计准则，即 $M=b-3j+6>0$[5,6]。这种八面体桁架单元结构的相对密度近似 $\rho=26.64*(d/L)^2$[36]，其中，L 和 d 分别是每个杆梁单元的长度和直径。从宏观尺度上来看，当单轴压缩载荷作用于这样的整体结构时，这些结构的相对压缩刚度和屈服强度在理论上会表现出线性比例关系，即 $E/E_s \propto (\rho/\rho_s)$ 和 $\sigma_y/\sigma_y s \propto (\rho/\rho_s)$[36]。

经过 3D 打印制备后，在以拉伸主导的金属 Ni-P 微纳晶格中，当密度从 40 mg/cm³ 降至 14 mg/cm³ 时，杨氏模量和强度保持接近恒定，相应的测量值分别为 1.8×10^6 m²/s² 和 2.1×10^6 m²/s²[21,37,41]。在这种轻质超强的晶格结构中，完全三角形的桁架式结构主要通过轴向拉伸桁架元件进行变形，从而使杨氏模量/强度与相对密度成线性比例关系[104,97]。这种接近线性的 E-ρ 比例关系，优于传统的轻量级和超轻的弯曲主导结构材料，其中它们的性能规模为 $E \sim \rho^2$ 或 $E \sim \rho^3$[42]。截至目前，为了获得超轻量超高强度的超常力学特性，及整体结构的可恢复性和近线性标度，有些实验利用聚合物、中空陶瓷和陶瓷与聚合物的复合材料[43]，设计了更具弹性可恢复性的二维或三维几何结构分层的超材料，而且强度与密度的标度率接近为线性形式[44]。

以空心氧化铝晶格为例，这种以拉伸变形占优的空心纳米晶格，在单轴压缩超过 50% 后，具有八角形桁架几何形状和相对密度为 $\rho=10^{-4} \sim 10^{-1}$ mg/cm³ 的晶格结构，能恢复到其初始高度的 98%[38,45]。这些空心纳米晶格材料的韧性变形和可恢复性行为，归因于中空椭圆形支柱横截面的壁厚(t)和半长轴(a)之间的临界比。当壁厚与半长轴的比率(t/a)小于临界值(如氧化铝的约为 0.03)时，纳米晶格通过壳体屈曲变形并在变形后恢复。与之相比，在壁厚与半长轴的比率(t/a)超过这一临界数值时，整体空心纳米晶格就出现较大程度的失效形式，在变形后几乎没有弹性恢复的过程[43]。氧化铝(Al_2O_3)成分是脆性陶瓷，将壁厚减小到纳米级并且围绕三维结构涂层膜，可以使超材料能够绕过组成固体的脆性力学性质，并且呈现出截然相反的韧性性质及弹性可恢复性。Weibull 统计基于缺陷分布的断裂，材料尺寸效应和作为壁厚与半长轴的比率(t/a)函数的结构变形机制的协同作用,让陶瓷纳米晶格具有这种新颖独特的轻质超强力学性质。

9.3.2　弯曲主导的 Kelvin 晶格点阵结构

在以弯曲变形为主的晶格点阵结构中,通常比较有代表性的是立方 Kelvin 泡沫微纳空间点阵结构材料[46]。如前所述,以拉伸为主导的晶格被设计成桁架处于拉伸或压缩状态而不弯曲,这使得刚度和强度随相对密度呈线性变化[40]。与之相反,这里另一种典型的晶格是弯曲占优的四面体几何 Kelvin 晶格点阵(如图 9.3 所示)。带有弹性梁晶格结构的以弯曲为主的四面体结构,也是由一个连接 Z 和 j 接头的大型连接框架衍生出来的,其中杆梁的总数 b 约为 $jZ/2$[46]。图中,这种 Kelvin 六边形晶格以弯曲为主,其中配位数为 $Z=3$,即每个关节结构共享 3 个相邻钢筋的低节点连接[47,48]。这些三维结构的刚度和强度依赖于单元杆件的弯曲刚度,因此被称为弯曲控制结构[5]。

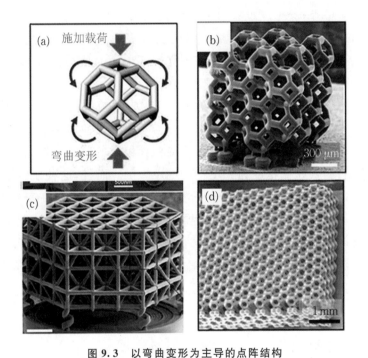

图 9.3　以弯曲变形为主导的点阵结构

(a) 单元格;(b) 单元格周期阵列后的 Kelvin 三维几何结构;(c) 二维平面[37];
(d) 聚合物微晶格的热解产生玻璃状碳纳米晶[49]

在同等相对密度下,上节论述到的 Octet 点阵结构的力学性能要优于这里的 Kelvin 泡沫材料。在以前的研究中,填充到立方体 Kelvin 泡沫中的弯曲主导结构软化为 $E\sim\rho^2$ 或更差[37]。不过,这里提及的 $E\propto E_s\rho^2$ 和 $\sigma\propto\sigma_s\rho^{1.5}$ 的标度律,其幂指数为 $p=2$ 和 $q=1.5$。造成这种非线性标度律的原因可能是其所采用的晶格点阵制备技术。例如,利用数字光处理技术制造的微型点阵结构材料一般尺寸较大,约为毫微米级别。近年来发展起来的双光子激光直写 DLW 技术,可以制备结构单元尺寸更小的 Kelvin 纳米点阵材料[43,45,49,50]。纳米晶格尺寸效应与超材料的几何结构耦合的力学状态才会更加有力的彰显。例如,选用光敏树脂打印纳米点阵结构,然后在表面镀膜,可以获得密度接近气溶胶的氧化铝管超轻点阵材料[38]。若采用 Kelvin 纳米点阵结构,得到的标度律为 $E \propto E_s \rho^{1.61}$ 和 $\sigma \propto \sigma_s \rho^{1.76}$。如果通过逐步增加管壁厚度,调节壁厚与半长轴的比率(t/a),这种类型的点阵结构材料在经受压力后仍然表现出从脆性破坏到超弹性变形的转变特征。

以拉伸为主导的 Octet 晶格和以弯曲为主导的 Kelvin 晶格点阵结构,由于相应的几何结构设计皆认为低密度晶格结构的力学响应,取决于在由拉伸或弯曲支配负载下是否发生变形行为。然而,这个力学变形响应反过来又取决于空间点阵的单元格配位数 Z,即单位单元中最近邻接点的数量。通用的理论方法为这种框架的有效弹性行为提供了一系列代数公式[47,48]。三维空间填充晶格采用该方法得到有效三次弹性常数,其中对应的配位数 $Z = 4,6,8,12$ 和 14,并且提出的满足"最强"单元格的条件[47]。这些研究结果表明,如果利用一套便利的标准来识别晶格结构体系,均匀加载条件下的位移场在微观尺度上是可以得到改善的。其中,在弹性晶格结构刚度谱的另一端,还存在 5 个简单的变形模式的立方五单元晶格材料(PMs),这将在下节中予以详细介绍。

此外,这种强度高和重量轻的力学超材料,在应用领域内表现出了巨大的潜力,特别是在隔热,电池电极,催化剂载体以及声学,振动或冲击能量衰减方面[42]。例如,由氮掺杂石墨烯气凝胶和超轻三维石墨烯框架组成的航空石墨,包括只有少数石墨烯层的晶格结构,其超低密度为 2.1 ± 0.3 mg/cm³。而且,这种航空石墨对常见污染和有机溶剂的吸附能力是其自身重量的 $200 \sim 600$ 倍,远高于最佳碳质吸附剂[51,52]。更进一步,这些玻璃状碳具有优异的力学性能和耐化学性,正如电极材料所要求的那样,同时具有导电性。高度可压缩的三维周期性石墨烯气凝胶微纳晶格结构,对于相对密度为 12.8% 的结构,压缩模量 E 为 1.1 GPa,破坏强度 σ_f 为 10.2 MPa[53]。人们普遍预计这些轻质超强的弹性晶格结构将会竞争或改进著名的 Hashin-Shtrikman 界限。

9.3.3 面心立方/体心立方相关的晶格结构

在人工构造的面心立方/体心立方相关的固体金属支柱晶格中,人们也观察到由几何结构和材料尺寸效应相互作用而引起的增强的力学性质[54]。使用反向 DLW/TPL 技术方法产生铜的中间层,即利用支架的负极在正性抗蚀剂中进行模式化,然后将铜电镀层到暴露的直孔中。这样在去除聚合物模之后,材料就呈现出具有固体铜梁的独立中间晶格,其厚度和晶粒尺寸约为 2 mm。这些人工晶体结构的中间层的相对密度在 40% 和 80% 之间,单位晶胞尺寸约为 6 mm 和 8 mm,在最高密度下,它们的压缩屈服强度约为 330 MPa,比块体状铜材质高出约 2.5 倍。这种增强的强度行为是单晶体金属尺寸效应的结果，也就是"越小越强"的多尺度材料结构的设计理念[54]。这些研究结果表明，当相对密度 $\rho>0.6$ 时，人工构建的几何架构的铜纳米晶格的体积比块体铜高出约为 3 倍，也就是说，超过的材料部分，可以从相同体积的整体立方体中移除。此外，通过高温裂解转化为碳点阵结构材料，可获得长度为 $1~\mu m$ 和直径为 $200~nm$ 的超细杆件单元，尺寸为原树脂的 $1/5$，密度约为 $0.6~kg/m^3$。这种类型的碳化点阵破坏强度为 $1.2~GPa$，其中整体材料的破坏强度 $2\sim3~GPa$，接近玻璃态碳的理论破坏强度。

其次，二维单元格或周期性的平面结构单元，可以被分类为规则晶格形式。通过周期性排列规则的多边形，例如三角形、正方形或六边形，用以填充整个平面，可以生成具有两种或更多种规则多边形的半规则网格[55-57]。例如，第 8.3.1 节介绍的三角形/六角形晶格，也称为 Kagome 晶格[58]，特别是扭转的 Kagome 晶格，具有体积模量消隐的各向同性力学行为特性。空间或三维晶格结构，可以周期排布在具有少量平面的正多面体上，以填充所有空间[6]。或者，使用不同多面体的特定组合，可以将四面体和八面体单元[59-61]，堆叠而形成八面体桁架晶格几何结构[36]。

再者，增材制造技术和拓扑几何结构优化技术的最新进展，使设计具有受控各向异性的周期性晶格结构成为可能（如图 9.4 所示）[62]，从而探索出更多轻质超强超材料的超常力学性能。这些研究表明，表面杨氏模量的空间分布，即晶格结构的弹性各向异性，仅取决于杆件在空间的周期性布置和单元格几何尺寸，而与所构成的基础材料无关。在图 9.4(a) 中简单横杆单元的一个例子中，对角线方向的刚度远高于轴向方向的刚度。我们在其他情况下也可以找到类似的东西，例如面心立方和体心立方 (FCC-BCC) 单元格的组合[63]。另外，一种称之为 aerographite 的立方晶格结构材料，比 Ni 金属微晶格轻了 4 倍以上，其密度小于 $200~\mu g/cm^3$，它被认为是迄今为止已知最轻的人工晶格材料[52]。

此外，还有一种新型超低密度材料，称之为"shellular"[64-66]，如图 9.5 和表 9.1 所示。这种轻质超强结构结合了"壳"和"胞状"两个词，是由连续薄壳代替空心桁架组成的。值得注意的是，在三重周期性极小曲面中，P 表示基元，D 表示菱形[67]。除了 P- 和 D- 表面之外，G(gyroid)- 表面也逐渐被提上研究的日程[68,69]。

表 9.1　空心八面体桁架和锥形壳晶格结构材料的抗压强度和杨氏模量的解析解[64,65]

材料属性		八面体桁架中空结构	锥壳结构
压缩强度	屈服失效	$\sigma_o=0.55\sigma_{os}\left(\dfrac{\rho}{\rho_s}\right)$	$\sigma_o=0.25\sigma_{os}\left(\dfrac{\rho}{\rho_s}\right)$
	屈曲失效	$\sigma_o=0.108E_s\left(\dfrac{\rho}{\rho_s}\right)^{\frac{3}{2}}$	$\sigma_o=1.2E_s\left(\dfrac{\rho}{\rho_s}\right)^2$
相对密度转换		$\left(\dfrac{\rho}{\rho_s}\right)_{trans}=26.3\varepsilon_\gamma^2$	$\left(\dfrac{\rho}{\rho_s}\right)_{trans}=0.21\varepsilon_\gamma$
杨氏模量		$E=0.353E_s\left(\dfrac{\rho}{\rho_s}\right)$	$E=0.62E_s\left(\dfrac{\rho}{\rho_s}\right)$

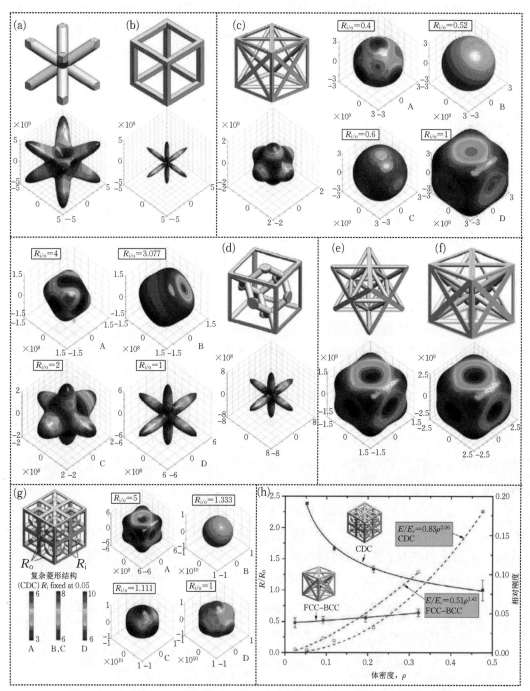

图 9.4 受控各向异性的晶格结构,代表性单元结构和有效杨氏模量表面的相应三维空间表示[62]

（a）交叉杆单元；（b）简单立方单元；（c）面心立方单元 ；（d）菱形立方体单元；

（e）八分桁架单元；（f）面心和体心单元（FCC-BCC）；（g）复杂金刚石立方体（CDC）；

（h）R_i/R_o 比率随着体积分数增加而变化

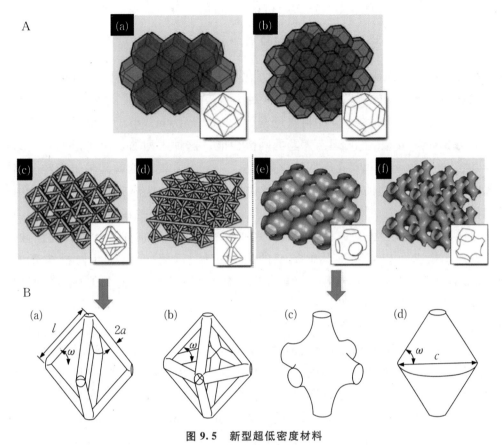

图 9.5　新型超低密度材料

A. 支持低密度负荷人工晶格结构单元格[66,67]，多面体晶胞：(a) 菱形十二面体；
(b) 四面体；(c) 八面体桁架；(d) Kagome 桁架；(e)P-表面晶胞；(f) D-表面的细胞；
B. (a)～(d)相应的微晶格

　　值得一提的是，先前常规蜂窝材料中的近似刚度方程，与结构的长度尺寸或特定对称性无关。一些初步研究表明密度依赖模量显示了简单立方、体心立方和面心立方结构的〈100〉和〈111〉方向的结构各向异性[70-72]。结构各向异性是导致这种差异的原因，我们可以通过给定密度的给定蜂窝结构中的梁/支柱直径比，来调整各向异性的程度[73]。为此，我们可以设计非传统的多孔材料，特别是通过使它们成为各向同性的结构的方法。力学特异材料由其几何形状而不是其材料成分确定，可以在各种组成材料上保持密度跨越三个数量级的刚度和密度之间的近似线性比例。这是因为当相对密度降低时，较小的幂指数显示弹性模量损失较少。

　　另外，通过二维石墨烯和其他粒状材料的最新进展[74]，可以看出石墨烯的大量三维组装体，例如复杂的石墨烯气凝胶体系结构[51]，具有密度低、力学性能卓越、表面积大和导电性优异的特点。聚合物微纳米晶格的热解可以克服不同的自然材料限制，并产生单支柱短于 1 μm 和直径小至 200 nm 的超强玻璃碳纳米晶格。采用蜂窝拓扑结构后，这些碳纳米点可以在密度为 0.6 g/cm³ 时达到 1.2 GPa 的有效强度[49]。

不过,涉及这些晶格结构的电气性能的讨论,就超出本书的论述范围了。

9.3.4　六边形蜂窝的几何结构设计

相对成熟的实验研究是关于一种光固化铜电镀机械网状材料[42],其并不满足常规天然材料的 $E \propto \rho^3$ 的普适关系,而是满足 $E \propto \rho^2$ 的异常关系。该结构显示出整体弹性骨架中蕴含着大量空气,过剩质量密度为 $0.9 \, \text{mg/cm}^3$,小于室温下空气的质量密度为 $1.2 \, \text{mg/cm}^3$,因此表现出优越的隔热性能。这种类型的蜂窝状微孔几何结构设计,涉及蜂窝单元格和直孔周期性排列模式。为此,主要理论就是基于当粒子堵塞聚集时,每个粒子周边的接触数与整体结构强度的关系。这部分几何结构设计主要是如何利用直孔的周期性排列设计,去打破传统力学系统中的稳定性对称轴,并在受压时保持稳定。在受力方面,几何结构中的单元杆件多是轴向受压状态。而且,这种多稳态理念模型可以拓展到其他类型的力学超材料,例如,基于几何折纸算法的Miura-ori 折纸技术将三维转化成二维的微结构类型。当然,还有其他更多类似的周期性几何结构设计,具体涉及几何拓扑学或离散形计算几何等基本理论,这取决于所设计几何结构的具体特征。

当考虑结构化分层蜂窝系统的力学性能时,我们可以研究杨氏模量和相对材料密度,以及相对强度和密度之间的比例关系。这是因为,如前所述,在具有结构层次的超材料中,刚度主要取决于密度和几何结构。换句话说,我们需要考虑到整体结构材料的空隙和固体物质的几何构型。这里简要介绍一些与力学超材料相关的刚度/强度与密度关系的基本概况。此外,有人还提出了一些复杂的力学,例如刚度方程的迭代,考虑了层次几何结构顺序的局限性。读者也可以参阅关于多孔复合材料的相关书籍和文献[6,12,46],用以深入研究这种几何结构设计的细节。关于这种类型的力学超材料的设计原理,例如麦克斯韦设计原则,在第 2.4.2 节中已经有所提及。

此外,轻质超强微纳力学超材料设计的主要挑战性在于,如何最大限度减少分级微纳晶格中结构力学性能与体积密度之间的耦合关系。另外,新制造技术的发展,尤其是 3D 打印技术的发展,使得拓扑设计周期有序的结构成为可能[19]。因此,通过精确控制从宏观尺度到单元格尺度的负载转移,可以将比刚度和强度提高一个数量级。这一研究发展的结果是,需要知道如何解除天然材料力学性能的限制,进而获得超常的力学属性,例如,在这里高刚度、强度和断裂韧性[6,22,75]。总而言之,这些由多种固体成分制成的人造超轻力学超材料,将被更广泛地应用于汽车、航空、航天及其他相关工业领域,即在不失去强度的前提下,令所制备的设备更轻质便捷。

9.3.5　手性/反手性结构的几何结构设计

手性/反手性结构的定义与源起,可以参见第 2.3.2 节所述。这种类型的几何结构设计中所采用的单元格性质,可以参阅本章第 9.2.3 节所阐释的。这里仅简要论及这种手性与反手性结构材料在几何结构设计过程中,与单元格周期性排列相关的研究问题。图 9.6 给出了 3 种类型的六边形分级手性结构和 4 种不同类型的各向异性方形手性结构,及这些手性结构几何结构设计中,整体结构的归一化杨氏模量与几何参数 r/R 的函数关系[76]。图中,几何参数 r 是圆柱的半径,R 是任何两个相邻圆柱

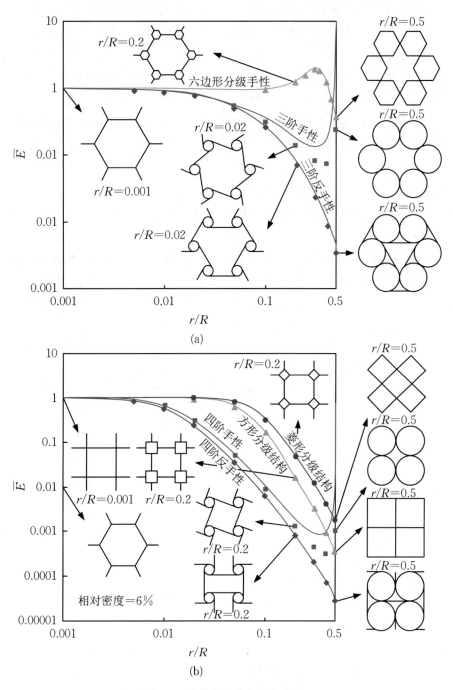

图 9.6　手性结构几何结构设计

(a) 三种类型的六边形分级手性结构;(b) 四种不同类型的各向异性

方形手性结构,归一化杨氏模量与几何参数 r/R 的函数关系[76]

体之间的中心距离。

在手性与反手性力学超材料中,如果薄连接韧带被焊接到节点上,那么这将会导致一个单轴方向沿轴载荷,伴随弯曲的韧带进而会导致节点的旋转。这一变形将导致韧带围绕结点处形成折叠的现象,尤其当蜂巢几何结构受制于压力荷载时。而当该结构受制于张力荷载时结构展开会形成负泊松比拉胀材料。已经有研究表明[76],手性与反手性晶格超材料除了具有超轻超硬的力学性能外,还具有负泊松比拉胀行为和负热膨胀等特性,这些特点更多出现在四阶的反手性结构材料中[29,77,78]。鉴于我们现在主要为了研究声学超材料,故而侧重于四阶和六阶晶格手性与反手性结构材料。这一应用正是源于手性晶格材料具有独特的声学特性,例如,通过改变拓扑晶格的结构参数,我们可动态调节光子频率禁带。六阶手性晶格结构,也可以被用于记忆合金或是高分子材料,包括一些宏观的手性网格复合材料,如机翼、螺旋桨等。

简而言之,其他一些类型的力学超材料,皆可以利用微/纳米晶格材料的设计理念,即融合纳米材料的尺度效应与超材料的几何结构特性。在拓扑几何设计中,我们既可以去定制不同类型的几何结构样式及孔隙度[79],也可以产生更复杂而有序的图案阵列,从而通过自应力状态实现选择性屈曲的多稳态模式[80,81]。因此,在单元杆件(或称人工原子)变形过程中,分层结构的整体微纳米晶格,可能会在单个晶胞内发生超高应力和应变行为[82]。如果将其与屈曲稳定性相耦合,则可能会出现负体积模量等超常的力学属性。这些相应的力学行为特征,会在下节中予以阐释。

9.4 强度与密度的设计原则及实现的力学性能

9.4.1 材料的选择

如何实现轻量化最容易被认为是一个材料选择问题。每位材料科学工程师和大多数机械工程师都对材料与轻量化的关系十分重视,他们要选择适当的自然材料,以达到与材料密度相关的某些性能目标,例如强度、弹性模量等。在做材料选择的时候,首先考虑符合所有设计要求的最低密度材料,当然其他因素,例如可制造性、延展性和成本也会发挥作用,并可能主导考虑因素。通常情况下,利用材料与强度的Ashby图及其他相关力学特性图(如图9.7所示),可以初步选定材料组分[83]。鉴于整体材料的重量是材料组分和几何结构组合共同作用的结果,一旦我们选中所用的材料,进一步的工作步骤,就是利用几何结构优化设计来降低所述结构的总质量。通过几何结构优化,包括去除材料,尤其是通过拓扑优化,或者一体化结构,将结构合并为更少的部件,从而显着减轻重量。粗略地看来,目前人工晶格材料组分多采用聚合物、金属和陶瓷等不同种类材料的复合形式。这些材料的选择主要还是基于晶格材料制造的难易程度,也就是说,增材制造技术更具多样化、个性化、大型化的同时,人工晶格材料的材料选择也更趋于多材料复合的形式。

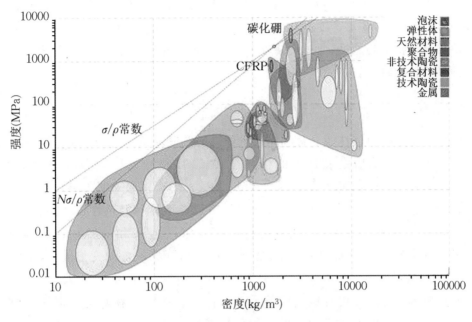

图 9.7　材料与强度的 Ashby 图

要言之,先进的增材制造技术和拓扑优化设计方法,使得不同类型的轻质超强力学超材料正在成为现实。图 9.8 显示了使用投影微立体印刷 PmSL 技术在微尺度下制备的四种类型的八角形桁架拉伸主导晶格结构[37]。第一列中的图像显示由己二醇二丙烯酸酯(HDDA)制成的基本聚合物晶格,其具有固体微尺度支柱和相对密度11%。第二列中,相同的聚合物结构用镍磷(Ni-P)进行化学镀覆,然后通过热处理除

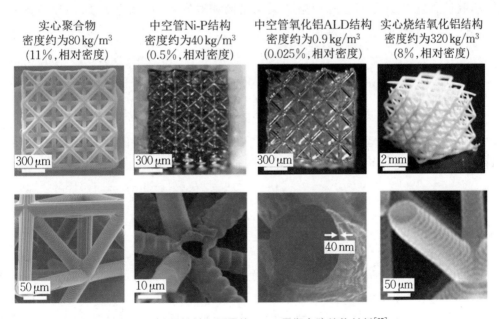

图 9.8　不同材料和配置的 Octet 周期点阵结构材料[37]

去聚合物核,生成的相对密度为 0.5% 的人工晶格结构。第三列中,通过原子层沉积 ALD 和类似的聚合物去除,所形成中空管陶瓷晶格结构。该结构代表了该测试系列中最轻的制备材料,相对密度为 0.025%,壁厚小于 50 nm。第四列中,氧化铝纳米颗粒悬浮在聚合物中的晶格,通过烧结程序去除聚合物并致密化陶瓷,得到相对密度为 8% 的固体陶瓷晶格。

9.4.2 拉伸/弯曲结构单元的数值模型

周期性晶格的力学性能通常利用组成杆梁的弯曲或拉伸行为来进行建模。在经典力学公式中,需要假定晶格中的杆梁是细长的,并且近似为 Euler-Bernoulli 或 Timoshenko 梁[6,84]。在这些简化的力学分析中,人们通常忽略诸如梁中的剪切和扭转,以及节点的压缩和弯曲等处的变形模式,因为模型具有复杂性,以及它们在细长梁的晶格中的影响可忽略。在由具有特征横截面尺寸 R 和长度 L 的固体 Euler-Bernoulli 杆梁组成的非刚性晶格中,假设刚度是由杆梁的弯曲变形支配,从而产生 $E \propto (R/L)^4$ 的函数关系[23]。在刚性人工晶格中,这种标度律是 $E \propto (R/L)^2$ 的关系,并且假设整体结构刚度由杆梁的拉伸和压缩行为控制[36]。在具有非常细长的杆梁(即 $\lambda > 20$)的晶格中,相对密度可以近似标度律为 $\bar{\rho} \propto (R/L)^2$,式中细长比的定义为 $\lambda = \sqrt{AL^2/I}$,其中 A 是杆梁的横截面积,I 是截面区域的转动惯量。以上这三种函数关系促使了 $E \propto \bar{\rho}^2$ 的经典刚度标度律为弯曲变形占优模式,而 $E \propto \bar{\rho}$ 标度律为以拉伸变形占主导的胞状晶格固体。

当晶格中的杆梁不能近似为较高的细长比时,这些简化的关系开始分解。通过忽略在节点处杆梁相交的相对变形,我们可以获得简化的相对密度关系。在节点交叉点,我们推导出具有实心和中空圆梁晶格的相对密度,可以作为 R/L 和 t/R 的函数形式[85],如下式所示:

$$\bar{\rho}_{\text{solid}} = C_1 \left(\frac{R}{L}\right)^2 + C_2 \left(\frac{R}{L}\right)^3 \tag{9.1}$$

$$\bar{\rho}_{\text{hollow}} = C_1 \left(\frac{R}{L}\right)^2 f\left(\frac{t}{R}\right) + C_2 \left(\frac{R}{L}\right)^3 g\left(\frac{t}{R}\right) \tag{9.2}$$

式中,C_1 和 C_2 是依赖于几何结构的常数,在实心固体和中空杆梁的晶格结构中是一样的。对于中空圆柱修正关系如式(9.3)所示,中空球形修正关系如式(9.4)所示。

$$f\left(\frac{t}{R}\right) = 2\left(\frac{t}{R}\right) - C_2\left(\frac{t}{R}\right)^2 \tag{9.3}$$

$$g\left(\frac{t}{R}\right) = 3\left(\frac{t}{R}\right) - 3\left(\frac{t}{R}\right)^2 - \left(\frac{t}{R}\right)^3 \tag{9.4}$$

经典刚度模型忽略了杆梁中拉伸和弯曲变形之间耦合的影响,该模型假定一种变形占优于另一种变形,要么以拉伸为主,要么以弯曲为主。而在现实的晶格结构中,这种假设不再成立,非细长晶格中的杆梁同时受到拉伸和弯曲两者变形的影响。

弯曲和拉伸变形,以及其他变形,例如剪切、扭转和节点相互作用,都对晶格的力学行为产生一定的影响。为此,目前常用的力学分析模型是 Euler-Bernoulli 杆梁三维晶格结构,同时考虑了弯曲和轴向压缩/拉伸变形[85]。在这样的理论框架中,非刚性和刚性晶格的杨氏模量可以表达为如下式所示:

$$E_{\text{non-rigid}} = \frac{E_s}{A_1 \left(\dfrac{R}{L}\right)^{-2} + A_2 \left(\dfrac{R}{L}\right)^{-4}} \tag{9.5}$$

$$E_{\text{rigid}} = \frac{E_s \left(1 + B_3 \left(\dfrac{R}{L}\right)^{-2}\right)}{B_1 \left(\dfrac{R}{L}\right)^{-2} + B_2 \left(\dfrac{R}{L}\right)^{-4}} \tag{9.6}$$

式中,A_1,A_2,B_1,B_2 和 B_3 是几何相关的常数,E_s 是组成固体材料的模量。对于空心梁晶格可以导出类似的力学方程。该模型可用于预测刚性和非刚性晶格中刚度和相对密度之间固有的非幂律定标。当非常细长的杆梁达到极限时,即 $R/L \ll 1$,式(9.6)和式(9.7)接近于弯曲或拉伸主导的固体简化模型。然而,当杆梁不是细长时,即 $R/L \geqslant 0.05$,弯曲和拉伸变形的数据项相对影响就变成可比较的了,并且这时刚度的标度律就介于简化的二次拉伸和四次弯曲标度律关系之间了。

由此可见,Hashin-Shtrikman 刚度极限理论通常用于估计多孔材料刚度可能取值范围[86]。对于不同几何构造的胞状晶格材料,其刚度能否达到 Hashin-Shtrikman 刚度上限这一问题直到最近才得以解决。例如,采用有限元分析了一类均匀规则的泡沫结构,发现由于有效降低构型熵,同时提高应变能存储密度,所以可以达到 Hashin-Shtrikman 各向同性刚度上限[87],这是传统天然蜂窝结构所无法实现的目标。

除了力学建模上的修正以外,在微/纳米等级网络中已经有很多尝试,来减少力学性能和质量密度之间的耦合关系[40]。周期性有序结构的相应拓扑结构设计,能够精确控制从宏观尺度到单元尺度的载荷传递,从而在特定的刚度和强度上都提高一个数量级。一些广泛的评述讨论了这种材料性质的范围,包括高密度在微/纳米结构超材料中表现出来的高刚度、强度和断裂韧性等多种超常力学属性。

9.4.3　力学性能评估方法

为了深入分析胞状几何构造中应力的传递机制,探讨结构单元受力、变形影响的规律性,微纳晶格结构力学性能的数值解析已成为必须。一般情况下,我们可先将晶格结构内部单元的连接方式简化为铰接,得到与胞状结构相对应的铰接杆系。根据麦克斯韦准则,铰接杆系的静定必要条件为 $m = b - 3j + 6 = 0$,其中 b 和 j 分别为杆件数和节点数[88]。要言之,杆系静定的必要条件 $m = 0$ 的等价表述式为 $Z = 2D$,其中平均配位数 $Z(=2b/j)$ 为联结到节点的平均杆件数,D 为空间的维度[5,36]。由此可见,胞状晶格结构的构造可采用配位数加以定量化描述。当 $Z > 2D$(或 $m > 0$)时,铰接杆系处于超静定状态,胞状晶格结构的内部单元以拉压变形为主;当 $Z<2D$(或 $m<0$)时,铰接杆系处于静不定状态,胞状晶格结构的内部单元以弯曲变形为主。当配位数 Z 增加,即连接每个节点的平均杆件数目增多,杆件以拉伸或压缩变形为主,材料利用率提高,胞状结构的刚度和屈服强度上升。反之,杆件以弯曲变形为主,材料利用率下降,胞状结构的刚度和屈服强度减小。

图 9.9 分别给出了弯曲和拉伸变形模式主导的胞状晶格结构的应力应变曲线[23]。这两类晶格结构的整体屈服状态,源于内部结构单元的塑性屈服、弹塑性失稳或断裂,所有内部单元格塌缩压实后应力重新上升。拉伸变形主导胞状晶格结构的内部单元处于均匀拉受状态,弹性应变能密度高,表现出高屈服强度和屈服后急剧下降的脆性。对于相对密度相同的弯曲变形占优的胞状晶格结构,弯矩导致结构单元发生局部受拉或受压屈服,因而屈服应力远低于拉伸主导胞状材料,屈服平台呈现为应力恒定的水平段。由此可见,胞状晶格结构标度律与配位数密切相关。提高配位数意味着变形模式以拉伸为主,幂指数 p,q 减小并趋于极限值 1。降低配位数将导致弯曲主导的变形模式幂指数 p,q 增大,弹性模量和屈服强度随相对密度减小而急剧下降。海绵、蜂巢等常见天然三维胞状结构的配位数(为 3~4)低于临界值 $Z=2D$

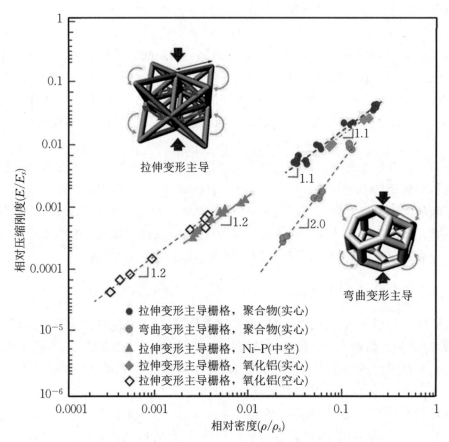

图 9.9 弯曲变形主导和拉伸变形主导的晶体结构强度曲线[23]

＝6，结构单元以弯曲变形为主，杨氏模量和屈服强度通常较低。不过，若融合纳米晶格尺寸效应和超材料的几何结构设计，结果可能会有所不同。

胞状晶格结构的材料密度在试验中易于测量，故而早期研究多集中在相对密度对整体泡沫结构的影响[89]。衡量标准通常是与密度相关的两类标度律，即晶格胞状结构的弹性模量 $E/E_s \propto \tilde{\rho}^p$ 和屈服强度 $\tilde{\sigma}/\sigma_s \propto \tilde{\rho}^q$，其中，下标 s 表示材料在密实状态下的数值，幂指数 $p, q \leqslant 1$，其具体数值依赖于晶格结构的几何构造，而与材料组分类无关。这一标度律也存在于无序网络的逾渗性能对密度的依赖性[90]之中。与之不同的是，结构功能材料要求应力的有效传递，密度不足以描述材料力学性能，由此，几何构造起到了更关键的作用[91]。也就是说，在相同密度条件下，不同的几何构造设计可以改变结构单元的弯曲或拉伸主导的变形模式，进而决定胞状晶格结构的力学性能。

9.4.4 杨氏模量与相对密度的关系

为了表征超材料的力学性能，我们需要对强度和密度之间的关系 (E/ρ) 进行评估。整体结构材料质量密度的降低会导致材料的力学性能急剧下降。这是因为宏观应用载荷下，结构元件在韧带水平处有弯曲变形[21]。具有随机孔隙率的开孔材料，特别是相对密度小于 0.1% 的开孔材料，其杨氏模量（刚度）与密度 $E/E_s \propto (\rho/\rho_s)^n$ 之间的比例关系更强，从而在强度和密度之间 $\sigma/\sigma_s \propto (\rho/\rho_s)^n$[12,37]。被认为是连续体的力学特异材料的杨氏模量 E 是根据制造材料的固体组成材料的杨氏模量 E_s，密度 ρ，固体组成材料的屈服强度 σ_y，超材料的密度 ρ_s，屈服强度 σ_{ys}。功率 n 在很大程度上取决于超材料的几何结构。通常，$n＝2$ 表示开孔单元格[6]，$n＝3$ 表示宏观层次框架中的闭孔单元格[19,92]。例如，埃菲尔铁塔可以用三阶表示，其相对密度仅为铁的相对密度的 1.2×10^{-3} 倍[12]，这与低密度气凝胶的结构相似。刚度和密度在此范围内是线性标度率。其中，常数 n 是相对材料密度和相对力学性能之间的比例关系。

不同材料和配置的拉伸和弯曲占优的晶格结构材料的力学性能呈现在无量纲杨氏模量与相对密度图中[37]（如图 9.10 所示）。这两个测量参数之间的比例关系，在所有组成材料类型和相对密度体系中都是近似线性的。并且，无论是否中空管或实心

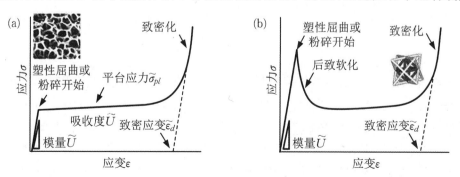

图 9.10　不同材料和配置的拉伸和弯曲占优的周期点阵的强度/密度关系[37]

支柱结构,它都清楚地证明了拉伸主导结构的影响。作为数据比较,弯曲为主的开尔文泡沫体系结构,在测试时显示出典型的二次方关系。此外,绝对而言,空心管氧化铝晶格的密度接近气凝胶,是非常轻的材料,由于其不同的几何结构构筑,而具有 4 至 5 个数量级的刚度。

这里需要指出的是,胞状晶格结构的相对密度以及强度,可以通过在相同几何结构中使用中空管代替实心杆梁,或创建分层几何结构来调节。当空心管件用于低密度多孔固体时,我们可以通过改变限定晶格管件几何参数的各种比率来激活结构力学效应。例如,将长细比从 1 减小到 20,会使相对密度降低 2 个数量级,并且管件会将密度再降低一个数量级。用自相似的类分形元素,替代固体杆件会使密度进一步降低 1.5 到 2 个数量级。

再者,图 9.11 描述了胞状晶格结构杨氏模量、屈服应力与相对密度的关系。对于同一相对密度,拉伸变形主导材料的杨氏模量和屈服应力远高于弯曲变形主导材料。理想拉伸变形主导材料的标度律为 $\tilde{E}/E_s \propto \tilde{\rho}$ 和 $\tilde{\sigma}/\sigma_s \propto \tilde{\rho}$,这给出了所有材料的上限,如图 9.11 中的上部虚线所示。理想弯曲变形主导材料的标度律为 $\tilde{E}/E_s \propto \tilde{\rho}^2$ 和 $\tilde{\sigma}/\sigma_s \propto \tilde{\rho}^{1.5}$,如图 9.11 中的下部虚线所示。对于大多数天然或人工胞状晶格材料,由于材料、构造、密度的非均匀性以及缺陷等多种因素,胞状晶格材料内可能同时出现塑性屈服、弹塑性失稳或断裂破坏等不同性质的破坏,从而在试验中经常发现材料标度律的幂指数 $p \geqslant 2$ 和 $q \geqslant 1.5$,位于图 9.11 中理想弯曲变形主导材料虚线的下方区域。

具有随机孔隙度的大多数天然材料一般强度与轻质比(E/ρ)仅呈现二次甚至立方关系,而且密度每降低一个数量级,硬度都会相应地降低 2 到 3 个数量级。现在这种轻质超强的力学超材料架构设计,从根本上改变了质强比例关系。主要是因为这里能调整力学超材料的人工单元几何结构,而不是像自然材料那样仅从化学成分着手进行调节。与此同时,利用纳米级尺寸效应可以进一步提升这一理念。因此,通过控制几何结构在临界缺陷和裂缝尺寸的不同尺度范围,质强比例关系可以得到有效的调节。

9.5　轻质超强力学超材料的应用前景

如前所述,一些微纳晶格结构材料由陶瓷和金属合金构成,并呈现轻质超强韧的力学特征[50,93]。具有任意拓扑结构的中空镍微晶格,有潜力作为能量耗散的结构阻尼材料[94],从而被应用于特定的工程系统,例如骨植入物[95]。镍微晶格的能量吸收也可以通过惯性稳定、冲击波效应和应变率硬化效应显着增强[96]。这些观察结果表明,惯性稳定起源于抑制微晶格的突然破碎,并有助于减缓破碎速度。由于屈服应力较高,初始屈曲应力和屈曲后应力可在一定程度上得到改善。这意味着应变速率效

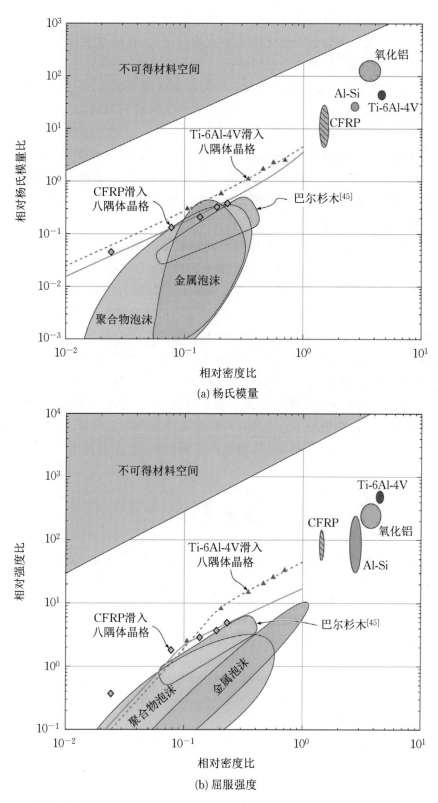

(a) 杨氏模量

(b) 屈服强度

图 9.11　微纳晶格典型结构杨氏模量和屈服强度与相对密度的关系图[23]

应会增加动态变形时的有效屈服强度,并增加能量吸收密度。

　　超轻超硬微纳力学超材料设计的主要挑战在于,如何能最大限度减少分级微纳晶格中结构力学性能与体积密度之间的耦合关系。加之,更新的加工技术的发展,尤其是 3D 打印技术,使得拓扑设计周期有序的结构成为可能。不过,当前的 3D 打印系统激光束直径只能介于 $1\ \mu m \sim 1\ mm$。对微纳晶格材料而言,几何尺寸大小很重要,一般情况下小波束控制高频波,大波束控制低频波。一些尺寸跨度从几微米到纳米的结构超材料,出现在纳米材料的独特尺寸效应,可以有效地传播到宏观层面,并创造了前所未有的多种力学性能组合的新型工程材料。这些超轻超硬的力学超材料将更广泛地应用于汽车、航空、航天及其他相关工业领域,即在不失去强度的前提下,令所制备的设备更轻质便捷。

　　此外,利用 3D 打印技术构建的能够阻挡声波和机械振动的特殊超材料,可通过磁场远程控制实现打开或关闭,有望用于噪声消除、振动控制和声波隐形。由这些超材料实现的一些现实技术进步有:难以测量和不可湿润的纸张,可调滤波器和激光源,以及生成的组织植入物可被人体植入和吸收的可生物降解的支架,电池供电的植入式化学传感器,以及用于夹克和睡袋的极其绝热和超薄的衬里。

　　总而言之,力学超材料的理念促使研究人员去设计各种具有自然界所不具有的弹性参数的新型结构力学材料,诸如具有负泊松比的拉胀材料,具有接近零剪切模量的固体反胀材料,具有负体积模量的负压缩材料,以及具有高弹性模量却极低质量密度的超轻材料等。这些新型的力学超材料将在复合材料工业应用、拉胀滤网、拉胀纤维、航空航海材料、深海抗压材料、新型吸声抗震材料、防弹衣等方面有广泛的应用前景。

<h1 style="text-align:center">参 考 文 献</h1>

［1］　MARC ANDRÊ MEYERS K K C. Mechanical behavior of materials[M]. Cambridge:Cambridge University Press,2008.

［2］　贾贤.天然生物材料及其仿生工程材料[M].北京:化学工业出版社,2007.

［3］　江雷.仿生智能纳米材料[M].北京:科学出版社,2015.

［4］　姜立标.现代汽车新技术[M].北京:北京大学出版社,2012.

［5］　FLECK N A, DESHPANDE V S, ASHBY M F. Micro-architectured materials:past, present and future[J]. Proceedings of the Royal Society of London A, 2010, 466:2495-2516.

［6］　GIBSON L, ASHBY M. Cellular solids:structure and properties[M]. Cambridge:Cambridge University Press, 1997.

［7］　YU X, ZHOU J, LIANG H, et al. Mechanical metamaterials associated with stiffness, rigidity and compressibility:A brief review[J]. Progress in Materials Science, 2018, 94:114-173.

［8］　SHEN J, LU G, RUAN D. Compressive behaviour of closed-cell aluminium foams at high strain rates[J]. Composites Part B:Engineering, 2010, 41:678-685.

［9］　ANDO K, ONDA H. Mechanism for deformation of wood as a honeycomb structure. I:effect of anatomy on the initial deformation process during radial compression[J]. Journal of Wood Science, 1999, 45: 120-126.

[10] VAN LIEDEKERKE P, GHYSELS P, TIJSKENS E, et al. A particle-based model to simulate the micromechanics of single-plant parenchyma cells and aggregates[J]. Physical biology, 2010, 7: 026006.

[11] DESHPANDE V, FLECK N. Collapse of truss core sandwich beams in 3-point bending[J]. International Journal of Solids and Structures, 2001, 38: 6275-6305.

[12] LAKES R. Materials with structural hierarchy[J]. Nature, 1993, 361: 511-515.

[13] 马克·米奥多尼克. 迷人的材料[M]. 赖盈满, 译. 北京: 北京联合出版公司, 2015.

[14] 3D 科学谷. 3D 打印生产世界中的增材制造轻量化策略, 2018. 6. 7.

[15] 曹国忠, 王颖. 纳米结构和纳米材料[M]. 北京: 高等教育出版社, 2012.

[16] NEELAKANTAN S, BOSBACH W, WOODHOUSE J, et al. Characterization and deformation response of orthotropic fibre networks with auxetic out-of-plane behaviour[J]. Acta Materialia, 2014, 66: 326-339.

[17] MILTON G. The Theory of Composites[M]. New York: Cambridge University Press, 2002.

[18] BAUER J, MEZA L R, SCHAEDLER T A, et al. Nanolattices: An emerging class of mechanical metamaterials[J]. Advanced Materials, 2017.

[19] LEE J, SINGER J, THOMAS E. Micro-/nanostructured mechanical metamaterials [J]. Advanced Materials, 2012, 24: 4782-4810.

[20] QUEHEILLALT D, WADLEY H. Cellular metal lattices with hollow trusses[J]. Acta Materialia, 2005, 53: 303-313.

[21] TORRENTS A, SCHAEDLER T, JACOBSEN A, et al. Characterization of nickel-based microlattice materials with structural hierarchy from the nanometer to the millimeter scale[J]. Acta Materialia, 2012, 60: 3511-3523.

[22] ASHBY M F, EVANS T, FLECK N A, et al. Metal foams: a design guide[M]. Boston: Elsevier, 2000.

[23] ASHBY M F, The properties of foams and lattices[J]. Philosophical Transactions, 2006, 364: 15-30.

[24] GIBSON L J, ASHBY M F, HARLEY B A. Cellular materials in nature and medicine[M]. Cambridge: Cambridge University Press, 2010.

[25] LIU X, HU G. Elastic metamaterials making use of chirality: A review[J]. Journal of Mechanical Engineering, 2016, 62: 403-418.

[26] LORATO A, INNOCENTI P, SCARPA F, et al. The transverse elastic properties of chiral honeycombs[J]. Composites Science and Technology, 2010, 70: 1057-1063.

[27] SPADONI A, RUZZENE M. Elasto-static micropolar behavior of a chiral auxetic lattice[J]. Journal of the Mechanics and Physics Solids, 2012, 60: 156-171.

[28] CHEN Y, SCARPA F, LIU Y, et al. Elasticity of anti-tetrachiral anisotropic lattices[J]. Internation Journal of Solids and Structures, 2013, 50: 996-1004.

[29] GATT R, ATTARD D, FARRUGIA P S, et al. A realistic generic model for anti-tetrachiral systems[J]. Phys Status Solidi B, 2013, 250: 2012-2019.

[30] SIGMUND O, TORQUATO S, AKSAY I A. On the design of 1 — 3 piezocomposites using

topology optimization[J]. Journal of Materials Research, 1998, 13: 1038-1048.

[31] GRIMA J N, GATT R, FARRUGIA P S. On the properties of auxetic meta-tetrachiral structures[J]. Physica Status Solidi B, 2008, 245: 511-520.

[32] CELLI P, GONELLA S. Tunable directivity in metamaterials with reconfigurable cell symmetry [J]. Applied Physics Letters, 2015, 106: 091905.

[33] SILVERBERG J, EVANS A, MCLEOD L, et al. Using origami design principles to fold reprogrammable mechanical metamaterials[J]. Science, 2014, 345: 647-650.

[34] LI S, WANG K. Fluidic origami: a plant-inspired adaptive structure with shape morphing and stiffness tuning[J]. Smart Materials and Structures, 2015, 24: 105031.

[35] HOPKINS J B, LANGE K J, SPADACCINI C M. Synthesizing the compliant microstructure of thermally actuated materials using freedom, actuation, and constraint topologies[C]. Proceedings of the ASME 2012 International Design Engineering Technical Conferences and Comptuters and Information in Engineering Conferences, 2012, 4: 249-258.

[36] DESHPANDE V, FLECK N, ASHBY M Effective properties of the octet-truss lattice material [J]. Journal of the Mechanics and Physics of Solids, 2001, 49: 1747-1769.

[37] ZHENG X, LEE H, WEISGRABER T H, et al. Ultralight, ultrastiff mechanical metamaterials [J]. Science, 2014, 344: 1373-1377.

[38] MEZA L R, DAS S, GREER J R. Strong, lightweight, and recoverable three-dimensional ceramic nanolattices[J]. Science, 2014, 345: 1322-1326.

[39] BELL A. The tetrahedral principle in kite structure[J]. National Geographic Magazine, 1903, 14: 6.

[40] EVANS A, HUTCHINSON J, FLECK N, et al. The topological design of multifunctional cellular metals[J]. Progrossin Maerials Science, 2001, 46: 309-327.

[41] MALONEY K, ROPER C, JACOBSEN A, et al. Microlattices as architected thin films: Analysis of mechanical properties and high strain elastic recovery[J]. APL Materials, 2013, 1: 022106.

[42] SCHAEDLER T A, JACOBSEN A J, TORRENTS A, et al. Ultralight metallic microlattices [J]. Science, 2011, 334: 962-965.

[43] MEZA L, ZELHOFER A, CLARKE N, et al. Resilient 3D hierarchical architected metamaterials[J]. Proceedings of the National Academy of Sciences, 2015, 112: 11502-11507.

[44] DAVAMI K, ZHAO L, LU E, et al. Ultralight shape-recovering plate mechanical metamaterials [J]. Nature Communications, 2015, 6: 10019.

[45] JANG D, MEZA L, GREER F, et al. Fabrication and deformation of three-dimensional hollow ceramic nanostructures[J]. Nature Materials, 2013, 12: 893-898.

[46] DESHPANDE V, ASHBY M, FLECK N. Foam topology: bending versus stretching dominated architectures[J]. Acta Materialia, 2001, 49: 1035-1040.

[47] GURTNER G, DURAND M. Stiffest elastic networks[J]. Proceedings of the Royal Society A, 2014, 470: 20130611.

[48] NORRIS A, Mechanics of elastic networks[J]. Proceedings of the Royal Society of London A, 2014, 470: 20140522.

[49] BAUER J, SCHROER A, SCHWAIGER R, et al. Approaching theoretical strength in glassy

carbon nanolattices[J]. Nature Materials, 2016, 15: 438-444.

[50] MONTEMAYOR L, GREER J. Mechanical response of hollow metallic nanolattices: Combining structural and material size effects[J]. Journal of Applied Mechanics, 2015, 82: 071012.

[51] ZHU C, HAN T-J, DUOSS E, et al. Highly compressible 3D periodic graphene aerogel microlattices[J]. Nature Communications, 2015, 6: 6962.

[52] MECKLENBURG M, SCHUCHARDT A, MISHRA Y, et al. Aerographite: ultra lightweight, flexible nanowall, carbon microtube material with outstanding mechanical performance[J]. Advanced Materials, 2012, 24: 3486-3490.

[53] JACOBSEN A, MAHONEY S, CARTER W, et al. Vitreous carbon micro-lattice structures[J]. Carbon, 2011, 49: 1025-1032.

[54] BLANCO A, CHOMSKI E, GRABTCHAK S, et al. Large-scale synthesis of a silicon photonic crystal with a complete three-dimensional bandgap near 1.5 micrometres[J]. Nature, 2000, 405: 437-440.

[55] CUNDY H, ROLLETT A. Mathematical models[M]. Oxford: Clarendon Press Oxford, 1961.

[56] LOCKWOOD E, MACMILLAN R. Geometric symmetry[M]. Cambridge: CUP Archive, 1978.

[57] FREDERICKSON G. Dissections: plane and fancy[M]. New York: Cambridge University Press, 2003.

[58] HYUN S, TORQUATO S. Optimal and manufacturable two-dimensional, Kagome-like cellular solids[J]. Journal of Materials Research, 2002, 17: 137-144.

[59] HEDAYATI R, SADIGHI M, MOHAMMADI-AGHDAM M, et al. Mechanics of additively manufactured porous biomaterials based on the rhombicuboctahedron unit cell[J]. Journal of the Mechanical Behavior of Biomedical Materials, 2016, 53: 272-294.

[60] HUTMACHER D W, SCHANTZ T, ZEIN I, et al. Mechanical properties and cell cultural response of polycaprolactone scaffolds designed and fabricated via fused deposition modeling[J]. Journal of Biomedical Materials Research, 2001, 55: 203-216.

[61] ZEIN I, HUTMACHER D W, TAN K C, et al. Fused deposition modeling of novel scaffold architectures for tissue engineering applications[J]. Biomaterials, 2002, 23: 1169-1185.

[62] XU S, SHEN J, ZHOU S, et al. Design of lattice structures with controlled anisotropy[J]. Materials & Design, 2016, 93: 443-447.

[63] CABRAS L, BRUN M. A class of auxetic three-dimensional lattices[J]. Journal of the Mechanics and Physics Solids, 2016, 91: 56-72.

[64] NGUYEN B D, CHO J S, KANG K. Optimal design of "Shellular", a micro-architectured material with ultralow density[J]. Materials & Design, 2016, 95: 490-500.

[65] LEE M G, LEE J W, HAN S C, et al. Mechanical analyses of "Shellular", an ultralow-density material[J]. Acta Materialia, 2016, 103: 595-607.

[66] HAN S, LEE J, KANG K. A new type of low density material: shellular[J]. Advanced Materials, 2015, 27: 5506-5511.

[67] HYDE S, BLUM Z, LANDH T, et al. The language of shape [M]. Danvers, MA, USA: Elsevier, 1996.

[68] WOHLGEMUTH M, YUFA N, HOFFMAN J, et al. Triply periodic bicontinuous cubic microdomain morphologies by symmetries[J]. Macromolecules, 2001, 34: 6083-6089.

[69] LEE W, KANG D, SONG J, et al. Controlled unusual stiffness of mechanical metamaterials[J]. Scientific Reports, 2016, 6: 20312.

[70] SHEN J, ZHOU S, HUANG X, et al. Simple cubic three-dimensional auxetic metamaterials[J]. Physica Status Solidi B 2014, 251: 1515-1522.

[71] LEE J-H, WANG L, KOOI S, et al. Enhanced energy dissipation in periodic epoxy nanoframes [J]. Nano Letters, 2010, 10: 2592-2597.

[72] MALDOVAN M, ULLAL C, JANG J, et al. Sub-micrometer scale periodic porous cellular structures: microframes prepared by holographic interference lithography[J]. Advanced Materials, 2007, 19: 3809-3813.

[73] WANG L, BOYCE M, WEN C Y, et al. Plastic dissipation mechanisms in periodic microframe-structured polymers[J]. Advanced Functional Materials, 2009, 19: 1343-1350.

[74] MISKIN M, JAEGER H. Adapting granular materials through artificial evolution[J]. Nature Materials, 2013, 12: 326-331.

[75] VALDEVIT L, JACOBSEN A, GREER J, et al. Protocols for the optimal design of multi-functional cellular structures: From hypersonics to micro-architected materials[J]. Journal of the American Ceramic Society, 2011, 94: s15-s34.

[76] MOUSANEZHAD D, HAGHPANAH B, GHOSH R, et al. Elastic properties of chiral, anti-chiral, and hierarchical honeycombs: A simple energy-based approach[J]. Theoretical & Applied Mechanics Letters, 2016, 6: 81-96.

[77] MILLER W, SMITH C W, SCARPA F, et al. Flatwise buckling optimization of hexachiral and tetrachiral honeycombs[J]. Composites Science and Technology, 2010, 70: 1049-1056.

[78] POZNIAK A A, WOJCIECHOWSKI K W. Poisson's ratio of rectangular anti-chiral structures with size dispersion of circular nodes[J]. Physica Status Solidi B 2014, 251: 367-374.

[79] KANG S, SHAN S, KOŠMRLJ A, et al. Complex ordered patterns in mechanical instability induced geometrically frustrated triangular cellular structures[J]. Physical Review Letters, 2014, 112: 098701.

[80] MEEUSSEN A S, PAULOSE J, VITELLI V. Geared topological metamaterials with tunable mechanical stability[J]. Physical Review X, 2016, 6: 041029.

[81] PAULOSE J, CHEN B-G, VITELLI V. Topological modes bound to dislocations in mechanical metamaterials[J]. Nature Physics, 2015, 11: 153-156.

[82] SHAN Z, ADESSO G, CABOT A, et al. Ultrahigh stress and strain in hierarchically structured hollow nanoparticles[J]. Nature Materials, 2008, 7: 947-952.

[83] ASHBY M F, Materials selection in mechanical design[M]. 4th ed. Burlington, MA: Butterworth-Heinemann, 2011.

[84] W. Y. JANG S K, A. M. KRAYNIK. On the compressive strength of opencell metal foams with Kelvin and random cell structures[J]. International Journal of Solids and Structures, 2010, 47: 2872-2883.

[85] MEZA L R, PHLIPOT G P, PORTELA C M, et al. Reexamining the mechanical property space of three-dimensional lattice architectures[J]. Acta Materialia, 2017, 140: 424-432.

[86] HASHIN Z, SHTRIKMAN S. A variational approach to the theory of the elastic behaviour of polycrystals[J]. Journal of the Mechanics and Physics Solids, 1962, 10: 343-352.

［87］ BERGER J B, WADLEY H N G, MCMEEKING R M. Mechanical metamaterials at the theoretical limit of isotropic elastic stiffness[J]. Nature, 2017, 543: 533-537.

［88］ CALLADINE C R. Buckminster Fuller's "Tensegrity" structures and Clerk Maxwell's rules for the construction of stiff frames[J]. International Journal of Solids and Structures, 1978, 14: 161-172.

［89］ GENT A N, THOMAS A G. The deformation of foamed elastic materials[J]. Journal of Applied Polymer Science, 1959, 1: 107-113.

［90］ DE GENNES P G. On a relation between percolation theory and the elasticity of gels[J]. Journal de Physigue Letters, 1976, 37: 1-2.

［91］ WYART M, LIANG H, KABLA A, et al. Elasticity of floppy and stiff random networks[J]. Physical Review Letters, 2008, 101: 215501.

［92］ MA H, PREVOST J, JULLIEN R, et al. Computer simulation of mechanical structure-property relationship of aerogels[J]. Journal of Non-Crystalline Solids, 2001, 285: 216-221.

［93］ ZOU J, LIU J, KARAKOTI A, et al. Ultralight multiwalled carbon nanotube aerogel[J]. ACS Nano, 2010, 4: 7293-7302.

［94］ SALARI-SHARIF L, SCHAEDLER T, VALDEVIT L. Energy dissipation mechanisms in hollow metallic microlattices[J]. Journal of Materials Research, 2014, 29: 1755-1770.

［95］ KHANOKI S, PASINI D. Fatigue design of a mechanically biocompatible lattice for a proof-of-concept femoral stem[J]. Jounal of the Mechanical Behavior of Biomedica Materials, 2013, 22: 65-83.

［96］ LIU Y, SCHAEDLER T, CHEN X. Dynamic energy absorption characteristics of hollow microlattice structures[J]. Mechanics of Materials, 2014, 77: 1-13.

第 10 章　折纸/剪纸超表面材料

折纸和剪纸技术是近年来才被引入人工结构材料设计的。从本质上说,折纸/剪纸超表面材料,可以归属为第 8 章的仿晶格及其缺陷的力学超材料。这是因为折纸结构材料和剪纸超表面材料,是利用折痕来构造人工晶体结构缺陷的,例如位错,从而实现超常材料力学属性。为此,本章将从三个方面来论述相关研究:折纸/剪纸结构的刚性折叠模型及分类(第 10.2 节),折纸/剪纸结构超材料几何结构设计(第 10.3 节),以及折纸结构的分析方法(第 10.4 节)。同时,笔者在第 10.1 节厘清了折纸/剪纸结构的定义与范畴,并阐述了本研究领域使用的一些基本术语,第 10.5 节概述了这种类型力学超材料的研究趋势和潜在的应用价值。

10.1　折纸超表面材料定义与范畴

折纸技术指的是利用二维纸板进行折叠的古老传统东方民间艺术,而且通过折叠和展开二维的平面纸张可以制作得到丰富的二维或三维复杂几何构型。而与之相对的剪纸,则引入了剪裁成分。目前,利用相关的计算机程序设计相应的折痕分布形式,可以得到任意复杂的三维折纸模式结构。这样的折纸结构提供了一种通过设计几何形态达到控制材料性能的途径,包括折纸超结构和剪纸超表面材料。这种新近发展起来的折纸/剪纸力学超材料类型,充分融合数学、可展结构机械、力学、超材料设计等众多领域。在材料选择上,可替代纸张的是高分子材料薄膜,因为这种二维材料也可用于定义折痕,或具有铰链的刚性结构。更为高效的是,我们可以将折痕想象成为扭曲的胡克弹簧或具有温度响应的高分子水凝胶,将其作为代替纸张的另一种材料选择[1]。因此,本小节将重点阐释折纸技术的相关术语定义及其分类方法,并且结合新近开发的剪纸技术,论述这种新兴的超表面材料。

10.1.1　折纸术语定义

术语"折纸"(origami)来源于日文复合名词,"ori"的意思是"折叠","gami"的意思是"纸"[2]。折纸一词最初指代的是用未剪裁过的平面纸折叠成装饰性和定义明确的特定三维几何构型。目前,折纸技术正逐步开始引入新材料设计的多稳态力学研究。现今已经完全超越纯粹的美学诉求,通过设计相应的折痕分布形式几何形态,人们可以自由地调控材料力学性能。为此,折纸技术正被用于设计轻质超强或可定制的力学超材料[3-9],并且渐趋形成一系列具有新颖力学特性的用户自定义力学超材料体系。这里将逐步引入这一新兴的力学超材料所用的专用术语、分类和与3D打印相结合的制备与应用现状。

与折纸相对应的操作技术就是剪纸(kirigami)。剪纸作为中国古老的传统艺术已有上千年的历史,被广泛应用在各类窗花、贺卡、仪式和节日所用的装饰中。但正如中国很多传统技术的发展历程一样,人们在早期并没有关注到剪纸技术中的科学思想。在公元6世纪,当中国造纸文化传播到日本之后,剪纸方法才得到了详细的记录,并不断积累和发展。因此,现代科学中"剪纸"的英译实际上出自日语,命名于1962年,"kiri"的意思为"剪","gami"的意思为"纸"。值得一提的是,剪纸技术也可以作为几何结构材料设计的手段,但研究范围目前仍相当有限[10],此处仅就剪纸技术与折纸曲面折叠研究相互交叠的部分予以论述。

看似简单的剪纸和折纸技术中其实蕴涵着深邃的科学思想。例如,常见的立体剪纸贺卡就包含了从二维平面结构到三维立体结构的形变科学,其衍生出来的立体几何变换知识非常丰富,一个显著的特征是结构所占空间大小在形变过程中发生了几个数量级的变化,而驱动这一变化所需要的能量设计又十分巧妙。

在开始具体论述之前,我们必须确定折纸术语的一些基本定义。类似于高级时装的设计,折纸也依靠折叠和组装平面材料来创造高雅的三维形状,其多样性和复杂性受褶皱数量、折叠次序和折叠方向的控制。相应地,在计算折纸物理场中[11,12],人们已经引入了某些基本的几何参数,如折痕和顶点,如图10.1(a)所示[13]。在几何结构样式上,折痕是指通过折叠操作完成的平面薄片上局部褶皱的位置。几条折痕汇合的端点称为顶点,而由折痕界定的片状区域称为面。通常情况下,我们使用"山"和

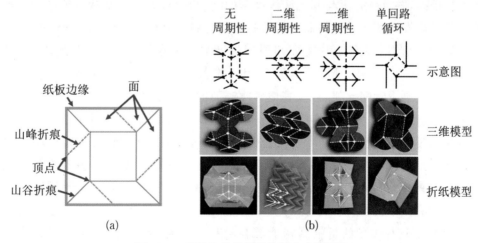

图 10.1　折纸结构超材料的基本术语要素

（a）方形折纸示意图用以说明各种折纸概念[13]；

（b）基于结构单元网络机制,将折纸结构分成不同类型[14]

"谷"来确定折痕的折叠方向。对于折纸结构中相应的山脉褶皱,你可以看到折痕两侧的表面正在旋转到页面中。而对于折纸结构中的山谷褶皱,它们可以被认为是旋转出来的[13]。或者,当折叠状态用传统球形机构中的折叠角度描述时,正折叠角度形成"谷",负折叠角度形成"山脉"[7]。折痕、折叠方向、折叠量和折叠顺序,这些几何结构因素决定了折纸结构的最终形状。

10.1.2 折纸结构超材料的分类

折纸结构超材料拥有许多理想特征、单片制备,可与完善的自组装法兼容,以及可与丰富多样的折叠图案结合,而拥有无限的设计空间。折纸结构之所以可以向力学超材料方向拓展,正是因为其表征手段多以负泊松比或可调刚度的多稳态特性为原型。为了真正将工艺折纸结构视为一类可应用的力学超材料,我们需要基于结构单元网络机制,将折纸动作过程进行简单而有效的分类,如图 10.1(b)所示[14]。从折纸顶点和曲面细分的角度来看,我们还需要将这些运动学折纸模型进一步分为相对较少且相互连接的球形机制组合[14]。为此,根据折纸结构基元和阵列方式的不同,这一运动学折纸结构可分为四大类:① 单回路循环网络,例如传统的方形转动折纸结构[15];② 一维周期性结构,例如 Shafer 的"闪烁的眼睛"的形状[16];③ 二维周期性结构,较为典型的实例是"Miura-ori 模式"[17,18];④ 非周期性结构,如 Shafer 提出的"怪物嘴巴",如图 10.1(b)所示。

目前,人们对折纸结构的研究主要集中于①、③和④三种极具代表性的折纸模式,也就是单一循环的方形扭转(square twist)折叠结构,二维周期性结构的 Miura-ori 曲面折叠模式,和非周期性的 Ron Resch 曲面折叠模式(如图 10.2 所示)。为了保证叙述的完整性,第 10.2 节将系统论述这些曲面折叠结构,其中按研究深度和成熟性进行排列,并且融合了与其他结构耦合的结构系统,如三维胞状折纸结构。这些因折纸艺术启发灵感而设计的曲面折叠超表面材料,提供了增强的柔韧度灵活性、可变形性和整体结构一致性。这主要归因于折纸结构本身的性质,辅以动态可调整的曲面折叠模式[13,19]。这些折叠模式背后相同的理念机制,也被发现存在于生物折纸技术的水凝胶再生骨骼支架,以及其他弯曲表面的结构设计过程之中[20,21]。

然而,我们可以注意到许多运动学折纸模型被认为是刚性的,其中折叠模式可以被模拟为通过旋转/扭转的无摩擦铰链(即折痕,creases)相连接的一系列刚性多面体。因此,每种类型的折纸结构都可以组合成各种有趣的折纸动作,并且在折纸元素的组成方面有着不同的艺术变化。由此可知,折纸结构设计是基于一种平板和铰链兼容机制。具体来说,它们的折痕作为机械连接,类似于关节或销钉,用于允许构件运动[14]。故而这种类型的折纸结构能够自动执行折叠/展开操作,而无需外力或转矩来推动。这些动作系列表明因为折叠网络施加了复杂可约束空间,这些基于折叠材料的变形过程可以是高度非线性的。也就是说,这些折纸结构形色各异的展开收放景观,其背后的运动机制正是源于扭转弹簧的相互作用,而不是中心力的线性弹簧[7]。具体的刚性折叠运动机制,将在第 10.2 节再作详细的阐释。

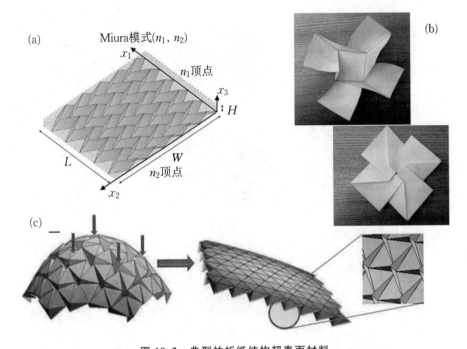

图 10.2　典型的折纸结构超表面材料

(a) Miura-ori 曲面折叠模式[8];(b) Ron Resch 曲面折叠模式;

(c) 方形扭转折叠结构[22]

10.1.3　折纸/剪纸超表面材料

随着剪纸技术的兴起,我们可以在二维材料中,如石墨烯和聚合物薄膜,创造出各种不同的图案和形状模式。迄今为止,存在着三种相对有前景的用于开发不同类型的剪纸结构超材料的路线。第一种,剪纸技术本身用作二维材料制备[10,23-25]。第二种,基于胞状栅格的剪纸结构单元,再利用折纸技术曲面折叠,剪切技术曲面切割,再重新与黏合技术相结合[26-28],从而制备折纸与剪纸结合的超表面材料。第三种,利用几何结构特性研究成熟的蜂窝结构与剪纸技术相结合,来创建超强超轻力学性能的复杂三维结构材料[29,30]。在与剪纸技术相关的第一种的材料设计情况中,二维纳米材料的各种复杂结构制备,已经超出了本书力学超材料的范畴,暂且不予论述。

图 10.3 显示了曲面折叠技术与剪纸技术相结合的一种材料构造模式[29,30]。该结构系列属于单角度(one-degree)自由度的胞状力学超材料,其主要目的是沿着 Miura-ori 的图案连接脊,构建成锯齿形条带的位错缺陷。图 10.3(a)～(e)中列出了 5 种阶梯表面的基本构建过程。其中,左侧图形代表纸板展开时的配置,被剪切掉的六边形部分位于较大表面的蜂窝式结构上;中间图形表示相应的构型进行曲面折叠之后的状态;右侧图形给出了适用于结构优化设计的目标台阶表面的简化表示。图 10.3(f)列出了三种特殊的折叠配置,为 3 个人工构造位错的正爬升路径会聚状态。

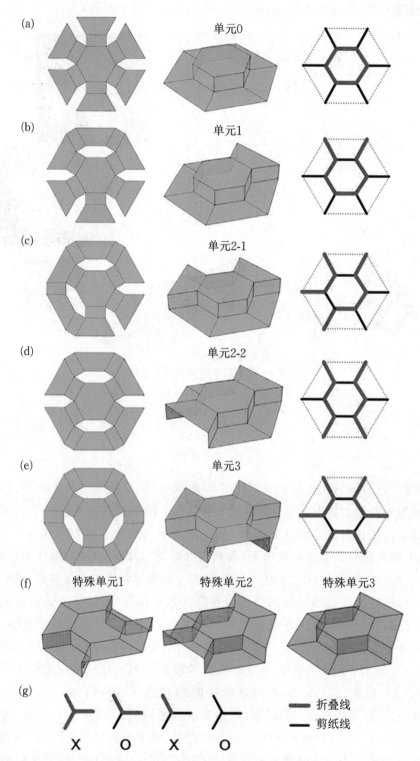

图 10.3 折纸与剪纸技术算法的结构[29,30]

（a）～（e）阶梯表面的基本构建；（f）折叠配置；（g）折叠线和切割线会合的交汇点表示

图 10.3(e)中给出了这些简化图形的标识,其中剪切区域的边缘被识别的地方采用简化的表示形式,并且只有标记为"O"的交叉点才表示允许的状态配置。

在第三种情况下,基于胞状栅格结构的剪纸技术这种不同制备技术相互融合的想法,可以获得各种人工构造的晶格材料,例如蜂窝结构或 Kagome 晶格[28]。将自然材料定义的晶格缺陷,适当地整合到曲面折叠模式中,从而形成一种目标性有台阶形状的表面材料,例如,通过在双重网格或蜂窝结构网格上,排布不同类型的向错缺陷(disclination defect)的成对阵列(如图 10.4 所示)[27]。从图中可以看出胞状栅格结构剪纸技术的设计规则[26],图 10.4(a)为六边形结构单元构建的基本模板。在图10.4(b)中,这种几何结构是简并的,可以通过弹出和弹入动作配置,进行三种不同的方式匹配成 2~4 数据对。如此曲面折叠过程经历了中间状态模式,如图 10.4(b)所示,直至 10.4(d)所示的最终折叠状态模式。

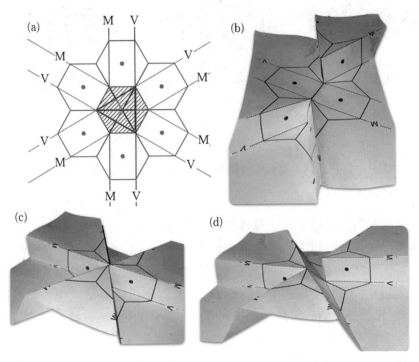

图 10.4 胞状栅格结构剪纸技术的设计规则[26]

(a) 六边形结构单元初始模板;(b)~(d) 曲面折叠经历的过程

也就是说,与折纸过程相反的剪纸艺术[23]常用于纳米材料的制备过程。此处,剪纸技术可以融入折纸结构中,从而添加一种折纸与剪纸超表面材料的特例(如图10.3 所示)[29]。在这种折纸与剪纸相结合的锯齿形折叠模式中,图 10.5 显示了剪纸平面阵列结构,分别表示为 4×4 结构单元的扭转、马鞍形和刚性折纸行为。扭转和马鞍形剪纸模式是在具有最小值的材料中观察到的第一阶和第二阶主要曲面折叠弯曲模式。刚性折纸是量度为最大值时的主要行为。

由此可见,折纸和剪纸属于纸张折叠和剪纸艺术,可以创造出优雅的图案模式和几何形状。这些各式的图案模式和几何形状，可以通过纯几何结构标准进行调整，成为新近力学超材料结构设计的潜在工具，且尤其适用于二维材料，如石墨烯、聚合物薄膜等[23,24]。用于定义这些切口和执行折叠的术语方法，正在扩展到微/纳米尺度范围的结构件的制造过程中[10,25]。为此，这些新兴的材料可能会更为有效地应用于许多不同类型的先进材料，例如脆性半导体。这部分研究趋势和潜在应用，笔者将在第10.4节予以简要论述。

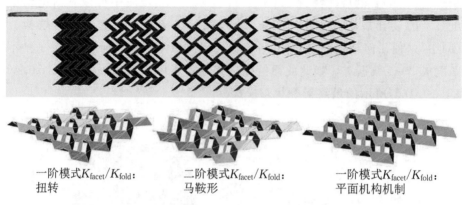

$-$阶模式K_{facet}/K_{fold}：　　　二阶模式K_{facet}/K_{fold}：　　　一阶模式K_{facet}/K_{fold}：
扭转　　　　　　　　　　　马鞍形　　　　　　　　　　平面机构机制

图 10.5　折纸与剪纸结合的锯齿形折叠模式[29]

10.2　折纸结构的刚性折叠模型

折纸结构材料的早期研究主要集中在曲面折叠和展开宏观机构的设计，以及二维平面折痕形式与三维构型之间的相互映射[31-33]。在刚性曲面折叠模型中，每一折纸平面均可视为刚性体，只产生绕折痕的转动而没有面内拉伸，这种简化的数学模型已被广泛应用于折纸完全可折平、刚性可折以及折痕设计等研究中。尤其是基于刚性折叠模型，设计开发的折纸结构动态展开模拟算法，相应地也扩展了多种常见可刚性折叠结构的折痕设计[34-36]。由此可见，经过不同的折痕和折叠样式的优化设计，我们最终可以获得的三维折纸结构，它们将具有不同的几何模式、力学属性及功能特征。其中较多的研究集中在多种单元格类型上，如 Miura-ori、Waterbomb，平面规则排列结构以及圆柱折纸结构[37-39]。

为此，本小节将从具体的折纸结构刚性折叠模型出发，系统性地论述折纸结构模型的分类，并简要阐释相应的刚性折叠模型的理论设计基础。依据研究深度和应用成熟度来将这些刚性模型进行排列，依次简述周期性 Miura-ori 曲面折叠模式、方形扭转折叠模式、对称的 Waterbomb 折叠结构和非周期性的 Ron Resch 曲面折叠模式。

10.2.1　周期性 Miura-ori 曲面折叠模式

不同的折痕和折叠样式的结构优化设计,最终获得的结构将具有不同的几何模式、力学属性及功能特征。例如,在刚性曲面折叠中,翻折线可能被认为是运动学的运动副。图 10.6 为基于折纸技术的典型超材料[5,40],其中周期性 Miura-ori 曲面折纸结构的折叠外形主要取决于多种几何结构参数。

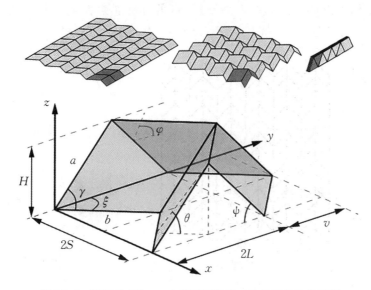

图 10.6　周期性 Miura-ori 曲面折叠模式的几何结构设计[5]

10.2.1.1　周期性 Miura-ori 曲面折叠的几何结构设计

目前,几乎所有提出的折纸结构力学超材料设计,都是基于 Miura-ori 曲面折叠模式[41],这种刚性模型具有单一的自由度。许多其他折纸结构具有多个自由度,可用于设计高度灵活和可变形的三维结构[42]。胞状结构三维折纸结构耦合了微/纳人工晶格的形状,和模式转换可调材料的力学非稳态机制,笔者将在第 10.3.2 节中对此单独予以论述。此外,其他各种形状的折纸结构模式,例如来自连续旋转 N 个关节连接的 kleidocycles 模式[43],它们表明这种类型的折纸结构设计可以为力学超材料提供无限的融合潜力。为此,我们需要深入研究曲面折叠力学相关的刚性模型,以及如何与类似力学超材料类型相结合的理论细节。

周期性 Miura-ori 曲面折叠模式,正是最近被提出作为折纸结构的力学超材料[5,6]。在数学上,周期性 Miura-ori 曲面折叠结构的简化几何形状是“人”字形(如图 10.7 所示)[8]。该模型由相同的单元格(此处人工单元格有时也被称为胞元)组成,具有凸起的山峰褶皱和凹陷的山谷折痕以及四个协调的山脊。当四条折痕相交时形成顶点,其中四个相邻顶点绑定以相反对称排列的全等平行四边形。如图 10.7(b)所示,在 Miura-ori 单元格中,α_1,α_2 是两个二面角。在每个平行四边形中,短边的长度是 a,长边的长度是 b,锐角是 β,两个脊之间的投影角度为 φ。该单位晶胞的尺寸在

x_1, x_2 和 x_3 方向上,分别为 l, w 和 h。在含有 $n_1 \times n_2$ 个顶点的 Miura-ori 折叠结构中,建立了整体几何关系式,考虑尖端伸出部分长度的影响,揭示 Miura-ori 折叠的面内泊松比在不同顶点数、平面角以及二面角的组合下可出现正值或负值。此外,通过改变 Miura-ori 单元格的单个特征,如折痕方向、折痕对齐形式、刚性可折性等,设计和总结了 Miura-ori 折叠的多种扩展形式的结构[44]。在折叠过程中,每块折纸面未发生变形,从而提供了可安全放置脆性电子器件(如锂电池、电容器等)的位置,同时可利用单元格结构设计整体的折叠展开形态,为可延展柔性电子器件的设计提供了思路。

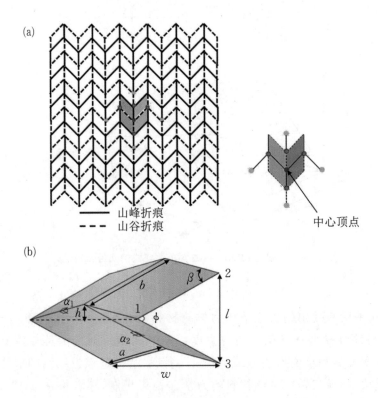

图 10.7　周期性 Miura-ori 曲面折叠结构的几何形状

（a）平面状态的 Miura-ori 曲面折叠模式,及局部放大的中心顶点;（b）Miura-ori 单元格[8]

这种类型的表现形态也发生在自然界中,例如,植物的叶脉[45]、动物的胚胎肠中[46,47]。与此同时,这种形状也出现在表面薄片经历双轴压缩时通常发生的表面屈曲现象之中[45,48]。关于这种几何形状背后的力学机制,周期性 Miura 模板的二维变形可以用一维梁理论来进行表征,因为这种结构单元格的有效弯曲刚度是奇异的[6]。这种类型的曲面折叠力学超材料可以加工成任何所需的形状,并且仍然保持其原有的折叠运动,因此很多人期望这些形态能在材料工程中开辟新的可能性[3]。

10.2.1.2　周期性 Miura-ori 曲面折叠结构的超常力学特性

当把这种周期性 Miura-ori 曲面折叠模式引入力学超材料研究领域时,人们的主要目标是用其来严格检验 Miura-ori 折叠结构的负泊松比拉胀材料行为[49,50]。其中一些基于 Miura 曲面折叠模式力学超材料的研究[5,6]，揭示了折叠壳结构可以提供平面内变形的负泊松比和平面外弯曲的正泊松比[5]。然而，它们在具体数值量度上与选用材料性质无关，而只与几何结构相关。从而开启了折纸结构的材料设计研究，及特殊几何和力学性能特征研究。直到最近的研究[3]，人们才开始通过引入可逆弹出缺陷，来模拟自然多晶体材料中的位错缺陷，从而使得基于 Miura 曲面折叠的可调刚度力学超材料在技术层面上证明是可行的。与多晶体结构的晶体学类似，引入弹出缺陷可以作为新兴人工晶体栅格结构的模型，例如典型的晶格空位（如图 10.8 所示）及可能存在的位错和晶界缺陷[3,51]。由图可以得出两个相互作用的弹出缺陷结构设计数据，其中缺陷位置用点来表示，平面弯曲用双线来显示。具有凹入几何形状的折叠多面体，在低密度下有助于弹性模量的调节。为此，含人工构建的结构缺陷的 Miura-ori 曲面折叠模式[52]，可以更高效地增强整体结构的强度等力学特性。

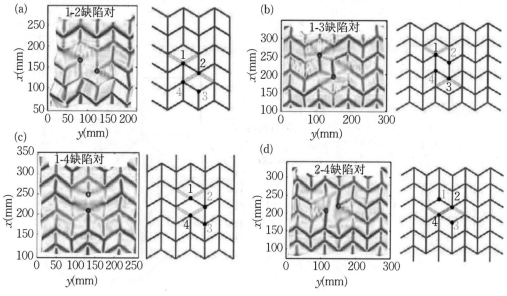

图 10.8　两个相互作用的弹出缺陷结构设计数据
晶格空位(a) 1-2；(b) 1-3；(c) 1-4；(d) 2-4 缺陷[3]

在这些超表面材料研究的背后，我们可以看出，这些力学稳定的局部缺陷总是基于不稳定性理论来允许曲面板件的弯曲，这是双稳态十分具体的特例。当设计超材料时，人们可能期望获得这种折叠平面结构中的弹性多稳定性。这是因为包括对称水弹顶点（water bomb vertex）[9]及超曲面[53]（例如 hypar）[54]在内的弹性不稳定性，允许重构几何结构形状和整体力学性质[7]。这部分可参见第 2.4.4 节中与几何失措有关的理论机制。只要多层次结构中包含多个可同时折叠的折痕，曲面折叠系统中就存在着奇异性。考虑折痕扭转弹簧刚度，一般折叠结构的弹性系数和多稳态特性分析是实现特定功能的重要步骤。为此，这些基础理论部分将是需要重点理解和研究的领域。

为满足折叠和展开大型的平板结构的需求，非周期性 Miura-ori 曲面折叠结构[32,33]，一般由满足完全可折平条件和刚性可折条件的单元格排列得到。对于单个顶点的刚性可折条件，单顶点四折痕（degree-4vertex）在一般展开状态下满足给定的二面角之间的关系式[55-57]。对于单顶点折痕数大于 4 的情况，刚性可折的一个必要条件是环绕顶点的旋转矩阵乘积为单位阵[58,59]。从这一矩阵形式的结果出发，基于二面角的微小变化，我们可以导出以平面为基准的刚性可折的线性约束条件，并可以求得判断刚性可折的数值方法和图解方法。然后，这些数值解法，在一般三维状态下二面角微小增量所需满足的线性约束条件时，可以初步建构模拟刚性折叠展开过程的程序[34]。

10.2.2 方形曲面折叠模式

方形曲面折叠模式如图 10.9 所示。其中，方形单元格折纸曲面的几何形状由长度 L 和平面角 ϕ 定义。两个黄色星之间的欧几里得距离 x 量化了折叠和未折叠状态之间的宏观构型。

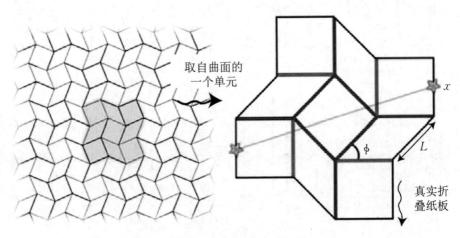

取自曲面的
一个单元

真实折
叠纸板

图 10.9　方形曲面折叠模式[15]
图案中的边缘为黑色，山褶为红色，山谷折痕为蓝色

这种类型力学超材料中的方形折纸技术，虽然最初在计算建模和数值仿真中已经证明没有实现的可能，但是在实际工程应用实践中，若选择更加柔性的材料，利用最简单的折叠操作步骤也完全可以制作出来。正是因为如此，方形曲面折叠折纸技术在其发展初期较为鲜见，可能正是由于计算建模和数值模拟的误导，而并未经历事实检验[22]。

具体而言，为了执行方形扭转曲面的折叠操作，我们需要考虑两种不同的变形模式，即折痕和小平面弯曲。换句话说，方形扭转曲面不能通过单独折叠操作来进行折叠。在目前所提出的模型中[15]，折痕与平面弯曲的区别在于，折痕表示塑性变形模式,而弹性不稳定弯曲状态却是力学上可逆的。在数学上,传统的方形扭转曲面折叠模式具有特定隐藏的自由度[54]。其中,折痕自由度形成了储存能量的能隙,这些相互间隔的能隙最终形成了整体结构的弯曲自由度。这种能量储存与释放的过程导致了单稳态和双稳态之间几何驱动的临界分叉(bifurcation),例如,具有响应特性的微纳模式的铰链或折痕[15,60]。事实上,折叠一张纸板需要首先通过弯曲平面形成折叠,然后才在平面内形成折痕。这种类型的方形曲面折叠,如果初始材料选用具有温度响应性聚合物凝胶,那么其在折叠动力学中会表现出一定程度的滞后性,为此它们可用于制备力学行为的开关器件。

目前,方形曲面折叠模式的数值分析存在不同的路径方法。针对方形扭转曲面的这种四边形网格,由单顶点刚性可折的传递关系式可以推导二面角沿着四条边的环路方程式,同时再结合小扰动方法推导完全可折平的折痕分布形式[35]。我们也可以由一般单顶点二面角之间的传递关系式推导环路方程式,并将该非线性方程对二面角进行泰勒展开,得到只与折叠平面角相关的环路方程,分析平面角满足展开项系数方程的阶数与系统能量之间的关系[61]。此外,有人基于矩阵方法,给出了微小转动所满足的线性约束条件的几何和物理意义,即绕顶点的所有折痕二面角允许的微小转动与对应折痕处的单位向量的乘积之和为零向量,这种方法等价于桁架结构节点处的静力平衡方程[36]。我们利用四元数方法表示折纸面折痕向量和法向量的旋转关系,可以有效地建立折纸平面角与二面角之间的关系式[62]。

由于存在多种曲面折叠方式,而且折痕处存在类似扭转弹簧的作用,折纸单元格一般具有力学多稳态的特性。例如,处在平面状态的单顶点四折痕单元格,一般具有两种折叠方式,这意味着折痕单元格具有双稳态,即方形扭转结构是具有双稳态特性的[63]。研究发现,由于折痕分布的不同,单顶点四折痕单元格具有从单稳态到六稳态的变化过程,其中超过 90% 的单元具有双稳态[64]。对于不可折平的单顶点四折痕的单元格来说,其中两个面相接触时会阻止整体曲面结构继续折平。也就是说,人们可以通过不同折痕单元格间有目的性的组合,在完全折平之前让单元格平面和顶点之间相互接触,这些接触部分提供了曲面折叠机构的锁死机制,可以极大地增强结构刚度。为此,下一章将引入具有更多自由度的单顶点八折痕构型。

10.2.3 对称的 Waterbomb 折叠结构

引入这种类型的对称 Waterbomb 折叠结构,目的是用以寻求不同的折痕构型,来呈现更多的自由度,从而增强设计结构材料的强度等力学特性。其几何结构外形,类似于四个刚性面板通过铰链相连,在一个点附近形成一个四顶点。因为,利用不同折纸单元格间的有效组合,在折纸结构完全折平之前,单元格刚性平面和顶点之间也会出现相互接触,这些接触部分有能力提供曲面折叠机构的锁死机制,并且可以极大的增强整体结构材料的刚度[37,65]。图 10.10 显示了对称的 Waterbomb 单元格为单顶点八折痕构型,相较四折痕构型而言,这里的 Waterbomb 单元格具有更多自由度。

在限制对称折叠变形时,则具有单自由度,例如八折痕谷折与峰折相错,并且谷折二面角相等,峰折二面角亦相等。有部分研究表明[66],该种类对称情况下八折痕Waterbomb 单元格的运动学关系式及双稳态特性,以及曲面折叠结构的双稳态平衡位置,取决于折痕刚度和折痕本征角度,而且结构的两种稳定状态一般在平面状态下不是对称的。

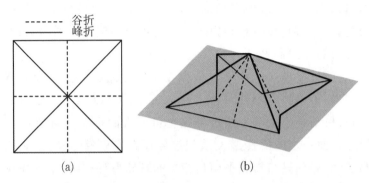

图 10.10　单顶点八折痕构型 Waterbomb 单元格[67]

再者,我们可以进一步构造多折痕谷折与峰折相错的广义 Waterbomb 单元格,和带分折痕的增广 Waterbomb 单元格,并建立这两类单元格的运动学方程、系统势能和力-位移关系式[67]。作为示例求解了 Waterbomb 和 Miura-ori 单元格的稳态特性和结构刚度[68],有研究引入了用折痕向量表示的系统势能。六折痕 Waterbomb 单元格还存在着 2 个峰折和 4 个谷折的构型。这种六折痕平面镶嵌在对称约束下的运动方程中,不同平面镶嵌一般具有两种折叠方式,而且存在发生锁死的可能,同时需兼具考虑板厚情况下的折叠机制[69]。这种六折痕单元格平面镶嵌得到的圆柱结构,即 magicball,具有较大的展开收缩比,已被应用到人工血管内支架[70]、虫形机器人[71,72]和变形车轮[73]等的几何优化设计之中。

折纸结构的曲面折叠过程涉及弯曲变形,这在不同的折痕模式中是不明确的[22]。目前,优化设计的大多数折纸结构超材料,都基于这种同一个单一的四顶点几何体[74-76]。根据单元格晶体学理论,这个基本的折纸结构可以适合 16 个特殊的顶点类型(如图 10.11 所示)。高斯曲率在单位半径球体,即高斯球上的一个点的概念,决定了可能的山谷布置和由此产生的欧几里得四顶点折叠运动[77,78]。这项研究的目的是将曲面折叠模式重塑为传统晶体学和力学的语言形式[79]。虽然 Miura-ori 的折痕模式,通常每个顶点只引入 4 次折叠,但刚性面的折弯允许每个顶点可以有 2 次额外的折叠。这意味着 6 个顶点的图形由 6 个扇形角 α_i 来决定。

在这种对称的 Waterbomb 折叠结构中[80],折纸灵感的框架设计单元格可以等效于多晶体的晶体学分类(如图 10.11 所示)。其中,图 10.11(d)中所示的最后一种类型 CFF 就是经典 Miura-ori 模式的基本顶点情形。图中,2NS,2NL,2NM,2OS,2OL和 2OM,其中"2,3"代表两个或三个角度相等,"N"和"O"用于区分相等的角度是排列在旁边还是相反,"S""L""M"将它们标识为最小、最大、中间,GFF 表示一般平面折叠,"CY""CZ""C"表示它们具有共线折叠,"Y"和"Z"表示父通用类型。相邻扇形角的相对大小由字母($a<b<c<d$)表示,并且也由相等、小于和大于符号表示。此外,优势对由厚蓝色边缘表示。

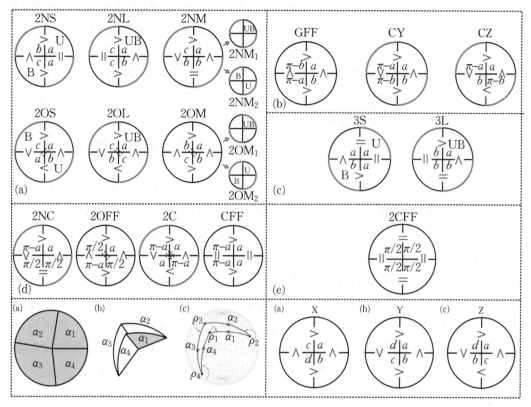

图 10.11　折纸构建时 16 种特殊的四顶点模式[77]

(a) 如果两个扇形角相等,则出现 6 个 Codimension-1 特殊类型;

(b) 当成对的总和相等时,会产生 3 种类型;(c) Codimension-2 顶点包括具有三个相等扇形角;

(d) 具有两个相等和成对的和相等;(e) 唯一的 Codimension-3 顶点具有等于 $\pi/2$;

(f)顶点类型的四顶点几何分析;(g) 通用四顶点几何结构

　　由是观之,折纸超表面材料的实质主要是通过在薄壳结构中引入折纸图案模式,从而极大地提高整体结构的力学性能。作为一种典型的对称性 Waterbomb 曲面折叠结构,它已经被广泛地应用于力学超材料设计。现有的研究设计主要利用几何结构的径向扩张/收缩运动开发其全部的应用潜力。目前这种结构体系中的扭转运动(twist motion),可以通过详细的运动学分析证明[80]。如果结构中对应的行(row)在扭曲时完全受到线和面对称下的挤压(squeezed),则初始扭曲是刚性折纸运动(rigid-origami motion),而随后所有的扭转运动都需要材料发生变形。随着连续扭转运动的发生,折纸结构管件的刚度也将逐渐增加。这个发现使得 Waterbomb 曲面折叠结构有望拓展至可编程和力学性能可调的折纸超材料。

10.2.4　非周期性的 Ron Resch 曲面折叠模式

非周期性的 Ron Resch 曲面折叠模式正逐渐成为力学超材料讨论的一部分[8,81]。在 20 世纪 60 年代和 70 年代，Resch 提出了一系列通过插入星形折叠褶裥的折纸镶嵌[82]。因此，这种基本的 Resch 型图案也可以称为星形褶裥[如图 10.2(b)所示]。类似 Resch 曲面折叠镶嵌的设计框架在多面体表面之间变化。这种非周期性的刚性折叠模式，在轴向压缩力下表现出显著的承载能力[8]。最初的尝试表明，高阶对称具有更大的承载能力。非周期性的 Ron Resch 管状或圆顶的三维几何构件，只要与其他折纸模式相结合，就可以实现所需的承重能力和强度要求。此外，有限元模拟表明 Ron Resch 折叠管板在轴向（即垂直于板面）压力下具有极高的承载能力[39]。

简言之，通过改变单元格几何构型，折纸结构可展现丰富的几何形貌变化。此外，如果改变单元格构型和稳定状态，折纸结构的力学性质也可得到有效的调控，这些都为可展机构、超材料等的设计提供了广阔的空间。类似高级时装设计，折纸结构早期研究集中在折叠和展开机构的设计，从而创建唯美的三维几何构型，以及二维平面折痕的形式（例如，节点、序列和折痕方向）与三维构型之间的映射关系。一般折痕、折叠方向、折叠维度和折叠顺序决定着折纸结构的最终外形结构。计算机模拟折纸结构，一般将刚性折叠模型中每块小的折纸面均视为刚性体，只产生绕折痕的转动而没有面内拉伸，这一数学模型已被广泛应用于折纸完全可折平、刚性可折以及折痕设计等的研究中。基于刚性折叠模型提出的折纸结构动态展开模拟算法，可扩展为多种可刚性折叠结构的折痕设计[83]。这一基础研究发现 Miura-ori 折叠结构呈现负泊松比的特殊几何和力学特性。由此得出，通过改变折纸结构构型，包括单个基元（Miura-ori 或 Waterbomb）和阵列方式，可展现多样化的几何形貌变化，其特殊的力学性质可望得到用户自定义的调控。这为可展机构、力学超材料等的设计提供了广阔的可拓展空间。

10.3　折纸/剪纸结构超材料设计

10.3.1　二维折纸超材料

上述各种曲面折叠刚性模型理论，有助于我们更好地考虑和理解因折纸艺术启发而来的超材料几何结构设计，特别是进行几何失措曲面折叠而导致的多稳态力学超材料研究[75,77]。通常情况下，基于曲面折叠的折纸结构设计可以分为两个主要分支，即折纸启发性设计（origami-inspired design）和折纸自适应性设计（origami-adapted design）。前者是从折纸技术的概念中提炼出来的，以获得通过折叠平板这样的宏观尺度结构制造的刚性和轻质结构材料,例如自折叠薄膜[84](即带有折纸芯的夹心板[17],或称为 V 形折叠纸[85]),胞状三维折纸结构超材料[5,86],以及精确照明的分子折纸[13,87]。后者折纸自适应性设计,直接从经典的折纸模型中获得灵活的可展开设备[88-90],尤其适用于折纸的结构工程设计[19],如微/中尺度折叠支架[70],以及用于太空任务的宏观太阳能电池板[18,91-93]。这些由各种折纸艺术家创作的原型折纸模型可以在 Lang[12] 和 Shafer[16] 的书籍,以及在折纸启发的活动结构中的相关综述性评述[13,94]中找到。此处主要集中在与变形运动学有关的折纸启发力学超材料。如果需要的话,这些模型可以很容易地扩展到在折线处包含简单的本构行为[95,96],例如弹性或塑性行为。

目前,基于折纸技术的力学超材料研究始见端倪。研究人员从空间机构运动学的基础理论出发制备宏观曲面折叠机构[97-99],并初步建立了全新的厚板折展机构学理论模型。对于二维超表面石墨烯[100]和其他二维折纸材料也存在相应的理论研究[101-103]。这些折纸结构二维超表面材料的研究主要侧重于宏观尺度方向的力学性能调控[104]。此外,较具代表性的结构为聚苯乙烯板材自折叠成三维物体过程,该折纸结构可以通过引入局部加热收缩来实现(如图 10.12 所示)。这些折纸结构都具有不稳定力学[105],特别是在微观/纳米结构层面,这会导致与柔性衬底结合的刚性薄膜屈曲力学行为[48]。这是在折纸折叠结构和模式转换设计中的基本理念。为此,折纸几何结构设计的运动学机制也是一种力学不稳定的形式。

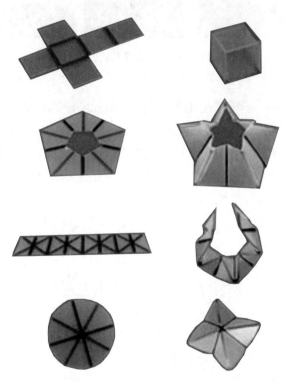

图 10.12　通过引起局部热收缩将扁平聚苯乙烯片自折叠成 3D 物体[40]

折纸曲面折叠结构设计的理念在微纳米加工中也是无处不在的。图 10.13 为毛细管状折纸的一个例子[106]。弹性力和毛细力之间的相互作用,可以用来自发地将液滴包裹在平面薄片中,从而产生复杂的三维几何结构。这些实验研究表明,通过调整初始片材的几何尺寸形状,可以实现各种各样的封装形状,无论是球形、立方体还是三角形。

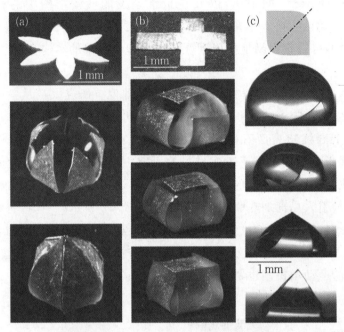

图 10.13　毛细管状折纸调整初始扁平形状[106]可以获得的封装形状
(a) 球形封装;(b) 立方封装;(c) 三角形模式折叠

　　除了液滴之外,我们还可以使用图案化的金属、半导体和聚合物材料的薄膜来形成各种功能结构,获得任意角度的自发双向曲面折叠的几何结构,包括使用牺牲层。该层可以被溶解,导致片材在从基材上抬起时被组装(如图 10.14 所示)[107]。这种类型的双向折纸结构可用于自发组装具有不同比率的复杂微尺度立方芯,其中 r 是指刚性板长度和铰链长度的比率。复杂折纸结构的折叠和展开为组织培养可展开的医疗设备、机器人技术、传感器、拉胀材料和 3D 电路等领域提供了可能性。

10.3.2　胞状三维折纸结构超材料

　　现在将折纸结构设计原理扩展到三维多孔材料和正在形成可折叠的三维多孔胞状超材料上。最近的研究[3,15,42,79]已经开始探讨了这种胞状三维折纸结构的组装形式,并将胞状晶体材料研究延伸至三维折纸力学超材料。这样的两个结构可以通过将它们组装成曲面叠加型、曲面交错关系类型[86],或者当前存在于想象中的其他三维结构来使用[108]。例如,周期性结构可以由挤压立方体组成[42]。还有一系列三维棱柱结构,其中包括所有可能的棱柱可展开框架,并且由刚性四边形面和四角折顶点组成[74]。此外,这种类型的力学超材料可以被认为是微/纳人工晶体结构设计和新开发的折纸模式的组合形式。这些胞状三维折纸结构背后的运动学机制,与二维折纸构件类似,皆源于不稳定性力学,与此同时,这种非稳态机制也适用于模式转换可调力学超材料。

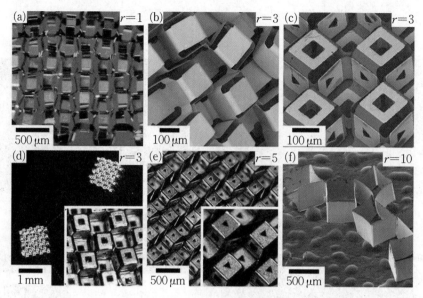

图 10.14 基于具有双向曲率的免提折纸的微型装配[107]

(a) $r=1$;(b) $r=3$;(c) $r=3$;(d) 具有 224 个铰链的(c)中所示的整个结构的光学图像放大视图;(e) $r=5$ 的核心的光学图像;(f) $r=10$ 的核心撕裂部分 SEM 显微图片

常见的结构组合的方式有两种:曲面叠加型[74,108-110]和曲面交错关系类型[86,108](如图 10.15 所示)。曲面叠加型的堆叠折纸结构,最初受到了一种基于模块化单元折纸结构的启发,它利用纸张带来创建复杂的几何图形,如挤压多面体,如图 10.15(c)所示[42]。一般情况下,通过堆叠各个曲面折叠层,周期性 Miura-ori 折纸模型的对称性已经被构建[108]。根据不同折叠层的排布机制,已经通过实验证明由此产生的刚性折纸结构是平坦可折叠的。超材料几何结构设计的额外自由度,可以通过改变每层内的折叠模式来实现。尽管如此,堆叠式三维胞状折纸结构的一个挑战就是量化特定的缩放值,以评估整体几何结构的有效密度。这主要是因为相对密度的本构关系对堆叠式三维胞状折纸结构的特定力学响应设计还是远远不够充分的。我们需要考虑的一个重要问题就是如何解决堆叠层高度的动态变化问题。

胞状三维折纸结构的另一种可能性是,将折纸结构曲面图相互交织成给定的胞状晶格图案模式[如图 10.15(b)所示]。图中左侧白色节点有 4 个入射边缘,而黑色节点有 8 个入射边缘。粗线表示具有 4 个入射面的边缘,而细线表示具有 2 个入射面的边缘。图中间部分,从理论固体中删除管状,以获得不同的几何结构。图中右侧图表示增厚的胞状三维折纸结构。这种曲面交错关系类型的胞状三维折纸结构可以来自刚性折叠折纸管状的有序组装,通过周期性和仿射变换周期性阵列以填充空间[108]。例如,各向异性管状几何结构,是由交织管的两个正交轴组成,所述交织管状结构具有较高界面的表面积,其在第三正交方向上相对较刚性。这些探索表明,近似闭孔结构可以产生关于低密度和同时足够强度的所需比例因子。例如,相对模量可以遵循功率缩放定律,其硬度(z 轴)方向上的相对密度 $E \sim \rho^{1.5[86]}$,功率指数在灵活方向(x 轴和 y 轴)上增加到 2。这些结果与可逆装配的多孔复合材料中的值相似。

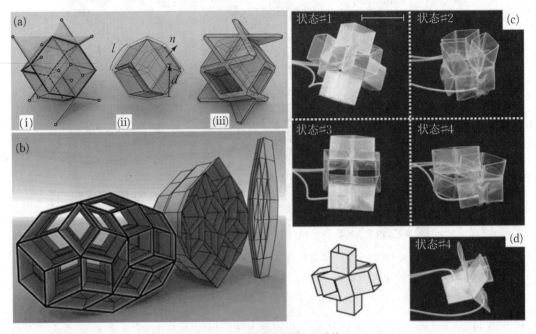

图 10.15　胞状三维折纸结构

(a) 曲面交错结构的单元格[86];(b) 刚性可折叠结构[108];

(c) 通过可动单元格获得的配置;(d) 改进的可动策略以达到状态♯4[42]

此外,挤出式的立方体胞状三维折纸结构[如图 10.15(c)所示],其中所有 6 个挤压的菱形被折叠成扁平状态。正如预期的那样,状态♯4 不会完全折叠,而是变形为具有最低应变能的状态。由此可见,这种类型的折纸结构已经将曲面折叠重塑为传统晶体学和力学的语言形式。同时,这些尝试基于折纸的结构设计构建了传统材料和力学超材料之间的联系,因此有可能将折痕、铰链或褶皱设计成其他平坦的片材。如果胞状三维折纸结构和模式的力学性能不是很坚硬,那么多种结构耦合组成的三维折纸结构,可以表现出温度依赖性的肿胀特性。为此,这些可以产生具有温度依赖特性的其他胞状三维折纸力学超材料。

10.3.3　剪纸结构超表面材料设计

基于剪纸和折纸的微/纳米加工方法,主要利用相邻物体之间的差异应变来实现自发弯曲或折叠,这可以通过温度变化等外界刺激来触发。例如,通过使用由弹性体支撑件引起的顶部前体的面外压缩屈曲来开发了一种实验方案[111]。该研究表明,纳米尺度的片上原位剪纸技术,制备了形貌特异的三维纳米结构,可实现通信波段光学超手征体的构建。

图 10.16 显示了纳米剪纸构建 3D 制造空间。此项研究[111]采用高剂量的聚焦离子束(FIB)作为"剪裁"手段,利用低剂量全局帧扫描的 FIB 作为"形变"手段,实现了悬空金纳米薄膜从二维平面到三维立体结构的原位变换,加工的三维金属结构分辨率在 50 nm 以下,约为头发丝直径的两千分之一。其基本原理是利用 FIB 辐照金膜,利用薄膜内产生的缺陷和注入的镓离子分别诱导不同类型的应力,结构在自身形貌的智能导向下通过闭环形变达到新的力学平衡态。因此通过设计不同的初始二维图案,可以在同样的扫描条件下分别实现向下或向上的弯折、旋转、扭曲等立体结构形变。该方法突破了传统自下而上(bottom-up)、自上而下(top-down)、自组装等纳米加工方法在几何形貌方面的局限,是一种新型的三维纳米制造技术。

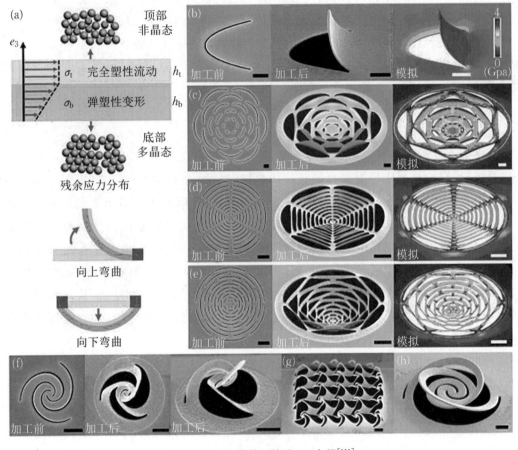

图 10.16　纳米剪纸构建 3D 空间[111]

(a) 纳米剪纸过程中金纳米薄膜发生形变的物理机制;

(b)～(e) 二维结构图案、纳米剪纸形成的三维立体结构及其理论模拟结果;

(f)～(h) 纳米剪纸制备的形貌特异的三维纳米结构(标尺 1 μm)

10.4　折纸结构材料的分析方法

折纸结构的力学特性分析方法主要有解析方法和数值方法,及其新近开发的空间拓扑结构优化设计。

10.4.1　解析方法

解析方法主要通过对胞状单元格或典型特征块体进行分析,让我们能清晰地建立控制参数与几何和力学特性量之间的关系。由于研究方法的基础性,大多数文献中都采用了这一方法,具体可参见相关文献[38,39,64,66]。具体来说,解析方法通常基于刚性折叠模型建立结构几何尺寸与控制参数之间的关系,方法局限于分析较简单的折纸结构。近年来,利用刚性折叠模型模拟刚性折纸结构折叠展开过程的算法[34,36],可模拟较复杂折纸结构的形貌变化。通过在刚度上区分折纸面弯曲折痕和通常的边折痕,刚性折叠模型可模拟折纸结构的基本变形模式,也就是说,可以实现绕折痕的刚体转动和四边形折纸面的微小弯曲。

10.4.2　数值方法

数值方法主要以杆件弹簧模型和有限元模型为代表。杆件弹簧模型是一种简化的有限元模型,其制作较简便且能足够体现折纸结构的基本变形模式,因而区别于更复杂的有限元模型[38,112,113]。在杆件弹簧模型中,折痕用弹性杆表示折纸面的相对转动,等效弹簧可用来模拟扭转变形。模型以弹性杆的拉伸变形近似折纸面的面内变形,以扭转弹簧近似模拟绕折痕转动以及面内弯曲。基于板壳单元建立的有限元模型能处理更复杂的工程问题。由此,可利用有限元软件分析折纸结构的冲压性能[114,115]。有限元模型的不足之处就在于,相较其他方法它更为复杂,从而导致分析效率较低,不便于分析结构的主要特征。为此,数值方法求解功能强大,但折纸面内的弹性变形会被包含进去,即模型为非刚性。

目前,折纸结构多基于单自由度单元格,例如 Miura-ori 折叠和对称的 Waterbomb 折叠结构。系统在平面状态时具有多种折叠方式,但在按每种折叠方式折叠之后系统只具有单自由度,因此在模拟折叠展开时可通过初始二面角增量来选择折叠方式,再通过控制一个折叠控制角来完成结构的展开模拟。多自由度结构在整个折叠或展开过程中至少具有两处折痕可同时自由折叠或展开,在模拟时需要对这些自由折痕进行控制。另外,为完成相应的折叠构型(如折纸鹤),我们需要依次按折痕顺序控制折叠过程。

对于实际的弹性材料,多稳态亦可由折纸面的弯曲变形导致。例如 Miura-ori 单元格由于弯曲变形而导致的双稳态,被视为缺陷状态。处在缺陷状态的单元格具有不同于正常状态的弹性系数,因此,整体的结构刚度可通过改变单元格的状态进行调控[52]。值得注意的是折痕分布形式是不可刚性折叠的,在外力作用下折纸面发生弯曲变形而存在双稳态[63]。在整块刚性折纸结构中,将其中几块刚性面用几何形状非协调的弹性面来替换,折叠时弹性面中会发生弹性变形而存储弹性势能,在松开外在约束后结构可在弹性面的弹性势能作用下展开[116]。对于曲面(即壳结构)的折叠,沿面内曲线折痕折叠时一般会出现作用力的跳跃,这说明结构具有双稳态特性。有研究指出,沿一定的特征线(法向曲率为零)折叠时,这种跳跃现象将消失[117]。在数值模拟中,我们可在四边形中引入对角折痕,并通过扭转弹簧刚度大小区分这种面内折痕与边折痕,这样可利用刚性折叠模型研究结构的多稳态特性。

10.4.3　空间拓扑结构优化设计

"拓扑"(topology)这一概念的引入极大地推动了凝聚态物理学的飞速发展,发展了诸如拓扑绝缘体、外尔半金属等新一代"无能耗"电子材料。实际上,拓扑的概念广泛适用于各种非电子材料,并且可用于理解各种看似无关的现象。拓扑学原理可应用于折纸力学超材料,并可演示如何通过剪裁折痕配置空间的拓扑来指导其运动学机理[118]。具体来说,通过简单地改变折痕的角度,来修改配置空间拓扑结构,并驱动折纸结构从平稳和不断变形的状态转变为力学双稳态和刚性状态以及使用拓扑脱节配置空间来限制单个折叠片的局部可控变形。由此可得,对折纸结构的分析通常依赖于其本构关系,而每一次曲面折叠变换从复杂到简化,从具象到抽象,是分析其内在拓扑机制、提升应用价值的关键。

折纸力学超材料是由嵌入薄片内部的一系列扭转折痕所构造的材料,同时也演示了如何通过定制折痕配置空间拓扑原理来指导体运动学。每条折痕在增加一个自由度的基础上也会增加配置空间的维度,其交叉点或顶点会产生几何约束,而且也会限制配置空间的可用部分。我们可以修改配置空间的拓扑结构同时驱动折纸结构,从而将其运动学从平稳和不断变形的状态改变为力学双稳态和刚性状态。再者,如何使用拓扑脱节配置空间来限制单个折叠片的局部可控形变,而对折纸结构的分析通常依赖于本构关系的能量学。图 10.17 给出了折纸力学中拓扑学和能量的作用[118],其中通过在简单连接的配置空间中改变折叠角度,可以获得多层稳定态纯能量折纸结构。同时相关人员也发现当仅考虑折痕的自由度时,折纸的展开和折叠的结构在拓扑学上是断开的。

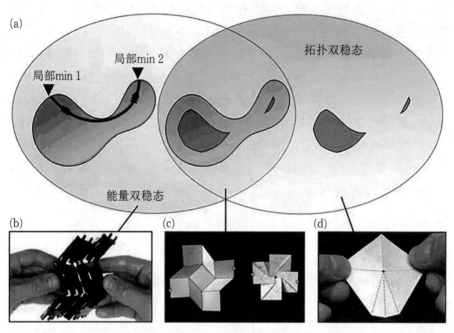

图 10.17　折纸力学中拓扑学和能量的作用[118]

（a）能量和拓扑双稳态差异关系韦恩图；（b）多层稳定态纯能量折纸结构；
（c）常见折纸结构；（d）可调控拓扑双稳定性的折纸结构

10.5　折纸/剪纸结构材料的研究趋势和潜在应用

10.5.1　折纸结构的研究与应用趋势

折纸技术利用二维系统构造出三维体系的神奇变换,万千变化的曲面折叠模式也赋予了这门艺术更多的科学与工程价值,并且有望在国防与国民经济及日常生活里发挥重要的潜在应用价值。最近,与折纸相关的研究在各种工程领域都得到了蓬勃的发展,其潜在的应用包括自动折叠机器人、可重构结构、防震装置和产品包装等。折纸结构最初的宏观应用是设计体积或表面积可变的折叠展开机构,例如,应用于太空太阳能电池板折叠展开的周期性 Miura-ori 曲面折叠构型。基于目前折纸结构中研究相对成熟的构型,即 Miura-ori,Ron Resch 和 Waterbomb 曲面折叠模式,可以向三维叠层结构方向发展。随着新的几何构型的提出,这些构型的制备,及如何与 3D 打印技术相融合等问题,在第 11 章中将有所展现。此处提及这种类型的折纸结构可能的应用领域在宏观尺度上基于折叠与展开机构动力学,在航空航天、医学和生物工程中的潜在价值,而在微纳尺度上,与其他类型超材料进行取长补短的融合,从而开发新型的负泊松比、轻质超强或可调刚度等其他新颖奇异的超材料类型。

当初始材料选用具有温度响应性聚合物凝胶时,不同折纸结构的折叠动力学中会表现出一定程度的滞后性,为此,这些曲面折叠模式可用于制备具有不同力学行为的开关器件。折纸结构最直接的应用是设计体积或表面积可变的折叠展开机构,例如应用于太空太阳能电池板折叠展开的 Miura-ori 构型[33]。正是因为在折叠过程中每块折纸面未发生变形,可利用单元格结构设计整体的折叠展开形态,为可延展柔性电子器件的设计提供了思路[119,120]。此外,圆柱状的 Magicball 构型在径向展开时,轴向同时伸长,结构具有较大的收缩和展开比,它借鉴了生物医学工程中的血管支架结构设计[70]。

折纸结构特殊的几何形貌变化,表征了整体几何结构可呈现负泊松比拉胀行为特性,并从超材料设计和分析的角度系统地研究了一些典型折纸结构的几何和力学特性。有研究发现,eggbox 曲面折叠模式的面内泊松比为负值,而曲面外的泊松比为正值,与之相反的是,周期性 Miura-ori 曲面折叠模式的面内泊松比为负值,而曲面外的弯曲泊松比为正值,而且幅值与面内泊松比相等[112,121]。这些特殊的力学属性,主要是因为每块折纸刚性平面绕折痕的刚性转动而引起的,而与选用的材料本身无太多关涉。也就是说,泊松比数值大小取决于单元格平面角和几何结构展开的状态[37,38]。

由此可见,基于周期性 Miura-ori 曲面折叠的不同变换折纸材料而构建的力学超材料,可展现面向的负泊松比效应。其他类似的折纸技术已经被应用于开发可编译的力学超材料。具体的 Miura-ori 三维管状折纸结构设计,也可用于获得刚性和可重构的力学超材料。折纸类的结构已经显示出力学超材料的其他特性,例如双稳态和多稳态力学特性。为此,结合折纸结构本身的不同特征,例如轻质超强,设计灵活性和超常力学属性的可制备性,将有望成为较有前景的一类力学超材料研究领域,而且这些新颖奇异的力学特征,必将是在其他类型力学超材料中所无法体现的。

10.5.2　剪纸结构超表面材料的潜在研究与应用

我们在上节已经了解到,结合当代材料和制造领域的巨大进步,剪纸和折纸技术在很多领域得到发展,包括外太空飞行器的太阳能帆板折叠技术、微纳机电系统(MEMS/NEMS)、形变建筑学、性能特异的机械、生物和光学器件,乃至 DNA 纳米剪裁和折叠技术。为此,折纸/剪纸力学超材料可以应用于不同的工程领域,及其他与力学超材料的相关方面[122]。在实践应用方面,以往的宏观剪纸技术采用多道复杂工序和复合材料,结构尺寸多在数厘米到数百微米范围内,很难实现片上原位制造,其应用也大多局限在机械和力学领域。

纳米剪纸技术拥有更小的纳米量级加工尺度,具有单材、原位、片上可集成的优势,有利于实现光响应的功能结构,例如构建光学超手征体(chirality)。当一个结构对任何平面都不具备镜面对称性时,这种结构具有内在的手征特性,例如各类螺旋线或螺旋体结构。基于纳米剪纸可实现三维扭曲的技术特点,考虑到该阵列结构的厚度包括衬底在内仅为约 430 nm，其对应的最大偏振旋转灵敏可达到相当高的数值，超过了现有手征超材料和二维平面纳米结构。

因此，折纸和剪纸的几何形状提供了一个轻松的实验平台，以探索各种各样的基于约束的力学超材料的理想力学性能。这些几何形状和额外隐藏的自由度，例如小平面拉伸、小平面剪切和折皱扭转[15]，为开发具有丰富变形模式（例如自锁）的现代超轻型和特定配置提供了极大的动力。将褶皱膜[123]和可编程超材料[3]的几何和物理特性结合起来的理念，可调整薄壳中的弯曲和伸展能垒[124,125]，从而获得广泛宽范围的多稳态行为范围[126]。例如，类似提供隐藏长度的聚合物二级结构[60,94]，可以实现对预定力阈值的抵抗力，以制造具有极高韧性的材料。现在主要的挑战是进一步深入研究几何构型，及初始材料属性如何与力学特性相关的关系模型，例如折叠曲面如何有助于整体力学响应的发生[11,95,127]。

此外，折纸/剪纸等新兴结构材料设计理念与 3D 打印技术整合的趋势，也不容小觑。随着计算技术的飞速发展，与原子级量化表征技术的不断推进，利用各种拓扑结构来模拟传统材料的晶格缺陷，例如位错，期望是未来超材料的发展趋势。为此，以往结构力学在建筑学领域中设计的各种各样的拓扑结构，或折纸手工等其他领域的设计理念，将不断被引入超材料的设计与研发。如何将不同的多样化的折纸构型引入微纳结构中，制备问题就成了首先需要考虑的问题。基于目前折纸结构中研究相对成熟的构型，Miura-ori，Ron Resch 和 Waterbomb 曲面折叠模式，更新的拓扑构型将会陆续出现，其结构材料的制备以及如何与 3D 打印技术相融合等问题，将在不远的将来有所展现。这些新颖奇异的力学性能的实现，有赖于近年来增材制造技术的发展。

参 考 文 献

[1] CHRISTENSEN J, KADIC M, KRAFT O, et al. Vibrant times for mechanical metamaterials [J]. MRS Communications, 2015, 5: 453-462.

[2] LANG R. The science of origami[J]. Physics World, 2007, 20: 30-31.

[3] SILVERBERG J, EVANS A, MCLEOD L, et al. Using origami design principles to fold reprogrammable mechanical metamaterials[J]. Science, 2014, 345: 647-650.

[4] SONG J, CHEN Y, LU G. Axial crushing of thin-walled structures with origami patterns[J]. Thin-Wall Structures, 2012, 54: 65-71.

[5] SCHENK M, GUEST S. Geometry of Miura-folded metamaterials[J]. Proceedings of the National Academy of Sciences, 2013, 110: 3276-3281.

[6] WEI Z Y, GUO Z V, DUDTE L, et al. Geometric mechanics of periodic pleated origami[J]. Physical Review Letters, 2013, 110: 215501.

[7] WAITUKAITIS S, MENAUT R, CHEN B-G, et al. Origami multistability: From single vertices to metasheets[J]. Physical Review Letters, 2015, 114: 055503.

[8] LV C, KRISHNARAJU D, KONJEVOD G, et al. Origami based mechanical metamaterials[J].

Scientific Reports, 2014, 4: 5979.

[9] HANNA B, LUND J, LANG R, et al. Waterbomb base: a symmetric single-vertex bistable origami mechanism[J]. Smart Materials and Structures, 2014, 23: 094009.

[10] ZHANG Y, YAN Z, NAN K, et al. A mechanically driven form of Kirigami as a route to 3D mesostructures in micro/nanomembranes[J]. Proceedings of the National Academy of Sciences, 2015, 112: 11757-11764.

[11] DEMAINE E, O'ROURKE J. Geometric folding algorithms [M]. Cambridge: Cambridge University Press 2007.

[12] LANG R. Origami design secrets: mathematical methods for an ancient art [M]. Boca Raton: AK Peters/CRC Press, 2011.

[13] PERAZA-HERNANDEZ E, HARTL D, MALAK JR R, et al. Origami-inspired active structures: a synthesis and review[J]. Smart Materials and Structures, 2014, 23: 094001.

[14] BOWEN L, GRAMES C, MAGLEBY S, et al. A classification of action origami as systems of spherical mechanisms[J]. Journal of Mechanical Design, 2013, 135: 111008.

[15] SILVERBERG J, NA J-H, EVANS A, et al. Origami structures with a critical transition to bistability arising from hidden degrees of freedom[J]. Nature Materials, 2015, 14: 389-393.

[16] SHAFER J. Origami to astonish and amuse[M]. New York: Martin's Griffin, 2001.

[17] MIURA K. New structural form of sandwich core[J]. Journal of Aircraft, 1975, 12: 437-441.

[18] MIURA K. Method of packaging and deployment of large membranes in space[R], The Institute of Space and Astronautical Science Report, 1985: 1-9.

[19] PAPA A, PELLEGRINO S. Systematically creased thin-film membrane structures[J]. Journal of Spacecraft and Rockets, 2008, 45: 10-18.

[20] KIM J, HANNA J, BYUN M, et al. Designing responsive buckled surfaces by halftone gel lithography[J]. Science, 2012, 335: 1201-1205.

[21] JAMAL M, KADAM S S, XIAO R, et al. Bio-origami hydrogel scaffolds composed of photocrosslinked PEG bilayers[J]. Advanced Healthcare Materials, 2013, 2: 1066-1066.

[22] AL-MULLA T, BUEHLER M. Origami: Folding creases through bending[J]. Nature Materials, 2015, 14: 366-368.

[23] QI Z, CAMPBELL D, PARK H. Atomistic simulations of tension-induced large deformation and stretchability in graphene kirigami[J]. Physical Review B, 2014, 90: 245437.

[24] CHO Y, SHIN J-H, COSTA A, et al. Engineering the shape and structure of materials by fractal cut[J]. Proceedings of the National Academy of Sciences, 2014, 111: 17390-17395.

[25] XU S, YAN Z, JANG K-I, et al. Assembly of micro/nanomaterials into complex, three-dimensional architectures by compressive buckling[J]. Science, 2015, 347: 154-159.

[26] CASTLE T, CHO Y, GONG X, et al. Making the cut: Lattice kirigami rules[J]. Physical Review Letters, 2014, 113: 245502.

[27] SUSSMAN D, CHO Y, CASTLE T, et al. Algorithmic lattice kirigami: A route to pluripotent materials[J]. Proceedings of the National Academy of Sciences, 2015, 112: 7449-7453.

[28] CHEN B G, LIU B, EVANS A A, et al. Topological mechanics of origami and kirigami[J]. Physical Review Letters, 2016, 116: 135501.

[29] EIDINI M. Zigzag-base folded sheet cellular mechanical metamaterials[J]. Extreme Mechanics

Letters, 2016, 6: 96-102.

[30] EIDINI M. PAULINO G. Unraveling metamaterial properties in zigzag-base folded sheets[J]. Science Advances, 2015, 1: 1500224.

[31] DEMAINE E D, O'ROURKE J. Geometric folding algorithms[M]. Cambridge: Cambridge University Press Cambridge, 2007.

[32] MIURA K. Proposition of pseudo-cylindrical concave polyhedral shells[J]. ISAS report, 1969, 34: 141-163.

[33] MIURA K. Method of packaging and deployment of large membranes in space[R]. The Institute of Space and Astronautical Science Report, 1985, 618: 1.

[34] TACHI T. Simulation of rigid origami[J]. Origami, 2009, 4: 175-187.

[35] TACHI T. Generalization of rigid-foldable quadrilateral-mesh origami[J]. Journal of the International Association for Shell and Spatial Structures, 2009, 50: 173-179.

[36] TACHI T. Design of infinitesimally and finitely flexible origami based on reciprocal figures[J]. Journal of Geometry and Graphics, 2012, 16: 223-234.

[37] SCHENK M, GUEST S D. Geometry of Miura-folded metamaterials[J]. Proceedings of the National Academy of Sciences, 2013, 110: 3276-3281.

[38] WEI Z Y, GUO Z V, DUDTE L, et al. Geometric mechanics of periodic pleated origami[J]. Physical review letters, 2013, 110: 215501.

[39] LV C, KRISHNARAJU D, KONJEVOD G, et al. Origami based mechanical metamaterials[J]. Scientific Reports, 2014, 4: 5979.

[40] DICKEY M, LIU Y, GENZER J. Light-induced folding of two-dimensional polymer sheets[J]. SPIE, 2012, 11: 3-4.

[41] BÖS F, VOUGA E, GOTTESMAN O, et al. On the incompressibility of cylindrical origami patterns[J]. arXiv, 2016, 1507: 08472

[42] OVERVELDE J, DE JONG T, SHEVCHENKO Y, et al. A three-dimensional actuated origami-inspired transformable metamaterial with multiple degrees of freedom[J]. Nature Communications, 2016, 7: 10929.

[43] SAFSTEN C, FILLMORE T, LOGAN A, et al. Analyzing the stability properties of kaleidocycles[J]. Journal of Applied Mechanics, 2016, 83: 051001.

[44] GATTAS J M, WU W, YOU Z. Miura-base rigid origami: parameterizations of first-level derivative and piecewise geometries[J]. Journal of Mechanical Design, 2013, 135: 111011.

[45] MAHADEVAN L, RICA S. Self-organized origami[J]. Science, 2005, 307: 1740-1740.

[46] AMAR M, JIA F. Anisotropic growth shapes intestinal tissues during embryogenesis[J]. Proceedings of the National Academy of Sciences, 2013, 110: 10525-10530.

[47] SHYER A, TALLINEN T, NERURKAR N, et al. Villification: how the gut gets its villi[J]. Science, 2013, 342: 212-218.

[48] AUDOLY B, BOUDAOUD A. Buckling of a stiff film bound to a compliant substrate. Part I: Formulation, linear stability of cylindrical patterns, secondary bifurcations[J]. Journal of the Mechanics and Physics Solids, 2008, 56: 2401-2421.

[49] DELL'ISOLA F, STEIGMANN D, CORTE A. Synthesis of fibrous complex structures: designing microstructure to deliver targeted macroscale response[J]. Applied Mechanics Reviews,

2016, 67: 060804.

[50] YASUDA H, YANG J. Reentrant origami-based metamaterials with negative Poisson's ratio and bistability[J]. Physical Review Letters, 2015, 114: 185502.

[51] LANDAU L. Theory of elasticity[M]. New Delhi: Butterworth Heinemann, 1986.

[52] SILVERBERG J L, EVANS A A, MCLEOD L, et al. Using origami design principles to fold reprogrammable mechanical metamaterials[J]. Science, 2014, 345: 647-650.

[53] TACHI T. Freeform variations of origami[J]. Journal for Geometry and Graphics, 2010, 14: 203-215.

[54] DEMAINE E, DEMAINE M, HART V, et al. (Non) existence of pleated folds: how paper folds between creases[J]. Graphs and Combinatorics, 2011, 27: 377-397.

[55] HUFFMAN D A. Curvature and creases: A primer on paper[J]. IEEE Transactions on Computers, 1976, 1010-1019.

[56] HULL T. Project origami: activities for exploring mathematics [M]. Yew York: CRC Press, 2012.

[57] EVANS T A, LANG R J, MAGLEBY S P, et al. Rigidly foldable origami gadgets and tessellations[J]. Royal Society Open Science, 2015, 2: 150067.

[58] SARAH-MARIE BELCASTRO; HULL T C. Modelling the folding of paper into three dimensions using affine transformations[J]. Linear Algebra and its Applications, 2002, 348: 273-282.

[59] KAWASAKI T. $R(\gamma)=1$[C]. Origami Science and Art: Proceedings of the Second International Meeting of Origami Science and Scientific Origami, 1997, 31-40.

[60] KIM J, HANNA J, HAYWARD R, et al. Thermally responsive rolling of thin gel strips with discrete variations in swelling[J]. Soft Matter, 2012, 8: 2375-2381.

[61] PINSON M B, STERN M, FERRERO A C, et al. Self-folding origami at any energy scale[J]. Nature Communications, 2017, 8: 15477.

[62] WU W, YOU Z. Modelling rigid origami with quaternions and dual quaternions[J]. Proceedings of the Royal Society of London A, 2010, 466: 2155-2174.

[63] SILVERBERG J L, NA J-H, EVANS A A, et al. Origami structures with a critical transition to bistability arising from hidden degrees of freedom[J]. Nature Materials, 2015, 14: 389-393.

[64] WAITUKAITIS S, MENAUT R, CHEN B G-G, et al. Origami multistability: From single vertices to metasheets[J]. Physical Review Letters, 2015, 114: 055503.

[65] FANG H, LI S, WANG K. Self-locking degree-4 vertex origami structures[J]. Proceedings of the Royal Society A, 2016, 472: 20160682.

[66] HANNA B H, LUND J M, LANG R J, et al. Waterbomb base: a symmetric single-vertex bistable origami mechanism[J]. Smart Materials and Structures, 2014, 23: 094009.

[67] HANNA B H, MAGLEBY S P, LANG R J, et al. Force-deflection modeling for generalized origami waterbomb-base mechanisms[J]. Journal of Applied Mechanics, 2015, 82: 081001.

[68] BRUNCK V, LECHENAULT F, REID A, et al. Elastic theory of origami-based metamaterials [J]. Physical Review E, 2016, 93: 033005.

[69] CHEN Y, FENG H, MA J, et al. Symmetric waterbomb origami[J]. Proceedings of the Royal Society A, 2016, 472: 20150846.

[70] KURIBAYASHI K, TSUCHIYA K, YOU Z, et al. Self-deployable origami stent grafts as a bio-

medical application of Ni-rich TiNi shape memory alloy foil[J]. Materials Science and Engineering: A, 2006, 419: 131-137.

[71] ONAL C D, WOOD R J, RUS D. An origami-inspired approach to worm robots[J]. IEEE/ASME Transactions on Mechatronics, 2013, 18: 430-438.

[72] FANG H, ZHANG Y, WANG K-W. Origami-based earthworm-like locomotion robots[J]. Bioinspiration & Biomimetics, 2017, 12: 065003.

[73] LEE D-Y, KIM J-S, KIM S-R, et al. The deformable wheel robot using magic-ball origami structure[C]. Proceedings of the ASME 2013 International Design Engineering Technical Conferences and Computers and Information in Engineering Conference, vol. 6B: V06BT97A040, 2013.

[74] LIU S, LV W, CHEN Y, et al. Deployable prismatic structures with rigid origami patterns[J]. Journal of Mechanisms and Robotics, 2016, 8: 031002.

[75] BRUNCK V, LECHENAULT F, REID A, et al. Elastic theory of origami-based metamaterials [J]. Physical Review E, 2016, 93: 033005.

[76] HANNA B, MAGLEBY S, LANG R, et al. Force-deflection modeling for generalized origami waterbomb-base mechanisms[J]. Journal of Applied Mechanics, 2015, 82: 081001.

[77] WAITUKAITIS S, VAN HECKE M. Origami building blocks: Generic and special four-vertices [J]. Physical Review E, 2016, 93: 023003.

[78] HUFFMAN D. Curvature and creases: A primer on paper[J]. IEEE Transactions on Computers, 1976, 25: 1010-1019.

[79] EVANS A A, SILVERBERG J L, SANTANGELO C D. Lattice mechanics of origami tessellations[J]. Physical Review E, 2015, 92: 013205.

[80] FENG H, MA J, CHEN Y, et al. Twist of tubular mechanical metamaterials based on waterbomb origami[J]. Scientific Reports, 2018, 8: 9522.

[81] TACHI T. Designing freeform origami tessellations by generalizing Resch's patterns[J]. Journal of Mechanical Design, 2013, 135: 111006.

[82] RESCH R. Self-supporting structural unit having a series of repetitious geometrical modules[P], U. S. Patent no. 3,407,558, US, 1968.

[83] FILIPOV E T, TACHI T, PAULINO G H. Origami tubes assembled into stiff, yet reconfigurable structures and metamaterials[J]. Proceedings of the National Academy of Sciences, 2015, 112: 12321-12326.

[84] PICKETT G. Self-folding origami membranes[J]. Europhysics Letters, 2007, 78: 48003.

[85] LEBÉE A, SAB K. Transverse shear stiffness of a chevron folded core used in sandwich construction[J]. International Journal of Solids and Structures, 2010, 47: 2620-2629.

[86] CHEUNG K, TACHI T, CALISCH S, et al. Origami interleaved tube cellular materials[J]. Smart Materials and Structures, 2014, 23: 094012.

[87] KUZYK A, SCHREIBER R, FAN Z, et al. DNA-based self-assembly of chiral plasmonic nanostructures with tailored optical response[J]. Nature, 2012, 483: 311-314.

[88] FELTON S, TOLLEY M, DEMAINE E, et al. A method for building self-folding machines[J]. Science, 2014, 345: 644-646.

[89] HAWKES E, AN B, BENBERNOU N, et al. Programmable matter by folding[J]. Proceedings of the National Academy of Sciences, 2010, 107: 12441-12445.

[90] AN B, BENBERNOU N, DEMAINE E, et al. Planning to fold multiple objects from a single self-folding sheet[J]. Robotica, 2011, 29: 87-102.

[91] ELSAYED E, BASILY B. A continuous folding process for sheet materials[J]. International Journal of Materials and Product Technology, 2004, 21: 217-238.

[92] TANG R, HUANG H, TU H, et al. Origami-enabled deformable silicon solar cells[J]. Applied Physics Letters, 2014, 104: 083501.

[93] SONG Z, MA T, TANG R, et al. Origami lithium-ion batteries[J]. Nature Communications, 2014, 5: 3140.

[94] NA J H, EVANS A A, BAE J, et al. Programming reversibly self-folding origami with micropatterned photo-crosslinkable polymer trilayers[J]. Advanced Materials, 2015, 27: 79-85.

[95] DIAS M, DUDTE L, MAHADEVAN L, et al. Geometric mechanics of curved crease origami [J]. Physical Review Letters, 2012, 109: 114301.

[96] DIAS M, SANTANGELO C. The shape and mechanics of curved-fold origami structures[J]. Europhysics Letters, 2012, 100: 54005.

[97] CHEN Y, PENG R, YOU Z. Origami of thick panels[J]. Science, 2015, 349: 396-400.

[98] MA J, SONG J, CHEN Y. An origami-inspired structure with graded stiffness[J]. International Journal of Mechanical Sciences, 2018, 136: 134-142.

[99] 刘祥, 李东恒. Diamond 折纸管状结构轴向冲击性能分析[J]. 应用数学和力学, 2017, 38: 163-169.

[100] PEREIRA V M, NETO A H C, LIANG H Y, et al. Geometry, mechanics, and electronics of singular structures and wrinkles in graphene[J]. Physical Review Letters, 2010, 105: 156603.

[101] KOEHL M, SILK W K, LIANG H, et al. How kelp produce blade shapes suited to different flow regimes: a new wrinkle[J]. Integrative and Comparative Biology, 2008, 48: 834-851.

[102] LI K, YAN S, NI Y, et al. Controllable buckling of an elastic disc with actuation strain[J]. EPL (Europhysics Letters), 2010, 92: 16003.

[103] WYART M, LIANG H, KABLA A, et al. Elasticity of floppy and stiff random networks[J]. Physical Review Letters, 2008, 101: 215501.

[104] 关富玲, 张惠峰, 韩克良, 等. 二维可展板壳结构展开过程分析[J]. 工程设计学报, 2008, 15: 351-356.

[105] MATSUMOTO E, KAMIEN R. Elastic-instability triggered pattern formation[J]. Physical Review E, 2009, 80: 021604.

[106] PY C, REVERDY P, DOPPLER L, et al. Capillary origami: spontaneous wrapping of a droplet with an elastic sheet[J]. Physical Review Letters, 2007, 98: 156103.

[107] BASSIK N, STERN G M, GRACIAS D H. Microassembly based on hands free origami with bidirectional curvature[J]. Applied Physics Letters, 2009, 95: 091901.

[108] TACHI T, MIURA K. Rigid-foldable cylinders and cells[J]. Journal of the IASS 2012, 53: 217-226.

[109] LI S, WANG K, Fluidic origami: a plant-inspired adaptive structure with shape morphing and stiffness tuning[J]. Smart Materials and Structures, 2015, 24: 105031.

[110] KLETT Y, MIDDENDORF P. Kinematic analysis of congruent multilayer tessellations[J]. Journal of Mechanisms & Robotics, 2016, 8: 034501.

[111] LIU Z, DU H, LI J, et al. Nano-kirigami with giant optical chirality[J]. Science Advances, 2018, 4: 4436.

[112] SCHENK M, GUEST S D. Origami folding: A structural engineering approach, Origami 5: Fifth International Meeting of Origami Science, Mathematics, and Education[C]. Boca Raton, FL: CRC Press, 2011: 291-304.

[113] FILIPOV E, LIU K, TACHI T, et al. Bar and hinge models for scalable analysis of origami [J]. International Journal of Solids and Structures, 2017, 124: 26-45.

[114] SONG J, CHEN Y, LU G. Axial crushing of thin-walled structures with origami patterns[J]. Thin-Walled Structures, 2012, 54: 65-71.

[115] SCHENK M, GUEST S, MCSHANE G. Novel stacked folded cores for blast-resistant sandwich beams[J]. International Journal of Solids and Structures, 2014, 51: 4196-4214.

[116] SAITO K, TSUKAHARA A, OKABE Y. Designing of self-deploying origami structures using geometrically misaligned crease patterns [C]. Proceedings of the Royal Society A, 2016: 20150235.

[117] BENDE N P, EVANS A A, INNES-GOLD S, et al. Geometrically controlled snapping transitions in shells with curved creases[J]. Proceedings of the National Academy of Sciences, 2015, 112: 11175-11180.

[118] LIU B, SILVERBERG J L, EVANS A A, et al. Topological kinematics of origami metamaterials[J]. Nature Physics, 2018, 14: 811-815.

[119] SONG Z, MA T, TANG R, et al. Origami lithium-ion batteries[J]. Nature Communications, 2014, 5: 3140.

[120] 常若菲,张一慧,宋吉舟. 可延展结构的设计及力学研究新进展[J]. 固体力学学报,2016, 37: 95-106.

[121] SCHENK M, GUEST S. Folded textured sheets[C]. Proceedings of the International Association for Shell and Spatial Structures (IASS) Symposium, 2009, pp. 2328-2336.

[122] ZADPOOR A A. Mechanical meta-materials[J]. Materials Horizons, 2016, 3: 371-381.

[123] GENZER J, GROENEWOLD J. Soft matter with hard skin: From skin wrinkles to templating and material characterization[J]. Soft Matter, 2006, 2: 310-323.

[124] BENDE N, EVANS A, INNESGOLD S, et al. Geometrically controlled snapping transitions in shells with curved creases[J]. Proceedings of the National Academy of Sciences, 2015, 112: 11175-11180.

[125] RAFSANJANI A, AKBARZADEH A, PASINI D. Snapping mechanical metamaterials under tension[J]. Advanced Materials, 2015, 27: 5931-5935.

[126] ARORA W, NICHOL A, SMITH H, et al. Membrane folding to achieve three-dimensional nanostructures: Nanopatterned silicon nitride folded with stressed chromium hinges[J]. Applied Physics Letters, 2006, 88: 053108.

[127] LECHENAULT F, THIRIA B, ADDA-BEDIA M. Mechanical Response of a Creased Sheet [J]. Physical Review Letters, 2014, 112: 244301.

第 11 章　力学超材料制备与基因工程

本章的目的是论述力学超材料的各种制造方法,研究从力学到光学或声学超材料的转换过程,彰显诸多潜在的工程应用。首先,第 11.1 节重点介绍了面向力学超材料的增材制备技术。其次,第 11.2 节侧重于通过 3D 打印技术,进行制备不同类型的力学材料,及其他个性化的力学超材料制造技术,例如,用于拉胀超材料的互锁组装技术和用于微/纳米晶格超材料的熔融静电纺丝。第 11.3 节主要分析了 3D 打印技术制备力学超材料时,所面临的打印材料种类的有限性和强度问题。最后,第 11.4 节针对多样化和个性化的制造和模拟技术,构建超材料制备的基因工程和人工制造创新材料的大数据。这种数据系统的应用分析表明,融合不同类型自然晶格结构和现有超材料类型,可能对力学超材料的几何设计有重要的影响。

超材料的个性化独特微结构设计与 3D 打印制造技术形成了完美的契合。两者之间相互整合协同创新,正开启全面推进材料创新设计和制造的新格局。鉴于此,人们需要不断地准确把握并认知这一快速协调发展的材料设计理念,这也正是本书的初衷所在。本章将着重论述力学超材料的基础研究和 3D 打印制造技术,及目前 3D 打印技术在力学超材料微纳制备中的应用。同时,介绍 3D 打印制备力学超材料的国内外研究发展现状,分析所面临的亟待解决的科学技术问题,展望力学超材料设计和 3D 打印制造相结合的良好愿景。

11.1　面向力学超材料的增材制备技术

力学超材料几何结构的物理实现,需要一系列具有独特创新性能力的制造工艺技术。增材制造(additive manufacturing,AM)方法特别适合于这些拓扑结构复杂多变的杆件和栅格几何架构。研究人员不仅开发一些获得复杂特征和几何形状的方法,还逐步开发了一些定制生产力学超材料的制造技术,例如,投影微型光刻(PmSL)、直接墨水书写(DIW)和电泳沉积(EPD)。利用这些方法,三维微纳米级几何结构就可以由多种构成材料(如聚合物、金属和陶瓷)以相同的几何结构来制备完成[1,2]。通常情况下,当一种新型功能材料的光鲜属性被热议时,其制备工艺往往就会受到轻视,甚至被冷待为一种技术凭借,因而得不到充分的研究。用于制备力学超材料的相关技术同样面临着相同的问题,故而,本书设以独立章节,配以笔墨心思,来阐述与力学超材料相关的主要制备技术。

与传统的制造加工技术相比[3]，许多自上而下的制备技术，例如紫外(UV)光刻、电子束光刻(EBL)、聚焦离子束(FIB)等技术已经成熟，并且已被广泛用于制造微/纳米几何结构。本章将着重介绍与自上而下相关的制造技术，并侧重于 3D 打印技术在力学超材料制备中的应用。自组装可以由微弱的作用力来驱动，例如范德华力、毛细力、表面张力和双层材料之间的内部应力。这部分内容在本章仅提及，并没有展开论述，具体可以参阅相关文献[4-7]。

11.1.1　3D 打印的基本原理

3D 打印是增材制造技术的俗称，基于不同的分类原则和理解方式，增材制造还有快速成型制造(rapid prototyping)、实体自由制造(solid free-form fabrication)和快速制造等多种称谓，从不同侧面呈现了这一技术的独特本质，其内涵仍在不断深化，外延也不断扩展。增材制造技术是指基于离散–堆积原理，由零件三维数据驱动直接制造零件的技术体系。先进制造技术的发展受益于计算机信息化技术催生的数字化制造，但其革命性突破则取决于制造观念的改变。增材制造"自下而上"的分层制造策略，基于深刻的空间维度数学思想，通过降低制造产品的维度，将无法直接制造的三维物体化解为可制造的二维物体。基本工艺是通过计算机切片算法，将三维物体的数值模型切割为一系列平行的片层，然后控制激光、电子束或紫外光等能量束的扫描方式，将液态、粉状或丝状材料逐层固化、层层堆叠形成完整的三维物体。具体的技术形式表现为利用激光、电子束、紫外光、热能等能量激发手段，将液态、粉状、丝状等材料逐层成型、叠加来制造产品。

增材制造已经成为商业上可用的制造技术，允许几乎无限的拓扑复杂性[8]。目前已有 20 多种技术，例如立体喷印(three dimensional printing, 3DP)，分层实体制造(laminated object manufacturing, LOM)，电镀技术(electrochemical FABrication, EFAB)，激光选区烧结(selective laser sintering, SLS)，电子束熔化技术(electron beam melting, EBM)，激光工程化净成形技术(laminated engineered net shaping, LENS)等[9]。2004 年美国制造工程师学会对增材制造进行了分类，但目前已经至少出现了 4 种新的技术，可参见最新的综述文章[9-14]。这些技术对力学超材料的制备，至少有两个显著的益处：① 允许研究和开发尺寸效应下的塑性和压裂行为，并有可能显著增加胞状栅格材料有效的力学性能[15,16]；② 允许周期性结构与可见光的相互作用，极大地简化了光学、声学、热学和力学超材料的发展。

3D 打印技术模型微分和材料积分的制造思路，从制造观念上突破了传统减材制造的约束，具有直接制造任意复杂结构、节省材料和个性化定制等颠覆性特征。超材料的个性化独特微结构设计与 3D 打印制造技术形成了完美的契合。两者之间相互整合、协同创新，正开启全面推进材料创新设计和制造的新格局。鉴于此，我们需要不断地准确把握并认知这一快速协调发展的材料设计理念，这也正是本章简要介绍

3D 打印技术的初衷所在。为此,依据 3D 打印制造中固化原理和材料属性的不同,本节着重介绍一些与材料微结构设计相关的增材制造技术种类和发展适用情况。

11.1.2　树脂光聚合技术

光聚合和光固化过程是指在光(如紫外光或可见光)或高能射线(如电子束)的作用下,液态的单质或低聚物经过交联聚合而形成固态聚合产物的过程[17]。在 3D 打印的树脂光聚技术中,光敏树脂的主要成分为预聚体、单质以及少量的引发剂。光敏树脂吸收光而引起分子量增加,就会发生光聚合交联反应,由液态转化为固体聚合物。根据光聚合原理的不同,树脂光聚合技术可分为两类。一类是单光子聚合,即当光敏树脂受到波长为 250～400 nm 的紫外光照射时,引发剂吸收一个光子产生自由基,进而产生预聚体和单体的聚合交联反应[18]。另外一类是双光子聚合(two-photon polymerization,TPP),当光敏树脂受到波长为 600～1000 nm 的近红外激光照射后,会发生双光子吸收效应(two-photon absorption,TPA),引发剂吸收两个或多个光子,从基态跃迁至激发态并产生自由基,进而引发预聚体和单体的聚合交联过程[19]。

根据光敏树脂固化机制的不同,树脂光聚合固化又可分为自由基固化型和阳离子固化型两种基本类型[20]。自由基型光敏树脂包括预聚体(聚氨酯丙烯酸酯、环氧丙烯酸酯等)和单体(N-乙烯基吡咯烷酮,1,6-己二醇二丙烯酸酯,三丙二醇二丙烯酸酯等),其特点是树脂黏度低、固化速度快、收缩率较大。阳离子型光敏树脂含有环氧化合物和乙烯基醚类等预聚物,其特点是树脂黏度高、反应速率慢、收缩率小。这些光敏树脂材料的机械性能较低、易断裂,不适合用于制作复杂的结构材料。在可追溯的研究历史中,热固性的环氧基或乙烯基酯材料曾面临同样的拉伸脆断问题,不过,经过优化设计,该问题在 1970 年得到了解决。近年来,人们开始将热固性材料的强韧化设计机理应用于光敏树脂体系。通过优化单体、预聚体、添加剂的材料种类和不同的光固化条件,3D 打印制光敏树脂的力学特性,尤其是断裂韧性,得到了极大的改善,可实现杨氏模量约为 1 GPa、拉伸强度约为 10 MPa、断裂应变延伸率约为 10％[21]。在增材制造技术中,通常采用自由基-阳离子混杂型的光敏树脂,其目的是利用自由基型丙烯酸酯成分光照后可迅速固化成型的特点,让阳离子型环氧树脂成分在光照结束后,可继续聚合以提高硬度。混合型树脂充分利用了两种基本类型树脂性能的互补关系,实现快速成型、低收缩率、良好的制造精度和力学性能[22]。

基于树脂光聚合/光固化原理搭建的 3D 打印平台种类繁多,本小节主要介绍几种常用的光敏树脂快速成型技术,例如点线面逐点填充的立体光固化成型,并行曝光的数字光处理技术、自传播光敏树脂波导技术、双光子吸收效应的激光直写技术和多材料混合喷墨技术。

1. 立体光固化成型

立体光固化成型,或称立体平版印刷(stereo lithography apparatus,SLA)是由 Charles W. Hull 最先发明的,也是最先得到广泛用的快速成型工艺,其首先提倡的分层制造策略,现已成为时下各种增材制造工艺的最基本工作原理。图 11.1 显示为 SLA 技术简要示意图,液态光敏树脂存储于储液槽中,紫外激光束通过特定光路,聚焦到液态光敏树脂表面,反射振镜在计算机控制下,将激光焦点沿液面按预定轨迹移动,以"点—线—面"的方式逐点填充,并固化整个截面轮廓,从而完成一个切片的固化过程。固化后的切片随工作台下降一层切片高度,重复上述激光焦点逐点扫描步骤,完成新切片的固化过程,如此反复最终获得 3D 实体。SLA 技术采用紫外激光的单光子聚合原理,其加工分辨率主要受光学衍射极限的限制,成型精度一般约 10 μm。因此,相应的 SLA 制造设备可用于制造大型工业模具和毫米级微型模型。

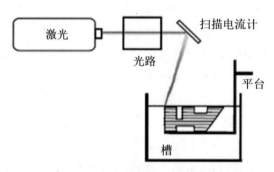

图 11.1　立体光固化成型示意图[9]

立体光固化 SLA 技术制造产品的力学强度,除了受树脂材料自身强度影响外,成型过程中的加工工艺及打印路径也对成品结构强度的影响尤其明显。这是因为当光敏树脂受激光照射发生聚合时,存在不均匀的高斯光强分布,另外,"点—线—面"的轮廓填充方式和分层制造过程等加工工艺条件,也可导致成型样品内外固化步调不一致,固化程度不均匀,甚至存在未固化的液态区域。因此,在光照成型后,我们需要后处理以提高样品的固化程度,以及提高产品的力学强度。但在后处理中,未完全固化树脂的聚合反应会导致不均匀体积收缩,产生残余应力,导致样品变形,影响产品精度。申言之,前后处理的时间不同,样品固化程度也会有相应的变化。这种固化成型时间依赖性问题的出现,为后续研发的四维打印提供了解决途径。

2. 数字光处理技术

数字光处理技术(digital light processing,DLP)又称投影微立体印刷技术(projection micro stereolithography system,PμSL),是一种毫微米尺度范围的微细 3D 加工技术[23-26]。基于单光子聚合原理的 DLP 技术受限于光波衍射极限、DMD(digital micromirror device)微镜尺寸和竖向步进电机精度,因而其水平分辨率可达 10 μm,竖向分辨率 1~10 μm,可打印 100 μm~1 cm 量级的三维物体[27-29]。

如图 11.2 所示,紫外光通过 DMD 芯片以及凸透镜聚焦,将切片轮廓照射到液态光敏树脂表面,切片同步曝光固化;升降台下移并固化新的切片,如此反复即可获得微型三维结构[30]。典型的 DMD 芯片上有 1024×768 个尺寸为 7 μm×7 μm 的铝制微反射镜片,镜片受控偏转可以将成像部分的光束投射到成像面,不需要成像的光束则投射到其余方向,即可在成像面上形成投影。DLP 技术核心器件正是这种德州仪器公司生产的 DMD 芯片。

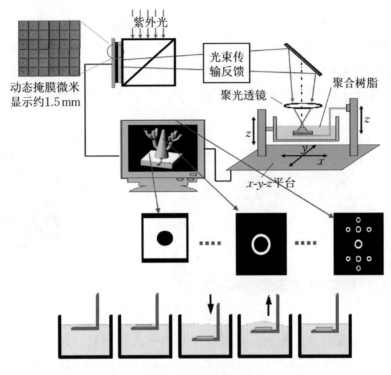

图 11.2　数字光处理技术原理示意图[30]

在 DLP 打印过程中,我们可以利用注射泵更换储液槽中的光敏树脂种类,实现多材料打印。这将有助于设计制造复合材料,并利用不同材料的温度膨胀或溶胀性能实现结构的运动控制[30,31]。与立体光固化 SLA 等其他增材制造工艺的"点—线—面"逐点填充成型技术相比,DLP 技术因并行曝光特征而成为目前打印速度最快的增材制造技术。与 LCD 投影技术相比[32],DMD 微镜的紫外光折射率、分辨率、响应速度都具有显著优势。随着更大面积、更高像素的 DMD 芯片开发,以及更大功率紫外光源的应用,DLP 技术将会成为最有前途的快速成型发展方向之一。

DLP 技术除了图 11.2 所示的顶部光源曝光方案,另一种高效的方案是底部光源曝光,例如,2015 年 3 月,美国 Carbon3D 公司报道了基于 DLP 原理的连续液体界面生产技术(Continuous Liquid Interface Production,CLIP),该技术可将成型速度提高25～100 倍[33]。CLIP 技术打破了增材制造中精度与速度相互制约的困境,通过紫外光连续照射,打印速度不再与切片层数有关,而仅取决于树脂的聚合速率和黏性。也就是说,光敏树脂的光吸收率、黏性、表面张力以及紫外光照射强度是决定样品精度和强度的关键条件,而自由基聚合过程的氧原子阻聚因素对成型精度无明显影响[26]。

3. 光敏树脂波导技术

自传播光敏聚合物波导法（self-propagation photopolymer waveguide technique）与立体光固化成型（SLA）/数字光处理技术（DLP）有相似之处，但又不完全相同，其诀窍是让紫外线穿透平版印刷掩膜上的小孔，照射到树脂上使其固化（如图 11.3 所示）。与此同时，设置光波导直至树脂槽底部，使受照的轴内光线得以校准。在该方法中，由于紫外线照射会衰减，所以要依靠树脂柱内表面连续向下反射而形成光波导，使紫外线通过波导效应穿透液体树脂。依靠这种方法可创建出独特的轻质、高强桁架结构[34,35]。

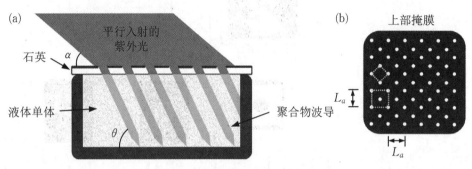

图 11.3　光波导示意图[34]

自传播光敏聚合物波导法从紫外线照射到形成固体材料仅需 30 s；而使用常规3D 打印方法，如普通 SLA 打印机打印 25～50 mm 高的物体，整个过程需要耗时 4～8 h。因此，自传播光敏聚合物波导法可用于设计制造结构复杂的多尺寸微点阵结构，并可获得不同的材料特性，如柔性、弹性、刚性以及韧性等。

4. 激光直写技术

基于双光子吸收效应的激光直写技术（direct laser writing，DLW）是在 1997 年首次提出的[36]（如图 11.4 所示）。双光子吸收属于三阶非线性光学效应，发生概率正比于光强的平方，因此在脉冲激光焦点处的双光子效应最强[37]。为此，双光子方法是利用 780 nm 飞秒激光脉冲聚焦在树脂的一处，即像素点或是体积元单位，经双光子吸收效应的充足能量用以交联单体并固化材料。椭圆式像素点可在一滴光敏抗蚀剂内被制作成三维物理光栅，进而去创建任意几何形状的树脂结构，同时各种各样的薄膜沉积技术可以借鉴过来用于这些纳米栅格结构超材料的制备[15,16]。不过，双光子激光通常采用近红外波段（600～1000 nm），其光子能量低而无法发生单光子吸收。为此，我们可以通过控制入射激光功率，将双光子聚合反应限制于焦点附近极小的区域，而避免光路上其他部分发生光聚合反应。

DLW 技术采用类似 SLA 的点成型技术，即将激光光束聚焦于光敏树脂液滴内部，焦点按预定轨迹移动，即可成型三维结构。双光子效应的光敏树脂分为负刻胶和正刻胶。负刻胶聚合机理是自由基引发的连锁聚合，反应速率快，处理过程简单，且可选择的引发剂和单体范围广，例如丙烯酸酯类树脂是 DLW 常用的负刻胶。DLW

技术的分辨率取决于焦点大小,该技术突破了瑞利判据决定的光学衍射极限,可加工尺寸为 50 nm 的三维结构。

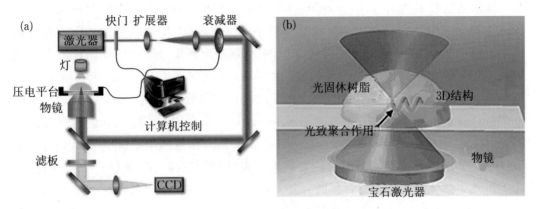

图 11.4　激光直写技术示意图

(a) 系统布置图[38];(b) 3D 打印界面[39]

5. 多材料喷墨技术

多材料喷墨技术(PolyJet)是以色列 Objet Geometries 公司在 2000 年推出的一种增材制造技术[40]。PolyJet 技术独特的优势在于能够实现多材料混合喷射打印,其关键部件是多喷头阵列,共 8 个喷头,每个喷头包含 96 个 50 μm 的喷孔。不同类型的光敏树脂液滴,通过多喷头阵列喷射到托盘上,通过紫外光固化获得 16 μm 厚的切片。重复该过程可制造三维物体。打印过程中采用水溶性凝胶支撑材料。PolyJet 技术可使用包括硬质聚丙烯塑料、柔性类橡胶、生物相容材料等 82 种材料,适合制备具有微米分辨率的多材料复合结构,为研究仿生材料、超材料和四维打印提供了硬件基础[41-43]。

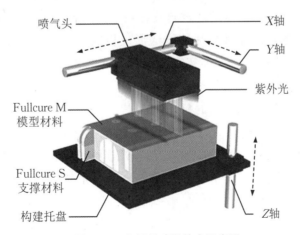

图 11.5　多材料喷墨技术示意图

11.1.3　墨水直写技术

墨水直写技术(direct ink writing,DIW)由美国 Sandia 国家实验室最早采用去制备三维陶瓷结构[44]。该技术是一种基于挤出的工艺,其工作原理是通过压力将打印墨水从喷嘴挤出,按预先设计的路径沉积固化,制备出微米分辨率的高精度的三维结构[45,46]。根据墨水挤压方式的不同,墨水直写技术(DIW 技术)可归为两大基本类型。第一种是连续挤丝技术[如图 11.6(a)所示]例如自动铸造(Robocasting)、熔融沉积(fused deposition)和微笔直写(micropen writing)。第二类采用液滴喷射技术[如图 11.6(b)所示],例如喷墨印刷(ink-jet printing)和热熔印刷(hot melting printing)[47]。连续挤丝技术可用于制备亚毫米介观精度的三维力学超材料结构,而液滴喷射技术更适合二维超表面材料的制备。此外,连续挤丝墨水直写技术可提供大范围的墨水设计和特征尺寸,更适合电导性质的结构材料和生物结构材料的 3D 打印制造。

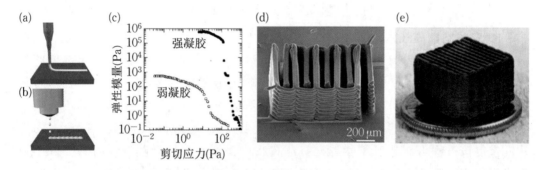

图 11.6　墨水直写技术

(a) 连续挤丝技术;(b) 液滴喷射技术;(c) 力学性能;(d)~(e) 形貌特征

打印墨水要求具有剪切变稀、低收缩率和良好黏弹性能,以便顺利通过喷头微管道实现高精度打印,并满足一定的悬空自支撑要求。人们通常采用胶粒凝胶、聚合物或聚电解质等材料,通过悬浮液或热熔方法形成稳定、均匀的非牛顿黏性流体,由液体蒸发、凝胶化、温致或化学相变等实现墨水固结。其中胶粒凝胶材料的黏弹性、剪切屈服应力、耗损模量和恢复模量等流变参数,通过调控胶粒体积分数可实现数量级差异,容易制备满足不同工艺要求的打印墨水[48]。胶粒凝胶墨水在通过管状喷头时,由于剪切变稀性能而自然分为中心固态凝胶区域、层流状剪切变稀屈服壳层和滑移边界层等三个区域,因此墨水在离开喷头打印时呈现连续丝状态,其表面黏性流体壳层则与先前打印部分相互黏结[49,50]。常用的生物打印墨水是光固化水凝胶材料,具有高含水量、生物相容以及与生物组织类似的力学性能,允许养分和代谢物的输运,并能够对细胞组织三维成型起到力学支撑作用。为了避免对细胞产生毒性,我们通常采用无自由基的光固化水凝胶,如聚乙二醇双丙烯酸酯(synthetic polyethylene glycol diacrylate,PEGDA)、透明质酸(hyaluronic acid,HA)[51-54]。水凝胶的机械性能较差,可以通过高强度双网络设计[55]、添加纤维素[56]等改进方法以适应特定的打印要求。

目前室温下连续挤丝成型的墨水直写技术广泛用于生物打印、微电子器件、光子晶体、仿生结构等领域[57]。墨水直写技术可打印众多功能复合材料,为了实现更小尺度、高精度和快速打印,墨水直写技术需要在墨水设计、墨水沉积动力学、机械控制、墨水输运系统方面不断发展[47]。

如图 11.7 所示[50,58],墨水直写技术是利用浓缩油墨沉积在特定的平面(其横向尺寸最小约为400 nm)的平面和三维布局中,该横向尺寸比传统的基于挤出的印刷方法所获得的至少低一个数量级。这种方法最重要的环节是创建浓缩墨水,这种墨水可以通过细长沉积喷嘴作为细丝挤出,然后进行快速固化以保持其形状。在多数情况下,它们甚至可能跨越无支撑的重大区域部分[59]。由于印刷设备的低成本、易于制造以及材料系统和尺寸的灵活性,诸如此类的墨水直写技术为传统制造技术提供了有吸引力的替代方案。

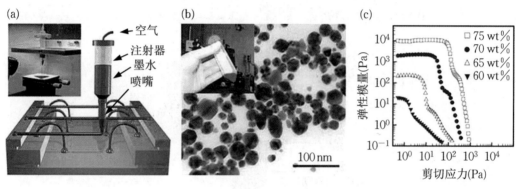

图 11.7 墨水直写技术

(a) 投影微观光刻技术设备示意图;(b) 合成银纳米颗粒的透射电子显微镜图像和浓缩墨水的光学图像;
(c) 不同银纳米颗粒固体含量的油墨条件下,剪切弹性模量与剪切应力的函数关系[59]

11.1.4 熔融沉积成型技术

熔融沉积成型(fused deposition modeling,FDM)是最常见的 3D 打印技术(如图 20 所示),由 Scott Crump 于 1989 年发明的,其原理简单,成本经济[60]。该打印技术原理主要是,热塑性线材由滚轮送入加热器,融化后受压挤出,按预定规划路径填充截面轮廓,冷却后形成切片,然后层层叠加形成三维结构[9]。熔融沉积成型技术需要在合适的温度下,将聚合物加热融化至特定黏性参数,才可以将材料挤出实现三维成型。该技术通常采用无明显熔点、黏性随温度升高连续降低的无序态聚合物,确保挤出成型温度的控制稳定性。现有的工程塑料,如机械强度和热稳定性优异的丙烯腈-丁二烯-苯乙共聚物(ABS)、聚碳酸酯(PC)和聚酰胺(PA)等均可为熔融沉积成型技术使用。

与基于光固化树脂的增材制造技术相比,熔融沉积成型的优势在于具有制造满足力学性能要求的工业终端产品的潜力。但熔融沉积成型技术的局限性也很明显,一是成品的层间黏结强度低,易发生脆性破坏;二是样品内部存在温度残余应力场,结构存在翘曲变形;三是由于挤出的熔丝直径大于 $100\ \mu m$,为此,打印后的成品较为粗糙;四是热塑性聚合物受热可能发生分解,熔丝内出现微小气空从而降低强度。由此可推断,熔融沉积成型技术可能的发展方向,将在一方面开发高强度材料,例如碳纤维增强 ABS 材料,另一方面对成型过程中样品内缺陷机理进行研究,采取相应应对策略从而解决粘结强度和结构变形等问题。

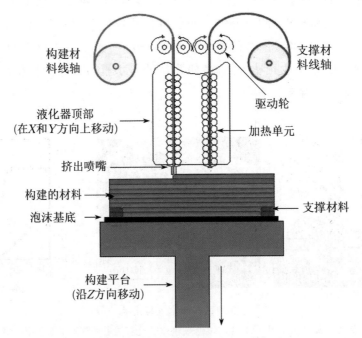

图 11.8 熔融沉积成型示意图[60]

11.1.5 粉末选区烧结与熔融技术

金属 3D 打印技术是在整体 3D 打印体系中最前沿和最有潜力的技术之一[61],是 3D 打印技术发展的重要标志,也是 3D 打印未来重要的发展方向。金属 3D 打印技术采用激光束、电子束、等离子束等高能量密度来作为输入热源,熔化金属粉末进行金属零部件的加工制造。目前可用于金属 3D 打印技术的方法主要有:选区激光烧结(Selective Laser Sintering, SLS)、选区激光熔融(Selective Laser Melting, SLM)[62,63]、电子束选区熔化(Electron Beam Selective Melting,EBSM)、激光工程化净成形(Laser Engineered Net Shaping,LENS)等。其中选区激光熔融,是指用高能激光源作为输入热源,该方法可以熔融多种金属粉末,如钛合金、铝合金、不锈钢、高温合金和镁合金等金属粉体材料。这些 3D 打印技术在制造自由度、原材料利用率等方面具有明显优势,尤其适用于小批量、定制化的加工制造。近年来,在工业应用和个人消费两个市场均取得了长足发展,工业应用的下游行业不断拓展,直接零部件制造的占比也逐年提高。医疗器械的定制化需求不断提升,在欧洲,使用 3D 打印的钛合金骨骼的患者已经超过 3 万例,美国一家医院甚至用 3D 打印出的头骨替换了患者高达 75% 的受损骨骼。此外,航空航天设备制造是 3D 打印最具前景的应用领域之一。金属 3D 打印技术在航空航天、武器装备、医疗等高端制造领域具有巨大应用前景和优势。可用于直接成形复杂和高性能金属零部件,正在从原型设计到终端用户零部件生产转变。在未来的十年,金属 3D 打印技术将不断创新,并逐渐开始引领制造产业的发展。

越来越多的特种金属生产商和金属集中制造商意识到,增材制造技术能帮助其提供客户定制解决方案,同时又能降低成本。该技术已有 30 年发展历史,但自 2010 年开始,金属制造商才逐渐开始选择这种技术。金属行业的发展是这一转变背后的主要推动力,因为金属在应用方面超过聚合物。例如,卡朋特开始生产一种高强、低氧钛粉末应用于航空航天市场;势必锐航空系统公司和 Norsk Titanium AS 合作生产的 3D 打印钛零部件应用于商业航空航天市场;通用电气正在研发全球最大的激光 3D 打印机,旨在用金属粉末打印零部件,新产品将用于航空航天、汽车、发电、石油和天然气行业。

激光选区烧结的发展进而催生了选区激光熔融、电子束熔化技术等新金属 3D 打印技术,因此,本小节将从最初的激光选区烧结 3D 打印技术引入,并简要介绍发展中的选区激光熔融技术和激光工程化净成形技术。

1. 选区激光烧结

选区激光烧结是美国德克萨斯大学奥斯汀分校于 1989 年提出的(如图 22 所示)[64]。选区激光烧结技术的工艺过程是在充满惰性气体的密闭腔室内,用铺粉滚筒,在水平粉床上铺一层均匀密实的粉末后,加热至低于粉末熔点温度以减少热应力,然后类似立体光固化成型工艺过程,用二氧化碳红外激光束将截面轮廓内粉末进行逐点熔化烧结,形成切片,并与下方已成型部分黏结;粉床下降后再铺一层粉末并烧结;如此循环直至成形三维物体。在成型过程中,未经烧结的粉末对模型的空腔和悬臂部分起着支撑作用,因此,选区激光烧结工艺无需要建造支撑。

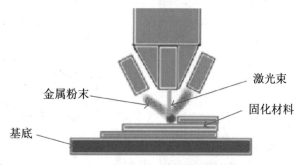

图 11.9 选区激光烧结技术示意图[64]

选区激光烧结过程的系统参数如铺粉密度、激光功率、激光光斑直径、烧结间距、扫描速度等对烧结件密度、温度残余应力及力学性能有直接影响。激光功率小,则上下层黏结性能降低,引起烧结体分层;激光功率大,则烧结温度高,易产生较大收缩而影响打印精度,并可能出现翘曲变形和开裂。激光光斑能量呈高斯分布,烧结密度中间高而边缘低。由此,设计合理的光斑直径、烧结间距,方使得烧结能量在平面上分布均匀。扫描速度会影响烧结温度梯度,导致粉末烧结密度不均匀,不利于黏性流动和颗粒的重排,同样对烧结成型质量有影响。因此,与激光功率一样,在激光烧结过程中扫描速度也是重要的影响因素,对烧结的温度影响较大,直接影响烧结的质量。由于烧结件中空洞和烧结孔隙的存在,使得烧结件的强度等力学性能降低。未烧结粉末材料会受到温度影响而降低质量,多次重复使用将会影响烧结件质量。

目前适用于选区激光烧结的常见材料包括金属(钛、铝、不锈钢、多种合金等)或非金属(热塑性树脂有聚苯乙烯 PS、尼龙 PA、聚丙烯腈、聚碳酸酯 PC、陶瓷和蜡粉等)的微米级球状粉末。此外,热固性树脂如环氧树脂、不饱和聚酯、酚醛树脂、氨基树脂、聚氨酯、有机硅树脂和芳杂环树脂等由于具有强度高、耐火性好等优点,也适用于选区激光烧结 3D 打印成型工艺。

2. 选区激光熔融

从金属 3D 打印的发展历程上来说,选区激光烧结技术催生了许多新兴的 3D 打印技术,例如近年来发展迅速的电子束熔化技术。在真空环境下,用 30 kV 至 60 kV 的电压产生的电子束融化金属粉末。目前主流的金属 3D 打印技术、激光选区熔融技术是比选区激光烧结 SLS 技术工艺流程更为简单的金属粉末快速成型技术(如图 11.10 所示)[65]。该技术是将低熔点废金属粉末在烧结后成为高熔点粉末,并最终融

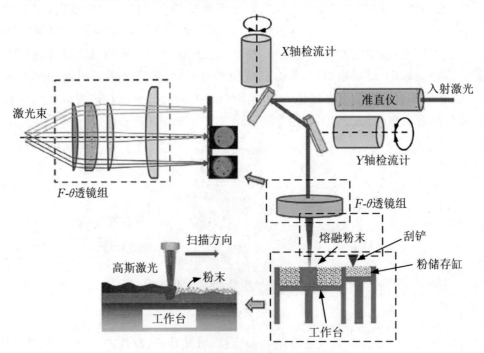

图 11.10　选区激光熔融示意图[65]

化成型的过程[66]。其加工的金属材料选用一般为镍基合金、贵金属和不锈钢等单一组分金属粉末,通过利用 110 W/cm² 以上能量密度的激光束快速完全融化金属粉末,经预设可凝固出任意形状零件,采用该项技术形成的零件几乎完全致密,能够适用于航空航天、珠宝加工和微电子等各高精行业,因此被工业界认为具有长远的发展前景。

纵观工业下游的需求场景,医疗、航空航天、汽车将有望成为 3D 打印技术的主力爆发点,尤其是航空航天设备制造是选区激光熔融打印技术最具前景的应用领域之一。这主要源于:第一,该技术适应航空航天设备"多品种、小批量"的多种合金特点;第二,出于减重与强度要求,选区激光熔融成形零件精度高和力学性能良好,契合于航空航天设备中复杂结构件或大型异构件;第三,选区激光熔融打印的增量制造方式可将原材料利用率提高至 90% 以上[67]。正如最近报道的金属粉末材料选区激光熔融技术制造商 Arconic 已与空客达成协定,为空客 A320 飞机提供选区激光熔融 3D 打印的镍基高温合金的管道组件和钛制管道机身组件。这些选区激光熔融打印零部件的工业应用,无疑为金属 3D 打印注入了信任力量,尽管在材料和工艺方面还存在一些工艺共性问题有待解决。国内外已有很多学者对激光选区熔化技术的设备研发、软件开发、材料工艺、成型工艺、应用探索等方面进行深入研究[68,69]。在成形工艺、缺陷控制、应力控制、成形微观组织演变和提高成形件力学性能等方面开展了大量研究工作[65,70]。

3. 激光工程化净成形技术

激光工程化净成形技术是由美国 Sandia 国家实验室 1999 年提出的。激光工程化净成形技术以金属粉末或丝材为原材料(不锈钢、镍基合金、钛合金、铜合金、铝等),采用高能量密度激光束对材料逐层熔化并快速逐层凝固沉积,直接由零件 CAD 模型一步完成全致密、高性能、大型复杂金属零件的直接近终成形。材料间的冶金结合使得获得致密度和强度均较高的金属零件成为可能。

激光工程化净成形技术相关研究工作的重点在于熔覆设备的研制与开发,熔池动力学,合金成分的设计,裂纹的形成,扩展和控制方法,以及熔覆层与基体之间的结合力等。激光熔覆技术在国内尚未完全实现产业化的主要原因是熔覆层质量的不稳定性。在激光熔覆过程中,加热和冷却的速度极快,最高速度可达 1012 ℃/s,由此而引起的不均匀加热和冷却会产生残余应力,进而严重影响成品的成型精度。由于熔覆层和基体材料的温度梯度和热膨胀系数的差异,在熔覆层中可能产生多种缺陷,主要包括气孔、裂纹、变形和表面不平度。例如,新近的电子束熔化技术技术(Electron Beam Additive Manufacturing,EBAM)使用大功率激光器,光斑直径一般在 1mm 左右,所得到的金属零件的尺寸精度和表面粗糙度都较差,只能制作粗毛坯,需精加工后才能使用。

利用电子束熔化技术(Electron Beam Melting,EBM)可以制备的 Ti-6A1-4V 材料三维折返结构。这是一种以材料粉末为基础的打印工艺,其中电子束用于选择性的溶化粉末粒子。每一层构建完成后,粉末床就会降低,一个新的粉末材料层就会上升。在这样的粉末床熔化系统中,部件之后被烧结或是一层层的熔化,以致最终形成零部件结构。

由此可见,粉末选区烧结与熔融技术主要适用于金属材料的制备。从工程实践上来说,大型金属构件激光快速成形技术研究能否得到持续发展,在很大程度上取决于对激光快速成形过程内应力演化行为规律、内部缺陷形成机理和内部组织形成规律等关键基础问题的研究深度和认识程度[71,72]。要实现对大型整体钛合金结构件激光快速成形过程内应力的有效控制,和零件变形开裂的有效预防,有效突破一直制约大型金属结构件激光快速成形技术发展的内部强度质量瓶颈,我们必须认识清楚:① 在周期性长期激光剧烈热循环作用下零件"热应力"的演化规律,及与激光快速成形工艺条件,与扫描填充模式及零件结构的关系;② 在周期性、高温度梯度、剧烈加热和冷却过程中,材料的短时非平衡固态相变"组织应力"形成规律,及与激光快速成形工艺条件的关系;③ 在超高温度梯度作用下,移动熔池"强约束凝固收缩应力"形成机理、演化规律;④ 热应力、组织应力、凝固收缩应力和外约束应力的非稳态耦合行为演化规律,及与零件变形开裂之间的关系。而要实现对激光快速成形大型钛合金结构件内部质量的有效控制调节,我们必须深入研究的是:① 移动熔池激光超常冶金动力学,快速凝固形核、生长、局部凝固组织特征,与激光快速成形工艺参数和激光成形条件之间的相互关系;② 移动熔池局部快速凝固行为和三维成形零件凝固组织形成规律之间的关系;③ 移动熔池局部凝固过程和零件特有的内部冶金缺陷形成规律间的关系等。

然而,我国在3D打印技术研发上,大多为非金属材料(如高分子树脂材料)增材制造的原理、工艺、装备、材料开发及应用方面,与金属构件增材制造技术方面相关的研究较少。在装备研制方面,金属高端增材制造装备仍有待于进一步自主研发;在应用方面,增材制造技术主要用于产品模型、医疗试验及工艺品,直接成形工业领域中的金属功能性零件较少,相应地,我国在金属增材制造的材料工艺研究方面投入也在逐年上升。

11.1.6 电泳沉积及其相关的电化学增材制造技术

电化学增材制造(Electrochemical Additive Manufacturing,ECAM)是相对较新式的金属3D打印技术,其基于金属或合金的电化学沉积工艺,利用模具电极与金属工件电极之间局部电势分布的距离敏感性,而制造超光滑超大表面和功能性复杂的三维金属微纳结构。具体工艺中涉及金属阳离子从溶液中化学还原的过程。通常通过两种工艺方式来实现,即电镀(electrodeposition)和化学镀(electroless deposition)[73]。电镀是用电源能将金属阳离子还原成金属单质,并沉积到阳极基体金属表面上。化学镀,或称无电解镀、自催化镀,是在无外加电流的情况下借助合适的还原剂,使镀液中金属离子还原成金属,并沉积到零件表面的镀覆方法。电镀与化学镀从原理上的区别就是电镀需要外加的电流和阳极,而化学镀是依靠在金属表面所发生的自催化反应。目前,电化学 3D 打印技术依据沉积方法的不同主要分为两大类,即弯月面法(Meniscus Confined Electrode ,MCE)[74]和局部电化学沉积(Localised Electrochemical Deposition,LCD)[75]。

较具代表性的是电泳沉积(electrophoretic deposition,EPD)技术,该技术也是一种自底向上的制造工艺,主要利用电场将带电纳米粒子从溶液沉积到基底上[73,76,77]。电泳沉积技术可以与各种纳米粒子一起使用,包括氧化物、金属、聚合物和半导体。一旦颗粒沉积,成型后就可被干燥和/或烧结,用以将颗粒黏合在一起成为固定块体几何结构。其原理图和所制备的纳米几何结构如图 11.11 所示。电泳沉积技术,传统上被用于涂层应用,例如,将陶瓷材料沉积到金属模具上。研究人员已经扩展了这项技术,他们使用微米尺寸的调控来构筑多尺度几何结构材料,同时利用动态电极可控地改变沉积平面上的电场分布,从而制备精确的图案几何形状。

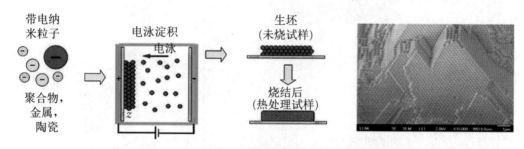

图 11.11　电泳沉积过程的示意图和制备结构材料

近来,电化学增材制造(Electrochemical additive manufacturing,ECAM)是相对较新式的金属 3D 打印技术,其基于电镀和化学镀原理,利用模具电极与金属工件电极之间局部电势分布的距离敏感性,制造超光滑超大表面和功能性复杂的三维金属微纳结构。确切地说,该技术隶属于 3D 打印技术的中 LIGA 技术,即德语单词的缩写:lithographie(平版印刷),galvanoformung(电铸),abformung(浇铸)。目前,电化学 3D 打印技术主要有两大类,即弯月面法,如图 11.12 所示[74],及局部电化学沉积[75]。

综上可以看出,3D 打印制造技术的发展趋势,主要体现在以下 4 个方面:① 现有 3D 打印技术应用的扩大。现有技术,例如第 11.1.2 小节所述的立体光固化成型、数字光处理技术、激光直写技术,这些以光敏树脂为主要原材料的 3D 打印技术将进一步成熟,相应的工程化应用研究也会进一步深入,从而使现有材料的制备和应用领域进一步拓展。相比较而言,铝合金、高温合金以及复合材料等增材制造的新材料和新工艺技术基础研究开发相互促进,得以进一步扩大。② 实现"混合制造"融合化。例如第 11.1.5 小节选区激光熔融是基于传统铸造和焊接的基础理论,第 11.4.6 小节电镀打印技术是基于传统的电化学镀锌等表面处理工艺。它们将增材制造技术与传统铸造、锻造、焊接等多种技术手段复合,发挥各自的技术优势,实现打印构件性能的最优化,降低了生产制造周期,节约了成本。③ 增材制造装备智能化。随着增材制造直接生产零件的广泛应用,人们对零件的性能质量及精度提出了更高的要求,增材制造装备从简单到复杂,由单一化向多样化发展,由小型化向大型化发展,由多样化向集成化发展,与智能化技术进一步融合。增材制造的工艺设备将逐渐规范化、标准化、智能化。④ 增材制造技术多样化。从装备到技术不断挑战增材制造技术的极限,增材制造技术由单一化向多样化发展,由多样化向集成化发展。原材料从高分子材料发展到金属材料,热源也从最开始的激光拓展到电子束、电弧,应用对象也逐渐从模型到直接成形功能性零件产品。其中增材制造产品多样化的趋势,体现在即将论述的第 11.2 节中。

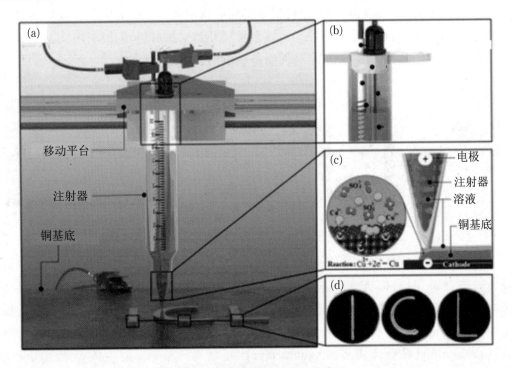

图 11.12　电化学 3D 打印机示意图

（a）打印机整体概貌；（b）电极布置；（c）喷嘴处的打印过程；（d）打印的铜字母结构[74]

11.2　3D 打印制备力学超材料的发展现状

许多先进的加工技术已被制造各种类型的力学超材料,包括用于拓扑优化的 3D 打印。利用计算机辅助设计(CAD)软件创建给定的程序,然后我们可以将 CAD 文件放置在 3D 打印机中以生成所需的几何结构,这就是一种通用制造方法。不同的力学超材料在制造和组装中具有不同的步骤。在制备具体力学超材料之前,我们需要规划蓝图,然后采用适当的制造技术来获得不同几何结构的超材料。3D 打印技术可以用来制备不同种类的力学超材料。在不同工艺条件下,有时需要使力学超材料几何结构,如负泊松比结构适合用增材技术来进行处理。电子束熔化(EBM)增材制造工艺,已被用于制造由 Ti-6Al-4V 制成的三维凹入式负泊松比几何结构[78]。

为此,本节将结合具体的 3D 打印制备力学超材料的案例,对不同的 3D 打印制备的力学超材料案例进行剖析,整合 3D 打印技术、自传播光敏感树脂波导技术、数字光处理技术,双光子激光直写技术等用于制造三维结构栅格的力学超材料。此处,仅选取论述有代表性的最新制造技术和其制备的三维力学超构。增材制造和拓扑优化技术的最新进展,使设计具有可调控各向异性的周期性栅格结构成为可能[79,80]。此外还有用于负泊松比拉胀超材料的一些互锁组件,以及用于轻质超强晶格材料的熔体静电纺丝等。

值得一提的是,这些代表性制造技术,常常分别对应于制备大多数拓扑类力学超材料,如第 3 章的负泊松比拉胀超材料和第 8 章的轻质超强力学超材料。需要说明的是,在各种不同类型的力学超材料中,其几何结构的某些具体特征和几何形状有时无法用市售的增材制造技术手段来获得。为此,科研人员需要根据具体的研究条件,来进行不同程度的定制工艺和材料设计。在本章中,笔者也会对此加以特定的描述和说明。

11.2.1 投影微立体印刷和光敏树脂波导技术制备仿晶格结构

为制备更小尺度的仿晶格结构模型,人们开发设计了投影微立体印刷技术(PμSL),其上配备了特定的精密接插件,即具有 0.3 mm 外径、壁厚 25 μm 的孔进行光敏树脂打印。我们可以用光固化树脂(1,6-己二醇二丙烯酸酯,HDDA)打印出百微米级单元尺寸的 Octet 点阵(整体模型尺寸为 0.8 mm×0.8 mm×3 mm)。此外,我们也可采用化学镀和气相沉积法,在此聚合物点阵模板表面沉积微纳米厚度的金属化合物和陶瓷薄膜,最后用热分解和氧等离子去除 HDDA 聚合物,生成由空心管构成的 Octet 点阵材料[81]。我们将扫描振镜结合数字光处理技术 3D 打印了尺寸 5 cm×5 cm 的多尺度金属 Ni 点阵材料,其最小单元尺寸为 60 nm,尺度范围跨越 7 个数量级。Ni 点阵材料拉伸、压缩破坏应变分别超过 20% 和 50%,远大于单一尺度点阵材料的性能[15,82]。

这种投影微立体印刷技术采用空间光调制器,即硅覆液晶(LCoS)或数字微镜器件(Digital Micromirror Device,DMD),作为动态可重新配置的数字光掩模,以逐层扫描的方式制备三维块体结构材料。首先,我们将计算机辅助设计三维模型切割成一系列紧密间隔的水平面。这些二维图像切片,被顺序传输到反射式硅覆液晶芯片,该芯片被来自发光二极管(LED)阵列的紫外(UV)光照亮。每个图像通过缩小镜,投影到感光树脂的表面,从而使得暴露的液体固化,形成一层二维图像的形状,随着所放置的衬底被降低,在固化层上回流成液体薄膜。然后,我们用下一个图像切片重复图像投影,直到已经制作了所需数量的层以完成三维几何结构。例如,图 11.13 显示了投影微观光刻技术的基本系统示意图,以及示例结构的图片[81]。近来,利用这一制备技术理念,我们已经可以制备出接近 10 cm 大小的几何结构,同时保持小至 10 μm 的杆件连接特征[2]。

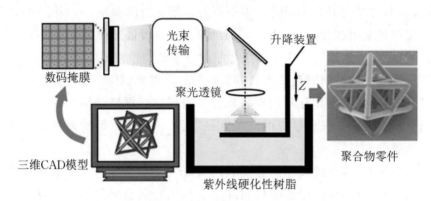

数码掩膜

光束传输

升降装置

Z

聚光透镜

三维CAD模型

紫外线硬化性树脂

聚合物零件

图 11.13 投影微观光刻技术示意图及所制备的结构单元[81]

采用光敏树脂波导技术和数字光处理 3D 打印技术可以制备在微纳栅格超材料,其中所构建的典型金属栅格结构由中空的镍基杆件(宽度为 100~500 μm,长度为 1~4 mm)组成,中空杆件管壁厚度可达到 100~500 nm[83]。在制备过程中,光敏树脂作为支架,在其上涂覆薄层,如 NiP 或金属玻璃。后续工序可以移除树脂,即可获得由涂覆薄层金属构成的完全中空结构。波导 3D 打印技术可以自由调整单个结点上的角度和连接杆件的数量,从而易于设计所需要几何参数与力学性能匹配的超强超硬微纳栅格结构材料。然而,这种微细 3D 打印技术只可限定一些特定的单元格几何结构,即只可打印承受弯曲载荷,而不能承受张拉外载作用下的架构。当给定结构密度时,张拉模式变形却正是人们所希望得到的,因为它比弯曲模式变形机制提供更高的强度[84]。

与光敏树脂波导技术相比,数字光处理 3D 打印技术采用高分辨率投影的微立体光刻(microstereolithography),可以制备更广泛的单元格几何结构,包括拉伸变形主导 Octet 点阵。简言之,超轻超强微纳栅格力学超材料,可以用光敏树脂波导技术和数字光处理 3D 打印技术去制备。由材料尺寸效应引起的管壁厚度机制已得到阐释,但单元格尺寸还是不够小到足以利用尺寸效应进行架构的材料设计。这还不够彰显力学超材料的显著特征,即完全结构依赖机制应独立于材料的尺度范围。也就是说,无论微尺度栅格尺度是大还是小,相似结构材料的变形机制应当是一致的。

11.2.2 双光子激光直写技术制造微纳点阵材料

双光子激光直写技术将微结构材料的尺寸由微米级缩小了近三个量级,同时,它也保证微纳栅格超材料制备过程中的涂覆薄层精度和光敏树脂支架的移除。这种 3D 打印技术制造的人工结构可以是纳米尺度级的,比如典型的连接杆单元长度约为 3~20 μm,宽度为 150~500 nm,中空管壁厚度为 5~600 nm[85,86]。与传统的激光直写技术相比,双光子激光直写技术打印成品的台阶等处精度都有所提升。若结合保形喷溅涂覆技术,我们还可制备原子厚度层级的沉积涂层,如沉积在光敏树脂支架上的 $5\sim60$ nm 厚度的 Al_2O_3 和 TiN 涂层。金属薄层沉积后,初步树脂支架可用 FIB(focused ion beam)切成薄片,再用氧气等离子刻蚀进行移除,以获得中空的栅格结构材料[87]。这些纳米尺度力学超材料的单个构成单元具有足够小的尺寸,其力学性能依赖于材料表面的尺寸效应和结构响应的耦合机制,这无法单独用连续性介质理论来阐释。

由此可见,双光子激光直写技术更适合制造结构单元更小的微纳米点阵材料[82,88-90]。具体制备过程是将光敏树脂打印为纳米点阵结构,并在表面镀膜,从而获得密度接近气溶胶的氧化铝管超轻点阵材料[15]。由于采用了非 Octet 点阵结构,我们得到标度律 $E\propto E_s\rho^{1.61}$ 和 $\sigma\propto\sigma_s\rho^{1.76}$。基于各种类型的周期重复单元格而构建的超轻超硬超材料的不同设计。利用双光子光刻技术,以及原子层沉积和纳米级氧气等离子体蚀刻,既可以由陶瓷材料制成超强和超轻超材料,也可以由脆性材料如氧化铝来制成,即使当超材料被压缩超过 50% 应变时,这样的纳米晶格也表现出可恢复的弹性变形。在特定人工晶格结构中,研究发现,所制造纳米晶格的中空管厚度与半径比率决定了这种特定晶体超材料的力学性能。还有另一种超材料显示出每单位质量密度几乎恒定的刚度,即使质量密度减小了三个数量级。这是高刚度和低密度的显著组合,正是轻质超强力学超材料的研究目标所在。此外,负泊松比拉胀材料、五模式反胀材料均可由双光子激光直写技术进行制备[91,92]。

近期有研究结合双光子光刻和磁控溅射沉积工艺制备纳米晶格结构,即由高熵合金涂层的聚合物支柱组成[93]。研究人员首先采用了先进的纳米尺度增材制造技术(三维双光子光刻激光直写)直接打印高弹性聚合物材料组成的纳米点阵结构(最小特征尺寸约为 260 nm),然后通过磁控溅射手段,将具有高强度的高熵合金材料均匀镀层在聚合物骨架的表面(厚度仅为 $14.2\sim126.1$ nm),从而实现了"1+1>2"的优异力学性能。该纳米点阵不仅保有聚合物材料的高弹性和良好的可恢复性,而且由于高熵合金纳米镀膜的存在,使得该纳米点阵兼具高强度的优点,从而使得该复合纳米点阵材料克服了早先微纳米点阵材料具有的强度与可恢复性之间相互制约的问题。在多次压缩循环过程中,复合纳米晶格在压缩应变超过 50% 时表现出高能量损失系数为 $0.5\sim0.6$,这超过了最近报道的所有微/纳米晶格的系数。

其他激光直写技术,例如灰度粉激光直写(gray-tone laser lithography)可用来制备两种材料组分构成的三维负热膨胀力学超材料[94]。它使得双材料梁整体结构从棋盘型排布旋转成三维手性结构范式,从而呈现等效的负热膨胀行为。此外,通过维持结构的相对密度和泊松比的高负值性,我们就可以获得更高强度和劲度的几何结构。同样类型的仿晶体结构也可以利用激光直写、光学直写和其他 3D 打印技术来完成[95]。

11.2.3　多材料喷墨技术可调负泊松比材料

通过具有跨尺度弹性模量(从 KPa 到 GPa)的多种材料的相互耦合,我们就能够实现超乎寻常的力学性能。多材料喷墨技术可用生产具有高保真度的多材料的三维几何结构,并将不同材料进行相容性组装。其结构单元主要是由精心设计的从刚性到软质的不同材料构成。与普通的织构材料不同,负泊松比是由其几何结构决定的,这类新型超材料能够展现从极端负值到零的泊松比演变,并且该性质与其三维微结构材料无关[96]。

多材料喷墨技术也可以用于负热膨胀力学超材料的制备[97]。人们利用以色列 Objet Geometries 公司生产的多材料喷墨 3D 打印机,制备了由反手性双材料的三维负热膨胀力学超材料。此外,人们利用多材料喷墨 3D 打印技术得到了一种正负可编译式泊松比力学超材料,其为由 10×10 单元格组成的整体结构材料,其总体尺寸为 100 mm×100 mm×100 mm[98](如图 11.14 所示)。

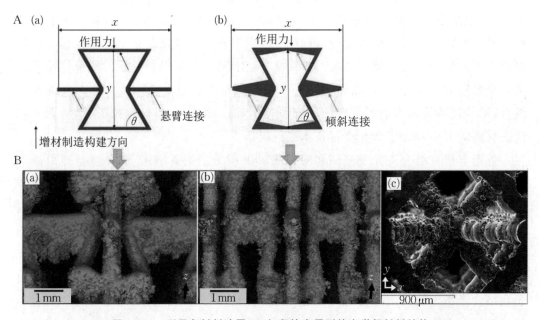

图 11.14　利用多材料喷墨 3D 打印技术得到的力学超材料结构

A. 嵌入式负泊松比 NPR 单元格结构[98]:(a) 常规形式;(b) 增材制造改进的单元结构

B. 基于 TiNi 的负泊松比 R 结构的形态:(a) 常规 SEM 图片,支柱厚度由于其附近的残余粉末颗粒而改变;(b) 定制相对均匀的结构;(c) 通过支柱的截面显示没有裂缝

11.2.4　熔融静电纺丝制备堆垛结构材料

熔融静电纺丝技术是一种直接书写模式[99],也被一些人认为是 3D 打印方法。该技术可用于制造具有蜂窝状图案的支架结构,这些几何结构材料多用于医学组织工程的应用。经过近十年的探索,熔融静电纺丝可以认为最初来自熔融沉积模拟

(FDM)[100]（如图 11.15 所示）[101]。这种快速成型技术也称为固体自由成型制造（SFF），它可以使力学超材料几何结构更小更高强度。通过调整增强支架的孔隙度，人们可以获得高强度的弹性组分，在生理学应用中，可令轴向应变后恢复。因此，有人预期这样的力学结构可成为开发生物力学功能性组织构建的重要步骤。具有独特表面拓扑结构的超细纤维，可被用于制备高度有序排列的力学超材料，并且其产品适用于封装和传感性能，广泛分布在纺织品、过滤、环境、能源和生物医学等领域。目前，熔融静电纺丝技术，已经扩展到合成聚合物、复合体系和其他各种材料，包括部分陶瓷材料。不断发展的增材制造技术，可以用来制造具有任意复杂微/纳米几何结构的功能材料，合理设计的力学超材料微/纳米几何构型，也引起了前所未有的不同寻常的力学性能与属性。这些均可用于创造具有新颖性的功能先进材料[102]。

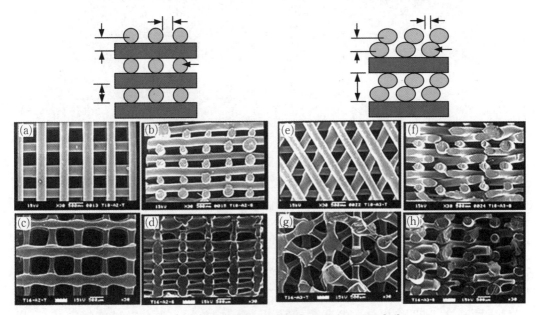

图 11.15　利用熔融静电纺丝技术制备堆垛结构[101]

（a）～（d）0°/90°模式形成方形蜂窝孔；

（e）～（f）0°/60°/120°，在熔融沉积制备过程中在横截面视图中形成三角形蜂窝孔

11.2.5　联锁组装负泊松比拉胀材料

与增材制造方法相比，基于几何互锁装配的另一种理念，已经可以用来制备拉胀多孔几何结构[103,104]。图 11.16 所示的二维联锁互装模型[105]，图中变量参数 a 是空隙参数，b_1 和 b_2 为垂直于相邻的六边形面和每个六边形的互锁间隙的变化量，边缘长度为 l_1 和 l_2。长度 l_1 的边缘平行于 x 轴对齐，长度 l_2 的边缘与 x 轴成角度 α。互锁六边形的组装通过粒子平移来变形以显示移动行为。六角形互锁结构的几何计算已经显示了杨氏模量和泊松比的解析解，如下式所示：

$$E_x = k_h \left(\frac{2 \cos^2 \alpha + 1}{\sin \alpha} \right) \left(\frac{l_1 + l_2 \cos \alpha + a}{l_2 \sin^2 \alpha + a \cos \alpha} \right) \tag{11.1}$$

$$E_y = k_h \left(\frac{2 \cos^2 \alpha + 1}{\sin \alpha \cos^2 \alpha} \right) \left(\frac{l_2 \sin^2 \alpha + a \cos \alpha}{l_1 + l_2 \cos \alpha + a} \right) \tag{11.2}$$

$$\upsilon_{xy} = -\frac{\cos \alpha (l_1 + l_2 \cos \alpha + a)}{l_2 \sin^2 \alpha + a \cos \alpha}, \quad \upsilon_{yx} = (\upsilon_{xy})^{-1} \tag{11.3}$$

式中,E_x 和 E_y 分别是 x 和 y 方向上的杨氏模量,k_h 与刚度弹簧的刚度相关,υ_{xy} 和 υ_{yx} 分别是 x 方向和 y 方向上的加载的泊松比。因此,基于这种互锁组装方法,三维凹入式拉胀结构的制造正在出现。

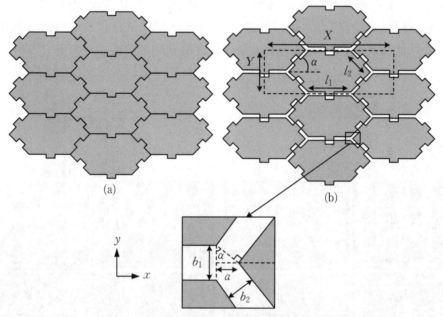

图 11.16　拉胀行为的联锁互装二维六边形结构[105]

(a) 完全致密化;(b) 部分扩展

简而言之,通过选用合适的自然材料,几何结构单元的形状及其连接方式,可以 3D 打印出先进的力学、声学和光学超材料,其中作为超轻超硬力学超材料的胞状结构可用于发展高性能材料,成为近期 3D 打印技术和人工结构设计的研究热点。这主要是源于胞状结构的力学性能可以通过内部构造和加工工艺参数加以调控。通过控制电子束工艺中的电流强度、聚焦度、移动速度等参数,可以在一个数量级范围内系统调节打印结构的弹性模量和屈服强度。

不过,也有少量金属或陶瓷增材制造技术,例如激光选区烧结、激光工程化净成形技术等,仅有少量应用于力学超材料的几何构建中。此外,选择性激光选区熔融 (SLM) 可用于制造基于 TiNi 的拉曼超材料[106]。该打印技术现有的不足是,激光的热影响区通常大于光学影响区,即激光光斑大小,人们计算路径时必须考虑激光光斑尺寸。传热速率的变化会导致传统结构中固体金属相的不均匀分布。因此,激光选区熔融和净成形技术等金属或陶瓷材料制造技术,将可能是未来力学超材料制备技术需要重点关注的方向。

还有许多新颖的其他制造技术已经被开发出来,例如,传统常用于聚焦离子束(FIB)铣削也可以用于制备具有高纵横比的纳米尺寸结构。通过多层沉积金属和介电层交替的银和氟化镁层来开发三维谐振器[107]。相关人员还研究了在飞秒激光3D打印制备中,各向异性等离子体结构的毛细作用力自组装及其在晶体化微粒中的应用;并且提出了激光3D打印的毛细力辅助自组装(LPCS)技术,来制备规则的周期性微纳几何结构[4]。

然而,这些3D打印的力学超材料大部分仍处在实验阶段,其工业应用将随着3D打印技术和打印精度的提高不断推进产业化。其中超轻质超硬微纳超材料结构多是陶瓷基或金属基,如镍基。目前认为轻质强度高的镍Ni基中空微晶格材料,可以制备成各种不同的拓扑结构,有望应用于能量损耗的阻尼特性中,因而已有比较具体的工程应用系统,如骨骼再生方面,同时在能量吸收方面可有效增强惯性稳定、冲击波或是震波效应、应变速率强化效应等场合。研究结果表明,惯性稳定来自抑制微纳晶格结构在外力作用下骤然的破碎,因为在折皱部分高屈服应力、初始屈曲应力和后屈曲应力可以在不同程度上被改善。这就意味着应变速度效应可以在动态变形过程中有效增加屈服强度和能量吸收密度。

而且,3D打印技术依然面临着所打印材料种类的局限,当前大多数商业3D打印机成品材料多为光固化材料,而真正的生物材料还是很少的。墨水直写打印技术中可选用生物打印墨水材料,高含水量、生物相容与生物组织相似的材料将会拓展3D打印制备仿生结构材料。例如构成骨质或是丝状纤维的羟磷灰石(Hydroxyapatite,HA)[47],与陶瓷材料相比,HA材料以相对较低的压强挤出。HA材料易于挤压的特性,可以3D打印各种生物胶原,这样可大幅度提升现有的加工工艺和材料属性,如减少材料的脆性。而且,整合不同类型设计良好的3D打印仿生材料,如打印的人工胶原材料和打印的人工骨架材料,将有效促进不同人造的骨架材料一体化,令其更接近真实的骨质结构。类似这方面的努力,会进一步改善当前的多材料打印现状,同时令打印材料的类型更多样化,打印的生物结构材料更加个性化,适应将来的个性化精准医疗。

11.3　3D打印力学超材料的问题与挑战

上述这些不同组合的个性化结构设计,给3D打印制备力学超材料技术带来了新的挑战和机遇,具体如:① 不同形式单元格排布的相互耦合使得整体结构更加复杂化、多样化和个性化。② 改变单一组分材料的构成方式,两者或两者以上多种不同材料种类的复合打印。③ 更深入的固体力学稳态梁或是板壳基础理论的引入。如双稳态和多稳态方式构造模式转换可调刚度力学超材料。由此,只有3D打印在其力学结构理论设计方面要求不断地深入,力学超材料研究才会有所发展。④ 在3D打印过程中,许多相当程度的技术问题,因为 3D 打印基于的制备机理不同而相距迥异,如与粉末冶金打印的金属打印相比较,双光子打印的机理可能面临材料构造强度和断裂特性考察的过程,二者反观测和研究侧重的角度将有所不同。不同种类的 3D 打印技术,在打印过程中引入的微裂纹等缺陷,导致打印结构静动态强度低,无法制造满足工业标准的产品。故而,本节对 3D 打印过程中打印产品的强度问题,从金属和工程塑料打印技术两个方面深入讨论剖析,指出目前亟待解决的问题和可能的发展方向,提及制备结构形状随时间变化的四维打印等相关增材制造技术的研究进展。

11.3.1　影响 3D 打印构件强度的因素

材料强度问题也引发了人们对超材料领域的关注,如何通过人工的拓扑结构设计去实现即超常力学性能的材料,成为新材料设计研发的逐鹿之巅。拓扑结构更复杂多变的三维力学超材料,其特征尺寸多处于介观范围,即在十几纳米到几百微米,通过结构因素耦合(栅格类型、拓扑和尺度)来决定最终整体结构材料的力学行为。由此,这种力学超材料的制造技术应运而生,该技术不仅通过调控其化学组分和组织形貌,更重要的是通过调控人工三维拓扑架构,以期确保材料属性和相应地工艺性能。在这些制造技术中,3D 打印技术取得了令人瞩目的进步,成为制备力学超材料的首选。此外,3D 打印技术也成功地应用于力学超材料的新兴领域,例如折纸与剪纸和自组装等三维设计的高性能结构功能材料。

质轻高强一直是工程材料追求的目标,图 11.17 中的密度-强度关系图反映了材料的这种发展过程和趋势[108]。工程材料种类繁多,但都分布于图中的左下至右上的带状区域内,显示了高强度与高密度的强相关性。约公元前 5000 年,人类开始使用天然木材、皮革、贝壳、石器和少量金属,这些材料强度为 $1\sim10^3$ MPa,密度在 $10^{2\sim3}\times10^4$ kg/m³ 范围内,如图 11.17(a)所示。现代工程材料的种类和性能得到了极大地拓

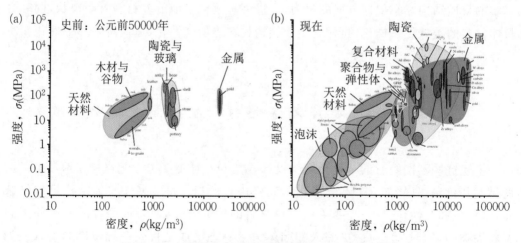

图 11.17　材料强度-密度的对数关系图的发展历程[108]

(a) 史前;(b) 现在

宽,覆盖范围包括了强度 $10^{-2} \sim 10^4$ MPa 以及密度 $10 \sim 10^5$ kg/m³ 的区域,如图 11.17(b)所示。在材料发展过程中,人们根据物质化学性质合成新型聚合物、陶瓷和金属等材料,如人工合成橡胶和高温合金;或通过热力学原理调控材料内部相畴和缺陷等金相结构,如通过球磨、热压等工艺改变金属材料内位错、晶粒和晶界分布特征,以提高材料的屈服强度和疲劳断裂性能。通过化学性质和微结构这两条途径发展新材料曾经一直是最主要的手段,但目前其作用已难以彰显。

为应对结构材料的这一强度问题,人们发现亚微米下材料的尺寸效应可以进一步提高点阵材料的强度。人工构造设计赋予人们极大的自由度来提高材料性能。埃菲尔铁塔等工程结构通常采用多尺度设计,以压制和协调不同尺度上的破坏过程,提高结构的整体力学性能。生物材料在纳米、微米到宏观等多个尺度上具有特定微结构,基于个性化医疗中,实现独特的力学特性。但囿于传统制造工艺,人们只能制造简单的构造类型,较复杂的构造设计方案往往停留在理论和模拟阶段[109]。近年来,3D 打印技术快速发展,人们已经能够在纳米、微米和宏观多尺度上精确制造任意三维结构[110],从而将优化后的复杂构造设计方案付诸实施。也就是说,通过选择合适的材料、结构单元的形状和连接方式,我们可以成功 3D 打印出先进的力学、声学和光学超材料,其中作为超轻超硬力学超材料的胞状结构可用于发展高性能材料,这成为近期 3D 打印技术和人工结构设计的研究热点。这主要源于胞状结构的力学性能可以通过内部构造和加工工艺参数加以调控。通过控制电子束工艺中的电流强度、聚焦度、移动速度等参数,我们可以在一个数量级范围内系统调节打印结构的弹性模量和屈服强度[111]。

金属和工程塑料广泛应用于生活和工程中。现举例分析基于这两类材料的 3D 打印技术并讨论影响打印强度的因素[112]。整体材料强度满足质量平方规律,过剩质量密度要求高达 0.9 mg/cm³,因而,整体材料强度迫切需要提高,从而更利于实际应用拓展。金属制品所利用的 3D 打印包括金属激光选区烧结技术,即激光选区逐点烧结技术和激光工程化净成形技术,以及工程塑料所利用的熔融沉积成型技术。在 3D 打印过程中,影响强度的因素有很多,包括从连续建模开始,构件影响几何尺寸,制备过程中结构件上下面的界面接触效应与力学压力分配,纵横比等宏观几何结构尺寸,及细观结构的影响诸多方面。同时根据所采用的技术手段的不同,各影响因素的程度也会略有不同。

激光选区逐点烧结技术实际上提供了一种逐点控制、设计金属材料微结构的方法,从而有可能获得超越传统冶金工艺的优异机械性能。然而,影响金属激光选区烧结打印部件力学性能的因素众多,如金属粉末的合金成分、粒度分布、球形度、表面形貌等材料因素,以及铺粉密度和厚度、激光功率、光斑直径、扫描速度和扫描方向等工艺因素。激光微熔池温度的时间和空间变化率极大,快速冷却引起非平衡片状马氏体、有特定取向的微观组织、温度应力导致的裂纹、层间脱粘或翘曲变形。激光产生的局部高温使金属瞬间熔解气化,并产生极强的高压,将影响金相组织结构并产生孔隙和裂纹等缺陷。这些因素都将降低打印部件的拉伸强度、疲劳性能和断裂韧性。我们通常采用热处理以降低或消除材料的微结构特征、孔隙、裂纹和残余应力。此外,激光逐点选区烧结技术的粉末固化时,液滴在粗糙固体材料表面蒸发的润湿效应等物理力学行为,会影响所打印产品的表面质量,产生气孔夹杂等界面缺陷,也会影响材料强度。激光工程化净成形技术的主要研究技术问题皆已在第11.2节中论述,构件强度问题也因工艺技术参数的改进而有所提高。

熔融沉积成型技术是将热塑性线材加热融化后由小孔挤出,按预定规划路径填充截面轮廓,然后层层叠加直至形成三维结构。其所打印制品的强度缺陷分为切片平面内(xy面)和层间(z轴)两类。由于线材的横截面为圆形,相邻线材间存在大量孔隙。常规的解决方法是在每层采用不用打印方向,从而提高xy面内的拉伸强度。由于孔隙的存在,层间黏结强度较弱,所以z轴强度通常只有材料强度的三分之一。用熔融沉积成型技术打印的部件强度远低于注塑性能。研究人员通过减小线材间距以降低孔隙率,此举能在一定程度上改善z轴静态拉伸强度,但无法提高疲劳断裂性能。

简言之,结构/工艺/设计一体化涉及多学科问题,面向增材制造的拓扑结构化设计,在3D打印超大尺寸工业构件尤为重要。对于超大材料的3D打印成形制造,实现高温性能优化创新设计是关键,例如热加工固化反应的动力学模型(温度、压力模具)、构件、温度场研究。故而,激光烧结过程对打印材料的影响亟待科学的理解,需要采用蒙特卡洛、相场动力学、有限元等模拟方法并结合大量实验,系统研究高温微熔池传热传质过程、金相组织演化以及温度应力场导致的翘曲开裂等过程。此外,多材料力学超材料要求界面层具有高黏结、可扩展性和能量吸收等特性。相应地,在金属微纳制造领域,广泛存在着许多涉及界面科学与技术的问题,它们往往也是阻碍发展的关键。此外,在3D打印过程中,当尺寸越来越小时,表面张力较体积力成为主导地位,因而毛细力学在微机电加工中变得越来越重要[113],通过调控毛细力和润湿问题来进行结构元件的自组装[114],是未来结构功能材料的发展趋势。

11.3.2　提高3D打印构件强度的方法

研究3D打印工艺和机理可以降低缺陷的负面影响,提高打印结构的强度的方法有很多。第11.3.1小节中已经针对具体的3D打印技术进行了分析,此处仅列出具有通用性的可提高强度的方法,但绝不仅限于此。除此之外,仿生学可以提供另一种改善打印性能的方法。此处,仅概述仿生结构材料的界面层的智能调控,这是因为进行多材料制备时,整体结构的变形和破坏很大程度上取决于材料的界面属性。

首先,相对直接的方式是通过3D打印程序的算法设计[115],优化力学超材料中多组分软硬材料连接处的界面结构单元,调整局部界面的制造精度和应力集中,对其整体结构材料中可能出现的裂纹进行估计,调整几何结构应力场的再分布,实现亚微尺度三维金属复杂微结构控形、控性制造,以期获得高的强度韧性等力学性能。这一结构材料的设计理念,可称为原质化材料设计(material-by-design)[90,116]。

　　界面层的智能调控在多尺度多组分的结构材料中是一种增强材料强度的有效手段[117]。再者,柔性基底超表面大变形(弯折、拉伸和卷曲)时,表面和材料结合界面的力学特性的残余应力对结合材料的强度影响很大,例如在金属/陶瓷结合材料中,一般要占去实际强度的 2/3 左右;在激光直写时金属/陶瓷超表面的结合材料强度抗弯750 MPa,抗拉 120 MPa。许多自然材料如贝壳、骨头或是木头之类,它们的变形和强度韧性都由构建组分相连接部分的界面性质所控制。不同组成纤维或组分之间的界面层,呈现非线性的梯度变形或类似宏观位错的结构缺陷。这些缺陷的周期或非周期布置,可以使整体材料获得奇异优异的力学性能。通常状况下,三维结构材料如贝壳仿生材料,其界面层的强度和韧性低于基体材料强度韧性 2～3 个数量级。通常界面层必须具有足够高的强度来保证结构单元间的连接,从而确保整体结构材料的完整性。然而,界面层材料同时还应显著地弱于其他部分材料,以期引导变形和裂纹,对于复杂的人工结构材料可以生成引人注目的机理和属性。层状结构的合成陶瓷材料可以用之阐明,如果界面层设计用来转移裂纹产生,那么,其韧度将少于其相连主体材料的四分之一。可延展的界面层更加复杂,但已有研究来阐释相关的界面强度方面的机制。

　　换句话说,自然材料经历过时间的演化后,界面强度与周围材料已经具备良好的契合度。人工结构材料的界面强度并不是一个固定的通用数值,而是依赖于所构成的结构单元格的强度、结构单元组建的整体架构、结构材料的加载模式,以及界面层在整体人工结构材料体系中的相互作用。此外,自然材料的界面层还有一个常见的特性:即使界面滑动超过界面层厚度的几个数量级,界面层与相连接的主材料之间也始终保持黏结状态。界面层的大变形行为对于能量吸收,宏观大变形,或增韧机制,都有非常重要的影响。为此,必须优化设计界面层的组分和力学行为,从而获得所需整体架构的力学性能。

　　具体来说,仿生结构材料可采用相似的多尺度界面增韧机制。在微纳米尺度下,界面层生成非弹性变形。较大的非弹性变形将重新分布缺陷或裂纹周边的应力,减少裂纹尖端的奇异性,同时,非弹性变形也会消耗掉部分使裂纹扩展的机械能。之于仿生结构材料的其他增韧机制是裂纹转移和扭转,其也可以令裂纹与其他拖拽纤维相连,从而抑制裂纹的扩展。值得一提的是,骨头和木材在微观尺度上设计最有效的裂纹转移和桥接机制,可使这些材料在纳米尺度上呈现可延展性。

　　因此,三维激光烧结技术和多材料 3D 打印,可以通过相关的界面增韧,整合制造复杂的整体架构,界面/工艺相关约束,多材料打印时的界面层失效问题,界面性能不稳定性,界面裂纹扩展,以及夹芯壳体的构型。在陶瓷和高分子材料间的黏结体系中,其黏结界面的力学机制(如失稳状态)和界面层的断裂破坏机制。在以剪切为主导的外载荷的作用下,裂纹尖端的奇异性等断裂问题。多材料结合处,结构突变区域形成强度的梯度场等,这些研究工作皆涉及界面裂纹控制和产生机理。界面强度中断裂力学与裂纹扩展,界面强度的提高依赖于 3D 打印制备工艺参数,整体结构材料裂纹扩展断裂是必须要应对的问题。

11.3.3　四维打印技术及其他方法

由上可知,3D 打印技术制备结构材料时,可以制造成具有双层或多层异质结构的非均匀体系,其在外部激励作用下,例如水环境或是加热时,这会在结构材料单元间引起应变的不匹配,因而可诱导自折叠或是自滚压成新的三维形状,给直接进行 3D 打印造成了困扰。比较有代表性的材料包括水凝胶和形状记忆聚合物。由此,所谓四维(4D)打印技术就是在 3D 打印技术的基础上,增加一种随时间或随环境参量变化而改变的特性,例如自折叠、自滚压和自组装的能力。这里的"四维",是指在爱因斯坦的三维理论上加了时间的概念,从而让时间与空间相结合。因此,四维打印技术就是在打印智能材料时增加一个随外界条件变化的维度,使产品具有更大的灵活性和可变形性。

四维打印技术的概念是基于智能材料与结构的增材制造技术提出来的,具体指由三维技术打印出来的结构,能够在外界激励下发生形状或者结构的改变,直接将材料与结构的变形设计内置到物料当中,简化了从设计理念到实物的造物过程,让物体能自动组装构型,实现了产品设计、制造和装配的一体化融合。该技术通常用于形状记忆合金、形状记忆聚合物、压电材料、电致活性聚合物、光驱动型聚合物、水驱动结构等智能结构材料的增材制造。具体工艺首先借助增材制造技术使智能材料或结构的快速成形,然后在环境(光、电、湿度、温度)等刺激下,使三维结构发生变形,从而实现四维结构(这里增加了一个维度是指时间)。其中光固化成型技术,多材料喷墨打印技术和熔融沉积成型技术均可用于四维打印技术实践。

例如,在水凝胶基的四维打印中,我们首先利用复合墨水进行可编程的双层架构打印,其中构成的细线呈现各向异性的刚度和膨胀行为(如图 11.18 所示)[118]。顶层

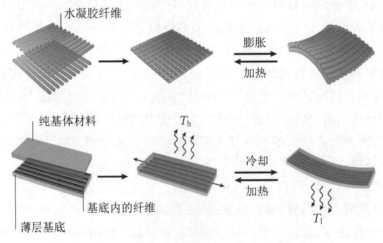

图 11.18　四维打印技术制备过程示意图[118]

和底层不同的膨胀系数导致可控的折叠变形和空间可变化的曲率,这依赖于两层材料的弹性模量、膨胀比、两个不同层间的厚度比和总体层的厚度。修正铁木辛柯梁理论的双金属片力学模型可以获得上述这些效应参数,从而定量预测最终的完全水化的状态。三维组态的这种可逆变化可以用来制备环境激励敏感的水凝胶[119]。水凝胶也可以在被动聚合物材料上分层,进而形成自演化关节,在水环境里可以折叠、卷曲、扭转、线性膨胀或是收缩[120]。

形状记忆合金的四维打印过程类似于水凝胶的打印过程,可调控三维结构不同状态间的转变,可以是当形状记忆合金高于某一温度时展开,之后冷却,并释放外部载荷[121]。尤其是多材料系统三维结构的动态变化。例如可编程的钩子可以先抓住物体,然后再利用温度开关机制去释放物体[122]。在不远的将来,可打印的、对外部环境智能响应的新材料将会不断地呈现。

11.4　超材料基因工程与大数据

制备技术与方法的本质与灵魂在于针对性、灵活性。各种实验方法的制订和运用,也是如此。在长期的超材料制备实践中,人们形成了形之有效的方法和策略。然而,各种策略方法的制订和应用,离不开不同类型超材料的具体情况,尤其是其所需要调控的力学行为参数属性及具体特点。因为超材料的类型,尤其是几何结构样式是千差万别的,并且随着研究和技术应用的深入,而不断地发生变化着。所以我们只能在遵循一般规律的基础上,针对案件的具体情况以及所需要的具体的力学特性,制订和运用有针对性和适宜性的有关策略和方法,并根据案情的进展变化,相应地调整和改变策略与方法,才可能取得预期的实践应用效果[123]。为此,本小节将面向力学超材料的多样化和个性化制造与模拟技术的发展,简要论述超材料制备的基因工程和大数据的相关进展现状。这部分工业产业化的具体内容参考了深圳光启的产业化成果[124],在此一并感谢。

11.4.1　超材料基因工程

与自然材料设计一样,超材料也可以从基本结构单元,即材料基因为出发点,对材料的各种物理性质进行精确的计算和预测,揭示其材料的基本参数,或者材料基因组合,与宏观物理性质的相关规律[125,126]。但作为一种新兴的交叉应用科学,超材料的结构单元设计具有很大的任意性,即物理过程的多样性以及不同尺度的特殊性,这使得超材料的计算模拟、材料的制备、实验测量和数据积累非常庞杂[127]。人们虽提出了多种几何结构形式,但未能进行系统的比较和归纳,缺乏整体的协同创新和数据共享,这一发展模式极大地限制了超材料向实际应用领域的发展。

而且,在超材料新型设计与仿真中,有相当数目的软件用于超材料的设计和计算。但是每个软件都有各自的局限性,只能用于某些特殊条件下的计算。同时,对于不同学科的超材料的研究,材料的制备、表征和测量等实验技术相差很大。针对以上超材料发展的状况,我们很有必要将超材料纳入材料基因组计划,从而建成完整的超材料高通量的实验平台,此举将为超材料的理论分析和计算提供实现的技术基础,并为超材料的应用开发提供数据和资料。这将大大加快超材料从基础研究向应用研究的转化速度。

鉴于此,类似生物学中的基因工程一样,超材料也可以从基础的组成单元出发,通过匹配组合形成新的超材料,或者对超材料的各种物理性质进行分析,寻找其组成材料具体的数值参数。超材料的基因工程实质上是微观材料和结构与材料的宏观性质之间联系规律的探讨。超材料基因体系的建立,一方面可以为超材料设计的分类总结和归纳提供极大的便利,另一方面也能实现超材料技术的共享,统一规范超材料的设计。但是自然界中的材料种类复杂,构成方式也远比生物学基因组成多样,这直接导致超材料基因体系的建立工程庞大且复杂。建立超材料基因体系需要每一位超材料研究的从事者共同努力。

11.4.2 超材料人造数据库

针对超材料建立的超材料功能结构单元数据库,采用频段、类型、结构、平台、专利相结合的建设模式,实现特定电磁响应的功能媒质均可通过该人造物质数据库进行自动设计,获得该媒质从基材的物理及电磁参数数据到微结构的几何尺寸特征相应信息等。根据实际工程问题边界条件逆推超材料设计,融合超材料人造数据库,可加快工程化转化,有利于大幅缩短设计周期,加速成果转化及工程化应用进程。目前深圳光启已完成 150 亿种包含结构参数、电磁特性、仿真验证等数据的人造物质结构的设计优化并入库(如图 11.19 所示)。

对于不同学科的超材料研究,材料制备、表征和测量等实验技术相差很大。而未来在多学科知识平台上研究超材料多物理特性问题,除了需要建立高通量的超材料计算平台外,还需建立高通量的超材料制备、表征和测量系统。此外,在超材料制备和仿真技术的基因工程方面,我们不仅必须清醒地认识到模拟仿真与实验技术的有效互补融合,还必须承认数值模拟是对现实世界诸多因素的简化分析,例如,在力学超材料中的方形折纸技术中,数值仿真已证明没有实现的可能,但是在实际实验中,如果我们选择更加柔性材料,利用最简单的操作也完全可以制作出来。因此,在超材料设计数值模拟与实验之间,人所发挥的是不可替代的作用。如何整合现有的模拟和材料制备系统,建立专家式系统化的基因工程,也是超材料结构设计中必须迫切应对的问题[128]。

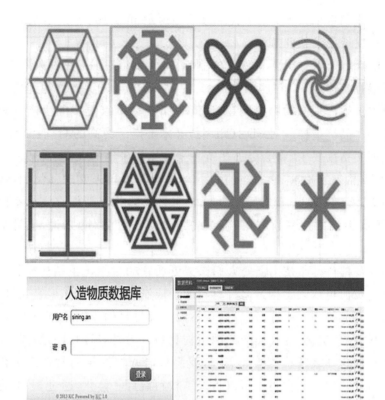

（a）　　　　　　　　　　　　　　　　　（b）

图 11.19　人造微结构常用类型和物质数据库[124]
（a）登录界面；（b）数据库查询界面

11.5　本　章　小　结

综上所述,3D打印技术是实现复杂结构整体化设计的最佳途径,即自由的结构设计拓展了制造空间和设计空间。由此,整体式拓扑优化和 3D 打印的整合问题,以及宏观布局分化与内部微纳结构的整合,已成为力学超材料微纳结构的 3D 打印制造技术的主要发展趋势。故而,本章根据其固化原理的不同,对现存的 3D 打印制造技术进行了系统的分类。其中树脂光聚合技术包括逐点填充的立体光固化成型、数字光处理技术、自传播波导技术、双光子激光直写技术和多材料喷墨技术。另外三大类打印技术为常见的熔融沉积成型,适合多材料和生物材料打印的墨水直写技术,和用于大尺寸金属构件制造的激光选区烧结、选区激光熔融技术和激光工程化净成形技术。然后,从 3D 打印微构造材料、微纳点阵、宏观点阵、仿生材料和力学超材料等几何结构出发,我们探讨了力学超材料与 3D 打印制备技术相结合所面临的诸多问题与挑战,例如影响 3D 打印构件强度的因素及可行性解决方案。最后,笔者概述了近来新兴的四维打印和折纸技术,以寻求在力学超材料和 3D 打印技术整合方面的契合点。现以概列发展愿景就此搁笔。

首先,3D 打印技术有望更新现有的制造业和物流工业。在不久的将来,外销材料的公司可以直接输运 3D 打印的 STL 文件,而不用运送实体的零部件。这一过程不仅将从根本上解决现有的物流问题,同时也给制造厂家更多的生产时间和空间来设计想构建的产品。这样就对 3D 打印制造技术提出了更高的期望,特别是新产品的表面质量和加工精度要求,将会更加严苛。未来世界各地的 3D 打印设备需要具有一致的、稳定的成品表面质量,这在当前的增材制造领域还未实现。例如,现在的部分商业 3D 打印设备打印的一部分零部件可能与另一部分零部件有完全不同的表面加工精度,对于高尖端的精密仪器(武器装备或个体医疗器件)来说,这是亟待解决的问题。

其次,3D 多材料打印技术促使人们探索更新颖的自然仿生结构材料,例如贝壳、骨头或植物。我们可以人工构造多种材料的合成制备打印,比如聚合物和陶瓷,或金属和陶瓷组分合成打印。由此,通过耦合不同工程材料的不同强度属性,我们可以制备比自然材料更强、更韧、更优异的微纳结构材料。另外,3D 打印也可以完成对所设计材料的结构优化和表征检测等。当前,我们只能调控给定的材料或优化材料的力学性能,在不远的将来,我们可不可以将人工材料设计一体化,通过 3D 打印制备人工复杂结构材料、尺寸形状拓扑多角度优化材料和整体式结构调整材料的力学特性。此外,在多尺度微纳结构中,强度更高的金属基、陶瓷基和高分子基物质的相整合思路,也是未来负泊松比拉胀力学超材料的发展方向。

第三,3D 打印结构材料基因工程的构建。简而言之,我们需要建立不同类型的三维模型大数据,当准备打印某一种结构类型时,我们可以快速地选择设计,并得到给定打印材料的扫描制备方案。在打印前,可以构建精细的三维模型,并进行视觉上的力学性能检测。3D 打印结构材料基因库将大力拓展结构材料在医学医疗上的应用,因为该做法易于修正每一次具体的打印材料。类似的,我们也应该配备检测方法或是模拟打印的基因库,其中包括材料性能预测和微纳多尺度的表面界面力学演化方程,以期进行进一步结构材料的设计研发。如此一来,我们就可以自由选择打印结构构型,以适合不同的载荷和应力状态。

第四,由结构的夹杂而制备的具有特定功能的杂化超材料,例如光力耦合、热机耦合、力电耦合等更复杂的超材料类型。这样的杂化式超材料组合,对 3D 打印提出了更高的要求,例如更精密的制造加工精度,尤其是几何误差、拓扑缺陷、薄膜形状因子等。

参 考 文 献

[1]　SCHAEDLER T A, JACOBSEN A J, CARTER W B. Toward lighter, stiffer materials[J]. Sci-

ence, 2013, 341: 1181-1182.

[2] C S. Mechanical metamaterials: design, fabrication, and performance, in: N. A. o. Engineering (Ed.)//[C]Frontiers of engineering: reports on leading-edge engineering from the 2015 symposium. Washington DC: The National Academies Press, 2016: 174.

[3] JIANG Z, ZHAO J, XIE H. Microforming Technology: Theory, Simulation and Practice[M]. New York: Academic Press, 2017.

[4] LAO Z, HU Y, ZHANG C, et al. Capillary force driven self-assembly of anisotropic hierarchical structures prepared by femtosecond laser 3D printing and their applications in crystallizing microparticles[J]. ACS Nano, 2015, 9: 12060-12069.

[5] SIDORENKO A, KRUPENKIN T, TAYLOR A, et al. Reversible switching of hydrogel-actuated nanostructures into complex micropatterns[J]. Science, 2007, 315: 487-490.

[6] LEONG T G, LESTER P A, KOH T L, et al. Surface tension-driven self-folding polyhedra[J]. Langmuir, 2007, 23: 8747-8751.

[7] LEONG T G, BENSON B R, CALL E K, et al. Thin film stress driven self-folding of microstructured containers[J]. Small, 2008, 4: 1605-1609.

[8] VALDEVIT L, BAUER J. Fabrication of 3D micro-architected/nano-architected materials[M]// Baldacchini T. Three-dimensional microfabrication using two-photon polymerization. Oxford: William Andrew Publishing, 2016: 345-373.

[9] GIBSON I, ROSEN D, STUCKER B. Additive Manufacturing Technologies[M]. New York: Springer, 2015.

[10] 田小永, 尹丽仙, 李涤尘. 三维超材料制造技术现状与趋势[J]. 光电工程, 2017, 44: 69-76.

[11] 兰红波, 李涤尘, 卢秉恒. 微纳尺度3D打印[J]. 中国科学: 技术科学, 2015, 45: 919-940.

[12] BIKAS H, STAVROPOULOS P, CHRYSSOLOURIS G. Additive manufacturing methods and modelling approaches: a critical review[J]. The International Journal of Advanced Manufacturing Technology, 2016, 83: 389-405.

[13] GU D D, Laser Additive Manufacturing of High-Performance Materials [M]. Berlin: Springer, 2015.

[14] WONG K V, HERNANDEZ A. A Review of additive manufacturing[J]. ISRN Mechanical Engineering, 2012, 2012.

[15] MEZA L R, DAS S, GREER J R. Strong, lightweight, and recoverable three-dimensional ceramic nanolattices[J]. Science, 2014, 345: 1322-1326.

[16] BAUER J, HENGSBACH S, TESARI I, et al. High-strength cellular ceramic composites with 3D microarchitecture [J]. Proceedings of the National Academy of Sciences, 2014, 111: 2453-2458.

[17] FOUASSIER J-P. Photoinitiation, Photopolymerization, and Photocuring[M]. Munich: Hanser Publishers, 1995.

[18] C M, M Z, A. J J. Light-controlled radical polymerization: mechanisms, methods, and applications[J]. Chemical Reviews, 2016, 116: 10167-10211.

[19] WANG T, SHI M Q, XUE L I, et al. Progress in two-photon polymerization and its applications [J]. Photograph Sci Photochem, 2003, 21: 223-230.

[20] GREEN A W. Industrial photoinitiators: a technical guide[M]. Wien: CRC Press, 2010.

[21] LISKA R, SCHUSTER M, INFÜHR R, et al. Photopolymers for rapid prototyping[J]. Journal of Coating Technology and Research, 2007, 4: 505-510.

[22] LIGON-AUER S C, SCHWENTENWEIN M, GORSCHE C, et al. Toughening of photo-curable polymer networks: a review[J]. Polymer Chemistry, 2016, 7: 257-286.

[23] BERTSCH A, BERNHARD P, VOGT C, et al. Rapid prototyping of small size objects[J]. Rapid Prototyping Journal, 2000, 6: 259-266.

[24] HOWON L, FANG N X. Micro 3D printing using a digital projector and its application in the study of soft materials mechanics[J]. Journal of Visualized Experiments, 2012, 4457.

[25] SUN C, FANG N, WU D M, et al. Projection micro-stereolithography using digital micro-mirror dynamic mask[J]. Sensor and Actuators A, 2005, 121: 113-120.

[26] ZHENG X, DEOTTE J, ALONSO M P, et al. Design and optimization of a light-emitting diode projection micro-stereolithography three-dimensional manufacturing system[J]. Review Scientific Instruments, 2013, 83: 125001.

[27] 方浩博, 陈继民. 基于数字光处理技术的 3D 打印技术[J]. 北京工业大学学报, 2015, 41: 1775-1782.

[28] 李轩, 莫红, 李双双, 等. 3D 打印技术过程控制问题研究进展[J]. 自动化学报, 2016, 42: 983-1003.

[29] 张学军, 唐思熠, 肇恒跃, 等. 3D 打印技术研究现状和关键技术[J]. 材料工程, 2016, 44: 122-128.

[30] LEE H W. Three-dimensional micro fabrication of active micro devices using soft functional materials, Dissertations & Theses - Gradworks, University of Illinois at Urbana-Champaign, 2011.

[31] CHOI J W, MACDONALD E, WICKER R. Multi-material microstereolithography[J]. International Journal of Advanced Manufacturing Technology, 2010, 49: 543-551.

[32] BERTSCH A, JEZEQUEL J, ANDRE J C. Study of the spatial resolution of a new 3D microfabrication process: the microstereophotolithography using a dynamic mask-generator technique[J]. Journal of Photochemistry and Photobiology A-chemistry, 1997, 107: 275-281.

[33] TUMBLESTON J R, SHIRVANYANTS D, ERMOSHKIN N, et al. Continuous liquid interface production of 3D objects[J]. Science, 2015, 347: 1349-1352.

[34] JACOBSEN A, CARTER W, NUTT S. Compression behavior of micro-scale truss structures formed from self-propagating polymer waveguides[J]. Acta Materialia, 2007, 55: 6724-6733.

[35] ECKEL Z C, ZHOU C, MARTIN J H, et al. Additive manufacturing of polymer-derived ceramics[J]. Science, 2016, 351: 58-62.

[36] MARUO S, NAKAMURA O, KAWATA S. Three-dimensional microfabrication with two-photon-absorbed photopolymerization[J]. Optics Letters, 1997, 22: 132-134.

[37] ÖSTERBERG U L. Nonlinear Optics: Theory and Applications [M]. Netherlands: Springer, 1995.

[38] XING J F, LIU J H, ZHANG T B, et al. A water soluble initiator prepared through host-guest chemical interaction for microfabrication of 3D hydrogels via two-photon polymerization[J]. Journal of Materials Chemistry B, 2014, 2: 4318-4323.

[39] SUGIOKA K, CHENG Y. Ultrafast lasers—reliable tools for advanced materials processing[J]. Light-Science & Applications, 2014, 3: 149.

[40] SINGH R. Process capability study of polyjet printing for plastic components[J]. Journal of Mechanical Science and Technology, 2011, 25: 1011-1015.

[41] DIMAS L S, BRATZEL G H, EYLON I, et al. Tough composites inspired by mineralized natural materials: computation, 3D printing, and testing[J]. Advanced Functional Materials, 2013, 23: 4629-4638.

[42] GE Q, QI H J, DUNN M L. Active materials by four-dimension printing[J]. Applied Physics Letters, 2013, 103: 131901.

[43] OBALDIA E E D, JEONG C, GRUNENFELDER L K, et al. Analysis of the mechanical response of biomimetic materials with highly oriented microstructures through 3D printing, mechanical testing and modeling[J]. Journal of the Mecherical Behavior of Biomedical Materials, 2015, 48: 70-85.

[44] CESARANO J, SEGALMAN R, CALVERT P. Robocasting provides moldless fabrication form slurry deposition[J]. Ceramic Industry, 1998, 148: 94.

[45] CHRISEY D B. Materials processing: The power of direct writing[J]. Science, 2000, 289: 879-881.

[46] LEWIS J A, GRATSON G M. Direct writing in three dimensions[J]. Materials Today, 2004, 7: 32-39.

[47] LEWIS J A, SMAY J E, STUECKER J, et al. Direct ink writing of three-dimensional ceramic structures[J]. Journal of the American Ceramic Society, 2006, 89: 3599-3609.

[48] SMAY J E, GRATSON G M, SHEPHERD R F, et al. Directed colloidal assembly of 3D periodic structures[J]. Advanced Materials, 2002, 14: 1279-1283.

[49] KALYON D M, YARAS P, ARAL B, et al. Rheological behavior of a concentrated suspension: A solid rocket fuel simulant[J]. Journal of Rheology, 1993, 37: 35-53.

[50] SMAY J E, CESARANO J, LEWIS J A. Colloidal inks for directed assembly of 3-D periodic structures[J]. Langmuir, 2002, 18: 5429-5437.

[51] ARCAUTE K, MANN B K, WICKER R B. Stereolithography of three-dimensional bioactive poly(Ethylene Glycol) constructs with encapsulated cells[J]. Annals of Biomedical Engineering, 2006, 34: 1429-41.

[52] GAUVIN R, CHEN Y C, JIN W L, et al. Microfabrication of complex porous tissue engineering scaffolds using 3D projection stereolithography[J]. Biomaterials, 2012, 33: 3824-34.

[53] L Y, M G, SUHALI G, et al. A digital micro-mirror device-based system for the microfabrication of complex, spatially patterned tissue engineering scaffolds[J]. Journal of Biomedical Materials Research Part A, 2006, 77: 396-405.

[54] SURI S, HAN L H, ZHANG W, et al. Solid freeform fabrication of designer scaffolds of hyaluronic acid for nerve tissue engineering[J]. Biomed Microdevices, 2011, 13: 983-993.

[55] SUN J Y, ZHAO X, ILLEPERUMA W R, et al. Highly stretchable and tough hydrogels[J]. Nature, 2012, 489: 133-136.

[56] ILLEPERUMA W R, SUN J-Y, SUO Z, et al. Fiber-reinforced tough hydrogels[J]. Extreme Mechanics Letters, 2014, 1: 90-96.

[57] WU W, HANSEN C J, ARAGóN A M, et al. Direct-write assembly of biomimetic microvascular networks for efficient fluid transport[J]. Soft Matter, 2010, 6: 739-742.

［58］ LEWIS J A. Direct-write assembly of ceramics from colloidal inks［J］. Current Opinion in Solid State and Materials Science, 2002, 6: 245-250.

［59］ AHN B Y, DUOSS E B, MOTALA M J, et al. Omnidirectional printing of flexible, stretchable, and spanning silver microelectrodes［J］. Science, 2009, 323: 1590-1593.

［60］ MOHAMED O A, MASOOD S H, BHOWMIK J L. Optimization of fused deposition modeling process parameters: a review of current research and future prospects［J］. Advances in Manufacturing, 2015, 3: 42-52.

［61］ OLAKANMI E O T, COCHRANE R, DALGARNO K. A review on selective laser sintering/melting (SLS/SLM) of aluminiumalloy powders: Processing, microstructure, and properties［J］. Progress in Materials Science, 2015, 74: 401-477.

［62］ READ N, WANG W, ESSA K, et al. Selective laser melting of AlSi10Mg alloy: Process optimisation and mechanical properties development［J］. Materials & Design (1980-2015), 2015, 65: 417-424.

［63］ YAP C, CHUA C, DONG Z, et al. Review of selective laser melting: Materials and applications ［J］. Applied Physics Reviews, 2015, 2: 041101.

［64］ SHIRAZI S F S, GHAREHKHANI S, MEHRALI M, et al. A review on powder-based additive manufacturing for tissue engineering: selective laser sintering and inkjet 3D printing［J］. Science and Technology of Advanced Materials, 2015, 16: 033502.

［65］ WEI P, WEI Z, CHEN Z, et al. The AlSi10Mg samples produced by selective laser melting: single track, densification, microstructure and mechanical behavior［J］. Applied Surface Science, 2017, 408: 38-50.

［66］ LI X, JI G, CHEN Z, et al. Selective laser melting of nano-TiB2 decorated AlSi10Mg alloy with high fracture strength and ductility［J］. Acta Materialia, 2017, 129: 183-193.

［67］ 李海涛,谢书凯,张亮,等.增材制造技术在航天制造领域的应用及发展［J］.中国航天,2017,1: 28-32.

［68］ HERZOG D, SEYDA V, WYCISK E, et al. Additive manufacturing of metals［J］. Acta Materialia, 2016, 117: 371-392.

［69］ WU J, WANG X, WANG W, et al. Microstructure and strength of selectively laser melted AlSi10Mg［J］. Acta Materialia, 2016, 117: 311-320.

［70］ CHEN B, MOON S, YAO X, et al. Strength and strain hardening of a selective laser melted AlSi10Mg alloy［J］. Scripta Materialia, 2017, 141: 45-49.

［71］ YU X, WANG L. T6 heat-treated AlSi10Mg alloys additive-manufactured by selective laser melting［J］. Procedia Manufacturing, 2018, 15: 1701-1707.

［72］ WANG J S, YU X L, SHI Y, et al. Enhancement in mechanical properties of selectively laser-melted AlSi$_{10}$Mg aluminum alloys by T6-like heat treatment［J］. Materials Science and Engineering: A, 2018, 734: 299-310.

［73］ PAUNOVIC M, SCHLESINGER M. Fundamentals of electrochemical deposition［M］. John Hoboken Wiley & Sons, 2006.

［74］ CHEN X, LIU X, CHILDS P, et al. 3D printing: A low cost desktop electrochemical metal 3D printer［J］. Advanced Materials Technologies, 2017, 2: 1700148.

［75］ SEOL S K, KIM D, LEE S, et al. Electrodeposition-based 3D printing of metallic microarchitectures with controlled internal structures[J]. Small, 2015, 11: 3896-3902.

[76] BESRA L, LIU M. A review on fundamentals and applications of electrophoretic deposition (EPD)[J]. Progress in Materials Science, 2007, 52: 1-61.

[77] PASCALL A J, QIAN F, WANG G, et al. Light-directed electrophoretic deposition: A new additive manufacturing technique for arbitrarily patterned 3D composites[J]. Advanced Materials, 2014, 26: 2252-2256.

[78] SCHWERDTFEGER J, HEINL P, SINGER R, et al. Auxetic cellular structures through selective electron-beam melting[J]. Physica Status Solidi B, 2010, 247: 269-272.

[79] HEDAYATI R, SADIGHI M, MOHAMMADI-AGHDAM M, et al. Mechanics of additively manufactured porous biomaterials based on the rhombicuboctahedron unit cell[J]. Journal of the Mechanical Behavior of Biomedical Materials, 2016, 53: 272-294.

[80] XU S, SHEN J, ZHOU S, et al. Design of lattice structures with controlled anisotropy[J]. Materials & Design, 2016, 93: 443-447.

[81] ZHENG X, LEE H, WEISGRABER T H, et al. Ultralight, ultrastiff mechanical metamaterials [J]. Science, 2014, 344: 1373-1377.

[82] BAUER J, SCHROER A, SCHWAIGER R, et al. Approaching theoretical strength in glassy carbon nanolattices[J]. Nature Materials, 2016, 15: 438-444.

[83] SCHAEDLER T A, JACOBSEN A J, TORRENTS A, et al. Ultralight metallic microlattices [J]. Science, 2011, 334: 962-965.

[84] GIBSON L, ASHBY M. Cellular solids: structure and properties[M]. Cambridge: Cambridge University Press, 1997.

[85] BAUER J, MEZA L R, SCHAEDLER T A, et al. Nanolattices: An emerging class of mechanical metamaterials[J]. Advanced Materials, 2017.

[86] JANG D C, MEZA L R, GREER F, et al. Fabrication and deformation of three-dimensional hollow ceramic nanostructures[J]. Nature Materials, 2013, 12: 893-898.

[87] MONTEMAYOR L C, MEZA L R, GREER J R. Design and Fabrication of Hollow Rigid Nanolattices via Two-Photon Lithography[J]. Advanced Engineering Materials, 2014, 16: 184-189.

[88] JANG D, MEZA L, GREER F, et al. Fabrication and deformation of three-dimensional hollow ceramic nanostructures[J]. Nature Materials, 2013, 12: 893-898.

[89] MEZA L R, ZELHOFER A J, CLARKE N, et al. Resilient 3D hierarchical architected metamaterials[J]. Proceedings of the National Academy of Sciences of the Unite States of America, 2015, 112: 11502-7.

[90] MONTEMAYOR L, CHERNOW V, GREER J R. Materials by design: Using architecture in material design to reach new property spaces[J]. MRS Bulletin, 2015, 40: 1122-1129.

[91] BÜCKMANN T, STENGER N, KADIC M, et al. Tailored 3D mechanical metamaterials made by dip-in direct-laser-writing optical lithography[J]. Advanced Materials, 2012, 24: 2710-2714.

[92] KADIC M, BÜCKMANN T, STENGER N, et al. On the practicability of pentamode mechanical metamaterials[J]. Applied Physics Letters, 2012, 100: 191901.

[93] ZHANG X, YAO J, LIU B, et al. Three-dimensional high-entropy alloy-polymer composite nanolattices that overcome the strength-recoverability trade-off[J]. Nano Letters, 2018, 18: 4247-4256.

[94] QU J, KADIC M, NABER A, et al. Micro-structured two-component 3D metamaterials with negative thermal-expansion coefficient from positive constituents[J]. Scientific Reports, 2017, 7: 40643.

[95] KOLKEN H M, ZADPOOR A. Auxetic mechanical metamaterials[J]. RSC Advances, 2017, 7: 5111-5129.

[96] CHEN D, ZHENG X. Multi-material additive manufacturing of metamaterials with giant, tailorable negative Poisson's ratios[J]. Scientific Reports, 2018, 8: 9139.

[97] WU L, LI B, ZHOU J. Isotropic negative thermal expansion metamaterials[J]. ACS Applied Materials & Interfaces, 2016, 8: 17721-17727.

[98] LI T T, HU X Y, CHEN Y Y, et al. Harnessing out-of-plane deformation to design 3D architected lattice metamaterials with tunable Poisson's ratio[J]. Scientific Reports, 2017, 7: 8949.

[99] BROWN T D, DALTON P D, HUTMACHER D W. Melt electrospinning today: An opportune time for an emerging polymer process[J]. Progress in Polymer Science, 2016, 56: 116-166.

[100] MUERZA-CASCANTE M L, HAYLOCK D, HUTMACHER D W, et al. Melt electrospinning and its technologization in tissue engineering[J]. Tissue Engineering Part B: Reviews, 2014, 21: 187-202.

[101] ZEIN I, HUTMACHER D W, TAN K C, et al. Fused deposition modeling of novel scaffold architectures for tissue engineering applications[J]. Biomaterials, 2002, 23: 1169-1185.

[102] RICHARD A. DUDLEY M A F. Engineered Materials and Metamaterials: Design and Fabrication[M]. SPIE, 2017.

[103] CHEUNG K C, GERSHENFELD N. Reversibly assembled cellular composite materials[J]. Science, 2013, 1240889.

[104] WANG X, LI X, MA L. Interlocking assembled 3D auxetic cellular structures[J]. Mater Design, 2016, 99: 467-476.

[105] RAVIRALA N, ALDERSON A, ALDERSON K. Interlocking hexagons model for auxetic behaviour[J]. Journal of Materials Science, 2007, 42: 7433-7445.

[106] LI S, HASSANIN H, ATTALLAH M, et al. The development of TiNi-based negative Poisson's ratio structure using selective laser melting[J]. Acta Materialia, 2016, 105: 75-83.

[107] WALIA S, SHAH C M, GUTRUF P, et al. Flexible metasurfaces and metamaterials: a review of materials and fabrication processes at micro-and nano-scales[J]. Applied Physics Reviews, 2015, 2: 011303.

[108] FLECK N A, DESHPANDE V S, ASHBY M F. Micro-architectured materials: past, present and future[J]. Proceedings of the Royal Society of London A, 2010, 466: 2495-2516.

[109] KEPLER J A. Simple stiffness tailoring of balsa sandwich core material[J]. Composites Science and Technology, 2011, 71: 46-51.

[110] PALKOVIC S D, BROMMER D B, KUPWADE-PATIL K, et al. Roadmap across the mesoscale for durable and sustainable cement paste-A bioinspired approach[J]. Construction and Building Materials, 2016, 115: 13-31.

[111] LIST F A, DEHOFF R R, LOWE L E, et al. Properties of Inconel 625 mesh structures grown by electron beam additive manufacturing[J]. Materials Science and Engineering A, 2014, 615: 191-197.

[112] PACCHIONI G. Mechanical metamaterials：The strength awakens[J]. Nature Reviews Materials, 2016, 1：16012.

[113] HU Y, LAO Z, CUMMING B P, et al. Laser printing hierarchical structures with the aid of controlled capillary-driven self-assembly[J]. Proceedings of the National Academy of Sciences, 2015, 112：6876-6881.

[114] 冯琳,江雷.仿生智能纳米界面材料[M].北京:化学工业出版社,2007.

[115] GU G X, WETTERMARK S, BUEHLER M J. Algorithm-driven design of fracture resistant composite materials realized through additive manufacturing[J]. Additire Manufacturing, 2017, 17：47-54.

[116] LIBONATI F, GU G X, QIN Z, et al. Bone-inspired materials by design：toughness amplification observed using 3D printing and testing[J]. Advanced Engineering Materials, 2016, 18：1354-1363.

[117] BUEHLER M J, GENIN G M. Integrated multiscale biomaterials experiment and modelling：a perspective[J]. Interface Focus, 2016, 6：20150098.

[118] ZHANG Y, ZHANG F, YAN Z, et al. Printing, folding and assembly methods for forming 3D mesostructures in advanced materials[J]. Nature Reviews Materials, 2017, 2：17019.

[119] GLADMAN A S, MATSUMOTO E A, NUZZO R G, et al. Biomimetic 4D printing[J]. Nature Materials, 2016, 15：413-418.

[120] TIBBITS S. 4D printing：multi-material shape change[J]. Architectural Design, 2014, 84：116-121.

[121] WEI H Q, ZHANG Q W, YAO Y T, et al. Direct-write fabrication of 4D active shape-changing structures based on a shape memory polymer and its nanocomposite[J]. ACS Applied Materials & Interfaces, 2016, 9：876-883.

[122] LIU T Z, ZHOU T Y, YAO Y T, et al. Stimulus methods of multi-functional shape memory polymer nanocomposites：A review[J]. Composites Part A, 2017, 100：20-30.

[123] ZADPOOR A A. Mechanics of additively manufactured biomaterials, Elsevier[J]. 2017, 70：1-6.

[124] 国家发展和改革委员会高技术产业司,工业和信息化部原材料工业司,中国材料研究学会.中国新材料产业发展报告.2016[M].北京:化学工业出版社,2017.

[125] 刘辉.微结构材料的材料基因工程[R].南京:南京大学.

[126] 周济."超材料(metamaterials)"：超越材料性能的自然极限[J].四川大学学报(自然科学版),2005,42:15-16.

[127] 周济.超材料与自然材料融合的若干思考[J].新材料产业,2014:5-8.

[128] 于相龙,周济.智能超材料研究与进展[J].材料工程,2016,44:119-128.

第 12 章　力学超材料研究与应用前景

　　力学超材料的研究转化可以满足光学、声学和热学超材料的应用需求。本章针对具体的应用环境和不同应用条件，介绍了一些特定的力学超材料的研究转化前景方向，特别是生物工程和生物医学工程。

　　自然界中的材料无处不在，无论是有机的还是无机的。材料参数转换已经成为设计非均匀和各向异性材料分布，用以执行所需功能（例如隐身）直观和强大的工程工具。例如，由单一组成材料构成的离散二维点阵的点阵可以进行变换，同时保持连接格点元素的属性相同[1]。直接的晶格转换方法可以显著缓解和重新分配实际应用中的应力峰值，例如土木工程中的隧道墙。为此，在未来，我们很可能可以获得任意所需的个性化且多样的材料，特别是通过结合光学、声学和热超材料。超材料在这些年实现了从自然材料的特性开发，到由结构设计性能的发展。这体现了科学家们对于物质越来越精准、透彻的解析和钻研。超材料的发展前景是十分广阔的，结合力学超材料的研究进展以及存在的问题，本文仅尽所能列出未来力学超材料的几个研究方向和应用前景。

　　通过将力学超材料与反向设计方法以及定制的微纳米增材制造技术相结合，我们可以开发先前在已知自然材料中无法实现的新颖独特的力学性能。这不仅仅是一种强大的创新材料新方法，也昭示着拓展新材料设计和物理实现的开始。未来力学超材料的发展方向有很多，具体科学研究可能的行进方向，笔者已经在不同类型力学超材料的相应各章中加以勾勒了，此处将提供些一般性普遍性的发展趋势。通过不断探索尺寸效应和推动多尺度材料设计和制造极限的努力，我们可能生产出具有突破性力学性能，及其电或光功能的超常独特新材料。

12.1　负泊松比拉胀超材料应用于生物医学领域

　　负泊松比拉胀超材料已应用于许多工程领域，包括软机器人、生物医学、软电子和声学。目前使用拉胀材料来实现改善的冲击吸收、同步曲率和剪切性能。这些特性在汽车、国防、体育和航空航天工业中特别重要[2]。多孔"智能绷带"已被引入（生物）医学领域，以促进和监测伤口愈合过程。肿胀可以引起纤维拉伸，这不仅可以增加绷带的透气性，而且还可以打开毛孔以释放活性药物成分（API）。同样的概念可以应用于智能支架的设计,以便在"爆炸"阶段释放 API。我们可以设计分层旋转刚性结构以在加载时表现出可变的孔径/形状。这种行为不仅限于支架和绷带,也可以很好地应用于支架和假肢,甚至农业也可以受益于化肥等物质的控制输送。虽然拉胀效应不仅限于多孔微结构,但它确实为整形外科业提供了很好的机会,该行业经常使用附加制造的多孔结构。它们与松质骨的相似性使其可用作骨替代材料。当应用于假肢或关节时,它们可以抵消骨量的变化,从而防止松动。随后,它们的同步曲率将允许假体符合骨腔的形状。这可能会提高假体的存活率,从而推迟了翻修手术。由于它们能够在较大部分材料上分布应力,因此具有增强的抗损伤性能。除了负泊松比之外,拉胀材料的有用特性,例如改进的抗压痕性和更好的声学/振动特性,可用于诸如具有可变渗透性的有效膜过滤器、紧固件、形状记忆材料和声阻尼器的应用。

12.2　五模式反胀材料作为地震防护应用

五模式反胀材料这种典型的三维网状金属固体结构的力学性能却类似于理想流体,即等效结构的剪切模量为零,极易流动,从而实现二维流体的响应性能。2012,由德国人利用激光直写技术制备,由点接触的双锥结构实现[3]。以及美国华盛顿特区的国家研究中心,从理论上说明了当体模量与杨氏弹性模量的比值从较小的 100 增大至 1000 时[4],将从本质上导致弹性斗篷呈现完美的隐身性能。俄罗斯雷洛夫国家研究中心进行工业化研制开发了拥有定制化设计的结构和密度分布[5]。这种设计可有效吸收和减弱声波的反射信号,从而大大提高潜艇的隐身能力。但这种力学超材料并不仅仅是为了使物体隐形,还有将物理作用力隐藏起来,使物体无法被人感觉到。

五模式反胀材料力学超材料也可应用于生物医学与组织工程领域[6],这些类似流体性质的三维固体材料,可以在由单一材料组成的脚手架结构内,提供期望的力学性能的径向变化。在五面体晶格超材料中,桁架之间几乎存在准时接触,因此提供了显著的灵活性。有可能将五模式反胀超材料与微/纳米晶体相结合,在桁架之间的接触处,会在支架的某些部分引入几何梯度从而引起非常刚性的晶格结构,并在其他区域导致非常柔韧的晶体结构。这种可编程设计的双材料拉胀或是反胀超材料可以使用 3D 打印技术来制备[7,8]。此外,不同类型的晶格超材料的组合常规晶格的使用以及基于五边形的结构可用于控制单个支架的力学性质,其范围为几个数量级。

这种特别的力学超材料是一种在某些性质上类似液体的固体晶格,它不仅能够使外部施加的压力发生偏转,也可以转移破坏性较大的地震波[5]。我们可以利用力学超材料来构建地震波的屏蔽,其中可用声子晶体、局部响应超材料、五模式反胀结构材料、三维大尺度力学超材料、夹钳式地震波防护超材料和任何其他种类的力学超材料。依据不同的地质条件,地震低频波在 1~10 Hz 和高达几十赫兹的引起的表层振动,可以引起大规模的破坏力。这些频段波可以传输远距离,并且与楼房的基本谐振频率相匹配。制备任何地震防护的力学超材料最终的目的是,保护使其高于整体的频率范围。涉及的长波和低频,直到目前为止是不可获得的。此外,该材料提供保护分布区域而不是单个建筑物。这种方法由于它们不寻常的力学行为,例如超常的强度重量比、劲度重量比、优良的应变可恢复性、极软或极硬的变形模式、负泊松比拉胀行为、光子带隙材料、声控能力、负等效质量密度、负等效刚度、负折射系统、超透镜等局部限定波行为[9]。这些属性提供了很大的潜在应用价值,使这类力学超材料可作为新一代的地震防护和消音装置。

12.3　负压缩力学超材料

在负压缩性增加的情况下,该类材料剪切/体积模量的比例范围为$-4/3G < K < 0$,可以是力学超材料进行实验制备的一个研究方向。十年前,人们提出了一系列负压缩性复合材料的设计理念[10]。这个范围设置部分源于各向同性弹性固体的泊松比的允许范围,即$-1 < v < 0.5$,并且由强椭圆度要求进一步推导。下一步想知道如何能够物理实现,甚至可能扩展这个研究范围。

来自金属有机框架(MOFs)的一些几何结构优化技术,可以提供负线性和负面积压缩性结构设计。也就是说,金属晶体有机框架可以激发未来力学超材料的设计。金属有机框架由网状合成,在无机和有机单元之间形成强有力的结合[11]。这些材料通过使用强键(网状合成)连接含有金属的单元[次级建筑单元(SBU)]与有机连接物来构建,以形成具有永久孔隙度的开孔结晶框架[12]。金属有机框架具有特殊的孔隙率和广泛的潜在用途,包括气体储存、分离、催化,以及燃料电池,超级电容器和催化转换器等能源技术的应用。其设计理念可以应用于新型先进的力学超材料,特别是可以获得负线性和负面积压缩或负热膨胀等力学特性。如果将自然金属有机框架的晶体结构简化为支柱和铰链[13-15],可以基于这些框架创建新的人造结构,即力学超材料。金属有机框架具有各种有吸引力的力学行为,尤其是巨大的负线性和负面积压缩以及负热膨胀效应[16-18]。通过将这种分析扩展到其他力学超材料拓扑,有可能为负热膨胀的维数或大范围的不同框架建立一个通用的预测方法。框架几何形状可以在确定通过铰链显示各向异性响应的超材料特性方面发挥关键作用。

12.4　模式转换可调刚度力学超材料

近来研究也构造的力学超材料更是种类繁多,但目前大部分处在研究阶段[19]。如在力学上"可编程"的超材料,其实像是一块多孔的橡胶板,它经过特殊孔型及拓扑设计,可以在纵向和横向上进行压缩,就表现出所谓"负刚度"或是刚度可调的性质。因此,这种力学超材料可以有效吸收能量,可用于汽车保险杠减振,或根据不同地形调整舒适度的鞋子。还有其他反胀材料,如反弹陶瓷管制品,它在被压缩到50%之后还能反弹复原。这对于脆性氧化铝陶瓷材料来说,将具有相当广泛的应用前景。此外,还存在一种磁敏智能软材料,它是一类将微米或纳米尺度的磁性颗粒分散在不同基体中制备而成的多功能复合材料[20]。人工制备的力学超材料体系如何与这些智能材料相结合,并发现新的可拓展领域,也是目前需要思考的部分[21]。这些基于多孔、折纸、五模式等复杂拓扑结构来调控弹性波的一类新兴超材料,许多基础研究性的工作尚待开展,尤其是如何将凝聚态物理晶体学领域的传统理论,转化为人工微结构的设计与表征。这些可能是智能力学超材料研究必须考虑的问题。

12.5　折纸超表面材料

在新兴的由折纸启发的力学超材料中,我们可以深入地研究曲面折叠非稳态原理,并将它们转化为新的 DNA 折纸超材料和高级应用的几何结构设计[22]。将计算机建模和仿真中使用的折纸规则模式化也是一项挑战[23]。这是因为理论模型倾向于过分简化,往往误以为可折叠折纸结构归类为可展开。建模或模拟是自然界的体系简化。可以看到世界使用这些工具,但不是自然本身。如果我们相信某些目前不可能的事情可以通过建模或模拟得出,并且提供了一些完全不同的边界条件,或者使用新的制造方法,就可以看到不可能变为可能。这是目前研究的内容。正方形扭曲折痕图案就是这种情况[24]。为了在构建具有理想品质的模式中实现启发式发展,折纸与物理学之间的桥梁已经建立。遵循这一路线,我们有充分的理由相信,几何晶体学,例如布拉格晶格、米勒指数,甚至优选的结晶取向等,可以为力学超材料的结构设计提供必要的理论基础。同时,有必要考虑如何建立表格物理性质的新周期或材料的基因工程。因此,我们可以按需设计材料,从而预测各种材料的力学性能。

12.6　力学超材料可能的发展方向

我们对力学超材料进行百科全书式研究,关注其本身整体的应用发展情况。它既是历史性的,也是系统性的。所谓历史性,是因为它处理并运用过去的材料;所谓系统性,是因为它这么做是为了识别出历史进程的"各个阶段",识别出力学超材料研究的发展规律。"我们研究趋势,试图洞察事件的表面,并加以有序的领会。在这类研究中,我们往往试图聚焦于每一股只比其现状稍稍超前一点点的趋势;更重要的是,我们试图同时观察全部趋势,视之为组成时代总体结构的变动中的各个部分。当然,相较于殚精竭虑,整体观之,一次只承认一股趋势,任其散乱自处,仿佛实情如此,这种方法在学术上要容易一些"[25],故而在每章的结尾部分,笔者尽量地加入了一种类型的力学超材料可能的发展趋势。不过,在这里,整体观之的过程中,蕴含着许多学术的风险。一方面,一个人眼中的整体,到了另一个眼里可能只是局部,有时候,因为缺乏统揽全局的眼光,这样的尝试会被巨细靡遗的描述所吞噬。尝试当然也可能存有偏见,无论如何,最大的偏见莫过于只挑选那些可以精确观察的细节,却完全不考虑有关任何整体的观念,因为这样的挑选必然是任意武断的。

要考察趋势,我们可以尝试解答"我们将去往何方"这一问题,要努力研究历史,而不是退隐其间;要关注当代趋势,但不能"只做新闻记者";要评估这些趋势的未来,这一切都殊非易事。此处,笔者正努力将几股主要趋势合而观之,并且从结构的角度来看待它们,而不是将其看成散落在一堆情境中的偶发事件。出于这样的宗旨,对于趋势的研究有助于我们理解力学超材料的时间特征,我们要充分而灵活地利用这些历史材料。

基于几何结构设计原理,制造技术和力学超材料的应用条件,四种主要的挑战主导着力学超材料的设计。首先,各种性能的组合,例如具有超刚度、超轻质和消失剪切模量的单个力学超材料,或者可调刚度和正/负泊松比的组合。其次,不同图案或结构的组合,例如晶格结构模式的胞状折纸,可以帮助复杂、先进的几何配置进行拓扑优化。第三个挑战扩展到其他母材,特别是金属或合金,从而减小尺寸对塑性、断裂和高应力的影响。最后,由于先进的纳米结构研究,尤其是利用三维表征技术解决原子尺度分辨率的晶体缺陷错位,预计我们很快就可以逐个原子地建立有趣的几何结构。随着研究的不断推进,这些不会仅仅局限于仿晶格结构和晶体缺陷。

力学超材料是基于多孔、手性/反手性、五模式等复杂拓扑结构来调控弹性波的一类新兴超材料,许多基础研究性的工作尚待开展,尤其是如何将凝聚态物理晶体学领域的传统理论,转化为人工微结构的设计与表征。这些可能是力学超材料研究必须考虑的问题。之于力学超材料可能的发展方向:① 对于发展出来的弹性力学超材料,如拉胀材料、超轻超硬超材料等,利用其各自新奇的特性可操纵和调控弹性波,设计出新型器件,如变换隐身以及新型换能器等各大不同的应用领域。不过,在很大程度上,这依赖于力学超材料的精准制备技术。② 超材料的思想不仅对应于材料常规的弹性力学参数,如密度、弹性模量等具有神奇的作用,同时也启发人们对其他弹性力学参数,如压电系数、黏滞系数、吸声系数、非线性压电增益系数等的设计和调控。这将促进诸如人工压电材料,新型非超声内耗型的吸声介质、新型声阻抗匹配材料、超黏滞材料等的研究。这些性能多集中在声学与力学的结合上。③ 可以设想,力学超材料可以被拓展到生物力学,生物工程和医疗工程中,例如骨骼再生材料等。针对力学超材料的个性化特点,可以有针对性地制造不同的个性精准医疗结构材料。因此,自然材料所能触及的领域,力学超材料均可以尝试着去向外开拓,最终设计出个性化多样化的人工智能结构材料。申言之,个性化的3D打印制备技术,定能为力学超材料基础研究和应用注入更多新的机遇。

  总而言之,将超材料和拓扑优化整合到客户响应微观结构中,可以开发出与新颖的尖端技术相关的人工几何结构材料。力学超材料具有各种违反直觉的力学性能,其中一些不能在自然界中找到,因此在材料研究的多个领域的应用中具有广泛的潜力。特别是近来,制造技术已经取得了迅速的进步。增材制造的不同模式正在减少制造材料的结构尺寸规模、可用超材料的范围,最重要的是单位成本。具有纳米分辨率的相对便宜的加成工艺将会出现,并且由此将通过净形状制造工艺打开各种桁架型纳米薄层的可能性,以实现负热膨胀。超材料的愿景越广泛,材料科学的机会就越多。因此,预计力学超材料将开始一个更轻、更坚固、更坚固耐用的材料的新时代。希望新的超材料可以通过设计新的晶体结构,新的组分或新的特性来实现,或者去做,或者去思考。

  值得一提的是,"我们本能地倾向于把我们的种种印象凝固化,以便使用语言来表达它们时刻变化的动态过程"于是,我们对超材料未来的预知,或应用前景的推测,多多少少地正是在陷入到语言的牢笼,使得"语言怎样使时刻变化的感觉具有固定的形式"[27]。那么,在这里写下的文字,或许有混淆时间与空间之感,但事实上却是在利用现在的研究现状,将未来的一段时间缩短,同时并不改变各部分之间的位置关系,从而得到的现在的超材料研究趋势的预见。因此,在这里排除了涉及心理物理学及其他社会因素对超材料研究及应用的影响,将其广度和绵延分开,那我们能够测量的就是空间了。换句话说,这里对力学超材料研究的探索与预知,并不是与社会科学相连的开环系统,而是以力学超材料这一物理现象本身可能运行的规律,进行分析其持续的发展趋势的。

12.7 力学超材料的应用前景

  力学超材料存在着诸多应用。笔者首先介绍了与应用环境相关的条件,之后,简要引入生物工程和生物医学工程的一个应用例子。最后,介绍了应用程序的一些含义以及提供解决传统技术限制的策略。基于对潜在应用的分析,笔者提出了结合不同类型的晶格超材料。

  各种力学超材料或生物材料的弹性响应,可以针对预期应用进行几何结构优化。将先进的晶格结构结合到力学超材料和非欧几里得(分形)几何形状中,可以有效地促进用于控制生物医学领域的合成生物材料的性质和力学性能。获得的多孔超轻超强结构材料,可以与医用假体的几何形状相融合,以更好地获得多孔植入物。这些也可以专门开发来促进超材料在产品开发中的应用,如这些应用的典型限制如何弥补不同的工作和应用条件。

  虽然我们可以说,理想材料的应用条件往往希望是恒定的和可预测的,不过,有时真实的工况条件,可能会超出现有的预期,往往是变动不居的。因此,读者在了解各种力学超材料本身的几何结构优化设计的同时,还是要清醒地认识到,力学超材料的具体应用不仅是其特殊几何构型的结果,而且还涉及与外部条件和约束的相互作用,后者在力学超材料的应用过程中也是非常重要的。也就是说,我们在力学超材料新奇力学属性设计过程中,需要了解这种类型的材料在应用过程中,需要获悉可能的工况应用条件氛围。这种科学研究的过程,从某种角度上类似心理学的发展历程:是对人的个体本身的探究,还是在人本身上所承载的文化呢?就像身体和灵魂这种相继相续的发展关系一样。有时,力学超材料可能需要工作在负压或活体组织,及类似的周围环境,也可能其他相关研究领域的可能性描述氛围。那么,如何将纯粹基础研究中的力学超材料构型,应用到工程实际的不同环境中,这不仅是技术所承载的任务,也应合技术是科学与应用之间,不可或缺的桥梁。如果此刻,我们仍以基础研究,即用思想以表述论文的方式,来要求这一技术桥梁的搭建,从某种意义上讲,的确是有失公允,又有几人愿意来建桥了。

以生物工程和生物医学工程中的应用为例,负泊松比拉胀超材料,预计可以设计成分子尺度来进行调节控制[27]。为此,这种类型的力学超材料也可以用于组织工程学,在人体细胞或甚至分子水平上具有相互作用。具有拉胀力学特性的支架结构,其单轴激发可能导致生长组织的双轴膨胀和压缩。这可以促进组织生长,并能控制细胞分化和组织活力[28,29]。

参 考 文 献

[1] BÜCKMANN T, KADIC M, SCHITTNY R, et al. Mechanical cloak design by direct lattice transformation[J]. Proceedings of the National Academy of Sciences, 2015, 112(16): 4930-4934.

[2] KOLKEN H M, ZADPOOR A. Auxetic mechanical metamaterials[J]. RSC Advances, 2017, 7: 5111-5129.

[3] MARTIN A, KADIC M, SCHITTNY R, et al. Phonon band structures of three-dimensional pentamode metamaterials[J]. Physical Review B, 2012, 86: 155116.

[4] LAYMAN C N, NAIFY C J, MARTIN T P. Highly-anisotropic elements for acoustic penta-mode applications[J]. Physical Review Letters, 2012, 111: 1103-1114.

[5] BRÛLÉ S, JAVELAUD E H, ENOCH S, et al. Experiments.on seismic metamaterials: Molding surface waves[J]. Physical Review Letters, 2014, 112: 133901.

[6] LANTADA A, ELIPE J. Porous and lattice structures for biodevices with advanced properties, in: A. Lantada(Ed.), Handbook on Advanced Design and Manufacturing Technologies for Biomedical Devices[M]. New York: Springer, 2013: 121-136.

[7] WANG K, CHANG Y-H, CHEN Y, et al. Designable dual-material auxetic metamaterials using three-dimensional printing[J]. Materials & Design, 2015, 67: 159-164.

[8] SCHWERDTFEGER J, WEIN F, LEUGERING G, et al. Design of auxetic structures via math-

ematical optimization[J]. Advanced Materials, 2011, 23: 2650-2654.

[9] TONG X C. Functional Metamaterials and Metadevices[M]. Cham: Springer, 2018.

[10] WANG Y, LAKES R. Composites with inclusions of negative bulk modulus: extreme damping and negative Poisson's ratio[J]. Journal of Composite Materials, 2005, 39: 1645-1657.

[11] FURUKAWA H, CORDOVA K, O'KEEFFE M, et al. The chemistry and applications of metal-organic frameworks[J]. Science, 2013, 341: 1230444.

[12] YAGHI O, KEEFFE M, OCKWIG N, et al. Reticular synthesis and the design of new materials [J]. Nature, 2003, 423: 705-14.

[13] OGBORN J, COLLINGS I, MOGGACH S, et al. Supramolecular mechanics in a metal-organic framework[J]. Chemical Science, 2012, 3: 3011-3017.

[14] CAI W, KATRUSIAK A. Giant negative linear compression positively coupled to massive thermal expansion in a metal-organic framework[J]. Nature Communications, 2014, 5: 4337.

[15] ORTIZ A, BOUTIN A, FUCHS A, et al. Anisotropic elastic properties of flexible metal-organic frameworks: how soft are soft porous crystals? [J]. Physical Review Letters, 2012, 109: 195502.

[16] LI W, PROBERT M R, KOSA M, et al. Negative linear compressibility of a metal-organic framework[J]. Journal of the American Chemical Society, 2012, 134: 11940-11943.

[17] COLLINGS I, TUCKER M, KEEN D, et al. Geometric switching of linear to area negative thermal expansion in uniaxial metal-organic frameworks[J]. CrystEngComm, 2014, 16: 3498-3506.

[18] WU Y, KOBAYASHI A, HALDER G, et al. Negative thermal expansion in the metal-organic framework material $Cu_3(1, 3, 5-benzenetricarboxylate)_2$[J]. Angewandte Chemie International Edition, 2008, 120: 9061-9064.

[19] 阮居祺,卢明辉,陈延峰,等. 基于弹性力学的超构材料[J]. 中国科学:技术科学,2014,44(12): 1261-1270.

[20] 许阳光,龚兴龙,万强,等. 磁敏智能软材料及磁流变机理研究[J]. 力学进展,2015,45:461-495.

[21] BERTOLDI K, VITELLI V, CHRISTENSEN J, et al. Flexible mechanical metamaterials[J]. Nature Reviews Materials, 2017, 2: 17066.

[22] ROTHEMUND P, Folding DNA to create nanoscale shapes and patterns[J]. Nature, 2006, 440: 297-302.

[23] AL-MULLA T, BUEHLER M. Origami: Folding creases through bending[J]. Nature Materials, 2015, 14: 366-368.

[24] DEMAINE E, DEMAINE M, HART V, et al. (Non) existence of pleated folds: how paper folds between creases[J]. Graph Combinator, 2011, 27: 377-397.

[25] 赖特·米尔斯. 社会学的想象力[M]. 李康,译. 北京:北京师范大学出版社,2017.

[26] 柏格森,时间与自由意志[M]. 吴士栋,译. 北京:商务印书馆,2009.

[27] MA Y, ZHENG Y, MENG H, et al. Heterogeneous PVA hydrogels with micro-cells of both positive and negative Poisson's ratios[J]. Journal of the Mechanical Behavior of Biomedical Materials, 2013, 23: 22-31.

[28] SOMAN P, LEE J, PHADKE A, et al. Spatial tuning of negative and positive Poisson's ratio in a multi-layer scaffold[J]. Acta Biomater, 2012, 8: 2587-2594.

[29] ZHANG W, SOMAN P, MEGGS K, et al. Tuning the Poisson's ratio of biomaterials for investigating cellular response[J]. Advanced Functional Materials, 2013, 23: 3226-3232.